高等院校**通识教育**系列教材

线性代数

微课版

谭玉明 / 主编
王圣祥 黄述亮 / 副主编

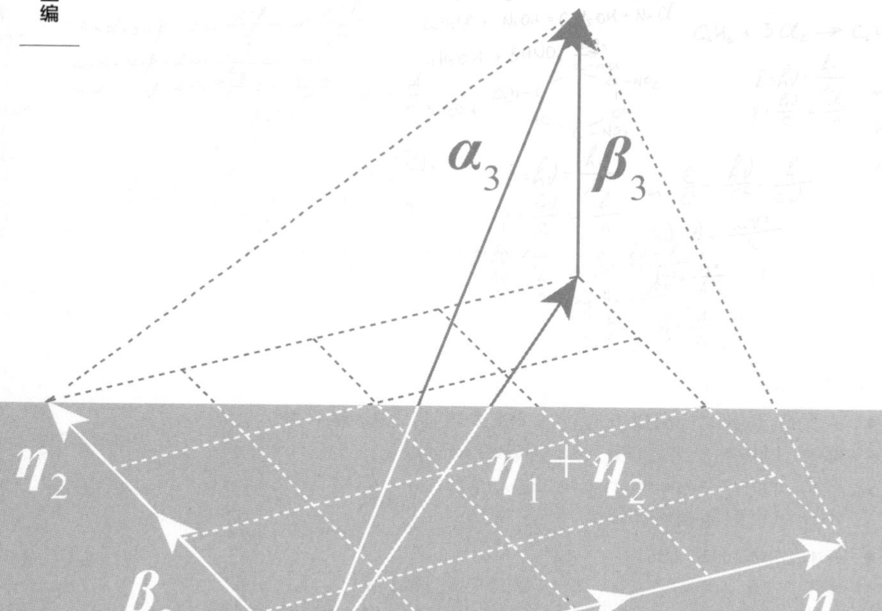

人民邮电出版社
北京

图书在版编目（CIP）数据

线性代数：微课版 / 谭玉明主编. -- 北京：人民邮电出版社，2024.8
高等院校通识教育系列教材
ISBN 978-7-115-63933-2

Ⅰ. ①线… Ⅱ. ①谭… Ⅲ. ①线性代数－高等学校－教材 Ⅳ. ①O151.2

中国国家版本馆CIP数据核字(2024)第051657号

内 容 提 要

本书讲解线性代数的基础知识. 全书共 4 章，主要内容包括矩阵和行列式、线性方程组和向量、矩阵的相似对角化、二次型，书末还提供了“用 MATLAB 进行线性代数计算”和“线性代数的应用案例”两个附录. 本书每节后均配有一定数量的习题，分为基础题和提高题；每章后都配有大量的综合性总复习题，其中包括近些年的考研真题；书末附有所有习题的参考答案或提示. 本书还配套有丰富的数字化教学资源.

本书可作为高等院校非数学类专业“线性代数”课程的教材，也可作为线性代数爱好者的入门参考书.

◆ 主　　编　谭玉明
副 主 编　王圣祥　黄述亮
责任编辑　徐柏杨
责任印制　陈　犇

◆ 人民邮电出版社出版发行　　北京市丰台区成寿寺路 11 号
邮编　100164　　电子邮件　315@ptpress.com.cn
网址　https://www.ptpress.com.cn
涿州市京南印刷厂印刷

◆ 开本：787×1092　1/16
印张：12.5　　2024 年 8 月第 1 版
字数：293 千字　　2024 年 8 月河北第 1 次印刷

定价：49.80 元

读者服务热线：(010)81055256　印装质量热线：(010)81055316
反盗版热线：(010)81055315
广告经营许可证：京东市监广登字 20170147 号

前 言

本书是在研究国内外流行教材的基础上，吸收国内外优秀教材的优点，并根据教育部制定的工科类、经济管理类本科数学基础课程教学基本要求编写而成的.

本书整合、优化了线性代数的内容编排，结构严谨，系统性强. 本书以矩阵作为主线贯穿全书，突出了矩阵初等变换的基础性作用. 具体做法是：将行列式作为矩阵的函数置于矩阵中讲授，主要讨论矩阵的初等变换和矩阵运算对其行列式的影响，体现了行列式与矩阵的内在密切联系，也避免了内容的前后反复；将线性方程组作为矩阵方程，用初等行变换来判定和求解；将向量的线性组合用分块矩阵乘积来表示，从而使向量的线性关系与线性方程组解的问题紧密地联系起来，同时把分块矩阵作为工具来使用，而不是作为摆设陈列；将二次型的等价问题与矩阵的合同变换联系起来，不仅给出化二次型为标准形的 3 种方法，还由惯性定理给出了二次型互相等价的条件.

本书在定理教学上略去了一些繁复的证明，代之以对理论的诠释和直观说明. 本书通过较多的典型例题及对多种解法的分析，使学生熟悉基本理论，培养学生灵活应用基本理论解决问题的能力，试图以此破解学生“听得懂课但做不好题”的困难.

本书在内容编排上注重由浅入深，强调基本概念及其之间的内在本质联系，强调数学的基本思想、基本方法的应用. 本书注重呈现线性代数的几何背景，将抽象的理论与具体直观的图形有机结合，以增强学生对抽象内容的理解. 对于初学者易错易混的问题，本书适时给出提示，这进一步提高了本书的教学适用性.

本书每节后面的习题按难易程度分为基础题和提高题，每章后都配备大量题型多样的综合性总复习题. 本书还精选了近年来的考研真题作为习题，以便于参加考研的学生学习.

本书对较难的知识点配以线上微课讲解，并给出了全部总复习题的详细解答（可通过扫二维码观看），以便于学生自学.

为了适应应用型高校数学基础课教学改革的需要，本书还提供了“用 MATLAB 进行线性代数计算”和“线性代数的应用案例”两个附录.

本书的教学时长约为 42 学时. 对于书中带“*”的内容，教师可根据教学安排和专业需要自行删减.

由于编者水平有限，书中难免存在不足之处，恳请读者不吝批评指正.

编者

2024 年 1 月

目 录

第 1 章 矩阵和行列式

矩阵是代数学的一个重要研究对象,也是数学各个分支不可缺少的工具. 行列式是矩阵对应的一个数,是线性代数的常用工具. 矩阵理论在数学、统计学、物理学、计算机科学、工程技术和经济管理等领域有广泛的应用. 在线性代数中,矩阵和行列式是研究线性方程组、向量的线性关系和二次型的重要工具. 尤其是矩阵的初等变换,在线性代数中具有极其重要的作用.

1.1 矩阵及其运算

1.1.1 矩阵的概念

在科学技术、经济管理和社会生产生活中存在大量与数表有关的问题.

例 1 设甲、乙、丙 3 家超市销售 a,b,c 3 种奶粉,日销售量如表 1.1 所示.

表 1.1

单位:袋

超市	奶粉 a	奶粉 b	奶粉 c
超市甲	5	8	10
超市乙	3	5	8
超市丙	4	5	6

3 种奶粉的单价和利润如表 1.2 所示.

表 1.2

单位:元/袋

奶粉	单价	利润
奶粉 a	15	2
奶粉 b	11	1
奶粉 c	20	3

表 1.1 和表 1.2 可分别用矩形数表表示如下:

$$\boldsymbol{A}=\begin{pmatrix}5&8&10\\3&5&8\\4&5&6\end{pmatrix},\ \boldsymbol{B}=\begin{pmatrix}15&2\\11&1\\20&3\end{pmatrix}.$$

例 2 我国古代数学名著《九章算术》中,“方程”章的第一题如下:

“今有上禾(指上等黍米)三秉(指捆),中禾二秉,下禾一秉,实(指打下的粮食)三十九斗;上禾二秉,中禾三秉,下禾一秉,实三十四斗;上禾一秉,中禾二秉,下禾三秉,实二十六斗. 问上、中、下禾实一秉各几何?”

该问题用现代方式可表述为:设每捆上禾、中禾、下禾打下的粮食数分别为 x,y,z(单位:斗),求三元一次方程组

$$\begin{cases}3x+2y+\ \ z=39,\\2x+3y+\ \ z=34,\\\ \ x+2y+3z=26\end{cases}$$

的解.

《九章算术》中采用系数分离法,将方程组中未知量的系数和常数项用算筹排列为长方阵(按从上到下、从右到左的次序)来表示方程组,如图 1.1 所示.

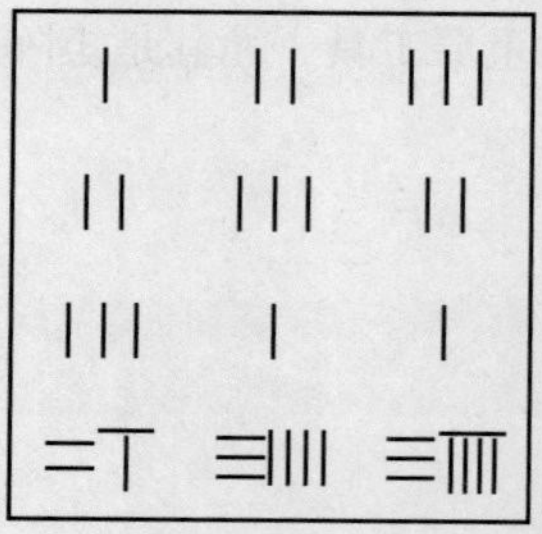

图 1.1 算筹长方阵

这就是“方程”名称的来源.《九章算术》中解方程组的“直除法”就是对长方阵施行变换,将方程中某些未知量的系数消为 0(参见 1.2 节例 4).

现在,我们将此长方阵用如下矩形数表表示:

$$\begin{pmatrix}3&2&1&39\\2&3&1&34\\1&2&3&26\end{pmatrix}.$$

定义 1.1 由 mn 个数 $a_{ij}(i=1,2,\cdots,m;\ j=1,2,\cdots,n)$ 排列成的 m 行 n 列的矩形数表

$$\begin{pmatrix}a_{11}&a_{12}&\cdots&a_{1n}\\a_{21}&a_{22}&\cdots&a_{2n}\\\vdots&\vdots&&\vdots\\a_{m1}&a_{m2}&\cdots&a_{mn}\end{pmatrix}$$

称为一个 m 行 n 列**矩阵**,简称 $m\times n$ **矩阵**. 矩阵通常用大写拉丁字母 $\boldsymbol{A},\boldsymbol{B},\cdots$表示,也可记作 $\boldsymbol{A}_{m\times n}$ 或 $(a_{ij})_{m\times n}$ 以标明其行数和列数,或简记为 (a_{ij}). 处在第 i 行第 j 列处的元素 a_{ij} 称为矩阵的 (i,j) **元**.

元素均为实数的矩阵称为**实矩阵**. 本书中的矩阵都指的是实矩阵,即 $a_{ij}\in\mathbf{R}(i=1,2,\cdots,m;\ j=1,2,\cdots,n)$,这里 $\mathbf{R}$ 表示实数集.

元素均为零的矩阵称为**零矩阵**,$m\times n$ 零矩阵记作 $\boldsymbol{O}_{m\times n}$ 或 $\boldsymbol{O}$.

行数和列数均为 n 的矩阵 $\boldsymbol{A}=\begin{pmatrix}a_{11}&a_{12}&\cdots&a_{1n}\\a_{21}&a_{22}&\cdots&a_{2n}\\\vdots&\vdots&&\vdots\\a_{n1}&a_{n2}&\cdots&a_{nn}\end{pmatrix}$ 称为 n **阶矩阵**或 n **阶方阵**. 从方阵 $\boldsymbol{A}$ 的左上角到右下角的对角线称为 $\boldsymbol{A}$ 的**主对角线**,主对角线上的元素 $a_{11},a_{22},\cdots,a_{nn}$ 称为 $\boldsymbol{A}$ 的**主对角元**. 从方阵 $\boldsymbol{A}$ 的右上角到左下角的对角线称为 $\boldsymbol{A}$ 的**副对角线**,副对角线上的元素 $a_{1n},a_{2,n-1},\cdots,a_{n1}$ 称为 $\boldsymbol{A}$ 的**副对角元**.

主对角线下方所有元素均为零的方阵称为**上三角形矩阵**;主对角线上方所有元素均为零的方阵

称为**下三角形矩阵**. 主对角线以外元素均为零的方阵

$$\boldsymbol{\Lambda}=\begin{pmatrix}\lambda_1 & & & \\ & \lambda_2 & & \\ & & \ddots & \\ & & & \lambda_n\end{pmatrix}$$

称为**对角矩阵**,记作 $\boldsymbol{\Lambda}=\mathrm{diag}(\lambda_1,\lambda_2,\cdots,\lambda_n)$.

主对角元相同的对角矩阵 $\boldsymbol{\Lambda}=\mathrm{diag}(\lambda,\lambda,\cdots,\lambda)$ 称为**数量矩阵**.

特别地,主对角元均为 1 的 n 阶对角矩阵

$$\begin{pmatrix}1 & & & \\ & 1 & & \\ & & \ddots & \\ & & & 1\end{pmatrix}$$

称为 n 阶**单位矩阵**,记作 $\boldsymbol{E}_n$ 或 $\boldsymbol{E}$.

我们把一阶矩阵 $\boldsymbol{A}=(a_{11})$ 视为数 a_{11},记作 $\boldsymbol{A}=a_{11}$.

只有一行的矩阵 $\boldsymbol{A}=(a_1,a_2,\cdots,a_n)$ 称为**行矩阵**(也称为**行向量**);只有一列的矩阵 $\boldsymbol{B}=\begin{pmatrix}b_1\\ b_2\\ \vdots\\ b_n\end{pmatrix}$ 称为**列矩阵**(也称为**列向量**).

若两个矩阵的行数相等且列数相等,则称它们为**同型矩阵**.

定义 1.2 如果同型矩阵 $\boldsymbol{A}=(a_{ij})_{m\times n}$ 与 $\boldsymbol{B}=(b_{ij})_{m\times n}$ 的对应元素都相等,即

$$a_{ij}=b_{ij},i=1,\ 2,\ \cdots,m;\ j=1,\ 2,\ \cdots,n,$$

则称 $\boldsymbol{A},\boldsymbol{B}$ **相等**,记作 $\boldsymbol{A}=\boldsymbol{B}$.

1.1.2 矩阵的加法、减法和数乘运算

定义 1.3 设 $\boldsymbol{A}=\begin{pmatrix}a_{11} & a_{12} & \cdots & a_{1n}\\ a_{21} & a_{22} & \cdots & a_{2n}\\ \vdots & \vdots & & \vdots\\ a_{m1} & a_{m2} & \cdots & a_{mn}\end{pmatrix}$, $\boldsymbol{B}=\begin{pmatrix}b_{11} & b_{12} & \cdots & b_{1n}\\ b_{21} & b_{22} & \cdots & b_{2n}\\ \vdots & \vdots & & \vdots\\ b_{m1} & b_{m2} & \cdots & b_{mn}\end{pmatrix}$.

(1)$\boldsymbol{A},\boldsymbol{B}$ 相加的**和**,记作 $\boldsymbol{A}+\boldsymbol{B}$,规定为

$$\boldsymbol{A}+\boldsymbol{B}=\begin{pmatrix}a_{11}+b_{11} & a_{12}+b_{12} & \cdots & a_{1n}+b_{1n}\\ a_{21}+b_{21} & a_{22}+b_{22} & \cdots & a_{2n}+b_{2n}\\ \vdots & \vdots & & \vdots\\ a_{m1}+b_{m1} & a_{m2}+b_{m2} & \cdots & a_{mn}+b_{mn}\end{pmatrix}.$$

(2)称 $-\boldsymbol{A}=(-a_{ij})_{m\times n}$ 为 $\boldsymbol{A}$ 的**负矩阵**. $\boldsymbol{A},\boldsymbol{B}$ 相减的**差**,记作 $\boldsymbol{A}-\boldsymbol{B}$,规定为

$$\boldsymbol{A}-\boldsymbol{B}=\boldsymbol{A}+(-\boldsymbol{B})=(a_{ij}-b_{ij})_{m\times n}.$$

(3)数 k 与矩阵 $\boldsymbol{A}$ 相乘的**积**,记作 $k\boldsymbol{A}$,规定为

$$k\boldsymbol{A}=\begin{pmatrix} ka_{11} & ka_{12} & \cdots & ka_{1n} \\ ka_{21} & ka_{22} & \cdots & ka_{2n} \\ \vdots & \vdots & & \vdots \\ ka_{m1} & ka_{m2} & \cdots & ka_{mn} \end{pmatrix}.$$

矩阵加法和数乘运算统称为矩阵的**线性运算**.

定理 1.1 矩阵加法和数乘有以下运算律(假设以下运算都有意义).

(1)交换律:$\boldsymbol{A}+\boldsymbol{B}=\boldsymbol{B}+\boldsymbol{A}$.

(2)结合律:$(\boldsymbol{A}+\boldsymbol{B})+\boldsymbol{C}=\boldsymbol{A}+(\boldsymbol{B}+\boldsymbol{C})$.

(3)$\boldsymbol{A}+\boldsymbol{O}=\boldsymbol{A}$.

(4)$\boldsymbol{A}+(-\boldsymbol{A})=\boldsymbol{O}$.

(5)$(k+l)\boldsymbol{A}=k\boldsymbol{A}+l\boldsymbol{A}$,其中 k,l 为任意数.

(6)$k(\boldsymbol{A}+\boldsymbol{B})=k\boldsymbol{A}+k\boldsymbol{B}$,其中 k 为任意数.

(7)$(kl)\boldsymbol{A}=k(l\boldsymbol{A})$,其中 k,l 为任意数.

(8)$1\boldsymbol{A}=\boldsymbol{A}$.

例 3 设 $\boldsymbol{A}=\begin{pmatrix} 1 & 3 & 2 \\ 5 & 1 & 6 \end{pmatrix}$, $\boldsymbol{B}=\begin{pmatrix} 1 & 0 & -1 \\ 2 & 1 & 3 \end{pmatrix}$,矩阵 $\boldsymbol{X}$ 满足 $\boldsymbol{A}+\boldsymbol{X}=2(2\boldsymbol{B}-\boldsymbol{X})$,求 $\boldsymbol{X}$.

解 由题意得 $\boldsymbol{A}+\boldsymbol{X}=4\boldsymbol{B}-2\boldsymbol{X}$,从而有 $3\boldsymbol{X}=4\boldsymbol{B}-\boldsymbol{A}$,所以

$$\begin{aligned}\boldsymbol{X}&=\frac{1}{3}(4\boldsymbol{B}-\boldsymbol{A})=\frac{1}{3}\left[4\begin{pmatrix} 1 & 0 & -1 \\ 2 & 1 & 3 \end{pmatrix}-\begin{pmatrix} 1 & 3 & 2 \\ 5 & 1 & 6 \end{pmatrix}\right]\\ &=\frac{1}{3}\left[\begin{pmatrix} 4 & 0 & -4 \\ 8 & 4 & 12 \end{pmatrix}-\begin{pmatrix} 1 & 3 & 2 \\ 5 & 1 & 6 \end{pmatrix}\right]=\frac{1}{3}\begin{pmatrix} 3 & -3 & -6 \\ 3 & 3 & 6 \end{pmatrix}\\ &=\begin{pmatrix} 1 & -1 & -2 \\ 1 & 1 & 2 \end{pmatrix}.\end{aligned}$$

1.1.3 矩阵的乘法

例 4(例 1 续) 根据表 1.1 和表 1.2 中数据计算甲、乙、丙 3 家超市每天销售奶粉的总收入与总利润.

解 各超市日销售量矩阵 $\boldsymbol{A}$、单价和利润矩阵 $\boldsymbol{B}$ 如例 1 所设,即

$$\boldsymbol{A}=\begin{pmatrix} 5 & 8 & 10 \\ 3 & 5 & 8 \\ 4 & 5 & 6 \end{pmatrix},\boldsymbol{B}=\begin{pmatrix} 15 & 2 \\ 11 & 1 \\ 20 & 3 \end{pmatrix}.$$

计算结果如表 1.3 所示.

表 1.3

超市	总收入	总利润
超市甲	$5\times15+8\times11+10\times20=363$	$5\times2+8\times1+10\times3=48$
超市乙	$3\times15+5\times11+8\times20=260$	$3\times2+5\times1+8\times3=35$
超市丙	$4\times15+5\times11+6\times20=235$	$4\times2+5\times1+6\times3=31$

表 1.3 可用矩阵表示如下:

$$\boldsymbol{C}=\begin{pmatrix}5\times15+8\times11+10\times20 & 5\times2+8\times1+10\times3\\ 3\times15+5\times11+8\times20 & 3\times2+5\times1+8\times3\\ 4\times15+5\times11+6\times20 & 4\times2+5\times1+6\times3\end{pmatrix}=\begin{pmatrix}363 & 48\\ 260 & 35\\ 235 & 31\end{pmatrix}.$$

也就是说,矩阵 $\boldsymbol{C}$ 的(i, j)元$(i=1, 2, 3; j=1, 2)$等于矩阵 $\boldsymbol{A}$ 的第 i 行元素分别与矩阵 $\boldsymbol{B}$ 的第 j 列对应元素的乘积之和.

定义 1.4 设 $\boldsymbol{A}=(a_{ij})_{m\times n}$ 为 $m\times n$ 矩阵,$\boldsymbol{B}=(b_{ij})_{n\times p}$ 为 $n\times p$ 矩阵,规定 $\boldsymbol{A}$ 与 $\boldsymbol{B}$ 的乘积是 $m\times p$ 矩阵 $\boldsymbol{C}=(c_{ij})_{m\times p}$,记作 $\boldsymbol{C}=\boldsymbol{AB}$,且 $\boldsymbol{C}$ 的(i, j)元规定为

$$c_{ij}=a_{i1}b_{1j}+a_{i2}b_{2j}+\cdots+a_{in}b_{nj}=\sum_{k=1}^{n}a_{ik}b_{kj}, i=1, 2, \cdots, m; j=1, 2, \cdots, p.$$

注 只有左矩阵列数等于右矩阵行数时两矩阵才能相乘,且积矩阵行数等于左矩阵行数,积矩阵列数等于右矩阵列数. 积矩阵的(i, j)元可以表示为左行乘以右列的形式:

$$c_{ij}=(a_{i1}, a_{i2}, \cdots, a_{in})\begin{pmatrix}b_{1j}\\ b_{2j}\\ \vdots\\ b_{nj}\end{pmatrix}, i=1, 2, \cdots, m; j=1, 2, \cdots, p.$$

例 5 设 $\boldsymbol{A}=\begin{pmatrix}1 & 0 & 3\\ 2 & 1 & 0\end{pmatrix}$,$\boldsymbol{B}=\begin{pmatrix}4 & 1 & 0\\ -1 & 1 & 3\\ 2 & 0 & 1\end{pmatrix}$,则 $\boldsymbol{AB}=\begin{pmatrix}10 & 1 & 3\\ 7 & 3 & 3\end{pmatrix}$,而 $\boldsymbol{BA}$ 无意义.

例 6 $(1,2,3)\begin{pmatrix}1\\ -2\\ 1\end{pmatrix}=(1\times1-2\times2+3\times1)=0$,

$$\begin{pmatrix}1\\ -2\\ 1\end{pmatrix}(1,2,3)=\begin{pmatrix}1\times1 & 1\times2 & 1\times3\\ -2\times1 & -2\times2 & -2\times3\\ 1\times1 & 1\times2 & 1\times3\end{pmatrix}=\begin{pmatrix}1 & 2 & 3\\ -2 & -4 & -6\\ 1 & 2 & 3\end{pmatrix}.$$

例 7 设 $\boldsymbol{A}=\begin{pmatrix}a_{11} & a_{12}\\ a_{21} & a_{22}\end{pmatrix}$,$\boldsymbol{B}=\begin{pmatrix}\lambda & 0\\ 0 & \mu\end{pmatrix}$,则

$$AB=\begin{pmatrix}a_{11}\lambda & a_{12}\mu\\ a_{21}\lambda & a_{22}\mu\end{pmatrix},BA=\begin{pmatrix}\lambda a_{11} & \lambda a_{12}\\ \mu a_{21} & \mu a_{22}\end{pmatrix}.$$

矩阵乘法和数的乘法有以下不同之处.

(1)无交换律. 即不是对所有矩阵 $\boldsymbol{A},\boldsymbol{B}$,都有 $\boldsymbol{AB}=\boldsymbol{BA}$. 所以,矩阵相乘分左乘和右乘,乘积 $\boldsymbol{AB}$ 表示 $\boldsymbol{A}$ 左乘 $\boldsymbol{B}$,或 $\boldsymbol{B}$ 右乘 $\boldsymbol{A}$.

如果存在 n 阶矩阵 $\boldsymbol{A},\boldsymbol{B}$ 满足 $\boldsymbol{AB}=\boldsymbol{BA}$,则称 $\boldsymbol{A},\boldsymbol{B}$ **可交换**.

例如,n 阶数量矩阵 $\lambda\boldsymbol{E}$ 和 n 阶矩阵 $\boldsymbol{A}$ 可交换,即$(\lambda\boldsymbol{E})\boldsymbol{A}=\boldsymbol{A}(\lambda\boldsymbol{E})=\lambda\boldsymbol{A}$.

(2)无消去律. 即由 $\boldsymbol{AB}=\boldsymbol{AC},\boldsymbol{A}\neq\boldsymbol{O}$,一般不能推出 $\boldsymbol{B}=\boldsymbol{C}$.

(3)存在矩阵 $\boldsymbol{A}\neq\boldsymbol{O},\boldsymbol{B}\neq\boldsymbol{O}$ 使 $\boldsymbol{AB}=\boldsymbol{O}$. 即由 $\boldsymbol{AB}=\boldsymbol{O}$ 得不到 $\boldsymbol{A}=\boldsymbol{O}$ 或 $\boldsymbol{B}=\boldsymbol{O}$.

定理 1.2 矩阵乘法有以下运算律(假设以下运算都有意义).

(1)结合律:$(\boldsymbol{AB})\boldsymbol{C}=\boldsymbol{A}(\boldsymbol{BC})$.

(2)分配律:$\boldsymbol{A}(\boldsymbol{B}+\boldsymbol{C})=\boldsymbol{AB}+\boldsymbol{AC}$(左分配律);

$(\boldsymbol{B}+\boldsymbol{C})\boldsymbol{A}=\boldsymbol{BA}+\boldsymbol{CA}$(右分配律).

(3)对任意数 λ,$\lambda(\boldsymbol{AB})=(\lambda\boldsymbol{A})\boldsymbol{B}=\boldsymbol{A}(\lambda\boldsymbol{B})$.

定义 1.5 若 $\boldsymbol{A}$ 是 n 阶方阵,k 为正整数,则

$$\boldsymbol{A}^k=\overbrace{\boldsymbol{AA}\cdots\boldsymbol{A}}^{k\text{个}}$$

称为 $\boldsymbol{A}$ 的 k **次幂**,并规定 $\boldsymbol{A}^0=\boldsymbol{E}$.

定理 1.3 方阵的幂运算满足以下运算律:

$$\boldsymbol{A}^m\boldsymbol{A}^k=\boldsymbol{A}^{m+k},(\boldsymbol{A}^m)^k=\boldsymbol{A}^{mk},$$

其中 m,k 为正整数.

注 一般地,$(\boldsymbol{AB})^k\neq\boldsymbol{A}^k\boldsymbol{B}^k$. 另外,由 $\boldsymbol{A}\neq\boldsymbol{O}$ 不能推出 $\boldsymbol{A}^2\neq\boldsymbol{O}$.

设$f(x)=a_mx^m+a_{m-1}x^{m-1}+\cdots+a_1x+a_0(a_m\neq0)$为 m 次多项式,$\boldsymbol{A}$ 为 n 阶方阵,则

$$a_m\boldsymbol{A}^m+a_{m-1}\boldsymbol{A}^{m-1}+\cdots+a_1\boldsymbol{A}+a_0\boldsymbol{E}$$

仍为 n 阶方阵(其中 $\boldsymbol{E}$ 为 n 阶单位矩阵),称为方阵 $\boldsymbol{A}$ 的**多项式**,记作$f(\boldsymbol{A})$.

例 8 设$f(x)=2x^2+3x-4$,$\boldsymbol{A}=\begin{pmatrix}1 & -1\\ 2 & -1\end{pmatrix}$,求$f(\boldsymbol{A})$.

解 $f(\boldsymbol{A})=2\boldsymbol{A}^2+3\boldsymbol{A}-4\boldsymbol{E}=2\begin{pmatrix}1 & -1\\ 2 & -1\end{pmatrix}^2+3\begin{pmatrix}1 & -1\\ 2 & -1\end{pmatrix}-4\begin{pmatrix}1 & 0\\ 0 & 1\end{pmatrix}$

$$=2\begin{pmatrix}-1 & 0\\ 0 & -1\end{pmatrix}+\begin{pmatrix}3 & -3\\ 6 & -3\end{pmatrix}-\begin{pmatrix}4 & 0\\ 0 & 4\end{pmatrix}=\begin{pmatrix}-3 & -3\\ 6 & -9\end{pmatrix}.$$

1.1.4 矩阵的转置

定义 1.6 将 $m\times n$ 矩阵 $\boldsymbol{A}=(a_{ij})_{m\times n}$的行(列)变为相应的列(行)所得到的 $n\times m$ 矩阵

$$\begin{pmatrix} a_{11} & a_{21} & \cdots & a_{m1} \\ a_{12} & a_{22} & \cdots & a_{m2} \\ \vdots & \vdots & & \vdots \\ a_{1n} & a_{2n} & \cdots & a_{mn} \end{pmatrix},$$

称为 $\boldsymbol{A}$ 的**转置矩阵**,记作 $\boldsymbol{A}^{\mathrm{T}}$.

$\boldsymbol{A}^{\mathrm{T}}$ 的 (i, j) 元是 $\boldsymbol{A}$ 的 (j,i) 元 $a_{ji}(i=1, 2, \cdots, n; j=1, 2, \cdots, m)$,即 $\boldsymbol{A}^{\mathrm{T}}=(a_{ji})_{n\times m}$.

例如,$\boldsymbol{A}=\begin{pmatrix} 1 & 2 & 3 \\ 4 & 5 & 6 \\ 7 & 8 & 9 \end{pmatrix}$ 的转置矩阵 $\boldsymbol{A}^{\mathrm{T}}=\begin{pmatrix} 1 & 4 & 7 \\ 2 & 5 & 8 \\ 3 & 6 & 9 \end{pmatrix}$;$\boldsymbol{\alpha}=\begin{pmatrix} 1 \\ 2 \\ 3 \end{pmatrix}$ 的转置矩阵 $\boldsymbol{\alpha}^{\mathrm{T}}=(1,2,3)$.

定理 1.4 矩阵的转置具有以下运算律(假设以下运算都有意义):

(1) $(\boldsymbol{A}^{\mathrm{T}})^{\mathrm{T}}=\boldsymbol{A}$;

(2) $(\boldsymbol{A}+\boldsymbol{B})^{\mathrm{T}}=\boldsymbol{A}^{\mathrm{T}}+\boldsymbol{B}^{\mathrm{T}}$;

(3) $(\lambda\boldsymbol{A})^{\mathrm{T}}=\lambda\boldsymbol{A}^{\mathrm{T}}$,其中 λ 为任意数;

(4) $(\boldsymbol{AB})^{\mathrm{T}}=\boldsymbol{B}^{\mathrm{T}}\boldsymbol{A}^{\mathrm{T}}$.

运算律(2)和(4)可推广到有限个矩阵的情形:

$$(\boldsymbol{A}_1+\boldsymbol{A}_2+\cdots+\boldsymbol{A}_s)^{\mathrm{T}}=\boldsymbol{A}_1^{\mathrm{T}}+\boldsymbol{A}_2^{\mathrm{T}}+\cdots+\boldsymbol{A}_s^{\mathrm{T}};$$

$$(\boldsymbol{A}_1\boldsymbol{A}_2\cdots\boldsymbol{A}_s)^{\mathrm{T}}=\boldsymbol{A}_s^{\mathrm{T}}\boldsymbol{A}_{s-1}^{\mathrm{T}}\cdots\boldsymbol{A}_1^{\mathrm{T}}.$$

例 9 已知 $\boldsymbol{A}=\begin{pmatrix} 2 & 0 & -1 \\ 1 & 3 & 2 \end{pmatrix}$,$\boldsymbol{B}=\begin{pmatrix} 1 & 7 & -1 \\ 4 & 2 & 3 \\ 2 & 0 & 1 \end{pmatrix}$,求 $(\boldsymbol{AB})^{\mathrm{T}}$.

解 $(\boldsymbol{AB})^{\mathrm{T}}=\boldsymbol{B}^{\mathrm{T}}\boldsymbol{A}^{\mathrm{T}}=\begin{pmatrix} 1 & 4 & 2 \\ 7 & 2 & 0 \\ -1 & 3 & 1 \end{pmatrix}\begin{pmatrix} 2 & 1 \\ 0 & 3 \\ -1 & 2 \end{pmatrix}=\begin{pmatrix} 0 & 17 \\ 14 & 13 \\ -3 & 10 \end{pmatrix}$.

定义 1.7 若矩阵 $\boldsymbol{A}$ 满足 $\boldsymbol{A}^{\mathrm{T}}=\boldsymbol{A}(\boldsymbol{A}^{\mathrm{T}}=-\boldsymbol{A})$,则称 $\boldsymbol{A}$ 为**对称(反对称)矩阵**.

对称矩阵和反对称矩阵必是方阵. 对称矩阵关于主对角线对称的元素相等,而反对称矩阵主对角元均为 0,且关于主对角线对称的元素相反.

例如,$\begin{pmatrix} 1 & 2 \\ 2 & -1 \end{pmatrix}$,$\begin{pmatrix} 1 & -3 & 0 \\ -3 & 2 & 1 \\ 0 & 1 & 3 \end{pmatrix}$ 为对称矩阵,$\begin{pmatrix} 0 & 2 \\ -2 & 0 \end{pmatrix}$,$\begin{pmatrix} 0 & -3 & 4 \\ 3 & 0 & -1 \\ -4 & 1 & 0 \end{pmatrix}$ 为反对称矩阵.

例 10 设列矩阵 $\boldsymbol{\alpha}$ 满足 $\boldsymbol{\alpha}^{\mathrm{T}}\boldsymbol{\alpha}=1$,矩阵 $\boldsymbol{A}=\boldsymbol{E}-2\boldsymbol{\alpha}\boldsymbol{\alpha}^{\mathrm{T}}$,其中 $\boldsymbol{E}$ 为单位矩阵. 证明:$\boldsymbol{A}$ 为对称矩阵,且 $\boldsymbol{A}^2=\boldsymbol{E}$.

证明 因为

$$\boldsymbol{A}^{\mathrm{T}}=(\boldsymbol{E}-2\boldsymbol{\alpha}\boldsymbol{\alpha}^{\mathrm{T}})^{\mathrm{T}}=\boldsymbol{E}^{\mathrm{T}}-(2\boldsymbol{\alpha}\boldsymbol{\alpha}^{\mathrm{T}})^{\mathrm{T}}=\boldsymbol{E}-2(\boldsymbol{\alpha}^{\mathrm{T}})^{\mathrm{T}}\boldsymbol{\alpha}^{\mathrm{T}}=\boldsymbol{E}-2\boldsymbol{\alpha}\boldsymbol{\alpha}^{\mathrm{T}}=\boldsymbol{A},$$

所以 $\boldsymbol{A}$ 为对称矩阵.

由于 $\boldsymbol{\alpha}^{\mathrm{T}}\boldsymbol{\alpha}=1$ 为一阶矩阵(也是数量矩阵),用它乘矩阵相当于数乘,于是得

$$\begin{aligned}\boldsymbol{A}^2&=(\boldsymbol{E}-2\boldsymbol{\alpha}\boldsymbol{\alpha}^{\mathrm{T}})^2\\&=\boldsymbol{E}^2-4\boldsymbol{\alpha}\boldsymbol{\alpha}^{\mathrm{T}}+(2\boldsymbol{\alpha}\boldsymbol{\alpha}^{\mathrm{T}})^2\\&=\boldsymbol{E}-4\boldsymbol{\alpha}\boldsymbol{\alpha}^{\mathrm{T}}+4\boldsymbol{\alpha}(\boldsymbol{\alpha}^{\mathrm{T}}\boldsymbol{\alpha})\boldsymbol{\alpha}^{\mathrm{T}}\\&=\boldsymbol{E}-4\boldsymbol{\alpha}\boldsymbol{\alpha}^{\mathrm{T}}+4\boldsymbol{\alpha}(1)\boldsymbol{\alpha}^{\mathrm{T}}\\&=\boldsymbol{E}-4\boldsymbol{\alpha}\boldsymbol{\alpha}^{\mathrm{T}}+4\boldsymbol{\alpha}\boldsymbol{\alpha}^{\mathrm{T}}\\&=\boldsymbol{E}.\end{aligned}$$

习题 1.1

一、基础题

1. 已知 $2\begin{pmatrix}2&1&-3\\0&-2&1\end{pmatrix}+3\boldsymbol{X}-\begin{pmatrix}1&-2&2\\3&0&-1\end{pmatrix}=\boldsymbol{O}$,求矩阵 $\boldsymbol{X}$.

2. 计算下列矩阵的乘积:

(1) $(1,2,3)\begin{pmatrix}3&1\\2&-2\\1&3\end{pmatrix}$;

(2) $\begin{pmatrix}3\\2\\1\end{pmatrix}(1,2,3,4)$;

(3) $\begin{pmatrix}2&1&4&0\\1&-3&3&4\end{pmatrix}\begin{pmatrix}1&3&1\\0&-1&2\\1&-3&1\\4&0&2\end{pmatrix}$;

(4) $(x_1,x_2,x_3)\begin{pmatrix}a_{11}&a_{12}&a_{13}\\a_{12}&a_{22}&a_{23}\\a_{13}&a_{23}&a_{33}\end{pmatrix}\begin{pmatrix}x_1\\x_2\\x_3\end{pmatrix}$.

3. 设 $\boldsymbol{A}=\begin{pmatrix}a_{11}&a_{12}&a_{13}\\a_{21}&a_{22}&a_{23}\end{pmatrix}$,$\boldsymbol{P}=\begin{pmatrix}\lambda_1&\\&\lambda_2\end{pmatrix}$,$\boldsymbol{Q}=\begin{pmatrix}\mu_1&&\\&\mu_2&\\&&\mu_3\end{pmatrix}$,求 $\boldsymbol{PA}$,$\boldsymbol{AQ}$.

4. 已知 $\boldsymbol{A}=\begin{pmatrix}1&2&0\\-1&1&2\end{pmatrix}$,$\boldsymbol{B}=\begin{pmatrix}0&1\\1&2\\1&1\end{pmatrix}$,$\boldsymbol{C}=\begin{pmatrix}1&0\\0&2\end{pmatrix}$,求下列矩阵:

(1) $\boldsymbol{AB}-2\boldsymbol{C}$;

(2) $\boldsymbol{A}^{\mathrm{T}}\boldsymbol{C}\boldsymbol{B}^{\mathrm{T}}$.

5. 设 $f(x)=x^2-2x-3$,$\boldsymbol{A}=\begin{pmatrix}1&2\\2&1\end{pmatrix}$,求 $f(\boldsymbol{A})$.

6. 设 $\boldsymbol{A}=\begin{pmatrix}1&0\\1&1\end{pmatrix}$,求所有与 $\boldsymbol{A}$ 可交换的矩阵.

7. 设 $\boldsymbol{A}$ 为 $m\times n$ 矩阵,$\boldsymbol{E}$ 为 n 阶单位矩阵,k 为数,证明:$\boldsymbol{E}+k\boldsymbol{A}^{\mathrm{T}}\boldsymbol{A}$ 为对称矩阵.

二、提高题

8. 设 $\boldsymbol{A}$ 为 n 阶实矩阵，下列命题成立的是(　　).

A. 若 $\boldsymbol{A}^2=\boldsymbol{A}$，则 $\boldsymbol{A}=\boldsymbol{O}$ 或 $\boldsymbol{E}$　　B. 若 $\boldsymbol{A}^2=\boldsymbol{E}$，则 $\boldsymbol{A}=\pm\boldsymbol{E}$

C. 若 $\boldsymbol{A}\neq\boldsymbol{O}$，则 $\boldsymbol{A}^2\neq\boldsymbol{O}$　　D. 若 $\boldsymbol{A}\neq\boldsymbol{O}$，则 $\boldsymbol{A}^{\mathrm{T}}\boldsymbol{A}\neq\boldsymbol{O}$

9. 设 $\boldsymbol{A}=\begin{pmatrix}\cos\theta & -\sin\theta\\ \sin\theta & \cos\theta\end{pmatrix}$，则 $\boldsymbol{A}^n=$ ________.

10. 设 $\boldsymbol{\alpha},\boldsymbol{\beta}$ 为 $n\times1$ 矩阵，$\boldsymbol{A}=\boldsymbol{\alpha}\boldsymbol{\beta}^{\mathrm{T}}$. 证明：$\boldsymbol{A}^m=k^{m-1}\boldsymbol{A}$，其中 $k=\boldsymbol{\beta}^{\mathrm{T}}\boldsymbol{\alpha}$.

11. 设 $\boldsymbol{A},\boldsymbol{B}$ 为 n 阶矩阵，且 $\boldsymbol{AB}=\boldsymbol{BA}$. 证明：

(1) $(\boldsymbol{A}+\boldsymbol{B})^2=\boldsymbol{A}^2+2\boldsymbol{AB}+\boldsymbol{B}^2$；　　(2) $\boldsymbol{A}^2-\boldsymbol{B}^2=(\boldsymbol{A}+\boldsymbol{B})(\boldsymbol{A}-\boldsymbol{B})$；

(3) $\boldsymbol{A}^3+\boldsymbol{B}^3=(\boldsymbol{A}+\boldsymbol{B})(\boldsymbol{A}^2-\boldsymbol{AB}+\boldsymbol{B}^2)$；　　(4) $\boldsymbol{A}^3-\boldsymbol{B}^3=(\boldsymbol{A}-\boldsymbol{B})(\boldsymbol{A}^2+\boldsymbol{AB}+\boldsymbol{B}^2)$.

1.2 分块矩阵与矩阵的初等变换

1.2.1 分块矩阵的概念

对于行数和列数较多的矩阵，为了简化运算，经常采用分块方法，使大矩阵的运算转化为小矩阵的运算．具体做法是：在矩阵 $\boldsymbol{A}$ 的某些行之间用横线，在某些列之间用纵线，将矩阵 $\boldsymbol{A}$ 划分成一些小矩阵，每个小矩阵称为矩阵 $\boldsymbol{A}$ 的**子块**，以子块为元素的形式上的矩阵称为**分块矩阵**.

例 1 设

$$\boldsymbol{A}=\begin{pmatrix}1&1&0&0\\0&2&0&0\\1&0&3&1\\0&1&1&4\end{pmatrix},$$

在第二、第三行之间画一条横线，在第二、第三列之间画一条纵线，就得到一个 2×2 分块矩阵(以子块为元素)，记作

$$\boldsymbol{A}=\left(\begin{array}{cc:cc}1&1&0&0\\0&2&0&0\\ \hdashline 1&0&3&1\\0&1&1&4\end{array}\right)=\begin{pmatrix}\boldsymbol{A}_1&\boldsymbol{A}_2\\\boldsymbol{A}_3&\boldsymbol{A}_4\end{pmatrix},$$

其中

$$\boldsymbol{A}_1=\begin{pmatrix}1&1\\0&2\end{pmatrix},\boldsymbol{A}_2=\begin{pmatrix}0&0\\0&0\end{pmatrix},\boldsymbol{A}_3=\begin{pmatrix}1&0\\0&1\end{pmatrix},\boldsymbol{A}_4=\begin{pmatrix}3&1\\1&4\end{pmatrix}.$$

矩阵的分块方法可以是任意的，具体分块方法的选取主要取决于矩阵自身的特点和具体运算的需要．例如，例 1 中的分块方法使 $\boldsymbol{A}_1$ 为上三角形矩阵，$\boldsymbol{A}_2$ 为零矩阵，$\boldsymbol{A}_3$ 为单位矩阵，$\boldsymbol{A}_4$ 为对称矩阵.

若把 $m\times n$ 矩阵

$$A=\begin{pmatrix} a_{11} & a_{12} & \cdots & a_{1n} \\ a_{21} & a_{22} & \cdots & a_{2n} \\ \vdots & \vdots & & \vdots \\ a_{m1} & a_{m2} & \cdots & a_{mn} \end{pmatrix}$$

的每列划分为一块,就得到按列分块矩阵,记作 $\boldsymbol{A}=(\boldsymbol{\alpha}_1,\boldsymbol{\alpha}_2,\cdots,\boldsymbol{\alpha}_n)$,其中子块 $\boldsymbol{\alpha}_j=(a_{1j},a_{2j},\cdots,a_{mj})^{\mathrm{T}}$ $(j=1,2,\cdots,n)$ 称为 $\boldsymbol{A}$ 的**列块**,也称为 $\boldsymbol{A}$ 的**列向量**.

若把 $\boldsymbol{A}$ 的每行划分为一块,就得到按行分块矩阵,记作

$$\boldsymbol{A}=\begin{pmatrix} \boldsymbol{\beta}_1^{\mathrm{T}} \\ \boldsymbol{\beta}_2^{\mathrm{T}} \\ \vdots \\ \boldsymbol{\beta}_m^{\mathrm{T}} \end{pmatrix},$$

其中子块 $\boldsymbol{\beta}_i^{\mathrm{T}}=(a_{i1},a_{i2},\cdots,a_{in})\ (i=1,\ 2,\ \cdots,\ m)$ 称为 $\boldsymbol{A}$ 的**行块**,也称为 $\boldsymbol{A}$ 的**行向量**.

本书常用 $\boldsymbol{\alpha},\boldsymbol{\beta},\cdots$ 表示列块和列向量,而用 $\boldsymbol{\alpha}^{\mathrm{T}},\boldsymbol{\beta}^{\mathrm{T}},\cdots$ 表示行块和行向量.

1.2.2　分块矩阵的运算

能够引入分块矩阵的一个主要原因是,只要对矩阵进行恰当的分块,就可以把子块当作元素按普通矩阵的运算法则对分块矩阵进行运算.

1. 分块矩阵的加法、减法

设 $\boldsymbol{A},\boldsymbol{B}$ 为同型矩阵,用相同的分块方法将它们分块,即

$$\boldsymbol{A}=\begin{pmatrix} \boldsymbol{A}_{11} & \boldsymbol{A}_{12} & \cdots & \boldsymbol{A}_{1t} \\ \boldsymbol{A}_{21} & \boldsymbol{A}_{22} & \cdots & \boldsymbol{A}_{2t} \\ \vdots & \vdots & & \vdots \\ \boldsymbol{A}_{s1} & \boldsymbol{A}_{s2} & \cdots & \boldsymbol{A}_{st} \end{pmatrix},\boldsymbol{B}=\begin{pmatrix} \boldsymbol{B}_{11} & \boldsymbol{B}_{12} & \cdots & \boldsymbol{B}_{1t} \\ \boldsymbol{B}_{21} & \boldsymbol{B}_{22} & \cdots & \boldsymbol{B}_{2t} \\ \vdots & \vdots & & \vdots \\ \boldsymbol{B}_{s1} & \boldsymbol{B}_{s2} & \cdots & \boldsymbol{B}_{st} \end{pmatrix},$$

其中 $\boldsymbol{A}_{ij},\boldsymbol{B}_{ij}\ (i=1,\ 2,\ \cdots,\ s;\ j=1,\ 2,\ \cdots,\ t)$ 是同型矩阵,那么

$$\boldsymbol{A}\pm\boldsymbol{B}=\begin{pmatrix} \boldsymbol{A}_{11}\pm\boldsymbol{B}_{11} & \boldsymbol{A}_{12}\pm\boldsymbol{B}_{12} & \cdots & \boldsymbol{A}_{1t}\pm\boldsymbol{B}_{1t} \\ \boldsymbol{A}_{21}\pm\boldsymbol{B}_{21} & \boldsymbol{A}_{22}\pm\boldsymbol{B}_{22} & \cdots & \boldsymbol{A}_{2t}\pm\boldsymbol{B}_{2t} \\ \vdots & \vdots & & \vdots \\ \boldsymbol{A}_{s1}\pm\boldsymbol{B}_{s1} & \boldsymbol{A}_{s2}\pm\boldsymbol{B}_{s2} & \cdots & \boldsymbol{A}_{st}\pm\boldsymbol{B}_{st} \end{pmatrix}.$$

2. 数与分块矩阵的乘法

设 k 为数,$\boldsymbol{A}=\begin{pmatrix} \boldsymbol{A}_{11} & \boldsymbol{A}_{12} & \cdots & \boldsymbol{A}_{1t} \\ \boldsymbol{A}_{21} & \boldsymbol{A}_{22} & \cdots & \boldsymbol{A}_{2t} \\ \vdots & \vdots & & \vdots \\ \boldsymbol{A}_{s1} & \boldsymbol{A}_{s2} & \cdots & \boldsymbol{A}_{st} \end{pmatrix}$ 为分块矩阵,那么

$$kA=\begin{pmatrix} kA_{11} & kA_{12} & \cdots & kA_{1t} \\ kA_{21} & kA_{22} & \cdots & kA_{2t} \\ \vdots & \vdots & & \vdots \\ kA_{s1} & kA_{s2} & \cdots & kA_{st} \end{pmatrix}.$$

3. 分块矩阵的乘法

设 $\boldsymbol{A}$ 是 $m\times n$ 矩阵，$\boldsymbol{B}$ 是 $n\times p$ 矩阵，分块时使 $\boldsymbol{A}$ 的列分块方法与 $\boldsymbol{B}$ 的行分块方法相同，即分别将 $\boldsymbol{A},\boldsymbol{B}$ 分为 $r\times s$ 和 $s\times t$ 分块矩阵：

$$\boldsymbol{A}=\begin{pmatrix} \boldsymbol{A}_{11} & \boldsymbol{A}_{12} & \cdots & \boldsymbol{A}_{1s} \\ \boldsymbol{A}_{21} & \boldsymbol{A}_{22} & \cdots & \boldsymbol{A}_{2s} \\ \vdots & \vdots & & \vdots \\ \boldsymbol{A}_{r1} & \boldsymbol{A}_{r2} & \cdots & \boldsymbol{A}_{rs} \end{pmatrix}, \boldsymbol{B}=\begin{pmatrix} \boldsymbol{B}_{11} & \boldsymbol{B}_{12} & \cdots & \boldsymbol{B}_{1t} \\ \boldsymbol{B}_{21} & \boldsymbol{B}_{22} & \cdots & \boldsymbol{B}_{2t} \\ \vdots & \vdots & & \vdots \\ \boldsymbol{B}_{s1} & \boldsymbol{B}_{s2} & \cdots & \boldsymbol{B}_{st} \end{pmatrix}\begin{matrix} n_1\text{ 行} \\ n_2\text{ 行} \\ \vdots \\ n_s\text{ 行} \end{matrix},$$

$$n_1\text{ 列}\quad n_2\text{ 列}\quad \cdots\quad n_s\text{ 列}$$

这里 $n_1+n_2+\cdots+n_s=n$. 那么 $\boldsymbol{AB}=\begin{pmatrix} \boldsymbol{C}_{11} & \boldsymbol{C}_{12} & \cdots & \boldsymbol{C}_{1t} \\ \boldsymbol{C}_{21} & \boldsymbol{C}_{22} & \cdots & \boldsymbol{C}_{2t} \\ \vdots & \vdots & & \vdots \\ \boldsymbol{C}_{r1} & \boldsymbol{C}_{r2} & \cdots & \boldsymbol{C}_{rt} \end{pmatrix}$ 是 $r\times t$ 分块矩阵，其中

$$\boldsymbol{C}_{ij}=\sum_{k=1}^{s}\boldsymbol{A}_{ik}\boldsymbol{B}_{kj}, i=1,2,\cdots,r;\ j=1,2,\cdots,t.$$

注 只要左矩阵的列分块方法与右矩阵的行分块方法一致，就可以按普通矩阵的乘法法则对分块矩阵进行运算．但是，子块相乘时一般不能交换左右子块的次序．

例 2 设

$$\boldsymbol{A}=\begin{pmatrix} 1 & 0 & 0 & 0 \\ 0 & 1 & 0 & 0 \\ -1 & 2 & 1 & 0 \\ 1 & 1 & 0 & 1 \end{pmatrix}, \boldsymbol{B}=\begin{pmatrix} 1 & 0 & 3 & 2 \\ -1 & 2 & 0 & 1 \\ 1 & 0 & 4 & 1 \\ -1 & -1 & 2 & 0 \end{pmatrix},$$

求 $\boldsymbol{AB}$.

解 根据矩阵 $\boldsymbol{A}$ 的特点和分块矩阵乘法法则的要求，可对 $\boldsymbol{A},\boldsymbol{B}$ 进行如下分块：

$$\boldsymbol{A}=\left(\begin{array}{cc:cc} 1 & 0 & 0 & 0 \\ 0 & 1 & 0 & 0 \\ \hdashline -1 & 2 & 1 & 0 \\ 1 & 1 & 0 & 1 \end{array}\right)=\begin{pmatrix} \boldsymbol{E} & \boldsymbol{O} \\ \boldsymbol{A}_1 & \boldsymbol{E} \end{pmatrix}, \boldsymbol{B}=\left(\begin{array}{cccc} 1 & 0 & 3 & 2 \\ -1 & 2 & 0 & 1 \\ \hdashline 1 & 0 & 4 & 1 \\ -1 & -1 & 2 & 0 \end{array}\right)=\begin{pmatrix} \boldsymbol{B}_1 \\ \boldsymbol{B}_2 \end{pmatrix},$$

其中 $\boldsymbol{E}$ 表示二阶单位矩阵，$\boldsymbol{O}$ 表示二阶零矩阵，子块

$$\boldsymbol{A}_1=\begin{pmatrix} -1 & 2 \\ 1 & 1 \end{pmatrix}, \boldsymbol{B}_1=\begin{pmatrix} 1 & 0 & 3 & 2 \\ -1 & 2 & 0 & 1 \end{pmatrix}, \boldsymbol{B}_2=\begin{pmatrix} 1 & 0 & 4 & 1 \\ -1 & -1 & 2 & 0 \end{pmatrix}.$$

根据分块矩阵乘法法则可得

$$\boldsymbol{AB}=\begin{pmatrix}\boldsymbol{E} & \boldsymbol{O}\\ \boldsymbol{A}_1 & \boldsymbol{E}\end{pmatrix}\begin{pmatrix}\boldsymbol{B}_1\\ \boldsymbol{B}_2\end{pmatrix}=\begin{pmatrix}\boldsymbol{EB}_1+\boldsymbol{OB}_2\\ \boldsymbol{A}_1\boldsymbol{B}_1+\boldsymbol{EB}_2\end{pmatrix}=\begin{pmatrix}\boldsymbol{B}_1\\ \boldsymbol{A}_1\boldsymbol{B}_1+\boldsymbol{B}_2\end{pmatrix}.$$

由于

$$\begin{aligned}\boldsymbol{A}_1\boldsymbol{B}_1+\boldsymbol{B}_2&=\begin{pmatrix}-1 & 2\\ 1 & 1\end{pmatrix}\begin{pmatrix}1 & 0 & 3 & 2\\ -1 & 2 & 0 & 1\end{pmatrix}+\begin{pmatrix}1 & 0 & 4 & 1\\ -1 & -1 & 2 & 0\end{pmatrix}\\&=\begin{pmatrix}-2 & 4 & 1 & 1\\ -1 & 1 & 5 & 3\end{pmatrix},\end{aligned}$$

所以

$$\boldsymbol{AB}=\begin{pmatrix}1 & 0 & 3 & 2\\ -1 & 2 & 0 & 1\\ -2 & 4 & 1 & 1\\ -1 & 1 & 5 & 3\end{pmatrix}.$$

4. 分块矩阵的转置

设 $\boldsymbol{A}=\begin{pmatrix}\boldsymbol{A}_{11} & \boldsymbol{A}_{12} & \cdots & \boldsymbol{A}_{1t}\\ \boldsymbol{A}_{21} & \boldsymbol{A}_{22} & \cdots & \boldsymbol{A}_{2t}\\ \vdots & \vdots & & \vdots\\ \boldsymbol{A}_{s1} & \boldsymbol{A}_{s2} & \cdots & \boldsymbol{A}_{st}\end{pmatrix}$ 为分块矩阵,则 $\boldsymbol{A}^{\mathrm{T}}=\begin{pmatrix}\boldsymbol{A}_{11}^{\mathrm{T}} & \boldsymbol{A}_{21}^{\mathrm{T}} & \cdots & \boldsymbol{A}_{s1}^{\mathrm{T}}\\ \boldsymbol{A}_{12}^{\mathrm{T}} & \boldsymbol{A}_{22}^{\mathrm{T}} & \cdots & \boldsymbol{A}_{s2}^{\mathrm{T}}\\ \vdots & \vdots & & \vdots\\ \boldsymbol{A}_{1t}^{\mathrm{T}} & \boldsymbol{A}_{2t}^{\mathrm{T}} & \cdots & \boldsymbol{A}_{st}^{\mathrm{T}}\end{pmatrix}$.

注 分块矩阵转置不仅要交换行块和相应列块的位置,而且要将每个子块转置.

5. 准对角矩阵

若分块矩阵 $\boldsymbol{A}$ 的主对角线上的子块均为方阵,其余子块都是零矩阵,即

$$\boldsymbol{A}=\begin{pmatrix}\boldsymbol{A}_1 & & & \\ & \boldsymbol{A}_2 & & \\ & & \ddots & \\ & & & \boldsymbol{A}_s\end{pmatrix},$$

其中 $\boldsymbol{A}_i\,(i=1,2,\cdots,s)$ 是方阵,则称 $\boldsymbol{A}$ 为**准对角矩阵**,记作

$$\boldsymbol{A}=\operatorname{diag}(\boldsymbol{A}_1,\boldsymbol{A}_2,\cdots,\boldsymbol{A}_s).$$

准对角矩阵一定是方阵,而且与对角矩阵有相似的运算性质.

设 $\boldsymbol{A}=\operatorname{diag}(\boldsymbol{A}_1,\boldsymbol{A}_2,\cdots,\boldsymbol{A}_s)$,$\boldsymbol{B}=\operatorname{diag}(\boldsymbol{B}_1,\boldsymbol{B}_2,\cdots,\boldsymbol{B}_s)$ 是分块方法相同的准对角矩阵,即有 $\boldsymbol{A}_i,\boldsymbol{B}_i$ $(i=1,2,\cdots,s)$ 为同阶方阵,则

(1) $\boldsymbol{A}\pm\boldsymbol{B}=\operatorname{diag}(\boldsymbol{A}_1\pm\boldsymbol{B}_1,\boldsymbol{A}_2\pm\boldsymbol{B}_2,\cdots,\boldsymbol{A}_s\pm\boldsymbol{B}_s)$;

(2) $k\boldsymbol{A}=\operatorname{diag}(k\boldsymbol{A}_1,k\boldsymbol{A}_2,\cdots,k\boldsymbol{A}_s)$;

(3) $\boldsymbol{AB}=\operatorname{diag}(\boldsymbol{A}_1\boldsymbol{B}_1,\boldsymbol{A}_2\boldsymbol{B}_2,\cdots,\boldsymbol{A}_s\boldsymbol{B}_s)$;

(4) $\boldsymbol{A}^k=\operatorname{diag}(\boldsymbol{A}_1^k,\boldsymbol{A}_2^k,\cdots,\boldsymbol{A}_s^k)$,其中 k 为正整数;

(5) $\boldsymbol{A}^{\mathrm{T}}=\operatorname{diag}(\boldsymbol{A}_1^{\mathrm{T}},\boldsymbol{A}_2^{\mathrm{T}},\cdots,\boldsymbol{A}_s^{\mathrm{T}})$.

例 3 设 $m\times n$ 实矩阵 $\boldsymbol{A}$ 满足 $\boldsymbol{A}^{\mathrm{T}}\boldsymbol{A}=\boldsymbol{O}$,证明:$\boldsymbol{A}=\boldsymbol{O}$.

证明 将矩阵 $\boldsymbol{A}$ 按列分块为 $\boldsymbol{A}=(\boldsymbol{\alpha}_1,\boldsymbol{\alpha}_2,\cdots,\boldsymbol{\alpha}_n)$,其中列块为

$$\boldsymbol{\alpha}_j=\begin{pmatrix}a_{1j}\\a_{2j}\\\vdots\\a_{mj}\end{pmatrix},\ j=1,\ 2,\ \cdots,\ n,$$

则

$$\boldsymbol{A}^{\mathrm{T}}\boldsymbol{A}=\begin{pmatrix}\boldsymbol{\alpha}_1^{\mathrm{T}}\\\boldsymbol{\alpha}_2^{\mathrm{T}}\\\vdots\\\boldsymbol{\alpha}_n^{\mathrm{T}}\end{pmatrix}(\boldsymbol{\alpha}_1,\boldsymbol{\alpha}_2,\cdots,\boldsymbol{\alpha}_n)=\begin{pmatrix}\boldsymbol{\alpha}_1^{\mathrm{T}}\boldsymbol{\alpha}_1&\boldsymbol{\alpha}_1^{\mathrm{T}}\boldsymbol{\alpha}_2&\cdots&\boldsymbol{\alpha}_1^{\mathrm{T}}\boldsymbol{\alpha}_n\\\boldsymbol{\alpha}_2^{\mathrm{T}}\boldsymbol{\alpha}_1&\boldsymbol{\alpha}_2^{\mathrm{T}}\boldsymbol{\alpha}_2&\cdots&\boldsymbol{\alpha}_2^{\mathrm{T}}\boldsymbol{\alpha}_n\\\vdots&\vdots&&\vdots\\\boldsymbol{\alpha}_n^{\mathrm{T}}\boldsymbol{\alpha}_1&\boldsymbol{\alpha}_n^{\mathrm{T}}\boldsymbol{\alpha}_2&\cdots&\boldsymbol{\alpha}_n^{\mathrm{T}}\boldsymbol{\alpha}_n\end{pmatrix}=\boldsymbol{O},$$

所以 $\boldsymbol{\alpha}_j^{\mathrm{T}}\boldsymbol{\alpha}_j=\sum_{k=1}^{m}a_{kj}^2=0,\ j=1,\ 2,\ \cdots,\ n.$

由于 $a_{1j},a_{2j},\cdots,a_{mj}$ 是实数,故 $a_{1j}=a_{2j}=\cdots=a_{mj}=0$,即 $\boldsymbol{\alpha}_j=\boldsymbol{0},\ j=1,\ 2,\ \cdots,\ n$,从而 $\boldsymbol{A}=\boldsymbol{O}$.

1.2.3 矩阵的初等变换

例 4 现以 1.1 节例 2 中的线性方程组为例,用现代方式说明《九章算术》中“直除法”的解题思想.

为了方便对比,我们将线性方程组与其对应的矩阵并列写出(用符号“$\Leftrightarrow$”表示):

$$\begin{pmatrix}3&2&1&39\\2&3&1&34\\1&2&3&26\end{pmatrix}\Leftrightarrow\begin{cases}3x+2y+\ \ z=39,\\2x+3y+\ \ z=34,\\\ \ x+2y+3z=26.\end{cases}$$

将矩阵的第二、第三行分别乘以第一行中第一个非零元 3(称为“遍乘”),得

$$\begin{pmatrix}3&2&1&39\\6&9&3&102\\3&6&9&78\end{pmatrix}\Leftrightarrow\begin{cases}3x+2y+\ \ z=39,\\6x+9y+3z=102,\\3x+6y+9z=78.\end{cases}$$

将矩阵的第二、第三行分别减去第一行的 2 倍、1 倍(称为“直除”,即连续相减),得

$$\begin{pmatrix}3&2&1&39\\0&5&1&24\\0&4&8&39\end{pmatrix}\Leftrightarrow\begin{cases}3x+2y+\ \ z=39,\\\qquad 5y+\ \ z=24,\\\qquad 4y+8z=39.\end{cases}$$

将矩阵的第三行乘以第二行中第一个非零元 5,得

$$\begin{pmatrix}3&2&1&39\\0&5&1&24\\0&20&40&195\end{pmatrix}\Leftrightarrow\begin{cases}3x+2y+\ \ \ z=39,\\\qquad 5y+\ \ \ z=24,\\\quad 20y+40z=195.\end{cases}$$

再将矩阵的第三行减去第二行的 4 倍,得

$$\begin{pmatrix}3 & 2 & 1 & 39\\ 0 & 5 & 1 & 24\\ 0 & 0 & 36 & 99\end{pmatrix} \Leftrightarrow \begin{cases}3x+2y+z=39,\\ 5y+z=24,\\ 36z=99.\end{cases}$$

重复“遍乘–直除”程序,最后可得

$$\begin{pmatrix}4 & 0 & 0 & 37\\ 0 & 4 & 0 & 17\\ 0 & 0 & 4 & 11\end{pmatrix} \Leftrightarrow \begin{cases}4x = 37,\\ 4y = 17,\\ 4z=11.\end{cases}$$

于是得 $x=9\dfrac{1}{4}, y=4\dfrac{1}{4}, z=2\dfrac{3}{4}$.

“直除法”与现代解线性方程组的消元法大体相当,其实质都是对线性方程组的矩阵施行初等行变换.

定义 1.8 下面 3 种变换称为矩阵的**初等行变换**:

(1)交换矩阵的两行(交换第 i, j 行,记作 $r_i \leftrightarrow r_j$);

(2)用非零数 k 乘矩阵的某一行(用 k 乘第 i 行,记作 $r_i \times k$);

(3)将矩阵的第 i 行的 k 倍加到第 j 行($i \neq j$,记作 $r_j + kr_i$).

定义 1.9 将定义 1.8 中的“行”换成“列”,即得矩阵的**初等列变换**(所用记号相应地把“r”换成“c”即可).

矩阵的初等行变换和初等列变换统称为矩阵的**初等变换**.

初等变换是可逆的. 即若矩阵 $\boldsymbol{A}$ 经第 $i(i=1,2,3)$ 种初等行(列)变换化为 $\boldsymbol{B}$,则 $\boldsymbol{B}$ 也可经第 i 种初等行(列)变换化为 $\boldsymbol{A}$.

例如,若 $\boldsymbol{A} \xrightarrow{r_i \leftrightarrow r_j} \boldsymbol{B}$,则 $\boldsymbol{B} \xrightarrow{r_i \leftrightarrow r_j} \boldsymbol{A}$;若 $\boldsymbol{A} \xrightarrow{r_i \times k} \boldsymbol{B}$,则 $\boldsymbol{B} \xrightarrow{r_i \times \frac{1}{k}} \boldsymbol{A}$;若 $\boldsymbol{A} \xrightarrow{r_j + kr_i} \boldsymbol{B}$,则 $\boldsymbol{B} \xrightarrow{r_j - kr_i} \boldsymbol{A}$.

定义 1.10 若矩阵 $\boldsymbol{A}$ 经过有限次初等行(列)变换化为矩阵 $\boldsymbol{B}$,则称 $\boldsymbol{A}$ 与 $\boldsymbol{B}$ **行(列)等价**,记作 $\boldsymbol{A} \xrightarrow{r} \boldsymbol{B}$ ($\boldsymbol{A} \xrightarrow{c} \boldsymbol{B}$).

如果矩阵 $\boldsymbol{A}$ 经过有限次初等变换得到矩阵 $\boldsymbol{B}$,则称 $\boldsymbol{A}$ 与 $\boldsymbol{B}$ **等价**,记作 $\boldsymbol{A} \cong \boldsymbol{B}$.

矩阵等价具有以下性质.

(1)自反性:$\boldsymbol{A} \cong \boldsymbol{A}$.

(2)对称性:若 $\boldsymbol{A} \cong \boldsymbol{B}$,则 $\boldsymbol{B} \cong \boldsymbol{A}$.

(3)传递性:若 $\boldsymbol{A} \cong \boldsymbol{B}, \boldsymbol{B} \cong \boldsymbol{C}$,则 $\boldsymbol{A} \cong \boldsymbol{C}$.

定义 1.11 (1)满足下列条件的矩阵 $\boldsymbol{A}$ 称为**行阶梯形矩阵**:

①如果 $\boldsymbol{A}$ 存在零行,则零行都在非零行的下方;

②$\boldsymbol{A}$ 的每个非零行的第一个非零元的下方和左下方都是 0.

(2)满足下列条件的矩阵 $\boldsymbol{A}$ 称为**行最简形矩阵**:

①$\boldsymbol{A}$ 是行阶梯形矩阵;

②$\boldsymbol{A}$ 的每个非零行的第一个非零元都是 1,且它所在列的其他元素都为 0.

由定义可知行阶梯形矩阵的特点是,从第一行的第一个非零元开始沿其余各行的第一个非零元画一条阶梯形折线,则每个阶梯只含一行(可含多列),且折线的下方全为0. 例如,

$$\boldsymbol{A}_1=\begin{pmatrix}1&-1&3\\0&2&1\\0&0&2\end{pmatrix},\boldsymbol{A}_2=\begin{pmatrix}1&4&0&0&5\\0&0&1&0&-1\\0&0&0&1&3\\0&0&0&0&0\end{pmatrix},\boldsymbol{A}_3=\begin{pmatrix}0&2&5&1&0\\0&0&1&2&0\\0&0&0&0&1\end{pmatrix}$$

都是行阶梯形矩阵,其中只有 $\boldsymbol{A}_2$ 是行最简形矩阵. 而

$$\begin{pmatrix}1&2&3&-1&5\\0&4&1&-2&3\\0&-1&1&2&1\end{pmatrix},\begin{pmatrix}1&3&2&-1&6\\0&0&5&-2&3\\0&1&4&7&2\end{pmatrix}$$

都不是行阶梯形矩阵.

定理 1.5 (1)任何矩阵都行等价于行阶梯形矩阵;

(2)任何矩阵都行等价于行最简形矩阵.

证明 这里仅证(1),(2)的证明请读者自行完成.

设 $\boldsymbol{A}=\begin{pmatrix}a_{11}&a_{12}&\cdots&a_{1n}\\a_{21}&a_{22}&\cdots&a_{2n}\\\vdots&\vdots&&\vdots\\a_{m1}&a_{m2}&\cdots&a_{mn}\end{pmatrix}$. 若 $\boldsymbol{A}=\boldsymbol{O}$ 或 $m=1$,则 $\boldsymbol{A}$ 已是行阶梯形矩阵. 设 $\boldsymbol{A}\neq\boldsymbol{O}$ 且 $m>1$,不妨设 $\boldsymbol{A}$ 的第一列元素不全为零(若全为零,则从下一列开始). 若第一列中 $a_{11}=0$ 且 $a_{i1}\neq0(i\neq1)$,则交换 $\boldsymbol{A}$ 的第 i 行和第一行可将 a_{i1} 交换到 $\boldsymbol{A}$ 的左上角. 不妨设 $\boldsymbol{A}$ 的左上角元素 $a_{11}\neq0$,将 $\boldsymbol{A}$ 的第一行的 $-\dfrac{a_{i1}}{a_{11}}$ 倍加到第 i 行($i=2,3,\cdots,m$),可消去 $a_{21},a_{31},\cdots,a_{m1}$,即

$$\boldsymbol{A}\xrightarrow[i=2,3,\cdots,m]{r_i-\frac{a_{i1}}{a_{11}}r_1}\boldsymbol{A}_1=\begin{pmatrix}a_{11}&a_{12}&\cdots&a_{1n}\\0&a'_{22}&\cdots&a'_{2n}\\\vdots&\vdots&&\vdots\\0&a'_{m2}&\cdots&a'_{mn}\end{pmatrix}.$$

再对右下角矩阵 $\begin{pmatrix}a'_{22}&\cdots&a'_{2n}\\\vdots&&\vdots\\a'_{m2}&\cdots&a'_{mn}\end{pmatrix}$ 重复上述初等行变换,最终可将 $\boldsymbol{A}$ 化为行阶梯形矩阵.

例 5 用初等行变换先将 $\boldsymbol{A}=\begin{pmatrix}2&3&1&0\\-1&-1&-2&-5\\1&2&5&1\end{pmatrix}$ 化为行阶梯形矩阵,再化为行最简形矩阵.

解 $$\boldsymbol{A}=\begin{pmatrix}2&3&1&0\\-1&-1&-2&-5\\1&2&5&1\end{pmatrix}\xrightarrow{r_1\leftrightarrow r_3}\begin{pmatrix}1&2&5&1\\-1&-1&-2&-5\\2&3&1&0\end{pmatrix}$$

$$\xrightarrow[r_3-2r_1]{r_2+r_1}\begin{pmatrix}1&2&5&1\\0&1&3&-4\\0&-1&-9&-2\end{pmatrix}\xrightarrow{r_3+r_2}\begin{pmatrix}1&2&5&1\\0&1&3&-4\\0&0&-6&-6\end{pmatrix}\text{(行阶梯形)}$$

$$\xrightarrow[\substack{r_2-3r_3\\ r_1-5r_3}]{r_3\times\left(-\frac{1}{6}\right)}\begin{pmatrix}1&2&0&-4\\0&1&0&-7\\0&0&1&1\end{pmatrix}\xrightarrow{r_1-2r_2}\begin{pmatrix}1&0&0&10\\0&1&0&-7\\0&0&1&1\end{pmatrix}\text{(行最简形)}.$$

1.2.4 初等矩阵

定义 1.12 对单位矩阵 $\boldsymbol{E}$ 施行一次初等变换得到的矩阵称为**初等矩阵**.

对应于 3 种初等变换,有以下 3 种初等矩阵:

(1)交换单位矩阵 $\boldsymbol{E}$ 的第 i, j 行(或列),得初等矩阵

$$\boldsymbol{E}(i,j)=\begin{pmatrix}1&&&&&&&&&&\\&\ddots&&&&&&&&&\\&&1&&&&&&&&\\&&&0&&\cdots&&1&&&\\&&&&1&&&&&&\\&&&\vdots&&\ddots&&\vdots&&&\\&&&&&&1&&&&\\&&&1&&\cdots&&0&&&\\&&&&&&&&1&&\\&&&&&&&&&\ddots&\\&&&&&&&&&&1\end{pmatrix}\begin{matrix}\\\\\\\text{(第 }i\text{ 行)}\\\\\\\\\text{(第 }j\text{ 行)}\\\\\\\\\end{matrix};$$

(2)用非零数 k 乘单位矩阵 $\boldsymbol{E}$ 的第 i 行(或列),得初等矩阵

$$\boldsymbol{E}(i(k))=\begin{pmatrix}1&&&&&&\\&\ddots&&&&&\\&&1&&&&\\&&&k&&&\\&&&&1&&\\&&&&&\ddots&\\&&&&&&1\end{pmatrix}\text{(第 }i\text{ 行)};$$

(3)将单位矩阵 $\boldsymbol{E}$ 的第 j 行(i 列)的 k 倍加到第 i 行(j 列),得初等矩阵

$$\boldsymbol{E}(i,j(k))=\begin{pmatrix}1&&&&&&\\&\ddots&&&&&\\&&1&\cdots&k&&\\&&&\ddots&\vdots&&\\&&&&1&&\\&&&&&\ddots&\\&&&&&&1\end{pmatrix}\begin{matrix}\\\\(\text{第 } i \text{ 行})\\\\(\text{第 } j \text{ 行})\\\\\\\end{matrix}.$$

引入初等矩阵的意义在于,对矩阵施行初等变换可用初等矩阵与矩阵相乘来等价地描述.

定理 1.6 对 $m\times n$ 矩阵 $\boldsymbol{A}$ 施行一次初等行变换,相当于在 $\boldsymbol{A}$ 的左边乘以一个相应的 m 阶初等矩阵;对 $\boldsymbol{A}$ 施行一次初等列变换,相当于在 $\boldsymbol{A}$ 的右边乘以一个相应的 n 阶初等矩阵.

证明 仅对第三种初等列变换进行证明,其余请读者自行证明. 将矩阵 $\boldsymbol{A}$ 按列分块为 $\boldsymbol{A}=(\boldsymbol{\alpha}_1,\boldsymbol{\alpha}_2,\cdots,\boldsymbol{\alpha}_n)$,则按分块矩阵乘法法则得

$$\boldsymbol{AE}(i,j(k))=(\boldsymbol{\alpha}_1,\cdots,\boldsymbol{\alpha}_i,\cdots,\boldsymbol{\alpha}_j,\cdots,\boldsymbol{\alpha}_n)\begin{pmatrix}1&&&&&&\\&\ddots&&&&&\\&&1&\cdots&k&&\\&&&\ddots&\vdots&&\\&&&&1&&\\&&&&&\ddots&\\&&&&&&1\end{pmatrix}\begin{matrix}\\\\(\text{第 } i \text{ 行})\\\\(\text{第 } j \text{ 行})\\\\\\\end{matrix}$$

（第 i 列）（第 j 列）

$$=(\boldsymbol{\alpha}_1,\cdots,\boldsymbol{\alpha}_i,\cdots,k\boldsymbol{\alpha}_i+\boldsymbol{\alpha}_j,\cdots,\boldsymbol{\alpha}_n).$$

这相当于将 $\boldsymbol{A}$ 的第 i 列的 k 倍加到第 j 列.

注 初等变换所对应的初等矩阵可按以下方法得到:对 $m\times n$ 矩阵 $\boldsymbol{A}$ 和 m 阶单位矩阵 $\boldsymbol{E}$ 施行同一初等行变换

$$(\boldsymbol{A},\boldsymbol{E})\xrightarrow{r}(\boldsymbol{B},\boldsymbol{P}),$$

则 $\boldsymbol{A}$ 变成 $\boldsymbol{B}$,同时 $\boldsymbol{E}$ 变成相应的初等矩阵 $\boldsymbol{P}$,使 $\boldsymbol{PA}=\boldsymbol{B}$;

对 $m\times n$ 矩阵 $\boldsymbol{A}$ 和 n 阶单位矩阵 $\boldsymbol{E}$ 施行同一初等列变换

$$\begin{pmatrix}\boldsymbol{A}\\\boldsymbol{E}\end{pmatrix}\xrightarrow{c}\begin{pmatrix}\boldsymbol{C}\\\boldsymbol{Q}\end{pmatrix},$$

则 $\boldsymbol{A}$ 变成 $\boldsymbol{C}$,同时 $\boldsymbol{E}$ 变成相应的初等矩阵 $\boldsymbol{Q}$,使 $\boldsymbol{AQ}=\boldsymbol{C}$.

例 6 对 2×3 矩阵 $\boldsymbol{A}$ 依次施行以下初等变换:

(1)交换 $\boldsymbol{A}$ 的第一、第二行得到矩阵 $\boldsymbol{B}$;

(2)将 $\boldsymbol{B}$ 的第一行乘以 2 得到矩阵 $\boldsymbol{C}$;

(3)将 C 的第二列的3倍加到第三列得到矩阵 D.

试用初等矩阵和 A 的乘积来表示矩阵 B,C,D.

解 $B=\begin{pmatrix}0&1\\1&0\end{pmatrix}A$;

$$C=\begin{pmatrix}2&0\\0&1\end{pmatrix}B=\begin{pmatrix}2&0\\0&1\end{pmatrix}\begin{pmatrix}0&1\\1&0\end{pmatrix}A;$$

$$D=C\begin{pmatrix}1&0&0\\0&1&3\\0&0&1\end{pmatrix}=\begin{pmatrix}2&0\\0&1\end{pmatrix}\begin{pmatrix}0&1\\1&0\end{pmatrix}A\begin{pmatrix}1&0&0\\0&1&3\\0&0&1\end{pmatrix}.$$

习题 1.2

一、基础题

1. 按给定的分块方法进行计算:

(1)设 $A=\left(\begin{array}{cc:cc}1&2&0&0\\3&4&0&0\\\hdashline 0&0&2&1\\0&0&5&3\end{array}\right)$,$B=\left(\begin{array}{cc:cc}1&-2&0&0\\0&1&0&0\\\hdashline 0&0&3&-1\\0&0&-5&2\end{array}\right)$,求 AB;

(2)设 $A=\left(\begin{array}{cc:ccc}1&2&0&0&0\\0&1&0&0&0\\\hdashline 1&2&2&1&0\\3&4&1&2&-1\\5&6&1&0&1\end{array}\right)$,$B=\left(\begin{array}{cc:ccc}1&0&0&0&0\\0&1&0&0&0\\\hdashline 1&0&1&0&2\\0&1&1&2&-1\\3&2&1&1&1\end{array}\right)$,求 AB;

(3)设 $A=\left(\begin{array}{cc:cc}1&2&0&0\\2&-1&0&0\\\hdashline 0&0&1&0\\0&0&3&2\end{array}\right)$,求 A^4.

2. 用初等行变换将下列矩阵先化为行阶梯形,再化为行最简形:

(1)$\begin{pmatrix}1&1&-1&0\\1&2&-1&3\\2&3&0&5\end{pmatrix}$; (2)$\begin{pmatrix}2&1&3\\-1&1&-2\\1&2&-1\end{pmatrix}$; (3)$\begin{pmatrix}2&-1&-1&1&2\\1&1&-2&1&4\\4&-6&2&-2&4\\3&6&-9&7&9\end{pmatrix}$.

3. 设有矩阵

$$A=\begin{pmatrix} a_{11} & a_{12} & a_{13} & a_{14} \\ a_{21} & a_{22} & a_{23} & a_{24} \\ a_{31} & a_{32} & a_{33} & a_{34} \end{pmatrix}, B=\begin{pmatrix} a_{11}+ka_{31} & a_{12}+ka_{32} & a_{13}+ka_{33} & a_{14}+ka_{34} \\ a_{21} & a_{22} & a_{23} & a_{24} \\ a_{31} & a_{32} & a_{33} & a_{34} \end{pmatrix},$$

微课：分块初等变换与分块初等矩阵

$$C=\begin{pmatrix} a_{11} & a_{12} & a_{13} & a_{14} \\ a_{31} & a_{32} & a_{33} & a_{34} \\ a_{21} & a_{22} & a_{23} & a_{24} \end{pmatrix}, D=\begin{pmatrix} a_{11} & 3a_{12} & a_{13} & a_{14} \\ a_{21} & 3a_{22} & a_{23} & a_{24} \\ a_{31} & 3a_{32} & a_{33} & a_{34} \end{pmatrix}.$$

试用初等矩阵与 A 的乘积表示矩阵 B,C,D.

4. 设$\begin{pmatrix} A & B \\ C & D \end{pmatrix}$为分块矩阵,$E$ 为单位矩阵,并假设以下分块方法满足分块矩阵乘法条件,试计算以下乘积,并与初等矩阵乘法相比较:

(1)$\begin{pmatrix} O & E \\ E & O \end{pmatrix}\begin{pmatrix} A & B \\ C & D \end{pmatrix},\begin{pmatrix} A & B \\ C & D \end{pmatrix}\begin{pmatrix} O & E \\ E & O \end{pmatrix}$;　　(2)$\begin{pmatrix} E & O \\ O & K \end{pmatrix}\begin{pmatrix} A & B \\ C & D \end{pmatrix},\begin{pmatrix} A & B \\ C & D \end{pmatrix}\begin{pmatrix} E & O \\ O & K \end{pmatrix}$;

(3)$\begin{pmatrix} E & O \\ K & E \end{pmatrix}\begin{pmatrix} A & B \\ C & D \end{pmatrix},\begin{pmatrix} A & B \\ C & D \end{pmatrix}\begin{pmatrix} E & O \\ K & E \end{pmatrix}$.

二、提高题

5. 设 $A=\begin{pmatrix} a_{11} & a_{12} & a_{13} \\ a_{21} & a_{22} & a_{23} \\ a_{31} & a_{32} & a_{33} \end{pmatrix}, B=\begin{pmatrix} a_{21} & a_{22}-a_{21} & a_{23} \\ a_{11} & a_{12}-a_{11} & a_{13} \\ a_{31} & a_{32}-a_{31} & a_{33} \end{pmatrix}, P_1=\begin{pmatrix} 0 & 1 & 0 \\ 1 & 0 & 0 \\ 0 & 0 & 1 \end{pmatrix}, P_2=\begin{pmatrix} 1 & -1 & 0 \\ 0 & 1 & 0 \\ 0 & 0 & 1 \end{pmatrix}$,那么(　　).

A. $P_1AP_2=B$　　B. $P_2AP_1=B$　　C. $P_2P_1A=B$　　D. $AP_1P_2=B$

6. 设分块矩阵 $A=\begin{pmatrix} A_1 & A_2 \\ A_3 & A_4 \end{pmatrix}, B=\begin{pmatrix} -A_1 & -A_2 \\ A_3+2A_1 & A_4+2A_2 \end{pmatrix}$,其中 A_1,A_2,A_3,A_4 为 m 阶矩阵,$P_1=\begin{pmatrix} E & O \\ 2E & E \end{pmatrix}, P_2=\begin{pmatrix} -E & O \\ O & E \end{pmatrix}$,$E$ 为 m 阶单位矩阵,则(　　).

A. $AP_1P_2=B$　　B. $AP_2P_1=B$　　C. $P_1P_2A=B$　　D. $P_2P_1A=B$

7. 设 A 为实对称矩阵,若 $A^2=O$,证明:$A=O$.

8. 设 $P=\begin{pmatrix} 0 & 0 & 1 \\ 0 & 1 & 0 \\ 1 & 0 & 0 \end{pmatrix}, Q=\begin{pmatrix} 1 & 0 & -1 \\ 0 & 1 & 0 \\ 0 & 0 & 1 \end{pmatrix}, A=\begin{pmatrix} 1 & 2 & 3 \\ -1 & 3 & -4 \\ 0 & 4 & 5 \end{pmatrix}$,求 $P^{2\,025}AQ^{2\,024}$.

1.3 n 阶行列式

本节中,我们把方阵 A 对应于一个数——A 的行列式,A 的行列式将反映 A 的一些重要性质. 在研究矩阵理论和线性方程组的相关问题时,需要应用行列式.

1.3.1 二阶、三阶行列式

设 $\boldsymbol{A}=\begin{pmatrix} a_{11} & a_{12} \\ a_{21} & a_{22} \end{pmatrix}$ 为二阶矩阵,$\boldsymbol{A}$ 的**行列式**(称为**二阶行列式**)定义为

$$|\boldsymbol{A}|=\begin{vmatrix} a_{11} & a_{12} \\ a_{21} & a_{22} \end{vmatrix}=a_{11}a_{22}-a_{12}a_{21}.$$

注 矩阵是一个矩形数表,行列式表示方阵所对应的数,表示它们的符号分别是“(　)”和“|　|”,不可混淆.

对于二元线性方程组

$$\begin{cases} a_{11}x_1+a_{12}x_2=b_1, \\ a_{21}x_1+a_{22}x_2=b_2, \end{cases} \tag{1.3.1}$$

当 $a_{11}a_{22}-a_{12}a_{21}\neq 0$ 时,用消元法可得方程组的唯一解:

$$x_1=\frac{b_1a_{22}-b_2a_{12}}{a_{11}a_{22}-a_{12}a_{21}}, x_2=\frac{b_2a_{11}-b_1a_{21}}{a_{11}a_{22}-a_{12}a_{21}}.$$

设方程组(1.3.1)的系数矩阵为 $\boldsymbol{A}=\begin{pmatrix} a_{11} & a_{12} \\ a_{21} & a_{22} \end{pmatrix}$,且记

$$\boldsymbol{A}_1=\begin{pmatrix} b_1 & a_{12} \\ b_2 & a_{22} \end{pmatrix}, \boldsymbol{A}_2=\begin{pmatrix} a_{11} & b_1 \\ a_{21} & b_2 \end{pmatrix},$$

则上述结果可表述为:当 $|\boldsymbol{A}|\neq 0$ 时,方程组(1.3.1)有唯一解

$$x_1=\frac{|\boldsymbol{A}_1|}{|\boldsymbol{A}|}, x_2=\frac{|\boldsymbol{A}_2|}{|\boldsymbol{A}|}.$$

例 1 解线性方程组 $\begin{cases} x_1-2x_2=-2, \\ -x_1+x_2=3. \end{cases}$

解 由 $|\boldsymbol{A}|=\begin{vmatrix} 1 & -2 \\ -1 & 1 \end{vmatrix}=-1\neq 0$,可知方程组有唯一解. 因为

$$|\boldsymbol{A}_1|=\begin{vmatrix} -2 & -2 \\ 3 & 1 \end{vmatrix}=4, |\boldsymbol{A}_2|=\begin{vmatrix} 1 & -2 \\ -1 & 3 \end{vmatrix}=1,$$

所以

$$x_1=\frac{|\boldsymbol{A}_1|}{|\boldsymbol{A}|}=-4, x_2=\frac{|\boldsymbol{A}_2|}{|\boldsymbol{A}|}=-1.$$

设 $\boldsymbol{A}=\begin{pmatrix} a_{11} & a_{12} & a_{13} \\ a_{21} & a_{22} & a_{23} \\ a_{31} & a_{32} & a_{33} \end{pmatrix}$ 为三阶矩阵,$\boldsymbol{A}$ 的**行列式**(称为**三阶行列式**)定义为

$$|\boldsymbol{A}|=\begin{vmatrix} a_{11} & a_{12} & a_{13} \\ a_{21} & a_{22} & a_{23} \\ a_{31} & a_{32} & a_{33} \end{vmatrix}$$

$$= a_{11}a_{22}a_{33} + a_{12}a_{23}a_{31} + a_{13}a_{21}a_{32} - a_{13}a_{22}a_{31} - a_{12}a_{21}a_{33} - a_{11}a_{23}a_{32}.$$

三阶行列式的定义可用图 1.2 所示的**对角线法则**来记忆：$|\boldsymbol{A}|$等于每条实线上的 3 个元素乘积之和减去每条虚线上的 3 个元素乘积之和(显然,对角线法则也适用于二阶行列式).

设三元线性方程组

$$\begin{cases} a_{11}x_1 + a_{12}x_2 + a_{13}x_3 = b_1, \\ a_{21}x_1 + a_{22}x_2 + a_{23}x_3 = b_2, \\ a_{31}x_1 + a_{32}x_2 + a_{33}x_3 = b_3 \end{cases} \tag{1.3.2}$$

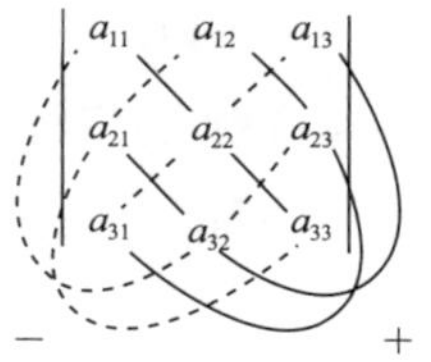

图 1.2　对角线法则

的系数矩阵为 $\boldsymbol{A} = \begin{pmatrix} a_{11} & a_{12} & a_{13} \\ a_{21} & a_{22} & a_{23} \\ a_{31} & a_{32} & a_{33} \end{pmatrix}$,且记

$$\boldsymbol{A}_1 = \begin{pmatrix} b_1 & a_{12} & a_{13} \\ b_2 & a_{22} & a_{23} \\ b_3 & a_{32} & a_{33} \end{pmatrix}, \boldsymbol{A}_2 = \begin{pmatrix} a_{11} & b_1 & a_{13} \\ a_{21} & b_2 & a_{23} \\ a_{31} & b_3 & a_{33} \end{pmatrix}, \boldsymbol{A}_3 = \begin{pmatrix} a_{11} & a_{12} & b_1 \\ a_{21} & a_{22} & b_2 \\ a_{31} & a_{32} & b_3 \end{pmatrix}.$$

当 $|\boldsymbol{A}| \neq 0$ 时,方程组(1.3.2)有唯一解,其解可表示为

$$x_1 = \frac{|\boldsymbol{A}_1|}{|\boldsymbol{A}|}, x_2 = \frac{|\boldsymbol{A}_2|}{|\boldsymbol{A}|}, x_3 = \frac{|\boldsymbol{A}_3|}{|\boldsymbol{A}|}.$$

此结果与二元线性方程组求解结果类似,都是克拉默(Cramer)法则的特殊情形,一般情形将在 1.7 节中讨论.

例 2　计算行列式 $D = \begin{vmatrix} 1 & 2 & -4 \\ -2 & 2 & 1 \\ -3 & 4 & -2 \end{vmatrix}$.

解　由对角线法则得

$$D = 1 \times 2 \times (-2) + 2 \times 1 \times (-3) + (-4) \times (-2) \times 4 - (-4) \times 2 \times (-3) - 2 \times (-2) \times (-2) - 1 \times 1 \times 4 = -14.$$

三阶行列式有以下特点：

(1)三阶行列式是 6 项的代数和,其中 3 项前带正号,另外 3 项前带负号；

(2)每项都是位于不同行不同列的 3 个元素的乘积；

(3)如果把每项的 3 个元素按行下标从小到大的顺序排列为 $a_{1j_1}a_{2j_2}a_{3j_3}$ 的形式,则带正号项和带负号项的列下标排列 $j_1 j_2 j_3$ 分别是

123,231,312(带正号);321,213,132(带负号).

它们恰是 1,2,3 的全部(3!个)全排列.

为了确定行列式的每项符号与列下标排列的关系,下面讨论排列的奇偶性.

1.3.2　排列及其奇偶性

n 个数 1, 2, …, n 组成的一个有序数组,称为一个 n **阶排列**,简称**排列**. n 个数 1, 2, …, n 的全体

n 阶排列的集合记为 S_n，易知 S_n 中共有 $n!$ 个 n 阶排列，称排列 $12\cdots n$ 为**自然排列**.

在排列 $i_1\cdots i_s\cdots i_t\cdots i_n$ 中，若 $i_s>i_t$，则称这两个数 i_s,i_t 构成一个**逆序**.

例如，排列 32514 中，3 和 2，5 和 1，5 和 4，它们都构成逆序.

一个排列 $i_1i_2\cdots i_n$ 中所有逆序的总数称为排列的**逆序数**，记作 $\tau(i_1i_2\cdots i_n)$. 逆序数为奇数的排列称为**奇排列**；逆序数为偶数的排列称为**偶排列**.

设排列 $i_1i_2\cdots i_n$ 中 $i_k(k=2,3,\cdots,n)$ 前面比 i_k 大的数有 t_k 个，则

$$\tau(i_1i_2\cdots i_n)=t_2+t_3+\cdots+t_n.$$

例 3 求排列 32514 的逆序数，并判断排列的奇偶性.

解 因为 $t_2=1,t_3=0,t_4=3,t_5=1$，所以 $\tau(32514)=1+0+3+1=5$，故此排列为奇排列.

交换排列中两个数的位置，而其他数不动，称为排列的一个**对换**.

定理 1.7 对排列施行一次对换改变排列的奇偶性.

推论 1.8① 当 $n>1$ 时，S_n 中的奇排列个数等于偶排列个数，均为 $\frac{1}{2}n!$.

当三阶行列式的每项表示为 $a_{1j_1}a_{2j_2}a_{3j_3}$ 的形式时，带正号项的列下标排列 123，231，312 均为偶排列，而带负号项的列下标排列 321，213，132 均为奇排列. 所以三阶行列式可以表示为

$$\begin{vmatrix} a_{11} & a_{12} & a_{13} \\ a_{21} & a_{22} & a_{23} \\ a_{31} & a_{32} & a_{33} \end{vmatrix}=\sum_{j_1j_2j_3\in S_3}(-1)^{\tau(j_1j_2j_3)}a_{1j_1}a_{2j_2}a_{3j_3}.$$

1.3.3 n 阶行列式的定义

定义 1.13 设 $\boldsymbol{A}=(a_{ij})_{n\times n}$ 为 n 阶矩阵，则 $\boldsymbol{A}$ 的**行列式**（称为 n **阶行列式**）定义为

$$|\boldsymbol{A}|=\begin{vmatrix} a_{11} & a_{12} & \cdots & a_{1n} \\ a_{21} & a_{22} & \cdots & a_{2n} \\ \vdots & \vdots & & \vdots \\ a_{n1} & a_{n2} & \cdots & a_{nn} \end{vmatrix}=\sum_{j_1j_2\cdots j_n\in S_n}(-1)^{\tau(j_1j_2\cdots j_n)}a_{1j_1}a_{2j_2}\cdots a_{nj_n}.$$

方阵 $\boldsymbol{A}$ 的行列式也可记作 $\det(\boldsymbol{A})$. 由定义 1.13 可知

(1) n 阶行列式是 $n!$ 项的代数和；

(2) 每项都是位于不同行不同列的 n 个元素的乘积；

(3) 项 $a_{1j_1}a_{2j_2}\cdots a_{nj_n}$ 前的符号为 $(-1)^{\tau(j_1j_2\cdots j_n)}$，即当 $j_1\ j_2\cdots j_n$ 为奇排列时，该项前带负号，否则带正号，且当 $n>1$ 时，带正号、负号的项各占一半.

由定义 1.13 可知，若方阵 $\boldsymbol{A}$ 有零行或零列，则 $|\boldsymbol{A}|=0$. 一阶行列式 $|a|=a$.

注 二阶行列式和三阶行列式的对角线法则与定义 1.13 是一致的. 但是，四阶以上的行列式就没有对角线法则了.

①本书各章中，定理、推论、性质 3 项内容按先后顺序接连编号. 例如，第 1 章中，"定理 1.7""推论 1.8""性质 1.9"等.

例 4 确定四阶矩阵 $\boldsymbol{A}=(a_{ij})_{4\times4}$ 的行列式中以下各项前面的符号：

(1) $a_{14}a_{23}a_{32}a_{41}$；　　(2) $a_{23}a_{12}a_{41}a_{34}$.

解 (1) 因为 $\tau(4321)=1+2+3=6$ 为偶数，所以该项前面带正号.

(2) 因为 $a_{23}a_{12}a_{41}a_{34}=a_{12}a_{23}a_{34}a_{41}$，且 $\tau(2341)=0+0+3=3$ 为奇数，所以该项前面带负号.

例 5 计算下三角形行列式

$$|\boldsymbol{A}|=\begin{vmatrix} a_{11} & 0 & \cdots & 0 \\ a_{21} & a_{22} & \cdots & 0 \\ \vdots & \vdots & & \vdots \\ a_{n1} & a_{n2} & \cdots & a_{nn} \end{vmatrix}.$$

解 只要确定行列式中的所有非零项，然后确定各项前的符号即可. 为此，可先找出所有处在不同行不同列的 n 个非零元.

第一行中的非零元只有 a_{11}，将其选出来，并划去 a_{11} 所在的行和列的元素；余下第二行中的非零元只有 a_{22}，再选出并划去 a_{22} 所在的行和列的元素；照此下去，最后第 n 行中非零元只有 a_{nn}. 将这 n 个元素相乘即得 $|\boldsymbol{A}|$ 的唯一非零项 $a_{11}a_{22}\cdots a_{nn}$，所以

$$|\boldsymbol{A}|=(-1)^{\tau(12\cdots n)}a_{11}a_{22}\cdots a_{nn}=a_{11}a_{22}\cdots a_{nn}.$$

用同样方法可得

$$\begin{vmatrix} a_{11} & a_{12} & \cdots & a_{1n} \\ 0 & a_{22} & \cdots & a_{2n} \\ \vdots & \vdots & & \vdots \\ 0 & 0 & \cdots & a_{nn} \end{vmatrix}=\begin{vmatrix} a_{11} & & & \\ & a_{22} & & \\ & & \ddots & \\ & & & a_{nn} \end{vmatrix}=a_{11}a_{22}\cdots a_{nn}.$$

例 6 证明：$|\boldsymbol{A}|=\begin{vmatrix} a_{11} & \cdots & a_{1,n-1} & a_{1n} \\ a_{21} & \cdots & a_{2,n-1} & 0 \\ \vdots & & \vdots & \vdots \\ a_{n1} & \cdots & 0 & 0 \end{vmatrix}=(-1)^{\frac{n(n-1)}{2}}a_{1n}a_{2,n-1}\cdots a_{n1}.$

证明 从行列式第 n 行开始向上逐行取非零元，可得 $|\boldsymbol{A}|$ 的唯一非零项为

$$a_{n1}a_{n-1,2}\cdots a_{1n}=a_{1n}a_{2,n-1}\cdots a_{n1}.$$

因为

$$\tau[n(n-1)\cdots21]=1+2+\cdots+(n-1)=\frac{n(n-1)}{2},$$

所以

$$|\boldsymbol{A}|=(-1)^{\frac{n(n-1)}{2}}a_{1n}a_{2,n-1}\cdots a_{n1}.$$

用同样方法还可得

$$\begin{vmatrix} 0 & \cdots & 0 & a_{1n} \\ 0 & \cdots & a_{2,n-1} & a_{2n} \\ \vdots & & \vdots & \vdots \\ a_{n1} & \cdots & a_{n,n-1} & a_{nn} \end{vmatrix}=\begin{vmatrix} & & & a_{1n} \\ & & a_{2,n-1} & \\ & \iddots & & \\ a_{n1} & & & \end{vmatrix}=(-1)^{\frac{n(n-1)}{2}}a_{1n}a_{2,n-1}\cdots a_{n1}.$$

在行列式定义中,将每项 $a_{1j_1}a_{2j_2}\cdots a_{nj_n}$ 中的元素交换次序可变为 $a_{i_11}a_{i_22}\cdots a_{i_nn}$ 的形式,由定理 1.7 可得排列 $i_1i_2\cdots i_n$ 与排列 $j_1\ j_2\cdots j_n$ 的奇偶性相同,即

$$(-1)^{\tau(j_1j_2\cdots j_n)}a_{1j_1}a_{2j_2}\cdots a_{nj_n}=(-1)^{\tau(i_1i_2\cdots i_n)}a_{i_11}a_{i_22}\cdots a_{i_nn}.$$

所以 n 阶行列式也可以定义为

$$\begin{vmatrix} a_{11} & a_{12} & \cdots & a_{1n} \\ a_{21} & a_{22} & \cdots & a_{2n} \\ \vdots & \vdots & & \vdots \\ a_{n1} & a_{n2} & \cdots & a_{nn} \end{vmatrix}=\sum_{i_1i_2\cdots i_n\in S_n}(-1)^{\tau(i_1i_2\cdots i_n)}a_{i_11}a_{i_22}\cdots a_{i_nn}.$$

性质 1.9 设 $\boldsymbol{A}=(a_{ij})_{n\times n}$ 为 n 阶矩阵,则 $|\boldsymbol{A}^{\mathrm{T}}|=|\boldsymbol{A}|$. 即

$$\begin{vmatrix} a_{11} & a_{21} & \cdots & a_{n1} \\ a_{12} & a_{22} & \cdots & a_{n2} \\ \vdots & \vdots & & \vdots \\ a_{1n} & a_{2n} & \cdots & a_{nn} \end{vmatrix}=\begin{vmatrix} a_{11} & a_{12} & \cdots & a_{1n} \\ a_{21} & a_{22} & \cdots & a_{2n} \\ \vdots & \vdots & & \vdots \\ a_{n1} & a_{n2} & \cdots & a_{nn} \end{vmatrix}.$$

证明 记 $\boldsymbol{A}^{\mathrm{T}}=(b_{ij})_{n\times n}$,即 $b_{ij}=a_{ji}(i,j=1,2,\cdots,n)$,则

$$|\boldsymbol{A}^{\mathrm{T}}|=\begin{vmatrix} a_{11} & a_{21} & \cdots & a_{n1} \\ a_{12} & a_{22} & \cdots & a_{n2} \\ \vdots & \vdots & & \vdots \\ a_{1n} & a_{2n} & \cdots & a_{nn} \end{vmatrix}=\begin{vmatrix} b_{11} & b_{12} & \cdots & b_{1n} \\ b_{21} & b_{22} & \cdots & b_{2n} \\ \vdots & \vdots & & \vdots \\ b_{n1} & b_{n2} & \cdots & b_{nn} \end{vmatrix}$$

$$=\sum_{i_1i_2\cdots i_n\in S_n}(-1)^{\tau(i_1i_2\cdots i_n)}b_{i_11}b_{i_22}\cdots b_{i_nn}$$

$$=\sum_{i_1i_2\cdots i_n\in S_n}(-1)^{\tau(i_1i_2\cdots i_n)}a_{1i_1}a_{2i_2}\cdots a_{ni_n}=|\boldsymbol{A}|.$$

习题 1.3

一、基础题

1. 利用对角线法则计算下列行列式:

(1) $\begin{vmatrix} 1 & -2 \\ 2 & -3 \end{vmatrix}$; (2) $\begin{vmatrix} 1 & 2 & 0 \\ 3 & 1 & 2 \\ 0 & 3 & 1 \end{vmatrix}$; (3) $\begin{vmatrix} 1 & 2 & 2 \\ 2 & 1 & -2 \\ 2 & -1 & 1 \end{vmatrix}$.

2. 设 $\boldsymbol{A}=(a_{ij})_{6\times 6}$ 为 6 阶矩阵,试确定行列式 $|\boldsymbol{A}|$ 中以下各项前的符号:

(1) $a_{23}a_{31}a_{42}a_{56}a_{14}a_{65}$; (2) $a_{32}a_{43}a_{54}a_{11}a_{66}a_{25}$.

3. 利用定义计算下列行列式:

(1) $\begin{vmatrix} 0 & 0 & 0 & 4 \\ 1 & 0 & 0 & 0 \\ 5 & 2 & 0 & 0 \\ 7 & 6 & 3 & 0 \end{vmatrix}$; (2) $\begin{vmatrix} 0 & 0 & 0 & a \\ 0 & b & 0 & 0 \\ c & 0 & 0 & 0 \\ 0 & 0 & d & 0 \end{vmatrix}$.

4. 利用行列式解线性方程组 $\begin{cases} x_1 - 2x_2 = 3, \\ 2x_1 + x_2 = 1. \end{cases}$

二、提高题

5. (2021 · 数学二、三)多项式 $f(x)=\begin{vmatrix} x & x & 1 & 2x \\ 1 & x & 2 & -1 \\ 2 & 1 & x & 1 \\ 2 & -1 & 1 & x \end{vmatrix}$ 中 x^3 项的系数为________.

6. 当 a,b,c 满足什么条件时,线性方程组 $\begin{cases} bx - ay = -2ab, \\ -2cy + 3bz = bc, \\ cx + az = 0 \end{cases}$ 有唯一解? 并求其解.

1.4 行列式的性质及计算

行列式的计算是一个重要的问题. n 阶行列式一共有 $n!$ 项,当 n 较大时,$n!$ 是一个相当大的数字,因此,我们有必要进一步讨论行列式的性质,以简化行列式的计算.

由性质 1.9 可知,在行列式中行与列的地位是对等的,凡是有关行的性质,对列也同样成立. 以下只叙述对行的性质,读者可自行写出相应的对列的性质.

另外,以后所说的对行列式的初等变换都指的是对行列式所对应矩阵的初等变换.

1.4.1 行列式的性质

下面讨论矩阵的初等变换对其行列式的影响.

性质 1.10 交换行列式的两行,行列式仅改变符号. 即

$$\begin{vmatrix} a_{11} & a_{12} & \cdots & a_{1n} \\ \vdots & \vdots & & \vdots \\ a_{i1} & a_{i2} & \cdots & a_{in} \\ \vdots & \vdots & & \vdots \\ a_{j1} & a_{j2} & \cdots & a_{jn} \\ \vdots & \vdots & & \vdots \\ a_{n1} & a_{n2} & \cdots & a_{nn} \end{vmatrix} \xlongequal{r_i \leftrightarrow r_j} - \begin{vmatrix} a_{11} & a_{12} & \cdots & a_{1n} \\ \vdots & \vdots & & \vdots \\ a_{j1} & a_{j2} & \cdots & a_{jn} \\ \vdots & \vdots & & \vdots \\ a_{i1} & a_{i2} & \cdots & a_{in} \\ \vdots & \vdots & & \vdots \\ a_{n1} & a_{n2} & \cdots & a_{nn} \end{vmatrix}.$$

推论 1.11 如果行列式中有两行相同,则行列式为 0.

性质 1.12 将行列式的某一行乘以数 k,等于用 k 乘以这个行列式. 即

$$\begin{vmatrix} a_{11} & a_{12} & \cdots & a_{1n} \\ \vdots & \vdots & & \vdots \\ ka_{i1} & ka_{i2} & \cdots & ka_{in} \\ \vdots & \vdots & & \vdots \\ a_{n1} & a_{n2} & \cdots & a_{nn} \end{vmatrix} = k \begin{vmatrix} a_{11} & a_{12} & \cdots & a_{1n} \\ \vdots & \vdots & & \vdots \\ a_{i1} & a_{i2} & \cdots & a_{in} \\ \vdots & \vdots & & \vdots \\ a_{n1} & a_{n2} & \cdots & a_{nn} \end{vmatrix}.$$

证明 左边 $= \sum_{j_1 j_2 \cdots j_n \in S_n} (-1)^{\tau(j_1 j_2 \cdots j_n)} \left[a_{1j_1} a_{2j_2} \cdots (k a_{ij_i}) \cdots a_{nj_n} \right]$

$= k \left[\sum_{j_1 j_2 \cdots j_n \in S_n} (-1)^{\tau(j_1 j_2 \cdots j_n)} a_{1j_1} a_{2j_2} \cdots a_{ij_i} \cdots a_{nj_n} \right] =$ 右边.

性质 1.12 说明,行列式某行元素的公因子可提到行列式符号之外.

推论 1.13 若行列式中有两行元素对应成比例,则行列式为 0.

推论 1.14 设 $\boldsymbol{A}$ 为 n 阶矩阵,k 为数,则 $|k\boldsymbol{A}| = k^n |\boldsymbol{A}|$.

性质 1.15 若行列式 D 的某行所有元素都是两项之和,即

$$D = \begin{vmatrix} a_{11} & a_{12} & \cdots & a_{1n} \\ \vdots & \vdots & & \vdots \\ b_{i1} + c_{i1} & b_{i2} + c_{i2} & \cdots & b_{in} + c_{in} \\ \vdots & \vdots & & \vdots \\ a_{n1} & a_{n2} & \cdots & a_{nn} \end{vmatrix},$$

则

$$D = \begin{vmatrix} a_{11} & a_{12} & \cdots & a_{1n} \\ \vdots & \vdots & & \vdots \\ b_{i1} & b_{i2} & \cdots & b_{in} \\ \vdots & \vdots & & \vdots \\ a_{n1} & a_{n2} & \cdots & a_{nn} \end{vmatrix} + \begin{vmatrix} a_{11} & a_{12} & \cdots & a_{1n} \\ \vdots & \vdots & & \vdots \\ c_{i1} & c_{i2} & \cdots & c_{in} \\ \vdots & \vdots & & \vdots \\ a_{n1} & a_{n2} & \cdots & a_{nn} \end{vmatrix}. \tag{1.4.1}$$

其中,式(1.4.1)中两个行列式除第 i 行外其他行都与 D 的相同.

证明 由行列式定义得

$$\begin{aligned} D &= \sum_{j_1 j_2 \cdots j_n \in S_n} (-1)^{\tau(j_1 j_2 \cdots j_n)} a_{1j_1} a_{2j_2} \cdots (b_{ij_i} + c_{ij_i}) \cdots a_{nj_n} \\ &= \sum_{j_1 j_2 \cdots j_n \in S_n} (-1)^{\tau(j_1 j_2 \cdots j_n)} a_{1j_1} a_{2j_2} \cdots b_{ij_i} \cdots a_{nj_n} + \\ &\quad \sum_{j_1 j_2 \cdots j_n \in S_n} (-1)^{\tau(j_1 j_2 \cdots j_n)} a_{1j_1} a_{2j_2} \cdots c_{ij_i} \cdots a_{nj_n}, \end{aligned}$$

最后两项之和恰好等于式(1.4.1).

注 性质 1.15 用向量来说,就是行列式可按某行(或列)拆分为两个行列式之和.例如,

$$\underset{(\text{第 } i \text{ 列})}{|\boldsymbol{\alpha}_1, \cdots, \boldsymbol{\beta}_i + \boldsymbol{\gamma}_i, \cdots, \boldsymbol{\alpha}_n|} = \underset{(\text{第 } i \text{ 列})}{|\boldsymbol{\alpha}_1, \cdots, \boldsymbol{\beta}_i, \cdots, \boldsymbol{\alpha}_n|} + \underset{(\text{第 } i \text{ 列})}{|\boldsymbol{\alpha}_1, \cdots, \boldsymbol{\gamma}_i, \cdots, \boldsymbol{\alpha}_n|}.$$

性质 1.16 将行列式的某一行的 k 倍加到另一行,行列式不变.即

$$\begin{vmatrix} a_{11} & a_{12} & \cdots & a_{1n} \\ \vdots & \vdots & & \vdots \\ a_{i1} & a_{i2} & \cdots & a_{in} \\ \vdots & \vdots & & \vdots \\ a_{j1} & a_{j2} & \cdots & a_{jn} \\ \vdots & \vdots & & \vdots \\ a_{n1} & a_{n2} & \cdots & a_{nn} \end{vmatrix} \xlongequal{r_j + kr_i} \begin{vmatrix} a_{11} & a_{12} & \cdots & a_{1n} \\ \vdots & \vdots & & \vdots \\ a_{i1} & a_{i2} & \cdots & a_{in} \\ \vdots & \vdots & & \vdots \\ a_{j1}+ka_{i1} & a_{j2}+ka_{i2} & \cdots & a_{jn}+ka_{in} \\ \vdots & \vdots & & \vdots \\ a_{n1} & a_{n2} & \cdots & a_{nn} \end{vmatrix}.$$

证明 由性质 1.15 和推论 1.13 可得证.

由性质 1.10、性质 1.12 和性质 1.16 可得,初等变换对方阵 $\boldsymbol{A}$ 的行列式有以下影响:

(1)若 $\boldsymbol{A} \xrightarrow[(c_i \leftrightarrow c_j)]{r_i \leftrightarrow r_j} \boldsymbol{B}$,则 $|\boldsymbol{B}| = -|\boldsymbol{A}|$.

(2)若 $\boldsymbol{A} \xrightarrow[(c_i \times k)]{r_i \times k} \boldsymbol{B}(k \neq 0)$,则 $|\boldsymbol{B}| = k|\boldsymbol{A}|$.

(3)若 $\boldsymbol{A} \xrightarrow[(c_j + kc_i)]{r_j + kr_i} \boldsymbol{B}$,则 $|\boldsymbol{B}| = |\boldsymbol{A}|$.

这也说明,若初等变换将方阵 $\boldsymbol{A}$ 变为 $\boldsymbol{B}$,则当且仅当 $|\boldsymbol{A}| \neq 0$ 时, $|\boldsymbol{B}| \neq 0$.

1.4.2 矩阵乘积的行列式

根据性质 1.16 可以得以下推论.

推论 1.17 n 阶矩阵 $\boldsymbol{A}$ 经过第三种初等变换可以化为对角矩阵

$$\boldsymbol{D} = \mathrm{diag}(d_1, d_2, \cdots, d_n),$$

且 $|\boldsymbol{A}| = d_1 d_2 \cdots d_n$.

证明 如果 $\boldsymbol{A}$ 的第一行或第一列的元素不全为零,那么必要时可以通过第三种初等变换使 $\boldsymbol{A}$ 的左上角的元素不为零. 然后通过第三种初等变换将第一行和第一列的其他元素消为零. 即 $\boldsymbol{A}$ 可经第三种初等变换化为

$$\begin{pmatrix} d_1 & \boldsymbol{0} \\ \boldsymbol{0} & \boldsymbol{A}_1 \end{pmatrix}. \tag{1.4.2}$$

如果 $\boldsymbol{A}$ 的第一行和第一列都是零,那么 $\boldsymbol{A}$ 已经具有矩阵(1.4.2)的形式.

再对矩阵(1.4.2)中的右下角 $n-1$ 阶矩阵 $\boldsymbol{A}_1$ 施行第三种初等变换,最终可把 $\boldsymbol{A}$ 化为 $\boldsymbol{D} = \mathrm{diag}(d_1, d_2, \cdots, d_n)$,由性质 1.16 得 $|\boldsymbol{A}| = |\boldsymbol{D}| = d_1 d_2 \cdots d_n$.

定理 1.18 设 $\boldsymbol{A}, \boldsymbol{B}$ 为 n 阶矩阵,则 $|\boldsymbol{AB}| = |\boldsymbol{A}||\boldsymbol{B}|$.

证明 先证一个特殊情形:$\boldsymbol{A}$ 是对角矩阵. 设

$$\boldsymbol{A} = \mathrm{diag}(d_1, d_2, \cdots, d_n), \boldsymbol{B} = (b_{ij})_{n \times n},$$

则

$$AB=\begin{pmatrix} d_1b_{11} & d_1b_{12} & \cdots & d_1b_{1n} \\ d_2b_{21} & d_2b_{22} & \cdots & d_2b_{2n} \\ \vdots & \vdots & & \vdots \\ d_nb_{n1} & d_nb_{n2} & \cdots & d_nb_{nn} \end{pmatrix},$$

可得 $|AB|=d_1d_2\cdots d_n|B|=|A||B|$.

再证一般情形．由推论 1.17 可知,A 可以经过第三种初等变换化为对角矩阵 D,而且 $|A|=|D|$. 由于初等变换可逆,故 D 也可以经过第三种初等变换化为 A. 所以存在 $E(i,j(k))$ 型初等矩阵 $P_1,\cdots,P_s,P_{s+1},\cdots,P_t$,使 $A=P_1\cdots P_sDP_{s+1}\cdots P_t$. 于是 $AB=P_1\cdots P_sDP_{s+1}\cdots P_tB$,两边取行列式,由性质 1.16 和上述特殊情形结果可得

$$\begin{aligned}|AB|&=|P_1\cdots P_sDP_{s+1}\cdots P_tB|=|DP_{s+1}\cdots P_tB|\\&=|D||P_{s+1}\cdots P_tB|=|D||B|=|A||B|.\end{aligned}$$

推论 1.19 设 $A_1,A_2,\cdots,A_s$ 为 n 阶矩阵,则 $|A_1A_2\cdots A_s|=|A_1||A_2|\cdots|A_s|$.

特别地,若 A 为 n 阶矩阵,则 $|A^k|=|A|^k$,其中 k 为正整数．

注 对于 n 阶矩阵 A,B,一般地,$AB\neq BA$,但是总有 $|AB|=|BA|$.

例 1 设 A,B 为三阶矩阵,且 $|A|=2$,$|B|=-3$,求行列式 $|-2A^2B^{\mathrm{T}}|$.

解 $$\begin{aligned}|-2A^2B^{\mathrm{T}}|&=(-2)^3|A^2B^{\mathrm{T}}|=-8|A^2||B^{\mathrm{T}}|=-8|A|^2|B|\\&=-8\times2^2\times(-3)=96.\end{aligned}$$

1.4.3 行列式的计算

由于任意矩阵都行等价于其行阶梯形矩阵,而方阵的行阶梯形矩阵一定是上三角形矩阵,所以可利用初等变换,把行列式化为上(下)三角形行列式来计算．

例 2 计算行列式 $\begin{vmatrix} 0 & 1 & -1 & 1 \\ 1 & 1 & -2 & 3 \\ -2 & 4 & 4 & 6 \\ 3 & 6 & 8 & 9 \end{vmatrix}$.

解 $$\begin{vmatrix} 0 & 1 & -1 & 1 \\ 1 & 1 & -2 & 3 \\ -2 & 4 & 4 & 6 \\ 3 & 6 & 8 & 9 \end{vmatrix} \xlongequal{r_1\leftrightarrow r_2} -\begin{vmatrix} 1 & 1 & -2 & 3 \\ 0 & 1 & -1 & 1 \\ -2 & 4 & 4 & 6 \\ 3 & 6 & 8 & 9 \end{vmatrix} \xlongequal[r_4-3r_1]{r_3+2r_1} -\begin{vmatrix} 1 & 1 & -2 & 3 \\ 0 & 1 & -1 & 1 \\ 0 & 6 & 0 & 12 \\ 0 & 3 & 14 & 0 \end{vmatrix}$$

$$\xlongequal[r_4-3r_2]{r_3-6r_2} -\begin{vmatrix} 1 & 1 & -2 & 3 \\ 0 & 1 & -1 & 1 \\ 0 & 0 & 6 & 6 \\ 0 & 0 & 17 & -3 \end{vmatrix} \xlongequal{r_3\times\frac{1}{6}} -6\begin{vmatrix} 1 & 1 & -2 & 3 \\ 0 & 1 & -1 & 1 \\ 0 & 0 & 1 & 1 \\ 0 & 0 & 17 & -3 \end{vmatrix}$$

$$\xlongequal{r_4-17r_3}-6\begin{vmatrix}1&1&-2&3\\0&1&-1&1\\0&0&1&1\\0&0&0&-20\end{vmatrix}=120.$$

例 3 计算行列式 $D=\begin{vmatrix}a&b&b&b\\b&a&b&b\\b&b&a&b\\b&b&b&a\end{vmatrix}$.

解 $D\xlongequal{c_1+(c_2+c_3+c_4)}\begin{vmatrix}a+3b&b&b&b\\a+3b&a&b&b\\a+3b&b&a&b\\a+3b&b&b&a\end{vmatrix}\xlongequal[i=2,3,4]{r_i-r_1}\begin{vmatrix}a+3b&b&b&b\\0&a-b&0&0\\0&0&a-b&0\\0&0&0&a-b\end{vmatrix}$

$=(a+3b)(a-b)^3$.

例 4 计算行列式 $D=\begin{vmatrix}a_0&b_1&b_2&\cdots&b_n\\c_1&a_1&0&\cdots&0\\c_2&0&a_2&\cdots&0\\\vdots&\vdots&\vdots&&\vdots\\c_n&0&0&\cdots&a_n\end{vmatrix}(a_1a_2\cdots a_n\neq0)$.

解 把第 $i+1$ 列的 $-\dfrac{c_i}{a_i}(i=1,2,\cdots,n)$ 倍加到第 1 列,得

$$D=\begin{vmatrix}a_0-\sum\limits_{i=1}^{n}\dfrac{b_ic_i}{a_i}&b_1&b_2&\cdots&b_n\\0&a_1&0&\cdots&0\\0&0&a_2&\cdots&0\\\vdots&\vdots&\vdots&&\vdots\\0&0&0&\cdots&a_n\end{vmatrix}=\left(a_0-\sum_{i=1}^{n}\frac{b_ic_i}{a_i}\right)a_1a_2\cdots a_n.$$

例 5 设 $\boldsymbol{\alpha},\boldsymbol{\beta},\boldsymbol{\gamma}$ 均为 3×1 矩阵,且行列式 $|\boldsymbol{\alpha},\boldsymbol{\beta},\boldsymbol{\gamma}|=2$,求行列式

$$|\boldsymbol{\alpha}+2\boldsymbol{\beta},\boldsymbol{\beta}+2\boldsymbol{\gamma},\boldsymbol{\gamma}+2\boldsymbol{\alpha}|.$$

解 由分块矩阵乘法法则可得

$$(\boldsymbol{\alpha}+2\boldsymbol{\beta},\boldsymbol{\beta}+2\boldsymbol{\gamma},\boldsymbol{\gamma}+2\boldsymbol{\alpha})=(\boldsymbol{\alpha},\boldsymbol{\beta},\boldsymbol{\gamma})\begin{pmatrix}1&0&2\\2&1&0\\0&2&1\end{pmatrix},$$

两边取行列式得

$$|\boldsymbol{\alpha}+2\boldsymbol{\beta},\boldsymbol{\beta}+2\boldsymbol{\gamma},\boldsymbol{\gamma}+2\boldsymbol{\alpha}|=|\boldsymbol{\alpha},\boldsymbol{\beta},\boldsymbol{\gamma}|\begin{vmatrix}1&0&2\\2&1&0\\0&2&1\end{vmatrix}=2\times9=18.$$

例 6 设 $\boldsymbol{A},\boldsymbol{B}$ 分别为 m,n 阶矩阵，$\boldsymbol{C}$ 为 $n\times m$ 矩阵，证明：

$$\begin{vmatrix}\boldsymbol{A} & \boldsymbol{O}\\ \boldsymbol{C} & \boldsymbol{B}\end{vmatrix}=|\boldsymbol{A}||\boldsymbol{B}|.$$

证明 由推论 1.17 可知，$\boldsymbol{A},\boldsymbol{B}$ 经过第三种初等变换可化为对角矩阵．设

$$\boldsymbol{A}\rightarrow\mathrm{diag}(a_1,a_2,\cdots,a_m),\boldsymbol{B}\rightarrow\mathrm{diag}(b_1,b_2,\cdots,b_n),$$

则 $|\boldsymbol{A}|=a_1a_2\cdots a_m$，$|\boldsymbol{B}|=b_1b_2\cdots b_n$．对分块矩阵 $\begin{pmatrix}\boldsymbol{A} & \boldsymbol{O}\\ \boldsymbol{C} & \boldsymbol{B}\end{pmatrix}$ 中的子块 $\boldsymbol{A},\boldsymbol{B}$ 所在的行和列分别施行上述第三种初等变换，则

$$\begin{pmatrix}\boldsymbol{A} & \boldsymbol{O}\\ \boldsymbol{C} & \boldsymbol{B}\end{pmatrix}\rightarrow\begin{pmatrix}a_1 & & & & & \\ & \ddots & & & & \\ & & a_m & & & \\ c'_{11} & \cdots & c'_{1m} & b_1 & & \\ \vdots & & \vdots & & \ddots & \\ c'_{n1} & \cdots & c'_{nm} & & & b_n\end{pmatrix}.$$

由性质 1.16 可得

$$\begin{vmatrix}\boldsymbol{A} & \boldsymbol{O}\\ \boldsymbol{C} & \boldsymbol{B}\end{vmatrix}=\begin{vmatrix}a_1 & & & & & \\ & \ddots & & & & \\ & & a_m & & & \\ c'_{11} & \cdots & c'_{1m} & b_1 & & \\ \vdots & & \vdots & & \ddots & \\ c'_{n1} & \cdots & c'_{nm} & & & b_n\end{vmatrix}=(a_1a_2\cdots a_m)(b_1b_2\cdots b_n)=|\boldsymbol{A}||\boldsymbol{B}|.$$

用例 6 的方法还可得：当 $\boldsymbol{A},\boldsymbol{B}$ 分别为 m,n 阶矩阵，$\boldsymbol{C}$ 为 $m\times n$ 矩阵时，

$$\begin{vmatrix}\boldsymbol{A} & \boldsymbol{C}\\ \boldsymbol{O} & \boldsymbol{B}\end{vmatrix}=\begin{vmatrix}\boldsymbol{A} & \boldsymbol{O}\\ \boldsymbol{O} & \boldsymbol{B}\end{vmatrix}=|\boldsymbol{A}||\boldsymbol{B}|.$$

习题 1.4

一、基础题

1. 计算下列行列式：

(1) $\begin{vmatrix}1 & 2 & 3 & 4\\ 4 & 1 & 2 & 3\\ 3 & 4 & 1 & 2\\ 2 & 3 & 4 & 1\end{vmatrix}$； (2) $\begin{vmatrix}1 & 1 & 1 & \cdots & 1\\ 1 & 2-x & 1 & \cdots & 1\\ 1 & 1 & 3-x & \cdots & 1\\ \vdots & \vdots & \vdots & & \vdots\\ 1 & 1 & 1 & \cdots & n-x\end{vmatrix}$；

(3) $\begin{vmatrix} 1 & \frac{1}{2} & \frac{1}{3} & \cdots & \frac{1}{n} \\ 2 & 1 & 0 & \cdots & 0 \\ 3 & 0 & 1 & \cdots & 0 \\ \vdots & \vdots & \vdots & & \vdots \\ n & 0 & 0 & \cdots & 1 \end{vmatrix}$； (4) $\begin{vmatrix} x_1-a & x_2 & x_3 & \cdots & x_n \\ x_1 & x_2-a & x_3 & \cdots & x_n \\ x_1 & x_2 & x_3-a & \cdots & x_n \\ \vdots & \vdots & \vdots & & \vdots \\ x_1 & x_2 & x_3 & \cdots & x_n-a \end{vmatrix}$.

2. 用行列式的性质证明：

(1) $\begin{vmatrix} a^2 & (a-1)^2 & (a-2)^2 & (a-3)^2 \\ b^2 & (b-1)^2 & (b-2)^2 & (b-3)^2 \\ c^2 & (c-1)^2 & (c-2)^2 & (c-3)^2 \\ d^2 & (d-1)^2 & (d-2)^2 & (d-3)^2 \end{vmatrix}=0$；

(2) $\begin{vmatrix} b+c & c+a & a+b \\ a+b & b+c & c+a \\ c+a & a+b & b+c \end{vmatrix}=2\begin{vmatrix} a & b & c \\ c & a & b \\ b & c & a \end{vmatrix}$；

(3) $\begin{vmatrix} 1+x & 1 & 1 & 1 \\ 1 & 1-x & 1 & 1 \\ 1 & 1 & 1+y & 1 \\ 1 & 1 & 1 & 1-y \end{vmatrix}=x^2y^2$.

3. 设 $\boldsymbol{A}=(\boldsymbol{\alpha}_1,\boldsymbol{\alpha}_2,\boldsymbol{\alpha}_3)$ 为三阶矩阵，其中 $\boldsymbol{\alpha}_1,\boldsymbol{\alpha}_2,\boldsymbol{\alpha}_3$ 为 $\boldsymbol{A}$ 的列向量，$|\boldsymbol{A}|=1$，矩阵

$$\boldsymbol{B}=(\boldsymbol{\alpha}_1+\boldsymbol{\alpha}_2+\boldsymbol{\alpha}_3,\boldsymbol{\alpha}_1+2\boldsymbol{\alpha}_2+4\boldsymbol{\alpha}_3,\boldsymbol{\alpha}_1+3\boldsymbol{\alpha}_2+9\boldsymbol{\alpha}_3),$$

求行列式 $|\boldsymbol{B}|$.

4. 设 $\boldsymbol{A}$ 为奇数阶反对称矩阵，证明：$|\boldsymbol{A}|=0$.

二、提高题

5. 设四阶矩阵 $\boldsymbol{A}=(\boldsymbol{\alpha},\boldsymbol{\gamma}_1,\boldsymbol{\gamma}_2,\boldsymbol{\gamma}_3)$，$\boldsymbol{B}=(\boldsymbol{\beta},\boldsymbol{\gamma}_1,\boldsymbol{\gamma}_2,\boldsymbol{\gamma}_3)$，其中 $\boldsymbol{\alpha},\boldsymbol{\beta},\boldsymbol{\gamma}_1,\boldsymbol{\gamma}_2,\boldsymbol{\gamma}_3$ 均为列向量，且行列式 $|\boldsymbol{A}|=4$，$|\boldsymbol{B}|=1$，则行列式 $|\boldsymbol{A}+\boldsymbol{B}|=$ ________.

6. 设 $\boldsymbol{A},\boldsymbol{B}$ 均为三阶矩阵，$\boldsymbol{A}=(\boldsymbol{\alpha}_1,\boldsymbol{\alpha}_2,\boldsymbol{\alpha}_3)$，其中 $\boldsymbol{\alpha}_1,\boldsymbol{\alpha}_2,\boldsymbol{\alpha}_3$ 为 $\boldsymbol{A}$ 的列向量，$|\boldsymbol{A}|\neq 0$，而且

$$\boldsymbol{B}\boldsymbol{\alpha}_1=\boldsymbol{\alpha}_1+2\boldsymbol{\alpha}_2,\boldsymbol{B}\boldsymbol{\alpha}_2=2\boldsymbol{\alpha}_2+3\boldsymbol{\alpha}_3,\boldsymbol{B}\boldsymbol{\alpha}_3=\boldsymbol{\alpha}_1+3\boldsymbol{\alpha}_3,$$

则行列式 $|\boldsymbol{B}|=$ ________.

7. 已知 $\boldsymbol{A}=\begin{pmatrix} 1 & 0 & 1 \\ 0 & 2 & 0 \\ 1 & 0 & 3 \end{pmatrix}$，求：

(1) $|\boldsymbol{A}^n|$； (2) $|\boldsymbol{A}^n-\boldsymbol{A}^{n-1}|$.

8. 解方程 $\begin{vmatrix} 1 & 1 & 2 & 3 \\ 1 & 2-x^2 & 2 & 3 \\ 2 & 3 & 1 & 5 \\ 2 & 3 & 1 & 9-x^2 \end{vmatrix}=0$.

9. 设 $\boldsymbol{A},\boldsymbol{B}$ 分别为 m,n 阶矩阵,证明:$\begin{vmatrix} \boldsymbol{O} & \boldsymbol{A} \\ \boldsymbol{B} & \boldsymbol{O} \end{vmatrix} = (-1)^{mn}|\boldsymbol{A}||\boldsymbol{B}|$.

10. 设 $\boldsymbol{A},\boldsymbol{B}$ 均为 n 阶矩阵,证明:$\begin{vmatrix} \boldsymbol{A} & \boldsymbol{B} \\ \boldsymbol{B} & \boldsymbol{A} \end{vmatrix} = |\boldsymbol{A}+\boldsymbol{B}||\boldsymbol{A}-\boldsymbol{B}|$.

微课:分块矩阵的行列式

1.5 行列式按行(列)展开

一般地,低阶行列式比高阶行列式计算容易些,我们自然想到将高阶行列式转化为低阶行列式来计算. 行列式的按行(列)展开法则就解决了这一问题.

1.5.1 余子式和代数余子式

三阶矩阵 $\boldsymbol{A}=(a_{ij})_{3\times 3}$ 的行列式可变形为

$$\begin{aligned} |\boldsymbol{A}| &= a_{11}a_{22}a_{33}+a_{12}a_{23}a_{31}+a_{13}a_{21}a_{32}-a_{13}a_{22}a_{31}-a_{12}a_{21}a_{33}-a_{11}a_{23}a_{32} \\ &= a_{11}(a_{22}a_{33}-a_{23}a_{32})-a_{12}(a_{21}a_{33}-a_{23}a_{31})+a_{13}(a_{21}a_{32}-a_{22}a_{31}) \\ &= a_{11}\begin{vmatrix} a_{22} & a_{23} \\ a_{32} & a_{33} \end{vmatrix} - a_{12}\begin{vmatrix} a_{21} & a_{23} \\ a_{31} & a_{33} \end{vmatrix} + a_{13}\begin{vmatrix} a_{21} & a_{22} \\ a_{31} & a_{32} \end{vmatrix}. \end{aligned}$$

设

$$A_{11}=\begin{vmatrix} a_{22} & a_{23} \\ a_{32} & a_{33} \end{vmatrix}, A_{12}=-\begin{vmatrix} a_{21} & a_{23} \\ a_{31} & a_{33} \end{vmatrix}, A_{13}=\begin{vmatrix} a_{21} & a_{22} \\ a_{31} & a_{32} \end{vmatrix},$$

则

$$|\boldsymbol{A}| = a_{11}A_{11}+a_{12}A_{12}+a_{13}A_{13}. \tag{1.5.1}$$

定义 1.14 在 n 阶矩阵 $\boldsymbol{A}=(a_{ij})_{n\times n}$ 中删去 (i,j) 元所在的行和列,剩下的 $n-1$ 阶方阵的行列式称为 $\boldsymbol{A}$ 的 (i,j) 元的**余子式**,记作 M_{ij}.

$A_{ij}=(-1)^{i+j}M_{ij}$ 称为 $\boldsymbol{A}$ 的 (i,j) 元的**代数余子式**.

例如,$\boldsymbol{A}=\begin{pmatrix} 1 & 2 & 3 \\ 4 & 5 & 6 \\ 7 & 8 & 9 \end{pmatrix}$ 的 $(2,3)$ 元的余子式和代数余子式分别是

$$M_{23}=\begin{vmatrix} 1 & 2 \\ 7 & 8 \end{vmatrix}=-6, A_{23}=(-1)^{2+3}M_{23}=6;$$

$(3,3)$ 元的余子式和代数余子式分别是

$$M_{33}=\begin{vmatrix} 1 & 2 \\ 4 & 5 \end{vmatrix}=-3, A_{33}=(-1)^{3+3}M_{23}=-3.$$

注 $\boldsymbol{A}$ 的 (i,j) 元的余子式和代数余子式与 $\boldsymbol{A}$ 的第 i 行和第 j 列的元素无关.

1.5.2 行列式的按行（列）展开

下面将式(1.5.1)推广到一般情形,即得行列式按行(列)展开公式.

定理 1.20 设 n 阶矩阵 $\boldsymbol{A}=(a_{ij})_{n\times n}$,则有按行展开公式

$$|\boldsymbol{A}|=a_{i1}A_{i1}+a_{i2}A_{i2}+\cdots+a_{in}A_{in}\ (i=1,\ 2,\ \cdots,\ n)$$

和按列展开公式

$$|\boldsymbol{A}|=a_{1j}A_{1j}+a_{2j}A_{2j}+\cdots+a_{nj}A_{nj}\ (j=1,\ 2,\ \cdots,\ n).$$

证明 这里仅证按行展开公式,分 3 步来证.

(1)若 $|\boldsymbol{A}|=\begin{vmatrix} a_{11} & 0 & \cdots & 0 \\ a_{21} & a_{22} & \cdots & a_{2n} \\ \vdots & \vdots & & \vdots \\ a_{n1} & a_{n2} & \cdots & a_{nn} \end{vmatrix}$,则 $|\boldsymbol{A}|=a_{11}A_{11}$.

事实上,$|\boldsymbol{A}|=\sum\limits_{j_1j_2\cdots j_n\in S_n}(-1)^{\tau(j_1j_2\cdots j_n)}a_{1j_1}a_{2j_2}\cdots a_{nj_n}$

$$=\sum_{1j_2\cdots j_n\in S_n}(-1)^{\tau(1j_2\cdots j_n)}a_{11}a_{2j_2}\cdots a_{nj_n}$$

$$=a_{11}\sum_{(j_2-1)\cdots(j_n-1)\in S_{n-1}}(-1)^{\tau[(j_2-1)\cdots(j_n-1)]}a_{2j_2}\cdots a_{nj_n}=a_{11}A_{11}.$$

(2)若 $\boldsymbol{A}$ 的第 i 行中除 $(i,\ j)$ 元外均为 0,即

$$\boldsymbol{A}=\begin{pmatrix} a_{11} & \cdots & a_{1j} & \cdots & a_{1n} \\ \vdots & & \vdots & & \vdots \\ 0 & \cdots & a_{ij} & \cdots & 0 \\ \vdots & & \vdots & & \vdots \\ a_{n1} & \cdots & a_{nj} & \cdots & a_{nn} \end{pmatrix},$$

则 $|\boldsymbol{A}|=a_{ij}A_{ij}$.

事实上,对 $\boldsymbol{A}$ 依次做如下第一种初等变换得 $\boldsymbol{B}$:

$$\boldsymbol{A}\xrightarrow{r_i\leftrightarrow r_{i-1},r_{i-1}\leftrightarrow r_{i-2},\cdots,r_2\leftrightarrow r_1;c_j\leftrightarrow c_{j-1},c_{j-1}\leftrightarrow c_{j-2},\cdots,c_2\leftrightarrow c_1}\boldsymbol{B}.$$

$\boldsymbol{B}$ 的(1,1)元为 a_{ij},$\boldsymbol{B}$ 的第一行中除(1,1)元外全为 0,且 $\boldsymbol{B}$ 的(1,1)元的余子式就是 $\boldsymbol{A}$ 的 $(i,\ j)$ 元的余子式 M_{ij},由性质 1.10 和第(1)步结果得

$$|\boldsymbol{A}|=(-1)^{i-1}(-1)^{j-1}|\boldsymbol{B}|=(-1)^{i+j}a_{ij}M_{ij}=a_{ij}A_{ij}.$$

(3)最后证一般情形. 设 n 阶矩阵 $\boldsymbol{A}=(a_{ij})$,将其第 i 行拆分成

$$(a_{i1},a_{i2},\cdots,a_{in})=(a_{i1},0,\cdots,0)+(0,a_{i2},0,\cdots,0)+\cdots+(0,\cdots,0,a_{in}),$$

由性质 1.15 和第(2)步结果得

$$|\boldsymbol{A}|=\begin{vmatrix} a_{11} & a_{12} & \cdots & a_{1n} \\ \vdots & \vdots & & \vdots \\ a_{i1} & 0 & \cdots & 0 \\ \vdots & \vdots & & \vdots \\ a_{n1} & a_{n2} & \cdots & a_{nn} \end{vmatrix}+\begin{vmatrix} a_{11} & a_{12} & \cdots & a_{1n} \\ \vdots & \vdots & & \vdots \\ 0 & a_{i2} & \cdots & 0 \\ \vdots & \vdots & & \vdots \\ a_{n1} & a_{n2} & \cdots & a_{nn} \end{vmatrix}+\cdots+\begin{vmatrix} a_{11} & a_{12} & \cdots & a_{1n} \\ \vdots & \vdots & & \vdots \\ 0 & 0 & \cdots & a_{in} \\ \vdots & \vdots & & \vdots \\ a_{n1} & a_{n2} & \cdots & a_{nn} \end{vmatrix}$$

$$= a_{i1}A_{i1} + a_{i2}A_{i2} + \cdots + a_{in}A_{in}.$$

例 1 计算行列式 $D = \begin{vmatrix} a & 0 & 0 & b \\ b & a & 0 & 0 \\ 0 & b & a & 0 \\ 0 & 0 & b & a \end{vmatrix}$.

解 按第一行展开得

$$D = a(-1)^{1+1}\begin{vmatrix} a & 0 & 0 \\ b & a & 0 \\ 0 & b & a \end{vmatrix} + b(-1)^{1+4}\begin{vmatrix} b & a & 0 \\ 0 & b & a \\ 0 & 0 & b \end{vmatrix} = a^4 - b^4.$$

例 2 证明:$n(n \geqslant 2)$阶范德蒙德(Vandermonde)行列式

$$V_n = \begin{vmatrix} 1 & 1 & 1 & \cdots & 1 \\ a_1 & a_2 & a_3 & \cdots & a_n \\ a_1^2 & a_2^2 & a_3^2 & \cdots & a_n^2 \\ \vdots & \vdots & \vdots & & \vdots \\ a_1^{n-1} & a_2^{n-1} & a_3^{n-1} & \cdots & a_n^{n-1} \end{vmatrix} = \prod_{1 \leqslant i < j \leqslant n} (a_j - a_i).$$

证明 用数学归纳法.

(1) 当 $n = 2$ 时,$V_2 = \begin{vmatrix} 1 & 1 \\ a_1 & a_2 \end{vmatrix} = a_2 - a_1 = \prod_{1 \leqslant i < j \leqslant 2} (a_j - a_i)$.

(2) 设当阶数为 $n-1$ 时命题成立,即 $V_{n-1} = \prod_{1 \leqslant i < j \leqslant n-1} (a_j - a_i)$.

$$V_n \xlongequal[\substack{\vdots \\ r_2 - a_n r_1}]{\substack{r_n - a_n r_{n-1} \\ r_{n-1} - a_n r_{n-2}}} \begin{vmatrix} 1 & 1 & \cdots & 1 & 1 \\ a_1 - a_n & a_2 - a_n & \cdots & a_{n-1} - a_n & 0 \\ a_1(a_1 - a_n) & a_2(a_2 - a_n) & \cdots & a_{n-1}(a_{n-1} - a_n) & 0 \\ \vdots & \vdots & & \vdots & \vdots \\ a_1^{n-3}(a_1 - a_n) & a_2^{n-3}(a_2 - a_n) & \cdots & a_{n-1}^{n-3}(a_{n-1} - a_n) & 0 \\ a_1^{n-2}(a_1 - a_n) & a_2^{n-2}(a_2 - a_n) & \cdots & a_{n-1}^{n-2}(a_{n-1} - a_n) & 0 \end{vmatrix}$$

$$= 1 \cdot (-1)^{1+n}(a_1 - a_n)(a_2 - a_n)\cdots(a_{n-1} - a_n)\begin{vmatrix} 1 & 1 & \cdots & 1 \\ a_1 & a_2 & \cdots & a_{n-1} \\ a_1^2 & a_2^2 & \cdots & a_{n-1}^2 \\ \vdots & \vdots & & \vdots \\ a_1^{n-2} & a_2^{n-2} & \cdots & a_{n-1}^{n-2} \end{vmatrix}$$

$$= (a_n - a_1)(a_n - a_2)\cdots(a_n - a_{n-1})V_{n-1}$$

$$= (a_n - a_1)(a_n - a_2)\cdots(a_n - a_{n-1})\prod_{1 \leqslant i < j \leqslant n-1} (a_j - a_i)$$

$$= \prod_{1 \leqslant i < j \leqslant n} (a_j - a_i),$$

故当阶数为 n 时命题也成立．证毕．

例 3 设 $\boldsymbol{A}=\begin{pmatrix}1&2&2&1\\2&4&6&8\\1&3&5&7\\1&0&1&0\end{pmatrix}$，$M_{ij}$，$A_{ij}$分别为 $\boldsymbol{A}$ 的(i,j)元的余子式和代数余子式，求：

(1)$A_{41}+2A_{42}+3A_{43}+4A_{44}$；(2)$M_{13}+M_{23}+M_{33}+M_{43}$.

解 (1)所求式子是矩阵 $\boldsymbol{A}$ 的第四行元素的代数余子式分别与 1,2,3,4 的乘积之和，将 $\boldsymbol{A}$ 的第四行依次替换为 1,2,3,4，得矩阵

$$\boldsymbol{B}=\begin{pmatrix}1&2&2&1\\2&4&6&8\\1&3&5&7\\1&2&3&4\end{pmatrix},$$

则 $\boldsymbol{B}$ 的第四行各元素的代数余子式与 $\boldsymbol{A}$ 的第四行对应元素的代数余子式相同，将$|\boldsymbol{B}|$按第四行展开得

$$|\boldsymbol{B}|=A_{41}+2A_{42}+3A_{43}+4A_{44}.$$

又由于 $\boldsymbol{B}$ 的第二、第四行成比例，故$|\boldsymbol{B}|=0$，于是得

$$A_{41}+2A_{42}+3A_{43}+4A_{44}=|\boldsymbol{B}|=0.$$

(2)由于

$$M_{13}+M_{23}+M_{33}+M_{43}=A_{13}-A_{23}+A_{33}-A_{43},$$

可将 $\boldsymbol{A}$ 的第三列元素依次替换为 1，-1，1，-1，得矩阵 $\boldsymbol{C}=\begin{pmatrix}1&2&1&1\\2&4&-1&8\\1&3&1&7\\1&0&-1&0\end{pmatrix}$，将$|\boldsymbol{C}|$按第三列展开可得$|\boldsymbol{C}|=A_{13}-A_{23}+A_{33}-A_{43}$. 而

$$|\boldsymbol{C}|=\begin{vmatrix}1&2&1&1\\2&4&-1&8\\1&3&1&7\\1&0&-1&0\end{vmatrix}\xlongequal{c_3+c_1}\begin{vmatrix}1&2&2&1\\2&4&1&8\\1&3&2&7\\1&0&0&0\end{vmatrix}=1\times(-1)^{4+1}\begin{vmatrix}2&2&1\\4&1&8\\3&2&7\end{vmatrix}$$

$$\overset{c_1-2c_3}{\underset{c_2-2c_3}{=\!=\!=\!=}}-\begin{vmatrix}0&0&1\\-12&-15&8\\-11&-12&7\end{vmatrix}=-(-1)^{1+3}\begin{vmatrix}-12&-15\\-11&-12\end{vmatrix}=21,$$

所以

$$M_{13}+M_{23}+M_{33}+M_{43}=|\boldsymbol{C}|=21.$$

定理 1.21 设 $\boldsymbol{A}=(a_{ij})_{n\times n}$为 n 阶矩阵，则 $\boldsymbol{A}$ 的任意一行(列)元素与另一行(列)对应元素的代数余子式乘积之和等于零．即

$$a_{i1}A_{j1}+a_{i2}A_{j2}+\cdots+a_{in}A_{jn}=0(i\neq j);\tag{1.5.2}$$

$$a_{1i}A_{1j}+a_{2i}A_{2j}+\cdots+a_{ni}A_{nj}=0(i\neq j).\tag{1.5.3}$$

证明 下证式(1.5.2). 将矩阵 $\boldsymbol{A}$ 的第 j 行替换为第 $i(i\neq j)$ 行得矩阵 $\boldsymbol{B}$,即

$$\boldsymbol{A}=\begin{pmatrix} a_{11} & a_{12} & \cdots & a_{1n} \\ \vdots & \vdots & & \vdots \\ a_{i1} & a_{i2} & \cdots & a_{in} \\ \vdots & \vdots & & \vdots \\ a_{j1} & a_{j2} & \cdots & a_{jn} \\ \vdots & \vdots & & \vdots \\ a_{n1} & a_{n2} & \cdots & a_{nn} \end{pmatrix},\boldsymbol{B}=\begin{pmatrix} a_{11} & a_{12} & \cdots & a_{1n} \\ \vdots & \vdots & & \vdots \\ a_{i1} & a_{i2} & \cdots & a_{in} \\ \vdots & \vdots & & \vdots \\ a_{i1} & a_{i2} & \cdots & a_{in} \\ \vdots & \vdots & & \vdots \\ a_{n1} & a_{n2} & \cdots & a_{nn} \end{pmatrix}\begin{matrix} \\ \\ (\text{第 } i \text{ 行}) \\ \\ (\text{第 } j \text{ 行}) \\ \\ \\ \end{matrix},$$

将 $|\boldsymbol{B}|$ 按第 j 行展开得

$$|\boldsymbol{B}|=a_{i1}A_{j1}+a_{i2}A_{j2}+\cdots+a_{in}A_{jn}.$$

因为 $\boldsymbol{B}$ 的第 i, j 行相同,故 $|\boldsymbol{B}|=0$,从而

$$a_{i1}A_{j1}+a_{i2}A_{j2}+\cdots+a_{in}A_{jn}=|\boldsymbol{B}|=0(i\neq j).$$

综合定理 1.20 和定理 1.21 可得

$$a_{i1}A_{j1}+a_{i2}A_{j2}+\cdots+a_{in}A_{jn}=\begin{cases}|\boldsymbol{A}|, i=j,\\ 0,\quad i\neq j;\end{cases}\tag{1.5.4}$$

$$a_{1i}A_{1j}+a_{2i}A_{2j}+\cdots+a_{ni}A_{nj}=\begin{cases}|\boldsymbol{A}|, i=j,\\ 0,\quad i\neq j.\end{cases}\tag{1.5.5}$$

1.5.3 伴随矩阵及其性质

定义 1.15 设 $\boldsymbol{A}=(a_{ij})_{n\times n}$ 为 $n(n\geqslant 2)$ 阶矩阵,称 n 阶矩阵

$$\boldsymbol{A}^*=\begin{pmatrix} A_{11} & A_{21} & \cdots & A_{n1} \\ A_{12} & A_{22} & \cdots & A_{n2} \\ \vdots & \vdots & & \vdots \\ A_{1n} & A_{2n} & \cdots & A_{nn} \end{pmatrix}$$

为 $\boldsymbol{A}$ 的**伴随矩阵**,其中 A_{ij} 是 $\boldsymbol{A}$ 的 (i, j) 元的代数余子式,$i, j=1, 2, \cdots, n$.

注 矩阵 $\boldsymbol{A}$ 的第 $i(i=1, 2, \cdots, n)$ 行(列)元素的代数余子式依次是其伴随矩阵 $\boldsymbol{A}^*$ 的第 i 列(行)元素,即 $\boldsymbol{A}^*=(A_{ji})_{n\times n}$.

由式(1.5.4)和式(1.5.5)可得伴随矩阵的以下重要性质.

定理 1.22 设 $\boldsymbol{A}$ 为 $n(n\geqslant 2)$ 阶矩阵,则 $\boldsymbol{A}\boldsymbol{A}^*=\boldsymbol{A}^*\boldsymbol{A}=|\boldsymbol{A}|\boldsymbol{E}$.

例 4 求矩阵 $\boldsymbol{A}=\begin{pmatrix} 1 & 2 & 3 \\ 2 & 2 & 1 \\ 3 & 4 & 3 \end{pmatrix}$ 的伴随矩阵,并验证 $\boldsymbol{A}\boldsymbol{A}^*=|\boldsymbol{A}|\boldsymbol{E}$.

解 先计算第一行元素的代数余子式：

$$A_{11}=(-1)^{1+1}\begin{vmatrix}2&1\\4&3\end{vmatrix}=2,A_{12}=(-1)^{1+2}\begin{vmatrix}2&1\\3&3\end{vmatrix}=-3,A_{13}=(-1)^{1+3}\begin{vmatrix}2&2\\3&4\end{vmatrix}=2.$$

$$|\boldsymbol{A}|=A_{11}+2A_{12}+3A_{13}=2.$$

再计算其余的代数余子式：

$$A_{21}=(-1)^{2+1}\begin{vmatrix}2&3\\4&3\end{vmatrix}=6,A_{22}=(-1)^{2+2}\begin{vmatrix}1&3\\3&3\end{vmatrix}=-6,A_{23}=(-1)^{2+3}\begin{vmatrix}1&2\\3&4\end{vmatrix}=2,$$

$$A_{31}=(-1)^{3+1}\begin{vmatrix}2&3\\2&1\end{vmatrix}=-4,A_{32}=(-1)^{3+2}\begin{vmatrix}1&3\\2&1\end{vmatrix}=5,A_{33}=(-1)^{3+3}\begin{vmatrix}1&2\\2&2\end{vmatrix}=-2.$$

$$\boldsymbol{A}^*=\begin{pmatrix}A_{11}&A_{21}&A_{31}\\A_{12}&A_{22}&A_{32}\\A_{13}&A_{23}&A_{33}\end{pmatrix}=\begin{pmatrix}2&6&-4\\-3&-6&5\\2&2&-2\end{pmatrix},$$

$$\boldsymbol{AA}^*=\begin{pmatrix}1&2&3\\2&2&1\\3&4&3\end{pmatrix}\begin{pmatrix}2&6&-4\\-3&-6&5\\2&2&-2\end{pmatrix}=\begin{pmatrix}2&0&0\\0&2&0\\0&0&2\end{pmatrix}=|\boldsymbol{A}|\boldsymbol{E}.$$

习题 1.5

一、基础题

1. 计算下列行列式：

(1) $\begin{vmatrix}1&2&3&4\\0&0&5&0\\3&2&1&3\\6&1&5&3\end{vmatrix}$；　(2) $\begin{vmatrix}a_1&0&0&b_1\\0&a_2&b_2&0\\0&b_3&a_3&0\\b_4&0&0&a_4\end{vmatrix}$；

(3) $\begin{vmatrix}a&0&0&b\\0&0&b&a\\0&b&a&0\\b&a&0&0\end{vmatrix}$；　(4) $\begin{vmatrix}0&0&0&a\\0&0&b&a_1\\0&c&b_1&a_2\\d&c_1&b_2&a_3\end{vmatrix}$；

(5) $\begin{vmatrix}a&b&c&d&e\\0&1&0&0&0\\0&0&1&0&0\\0&0&0&1&0\\e&d&c&b&a\end{vmatrix}$；　(6) $\begin{vmatrix}a_{11}&a_{12}&a_{13}&a_{14}&a_{15}\\a_{21}&a_{22}&a_{23}&a_{24}&a_{25}\\a_{31}&a_{32}&0&0&0\\a_{41}&a_{42}&0&0&0\\a_{51}&a_{52}&0&0&0\end{vmatrix}$.

2. 计算$\boldsymbol{A}=\begin{pmatrix}2&2&1\\3&1&5\\3&2&3\end{pmatrix}$的伴随矩阵$\boldsymbol{A}^*$,并验证$\boldsymbol{A}^*\boldsymbol{A}=|\boldsymbol{A}|\boldsymbol{E}$.

3. 已知四阶行列式D的第三行元素依次是$-1,2,0,1$,它们的余子式分别为$5,3,-7,4$,求D.

二、提高题

4. (2014·数学一、二、三)行列式$\begin{vmatrix}0&a&b&0\\a&0&0&b\\0&c&d&0\\c&0&0&d\end{vmatrix}=($　　$)$.

A. $(ad-bc)^2$　　B. $-(ad-bc)^2$　　C. $a^2d^2-b^2c^2$　　D. $b^2c^2-a^2d^2$

5. 设$\boldsymbol{A}^*$为$n(n\geqslant 2)$阶矩阵$\boldsymbol{A}$的伴随矩阵,k为数,则$k\boldsymbol{A}$的伴随矩阵$(k\boldsymbol{A})^*=($　　$)$.

A. $k\boldsymbol{A}^*$　　B. $k^{n-2}\boldsymbol{A}^*$　　C. $k^{n-1}\boldsymbol{A}^*$　　D. $k^n\boldsymbol{A}^*$

6. (2024·数学三)已知矩阵$\boldsymbol{A}=\begin{pmatrix}a+1&b&3\\a&\frac{b}{2}&1\\1&1&2\end{pmatrix}$,$M_{ij}$表示$\boldsymbol{A}$的第$i$行第$j$列处元素的余子式,$|\boldsymbol{A}|=-\frac{1}{2}$,且$-M_{21}+M_{22}-M_{23}=0$,则($　　$).

A. $a=0$或$a=-\frac{3}{2}$　　B. $a=0$或$a=\frac{3}{2}$　　C. $b=1$或$b=-\frac{1}{2}$　　D. $b=-1$或$b=\frac{1}{2}$

7. (2012·数学三)设$\boldsymbol{A}$是三阶矩阵,$|\boldsymbol{A}|=3$,$\boldsymbol{A}^*$为$\boldsymbol{A}$的伴随矩阵,若交换$\boldsymbol{A}$的第一行和第二行得矩阵$\boldsymbol{B}$,则$|\boldsymbol{B}\boldsymbol{A}^*|=$________.

8. (2019·数学二)已知行列式$D=\begin{vmatrix}1&-1&0&0\\-2&1&-1&1\\3&-2&2&-1\\0&0&3&4\end{vmatrix}$,$A_{ij}$表示$D$的$(i,j)$元的代数余子式,则$A_{11}-A_{12}=$________.

9. (2015·数学一)n阶行列式$\begin{vmatrix}2&0&0&\cdots&2\\-1&2&0&\cdots&2\\0&-1&2&\cdots&2\\\vdots&\vdots&\vdots&&\vdots\\0&0&0&\cdots&2\end{vmatrix}=$________.

微课：递推法

10. (2001·数学四)已知行列式$D=\begin{vmatrix}3&0&4&0\\2&2&2&2\\0&-7&0&0\\5&3&-2&2\end{vmatrix}$,求第四行各元素的余子式之和.

微课：加边法

11. 计算行列式 $D_n=\begin{vmatrix} a_1+b_1 & a_2 & \cdots & a_n \\ a_1 & a_2+b_2 & \cdots & a_n \\ \vdots & \vdots & & \vdots \\ a_1 & a_2 & \cdots & a_n+b_n \end{vmatrix}$ $(b_1b_2\cdots b_n\neq 0)$.

12. 证明：$D_n=\begin{vmatrix} a+b & ab & 0 & \cdots & 0 \\ 1 & a+b & ab & \cdots & 0 \\ 0 & 1 & a+b & \cdots & 0 \\ \vdots & \vdots & \vdots & & \vdots \\ 0 & 0 & 0 & \cdots & a+b \end{vmatrix}=\dfrac{a^{n+1}-b^{n+1}}{a-b}$.

1.6 可逆矩阵

当数 $a\neq 0$ 时，存在 a^{-1} 使 $aa^{-1}=a^{-1}a=1$ 成立．对于 n 阶矩阵 $\boldsymbol{A}$，何时也存在一个与 a^{-1} 类似的矩阵 $\boldsymbol{A}^{-1}$，使 $\boldsymbol{AA}^{-1}=\boldsymbol{A}^{-1}\boldsymbol{A}=\boldsymbol{E}$ 成立呢？

1.6.1 可逆矩阵及其判定与性质

定义 1.16 设 $\boldsymbol{A}$ 为 n 阶矩阵，如果存在 n 阶矩阵 $\boldsymbol{B}$，使

$$\boldsymbol{AB}=\boldsymbol{BA}=\boldsymbol{E}$$

成立，则称 $\boldsymbol{A}$ 为**可逆矩阵**，同时称 $\boldsymbol{B}$ 为 $\boldsymbol{A}$ 的**逆矩阵**．

如果 $\boldsymbol{A}$ 是可逆矩阵，则 $\boldsymbol{A}$ 的逆矩阵是唯一的．

事实上，若 $\boldsymbol{B},\boldsymbol{C}$ 都是 $\boldsymbol{A}$ 的逆矩阵，则

$$\boldsymbol{AB}=\boldsymbol{BA}=\boldsymbol{E},\boldsymbol{AC}=\boldsymbol{CA}=\boldsymbol{E},$$

所以

$$\boldsymbol{B}=\boldsymbol{BE}=\boldsymbol{B}(\boldsymbol{AC})=(\boldsymbol{BA})\boldsymbol{C}=\boldsymbol{EC}=\boldsymbol{C}.$$

记 $\boldsymbol{A}$ 的逆矩阵为 $\boldsymbol{A}^{-1}$，则有 $\boldsymbol{AA}^{-1}=\boldsymbol{A}^{-1}\boldsymbol{A}=\boldsymbol{E}$.

矩阵的可逆性是矩阵的一个重要属性，它在线性代数理论和应用中都起着重要作用．例如，当 $\boldsymbol{A}$ 为可逆矩阵时，由 $\boldsymbol{AB}=\boldsymbol{AC}$（或 $\boldsymbol{BA}=\boldsymbol{CA}$）可得 $\boldsymbol{B}=\boldsymbol{C}$，即可从等式左（右）边消去公因子 $\boldsymbol{A}$. 特别地，若 $\boldsymbol{A}$ 可逆，则由 $\boldsymbol{AB}=\boldsymbol{O}$，可得 $\boldsymbol{B}=\boldsymbol{O}$.

定理 1.23 矩阵 $\boldsymbol{A}$ 可逆的充分必要条件是 $|\boldsymbol{A}|\neq 0$. 当 $\boldsymbol{A}$ 可逆时，

$$\boldsymbol{A}^{-1}=\frac{1}{|\boldsymbol{A}|}\boldsymbol{A}^{*},$$

其中 $\boldsymbol{A}^{*}$ 是 $\boldsymbol{A}$ 的伴随矩阵．

证明 必要性．因为 $\boldsymbol{A}$ 可逆，所以 $\boldsymbol{AA}^{-1}=\boldsymbol{E}$. 两边取行列式得

$$|\boldsymbol{A}||\boldsymbol{A}^{-1}|=|\boldsymbol{AA}^{-1}|=|\boldsymbol{E}|=1,$$

所以 $|\boldsymbol{A}|\neq 0$.

充分性．因为 $|\boldsymbol{A}|\neq 0$,由伴随矩阵的性质 $\boldsymbol{A}\boldsymbol{A}^*=\boldsymbol{A}^*\boldsymbol{A}=|\boldsymbol{A}|\boldsymbol{E}$ 得

$$\boldsymbol{A}\left(\frac{1}{|\boldsymbol{A}|}\boldsymbol{A}^*\right)=\left(\frac{1}{|\boldsymbol{A}|}\boldsymbol{A}^*\right)\boldsymbol{A}=\boldsymbol{E}.$$

所以 $\boldsymbol{A}$ 可逆,而且 $\boldsymbol{A}^{-1}=\frac{1}{|\boldsymbol{A}|}\boldsymbol{A}^*$.

当 $|\boldsymbol{A}|\neq 0$ 时,称 $\boldsymbol{A}$ 为**非奇异的**;否则称 $\boldsymbol{A}$ 为**奇异的**．故可逆矩阵又称**非奇异矩阵**,不可逆矩阵又称**奇异矩阵**．

注　一阶矩阵 $\boldsymbol{A}=a$ 可逆的充分必要条件是 $a\neq 0$. 当 $a\neq 0$ 时,$\boldsymbol{A}^{-1}=a^{-1}$.

推论 1.24　若 $\boldsymbol{AB}=\boldsymbol{E}$(或 $\boldsymbol{BA}=\boldsymbol{E}$),则 $\boldsymbol{A},\boldsymbol{B}$ 均可逆,且 $\boldsymbol{A}^{-1}=\boldsymbol{B},\boldsymbol{B}^{-1}=\boldsymbol{A}$.

证明　由 $\boldsymbol{AB}=\boldsymbol{E}$ 得 $|\boldsymbol{A}||\boldsymbol{B}|=|\boldsymbol{AB}|=|\boldsymbol{E}|=1\neq 0$,故 $|\boldsymbol{A}|\neq 0$, $|\boldsymbol{B}|\neq 0$,从而 $\boldsymbol{A},\boldsymbol{B}$ 均可逆．用 $\boldsymbol{A}^{-1}$左乘等式 $\boldsymbol{AB}=\boldsymbol{E}$ 两边得 $\boldsymbol{A}^{-1}=\boldsymbol{B}$.

同理可得 $\boldsymbol{B}^{-1}=\boldsymbol{A}$.

例 1　设矩阵 $\boldsymbol{A}$ 满足 $\boldsymbol{A}^2-2\boldsymbol{A}-3\boldsymbol{E}=\boldsymbol{O}$.

(1)证明 $\boldsymbol{A}$ 可逆,并求 $\boldsymbol{A}^{-1}$.

(2)证明 $\boldsymbol{A}+2\boldsymbol{E}$ 可逆,并求$(\boldsymbol{A}+2\boldsymbol{E})^{-1}$.

证明　(1)由 $\boldsymbol{A}^2-2\boldsymbol{A}-3\boldsymbol{E}=\boldsymbol{O}$ 得 $\boldsymbol{A}(\boldsymbol{A}-2\boldsymbol{E})=3\boldsymbol{E}$,两边同乘以$\frac{1}{3}$得

$$\boldsymbol{A}\left(\frac{1}{3}\boldsymbol{A}-\frac{2}{3}\boldsymbol{E}\right)=\boldsymbol{E},$$

所以 $\boldsymbol{A}$ 可逆,且 $\boldsymbol{A}^{-1}=\frac{1}{3}\boldsymbol{A}-\frac{2}{3}\boldsymbol{E}$.

(2)由 $\boldsymbol{A}^2-2\boldsymbol{A}-3\boldsymbol{E}=\boldsymbol{O}$ 可得 $\boldsymbol{A}^2-2\boldsymbol{A}=3\boldsymbol{E}$,所以

$$(\boldsymbol{A}+2\boldsymbol{E})(\boldsymbol{A}-4\boldsymbol{E})=\boldsymbol{A}^2-2\boldsymbol{A}-8\boldsymbol{E}=3\boldsymbol{E}-8\boldsymbol{E}=-5\boldsymbol{E}.$$

两边同乘以 $-\frac{1}{5}$得$(\boldsymbol{A}+2\boldsymbol{E})\left(\frac{4}{5}\boldsymbol{E}-\frac{1}{5}\boldsymbol{A}\right)=\boldsymbol{E}$,所以 $\boldsymbol{A}+2\boldsymbol{E}$ 可逆,且

$$(\boldsymbol{A}+2\boldsymbol{E})^{-1}=\frac{4}{5}\boldsymbol{E}-\frac{1}{5}\boldsymbol{A}.$$

推论 1.25　初等矩阵是可逆的,而且其逆矩阵还是同类型的初等矩阵．

事实上,由

$$\boldsymbol{E}(i,j)\boldsymbol{E}(i,j)=\boldsymbol{E},\boldsymbol{E}(i(k))\boldsymbol{E}(i(k^{-1}))=\boldsymbol{E}(k\neq 0),\boldsymbol{E}(i,j(k))\boldsymbol{E}(i,j(-k))=\boldsymbol{E}$$

可得初等矩阵都是可逆的,而且

$$\boldsymbol{E}(i,j)^{-1}=\boldsymbol{E}(i,j),\boldsymbol{E}(i(k))^{-1}=\boldsymbol{E}(i(k^{-1})),\boldsymbol{E}(i,j(k))^{-1}=\boldsymbol{E}(i,j(-k)).$$

性质 1.26　设 $\boldsymbol{A},\boldsymbol{B}$ 为同阶可逆矩阵,数 $k\neq 0$,则

(1)$\boldsymbol{A}^{-1}$可逆,且$(\boldsymbol{A}^{-1})^{-1}=\boldsymbol{A}$;

(2)$k\boldsymbol{A}$ 可逆,且$(k\boldsymbol{A})^{-1}=k^{-1}\boldsymbol{A}^{-1}$;

(3)$\boldsymbol{AB}$ 可逆,且$(\boldsymbol{AB})^{-1}=\boldsymbol{B}^{-1}\boldsymbol{A}^{-1}$;

(4) A^{T} 可逆，且 $(A^{\mathrm{T}})^{-1}=(A^{-1})^{\mathrm{T}}$；

(5) $|A^{-1}|=|A|^{-1}$.

证明 这里只证明(3)和(4)，其余证明由读者自己完成.

(3) 由 $(AB)(B^{-1}A^{-1})=A(BB^{-1})A^{-1}=AA^{-1}=E$，得 AB 可逆，且

$$(AB)^{-1}=B^{-1}A^{-1}.$$

(4) 由 $(A^{\mathrm{T}})(A^{-1})^{\mathrm{T}}=(A^{-1}A)^{\mathrm{T}}=E^{\mathrm{T}}=E$，得 A^{T} 可逆，且

$$(A^{\mathrm{T}})^{-1}=(A^{-1})^{\mathrm{T}}.$$

性质 1.26 中的(3)可以推广到有限个矩阵的情形：

若 $A_1,A_2,\cdots,A_s$ 为同阶可逆矩阵，则 $A_1A_2\cdots A_s$ 也可逆，且

$$(A_1A_2\cdots A_s)^{-1}=A_s^{-1}A_{s-1}^{-1}\cdots A_1^{-1}.$$

例 2 设 $A,B,A+B$ 是可逆矩阵，证明 $A^{-1}+B^{-1}$ 可逆，并求其逆矩阵.

证明 因为

$$A^{-1}+B^{-1}=A^{-1}(E+AB^{-1})=A^{-1}(B+A)B^{-1},$$

即 $A^{-1}+B^{-1}$ 可表示为可逆矩阵之积，所以 $A^{-1}+B^{-1}$ 可逆，且

$$(A^{-1}+B^{-1})^{-1}=[A^{-1}(B+A)B^{-1}]^{-1}=B(A+B)^{-1}A.$$

1.6.2 逆矩阵的求法

定理 1.23 给出了一种求逆矩阵的方法——**伴随矩阵法**：$A^{-1}=\dfrac{1}{|A|}A^{*}$.

例 3 设矩阵 $A=\begin{pmatrix}a & b\\ c & d\end{pmatrix}$，其中 $ad-bc\neq 0$，求 A^{-1}.

解 由 $|A|=ad-bc\neq 0$ 可知 A 可逆. 因为

$$A^{*}=\begin{pmatrix}A_{11} & A_{21}\\ A_{12} & A_{22}\end{pmatrix}=\begin{pmatrix}d & -b\\ -c & a\end{pmatrix},$$

所以

$$A^{-1}=\frac{1}{|A|}A^{*}=\frac{1}{ad-bc}\begin{pmatrix}d & -b\\ -c & a\end{pmatrix}.$$

例 4 求矩阵 $A=\begin{pmatrix}1 & 2 & 3\\ 2 & 2 & 1\\ 3 & 4 & 3\end{pmatrix}$ 的逆矩阵.

解 在 1.5 节的例 4 中已求得 $|A|=2\neq 0$，$A^{*}=\begin{pmatrix}2 & 6 & -4\\ -3 & -6 & 5\\ 2 & 2 & -2\end{pmatrix}$，所以 A 可逆，且

$$A^{-1}=\frac{1}{|A|}A^{*}=\frac{1}{2}\begin{pmatrix}2 & 6 & -4\\ -3 & -6 & 5\\ 2 & 2 & -2\end{pmatrix}=\begin{pmatrix}1 & 3 & -2\\ -\dfrac{3}{2} & -3 & \dfrac{5}{2}\\ 1 & 1 & -1\end{pmatrix}.$$

当矩阵的阶数较高时,伴随矩阵的计算量太大.下面介绍用初等变换求逆矩阵的方法,为此先来讨论可逆矩阵的行最简形.

定理 1.27 矩阵 $\boldsymbol{A}$ 可逆的充分必要条件是 $\boldsymbol{A}$ 行等价于单位矩阵 $\boldsymbol{E}$.

证明 充分性.设 $\boldsymbol{A}\xrightarrow{r}\boldsymbol{E}$,则存在初等矩阵 $\boldsymbol{P}_1,\boldsymbol{P}_2,\cdots,\boldsymbol{P}_s$,使

$$\boldsymbol{P}_1\boldsymbol{P}_2\cdots\boldsymbol{P}_s\boldsymbol{A}=\boldsymbol{E}.$$

由推论 1.24 得 $\boldsymbol{A}$ 可逆.

必要性.若 $\boldsymbol{A}$ 可逆,设 $\boldsymbol{A}$ 的行最简形矩阵为 $\overline{\boldsymbol{A}}$,则存在初等矩阵 $\boldsymbol{P}_1,\boldsymbol{P}_2,\cdots,\boldsymbol{P}_s$ 使

$$\boldsymbol{P}_1\boldsymbol{P}_2\cdots\boldsymbol{P}_s\boldsymbol{A}=\overline{\boldsymbol{A}},\tag{1.6.1}$$

两边取行列式,并由 $|\boldsymbol{A}|\neq 0$ 得

$$|\overline{\boldsymbol{A}}|=|\boldsymbol{P}_1\boldsymbol{P}_2\cdots\boldsymbol{P}_s\boldsymbol{A}|=|\boldsymbol{P}_1||\boldsymbol{P}_2|\cdots|\boldsymbol{P}_s||\boldsymbol{A}|\neq 0.$$

由于方阵的行最简形一定是上三角形,又 $|\overline{\boldsymbol{A}}|\neq 0$,故 $\overline{\boldsymbol{A}}$ 的主对角元均为 1,即 $\overline{\boldsymbol{A}}=\boldsymbol{E}$. 于是式(1.6.1)即为

$$\boldsymbol{P}_1\boldsymbol{P}_2\cdots\boldsymbol{P}_s\boldsymbol{A}=\boldsymbol{E}.\tag{1.6.2}$$

这说明 $\boldsymbol{A}$ 行等价于单位矩阵 $\boldsymbol{E}$.

推论 1.28 矩阵 $\boldsymbol{A}$ 可逆的充分必要条件是 $\boldsymbol{A}$ 可表示为一些初等矩阵的乘积.

由推论 1.28 可得下面的推论 1.29.

推论 1.29 矩阵 $\boldsymbol{A}$ 可逆的充分必要条件是 $\boldsymbol{A}$ 列等价于单位矩阵 $\boldsymbol{E}$.

设 $\boldsymbol{A}$ 为 n 阶可逆矩阵,$\boldsymbol{B}$ 为任意 $n\times m$ 矩阵.由式(1.6.2)得 $\boldsymbol{P}_1\boldsymbol{P}_2\cdots\boldsymbol{P}_s=\boldsymbol{A}^{-1}$,两边右乘以 $\boldsymbol{B}$,得

$$\boldsymbol{P}_1\boldsymbol{P}_2\cdots\boldsymbol{P}_s\boldsymbol{B}=\boldsymbol{A}^{-1}\boldsymbol{B}.\tag{1.6.3}$$

对比式(1.6.2)和式(1.6.3)可知,对矩阵$(\boldsymbol{A},\boldsymbol{B})$做一些初等行变换,若这些初等行变换将 $\boldsymbol{A}$ 化为单位矩阵 $\boldsymbol{E}$,则同时将 $\boldsymbol{B}$ 化为 $\boldsymbol{A}^{-1}\boldsymbol{B}$. 于是得

$$(\boldsymbol{A},\boldsymbol{B})\xrightarrow{r}(\boldsymbol{E},\boldsymbol{A}^{-1}\boldsymbol{B}).\tag{1.6.4}$$

类似地,由推论 1.29 可得,对任意 $m\times n$ 矩阵 $\boldsymbol{C}$,有

$$\begin{pmatrix}\boldsymbol{A}\\\boldsymbol{C}\end{pmatrix}\xrightarrow{c}\begin{pmatrix}\boldsymbol{E}\\\boldsymbol{C}\boldsymbol{A}^{-1}\end{pmatrix}.\tag{1.6.5}$$

若将式(1.6.4)中 $\boldsymbol{B}$ 和式(1.6.5)中 $\boldsymbol{C}$ 取为 n 阶单位矩阵 $\boldsymbol{E}$,则有

$$(\boldsymbol{A},\boldsymbol{E})\xrightarrow{r}(\boldsymbol{E},\boldsymbol{A}^{-1});\tag{1.6.6}$$

$$\begin{pmatrix}\boldsymbol{A}\\\boldsymbol{E}\end{pmatrix}\xrightarrow{c}\begin{pmatrix}\boldsymbol{E}\\\boldsymbol{A}^{-1}\end{pmatrix}.\tag{1.6.7}$$

式(1.6.6)和式(1.6.7)给出了求逆矩阵的另一种方法——**初等变换法**,而式(1.6.4)和式(1.6.5)常用来解某些矩阵方程.

例 5 用初等变换法求例 4 中矩阵 $\boldsymbol{A}$ 的逆矩阵.

解 下面用式(1.6.6)来计算 $\boldsymbol{A}^{-1}$. 由

$$(\boldsymbol{A},\boldsymbol{E})=\left(\begin{array}{ccc:ccc}1&2&3&1&0&0\\2&2&1&0&1&0\\3&4&3&0&0&1\end{array}\right)\xrightarrow[r_3-3r_1]{r_2-2r_1}\left(\begin{array}{ccc:ccc}1&2&3&1&0&0\\0&-2&-5&-2&1&0\\0&-2&-6&-3&0&1\end{array}\right)$$

$$\xrightarrow[r_3-r_2]{r_1+r_2}\left(\begin{array}{ccc:ccc}1&0&-2&-1&1&0\\0&-2&-5&-2&1&0\\0&0&-1&-1&-1&1\end{array}\right)\xrightarrow[r_1-2r_3]{r_2-5r_3}\left(\begin{array}{ccc:ccc}1&0&0&1&3&-2\\0&-2&0&3&6&-5\\0&0&-1&-1&-1&1\end{array}\right)$$

$$\xrightarrow[r_3\times(-1)]{r_2\times\left(-\frac{1}{2}\right)}\left(\begin{array}{ccc:ccc}1&0&0&1&3&-2\\0&1&0&-\frac{3}{2}&-3&\frac{5}{2}\\0&0&1&1&1&-1\end{array}\right),$$

可知 $\boldsymbol{A}$ 行等价于单位矩阵 $\boldsymbol{E}$，所以 $\boldsymbol{A}$ 可逆，且

$$\boldsymbol{A}^{-1}=\begin{pmatrix}1&3&-2\\-\frac{3}{2}&-3&\frac{5}{2}\\1&1&-1\end{pmatrix}.$$

例 6 设 $\boldsymbol{A},\boldsymbol{B}$ 分别为 m,n 阶可逆矩阵，求准对角矩阵 $\begin{pmatrix}\boldsymbol{A}&\boldsymbol{O}\\\boldsymbol{O}&\boldsymbol{B}\end{pmatrix}$ 的逆矩阵.

解 对分块矩阵施行分块初等行变换：

$$\left(\begin{array}{cc:cc}\boldsymbol{A}&\boldsymbol{O}&\boldsymbol{E}&\boldsymbol{O}\\\boldsymbol{O}&\boldsymbol{B}&\boldsymbol{O}&\boldsymbol{E}\end{array}\right)\xrightarrow[\boldsymbol{B}^{-1}\times r_2]{\boldsymbol{A}^{-1}\times r_1}\left(\begin{array}{cc:cc}\boldsymbol{E}&\boldsymbol{O}&\boldsymbol{A}^{-1}&\boldsymbol{O}\\\boldsymbol{O}&\boldsymbol{E}&\boldsymbol{O}&\boldsymbol{B}^{-1}\end{array}\right),$$

即 $\begin{pmatrix}\boldsymbol{E}&\boldsymbol{O}\\\boldsymbol{O}&\boldsymbol{B}^{-1}\end{pmatrix}\begin{pmatrix}\boldsymbol{A}^{-1}&\boldsymbol{O}\\\boldsymbol{O}&\boldsymbol{E}\end{pmatrix}\begin{pmatrix}\boldsymbol{A}&\boldsymbol{O}\\\boldsymbol{O}&\boldsymbol{B}\end{pmatrix}=\begin{pmatrix}\boldsymbol{E}&\boldsymbol{O}\\\boldsymbol{O}&\boldsymbol{E}\end{pmatrix}$. 所以，

$$\begin{pmatrix}\boldsymbol{A}&\boldsymbol{O}\\\boldsymbol{O}&\boldsymbol{B}\end{pmatrix}^{-1}=\begin{pmatrix}\boldsymbol{A}^{-1}&\boldsymbol{O}\\\boldsymbol{O}&\boldsymbol{B}^{-1}\end{pmatrix}.$$

1.6.3 矩阵方程

含有未知矩阵的等式称为**矩阵方程**. 设有矩阵方程

(1) $\boldsymbol{AX}=\boldsymbol{C}$;

(2) $\boldsymbol{XB}=\boldsymbol{C}$;

(3) $\boldsymbol{AXB}=\boldsymbol{C}$,

当 $\boldsymbol{A},\boldsymbol{B}$ 为可逆矩阵时，矩阵方程(1)(2)(3)都有唯一解，其解分别为

$$\boldsymbol{X}=\boldsymbol{A}^{-1}\boldsymbol{C},\boldsymbol{X}=\boldsymbol{C}\boldsymbol{B}^{-1},\boldsymbol{X}=\boldsymbol{A}^{-1}\boldsymbol{C}\boldsymbol{B}^{-1}.$$

例 7 已知 $\boldsymbol{A}=\begin{pmatrix}1&0&0\\-1&1&1\\-1&0&0\end{pmatrix}$，$\boldsymbol{B}=\begin{pmatrix}1&-1\\2&0\\5&-3\end{pmatrix}$，解矩阵方程 $2\boldsymbol{X}=\boldsymbol{AX}+\boldsymbol{B}$.

解 由 $2\boldsymbol{X}=\boldsymbol{AX}+\boldsymbol{B}$ 得$(2\boldsymbol{E}-\boldsymbol{A})\boldsymbol{X}=\boldsymbol{B}$. 因为

$$2\boldsymbol{E}-\boldsymbol{A}=\begin{pmatrix}1&0&0\\1&1&-1\\1&0&2\end{pmatrix},|2\boldsymbol{E}-\boldsymbol{A}|=2\neq 0,$$

所以$2\boldsymbol{E}-\boldsymbol{A}$可逆,从而$\boldsymbol{X}=(2\boldsymbol{E}-\boldsymbol{A})^{-1}\boldsymbol{B}$. 可用式(1.6.4)来求$(2\boldsymbol{E}-\boldsymbol{A})^{-1}\boldsymbol{B}$. 由

$$(2\boldsymbol{E}-\boldsymbol{A},\boldsymbol{B})=\left(\begin{array}{ccc:cc}1&0&0&1&-1\\1&1&-1&2&0\\1&0&2&5&-3\end{array}\right)\xrightarrow[r_3-r_1]{r_2-r_1}\left(\begin{array}{ccc:cc}1&0&0&1&-1\\0&1&-1&1&1\\0&0&2&4&-2\end{array}\right)$$

$$\xrightarrow[r_2+r_3]{r_3\times\frac{1}{2}}\left(\begin{array}{ccc:cc}1&0&0&1&-1\\0&1&0&3&0\\0&0&1&2&-1\end{array}\right),$$

得矩阵方程的解为$\boldsymbol{X}=(2\boldsymbol{E}-\boldsymbol{A})^{-1}\boldsymbol{B}=\begin{pmatrix}1&-1\\3&0\\2&-1\end{pmatrix}$.

习题 1.6

一、基础题

1. 用伴随矩阵求下列矩阵的逆矩阵：

(1)$\begin{pmatrix}-1&2\\-2&3\end{pmatrix}$; (2)$\begin{pmatrix}a&0&0\\1&b&0\\0&1&c\end{pmatrix}(abc\neq 0)$; (3)$\begin{pmatrix}0&0&a\\0&b&1\\c&1&0\end{pmatrix}(abc\neq 0)$.

2. 用初等变换求下列矩阵的逆矩阵：

(1)$\begin{pmatrix}1&2&-3\\0&1&2\\0&0&1\end{pmatrix}$; (2)$\begin{pmatrix}1&2&3\\2&4&5\\3&5&6\end{pmatrix}$;

(3)$\begin{pmatrix}2&5&0&0\\1&3&0&0\\0&0&1&2\\0&0&2&5\end{pmatrix}$; (4)$\begin{pmatrix}0&a_1&0&0\\0&0&a_2&0\\0&0&0&a_3\\a_4&0&0&0\end{pmatrix}(a_1a_2a_3a_4\neq 0)$.

3. 解下列矩阵方程：

(1)$\begin{pmatrix}2&5\\1&3\end{pmatrix}\boldsymbol{X}=\begin{pmatrix}4&-6\\2&1\end{pmatrix}$;

(2) $\begin{pmatrix}0&1&0\\1&0&0\\0&0&1\end{pmatrix}X\begin{pmatrix}1&0&-2\\0&1&1\\0&0&1\end{pmatrix}=\begin{pmatrix}1&2&3\\2&3&1\\1&2&1\end{pmatrix}$;

(3) $X=\begin{pmatrix}0&1&0\\-1&1&1\\-1&0&-1\end{pmatrix}X+\begin{pmatrix}1&-1\\2&0\\5&-3\end{pmatrix}$.

4. 设 $A=\begin{pmatrix}1&0&0\\0&1&3\\0&1&2\end{pmatrix}$，$A^*$ 是 A 的伴随矩阵，求 $[(A^*)^{\mathrm{T}}]^{-1}$.

5. 设 $A=\begin{pmatrix}1&0&1\\0&2&0\\1&0&1\end{pmatrix}$，$AB+E=A^2+B$，$E$ 是三阶单位矩阵，求 B.

6. 设 $A^k=O$（k 为正整数），证明：$(E-A)^{-1}=E+A+\cdots+A^{k-1}$.

二、提高题

7. （2005·数学四）设 A,B,C 都是 n 阶矩阵，E 是 n 阶单位矩阵，若 $B=E+AB$，$C=A+CA$，则 $B-C$ 为（　　）.

A. E　　B. $-E$　　C. A　　D. $-A$

8. （2001·数学一）设矩阵 A 满足 $A^2+A-4E=O$，其中 E 为单位矩阵，则 $(A-E)^{-1}=$________.

9. （2004·数学四）设 $A=\begin{pmatrix}0&-1&0\\1&0&0\\0&0&-1\end{pmatrix}$，$B=P^{-1}AP$，其中 P 为三阶可逆矩阵，则 $B^{2004}-2A^2=$________.

10. 设 A 为三阶矩阵，$|A|=-1$，A^* 为 A 的伴随矩阵，则行列式 $|(2A)^{-1}+A^*|=$________.

11. 设 $A=\begin{pmatrix}2&&\\&2&\\&&3\end{pmatrix}$，$B=\begin{pmatrix}1&1&3\\1&1&3\\12&12&0\end{pmatrix}$，矩阵 X 满足 $AXA-ABA=XA-AB$，求 X.

12. （2009·数学一、二、三）设 A 是 n 阶可逆方阵，将 A 的第 i 行与第 j 行对换后得到的矩阵记为 B.

（1）证明 B 可逆.　　（2）求 AB^{-1}.

微课：伴随矩阵的性质

13. 设 A,B 是 n 阶矩阵，且 $AB=A+B$.

（1）证明：$A-E$ 可逆，其中 E 是 n 阶单位矩阵.

（2）证明：$AB=BA$.

14. 设 A 为 $n(n\geqslant 2)$ 阶可逆矩阵，A^* 为 A 的伴随矩阵．证明：A^* 可逆，且 $(A^*)^{-1}=(A^{-1})^*$.

15. 设 A 为 $n(n\geqslant 2)$ 阶矩阵，A^* 为 A 的伴随矩阵．证明：$|A^*|=|A|^{n-1}$.

16. 设 A,B 分别为 m,n 阶可逆矩阵，C 为 $m\times n$ 矩阵．求下列分块矩阵的逆矩阵：

（1）$\begin{pmatrix}A&C\\O&B\end{pmatrix}$；　　（2）$\begin{pmatrix}C&A\\B&O\end{pmatrix}$.

1.7 克拉默法则和矩阵的秩

1.7.1 克拉默法则

现将 1.3 节中关于二元、三元线性方程组的结论推广到一般情形.

定理 1.30(克拉默法则) 设含 n 个方程的 n 元线性方程组

$$\begin{cases} a_{11}x_1+a_{12}x_2+\cdots+a_{1n}x_n=b_1, \\ a_{21}x_1+a_{22}x_2+\cdots+a_{2n}x_n=b_2, \\ \cdots\cdots\cdots\cdots\cdots\cdots \\ a_{n1}x_1+a_{n2}x_2+\cdots+a_{nn}x_n=b_n \end{cases} \tag{1.7.1}$$

的系数矩阵 $\boldsymbol{A}=(a_{ij})_{n\times n}$ 的行列式 $|\boldsymbol{A}|\neq 0$,则方程组有唯一解

$$x_i=\frac{|\boldsymbol{A}_i|}{|\boldsymbol{A}|}, i=1, 2, \cdots, n,$$

其中 $\boldsymbol{A}_i$ 是将系数矩阵 $\boldsymbol{A}$ 的第 i 列用常数列 $\boldsymbol{b}=(b_1,b_2,\cdots,b_n)^{\mathrm{T}}$ 替换后所得到的 n 阶矩阵,即

(第 i 列)

$$\boldsymbol{A}_i=\begin{pmatrix} a_{11} & \cdots & b_1 & \cdots & a_{1n} \\ a_{21} & \cdots & b_2 & \cdots & a_{2n} \\ \vdots & & \vdots & & \vdots \\ a_{n1} & \cdots & b_n & \cdots & a_{nn} \end{pmatrix}, i=1, 2, \cdots, n.$$

证明 设 $\boldsymbol{x}=(x_1,x_2,\cdots,x_n)^{\mathrm{T}}$,根据矩阵乘法的定义可将线性方程组(1.7.1)写成矩阵方程 $\boldsymbol{Ax}=\boldsymbol{b}$. 由于 $|\boldsymbol{A}|\neq 0$,故 $\boldsymbol{A}$ 可逆,从而 $\boldsymbol{Ax}=\boldsymbol{b}$ 有唯一解 $\boldsymbol{x}=\boldsymbol{A}^{-1}\boldsymbol{b}$. 由

$$\boldsymbol{x}=\boldsymbol{A}^{-1}\boldsymbol{b}=\frac{1}{|\boldsymbol{A}|}\boldsymbol{A}^*\boldsymbol{b}$$

$$=\frac{1}{|\boldsymbol{A}|}\begin{pmatrix} A_{11} & A_{21} & \cdots & A_{n1} \\ A_{12} & A_{22} & \cdots & A_{n2} \\ \vdots & \vdots & & \vdots \\ A_{1n} & A_{2n} & \cdots & A_{nn} \end{pmatrix}\begin{pmatrix} b_1 \\ b_2 \\ \vdots \\ b_n \end{pmatrix}=\frac{1}{|\boldsymbol{A}|}\begin{pmatrix} b_1A_{11}+b_2A_{21}+\cdots+b_nA_{n1} \\ b_1A_{12}+b_2A_{22}+\cdots+b_nA_{n2} \\ \cdots\cdots \\ b_1A_{1n}+b_2A_{2n}+\cdots+b_nA_{nn} \end{pmatrix},$$

可得

$$x_i=\frac{1}{|\boldsymbol{A}|}(b_1A_{1i}+b_2A_{2i}+\cdots+b_nA_{ni})=\frac{|\boldsymbol{A}_i|}{|\boldsymbol{A}|}, i=1, 2, \cdots, n.$$

如果方程组(1.7.1)的常数项 $b_1=b_2=\cdots=b_n=0$,即方程组为 $\boldsymbol{Ax}=\boldsymbol{0}$,则称其为**齐次线性方程组**.

显然 $\boldsymbol{x}=\boldsymbol{0}=(0,0,\cdots,0)^{\mathrm{T}}$ 一定是 $\boldsymbol{Ax}=\boldsymbol{0}$ 的解,称为**零解**. 如果 $\boldsymbol{x}=\boldsymbol{\alpha}\neq\boldsymbol{0}$ 也是 $\boldsymbol{Ax}=\boldsymbol{0}$的解,则称 $\boldsymbol{\alpha}$

为非零解.

推论 1.31 设 $\boldsymbol{Ax}=\mathbf{0}$ 是含 n 个方程的 n 元齐次线性方程组,若 $|\boldsymbol{A}|\neq 0$,则 $\boldsymbol{Ax}=\mathbf{0}$ 只有零解.

此推论等价于下面的推论 1.31′.

推论 1.31′ 若含 n 个方程的 n 元齐次线性方程组 $\boldsymbol{Ax}=\mathbf{0}$ 有非零解,则 $|\boldsymbol{A}|=0$.

例 1 用克拉默法则解线性方程组 $\begin{cases} x_1-x_2-x_3=2, \\ 2x_1-x_2-3x_3=1, \\ 3x_1+2x_2-5x_3=0. \end{cases}$

证明 因为系数矩阵的行列式

$$|\boldsymbol{A}|=\begin{vmatrix} 1 & -1 & -1 \\ 2 & -1 & -3 \\ 3 & 2 & -5 \end{vmatrix}=3\neq 0,$$

所以由克拉默法则可知方程组有唯一解. 又因为

$$|\boldsymbol{A}_1|=\begin{vmatrix} 2 & -1 & -1 \\ 1 & -1 & -3 \\ 0 & 2 & -5 \end{vmatrix}=15,\ |\boldsymbol{A}_2|=\begin{vmatrix} 1 & 2 & -1 \\ 2 & 1 & -3 \\ 3 & 0 & -5 \end{vmatrix}=0,\ |\boldsymbol{A}_3|=\begin{vmatrix} 1 & -1 & 2 \\ 2 & -1 & 1 \\ 3 & 2 & 0 \end{vmatrix}=9,$$

所以方程组的解为

$$x_1=\frac{|\boldsymbol{A}_1|}{|\boldsymbol{A}|}=5,x_2=\frac{|\boldsymbol{A}_2|}{|\boldsymbol{A}|}=0,x_3=\frac{|\boldsymbol{A}_3|}{|\boldsymbol{A}|}=3.$$

例 2 设齐次线性方程组 $\begin{cases} x_1+x_2+x_3=0, \\ x_1+kx_2+3x_3=0, \\ 2x_1+3x_2+(k+2)x_3=0 \end{cases}$ 有非零解,求 k 的值.

解 由于齐次线性方程组有非零解,故系数矩阵的行列式 $|\boldsymbol{A}|=0$,即

$$|\boldsymbol{A}|=\begin{vmatrix} 1 & 1 & 1 \\ 1 & k & 3 \\ 2 & 3 & k+2 \end{vmatrix}\xlongequal[r_3-2r_1]{r_2-r_1}\begin{vmatrix} 1 & 1 & 1 \\ 0 & k-1 & 2 \\ 0 & 1 & k \end{vmatrix}=k^2-k-2=0,$$

所以 $k=-1$ 或 $k=2$.

1.7.2 矩阵的秩

矩阵的秩是一个很重要的概念,它是进一步讨论线性方程组的解与向量组的线性相关性等问题的重要工具.

定义 1.17 在 $m\times n$ 矩阵 $\boldsymbol{A}$ 中任意选定 k 行 k 列($1\leqslant k\leqslant \min\{m,n\}$),位于这些行和列交叉点处的元素按原来位置次序构成的 k 阶行列式,称为 $\boldsymbol{A}$ 的一个 k 阶**子式**.

例如,$\boldsymbol{A}=\begin{pmatrix} 2 & -4 & 5 & 3 \\ 1 & 5 & 8 & 2 \\ 4 & 3 & 1 & -2 \end{pmatrix}$中任意元素都是其一阶子式;取 $\boldsymbol{A}$ 的第一、第二行与第二、第四列交

叉点处的元素可得二阶子式 $\begin{vmatrix} -4 & 3 \\ 5 & 2 \end{vmatrix} = -23$.

易知,$\boldsymbol{A}$ 的所有二阶子式共有 $C_3^2C_4^2=18$ 个.

定义 1.18 若矩阵 $\boldsymbol{A}$ 中存在不为零的 r 阶子式,并且所有 $r+1$ 阶子式(如果存在的话)都等于零,则称 r 为矩阵 $\boldsymbol{A}$ 的**秩**,记作 $R(\boldsymbol{A})$ 或 $r(\boldsymbol{A})$.

若 $\boldsymbol{A}=\boldsymbol{O}$,则规定 $\boldsymbol{A}$ 的秩为 0.

由行列式的按行(列)展开定理知,如果矩阵 $\boldsymbol{A}$ 的所有 $r+1$ 阶子式都等于零,那么所有更高阶子式(如果存在的话)也都等于零. 所以,$\boldsymbol{A}$ 的秩就是 $\boldsymbol{A}$ 的所有非零子式阶数的最大值.

由秩的定义易知:

(1)设 $\boldsymbol{A}$ 为 $m\times n$ 矩阵,则 $0\leqslant R(\boldsymbol{A})\leqslant \min\{m,n\}$;

(2)若矩阵 $\boldsymbol{A}$ 中存在不为零的 k 阶子式,则 $R(\boldsymbol{A})\geqslant k$;

(3)若矩阵 $\boldsymbol{A}$ 中所有 k 阶子式都等于零,则 $R(\boldsymbol{A})\leqslant k-1$;

(4)$R(\boldsymbol{A}^{\mathrm{T}})=R(\boldsymbol{A})$;

(5)n 阶矩阵 $\boldsymbol{A}$ 可逆的充分必要条件是 $R(\boldsymbol{A})=n$.

可逆矩阵又称**满秩矩阵**,不可逆矩阵又称**降秩矩阵**.

例 3 求行阶梯形矩阵 $\boldsymbol{A}=\begin{pmatrix} 2 & 5 & -1 & -7 & -2 \\ 0 & 3 & 1 & -2 & 5 \\ 0 & 0 & 0 & 4 & -3 \\ 0 & 0 & 0 & 0 & 0 \end{pmatrix}$的秩.

解 取 $\boldsymbol{A}$ 的 3 个非零行与每行第一个非零元所在的列,即第一、第二、第三行与第一、第二、第四列,构成的三阶子式为上三角形行列式

$$\begin{vmatrix} 2 & 5 & -7 \\ 0 & 3 & -2 \\ 0 & 0 & 4 \end{vmatrix} = 24 \neq 0.$$

而 $\boldsymbol{A}$ 的任意四阶子式必含零行,从而 $\boldsymbol{A}$ 的所有四阶子式均为 0,所以 $R(\boldsymbol{A})=3$.

一般地,行阶梯形矩阵的秩等于其非零行的行数.

定理 1.32 等价矩阵的秩相等.

证明 只要证矩阵经过一次初等变换不改变秩即可,下面只就第三种初等行变换来证明.

设 $R(\boldsymbol{A})=r$,将矩阵 $\boldsymbol{A}$ 的第 i 行的 k 倍加到第 j 行得矩阵 $\boldsymbol{B}$,先证 $R(\boldsymbol{B})\leqslant r$. 设 D 是 $\boldsymbol{B}$ 的任意 $r+1$ 阶子式,有以下 3 种情形.

(1)D 不含 $\boldsymbol{B}$ 的第 j 行,则它是 $\boldsymbol{A}$ 的一个 $r+1$ 阶子式,故 $D=0$.

(2)D 包含 $\boldsymbol{B}$ 的第 i, j 行,由行列式性质(性质 1.16)得,D 等于 $\boldsymbol{A}$ 的一个 $r+1$ 阶子式,所以 $D=0$.

(3)D 包含 $\boldsymbol{B}$ 的第 j 行但不含第 i 行,由性质 1.15 得,$D=D_1+kD_2$ 或 $D=D_1-kD_2$,其中 D_1,D_2 是

$\boldsymbol{A}$ 的一个 $r+1$ 阶子式,故 $D_1=D_2=0$,所以 $D=0$.

由以上讨论可得 $R(\boldsymbol{B})\leqslant R(\boldsymbol{A})$. 由于初等变换是可逆的,将 $\boldsymbol{B}$ 的第 i 行的 $-k$ 倍加到第 j 行可得矩阵 $\boldsymbol{A}$,于是同理可得 $R(\boldsymbol{A})\leqslant R(\boldsymbol{B})$,因此 $R(\boldsymbol{A})=R(\boldsymbol{B})$.

定理 1.32 说明,初等变换不改变矩阵的秩.

推论 1.33 若 $\boldsymbol{P},\boldsymbol{Q}$ 为可逆矩阵,则 $R(\boldsymbol{PA})=R(\boldsymbol{AQ})=R(\boldsymbol{PAQ})=R(\boldsymbol{A})$.

证明 因为 $\boldsymbol{P},\boldsymbol{Q}$ 为可逆矩阵,故存在初等矩阵 $\boldsymbol{P}_1,\boldsymbol{P}_2,\cdots,\boldsymbol{P}_s,\boldsymbol{Q}_1,\boldsymbol{Q}_2,\cdots,\boldsymbol{Q}_t$,使

$$\boldsymbol{P}=\boldsymbol{P}_1\boldsymbol{P}_2\cdots\boldsymbol{P}_s,\boldsymbol{Q}=\boldsymbol{Q}_1\boldsymbol{Q}_2\cdots\boldsymbol{Q}_t.$$

设 $\boldsymbol{B}=\boldsymbol{PAQ}$,则

$$\boldsymbol{B}=\boldsymbol{PAQ}=\boldsymbol{P}_1\boldsymbol{P}_2\cdots\boldsymbol{P}_s\boldsymbol{A}\boldsymbol{Q}_1\boldsymbol{Q}_2\cdots\boldsymbol{Q}_t.$$

这意味着对 $\boldsymbol{A}$ 施行一系列初等变换得到 $\boldsymbol{B}$,即 $\boldsymbol{A},\boldsymbol{B}$ 等价,从而 $R(\boldsymbol{B})=R(\boldsymbol{A})$.

同理可证 $R(\boldsymbol{PA})=R(\boldsymbol{AQ})=R(\boldsymbol{A})$.

定理 1.34 任意矩阵 $\boldsymbol{A}$ 都等价于以下形式的矩阵:

$$\overline{\boldsymbol{A}}=\begin{pmatrix}\boldsymbol{E}_r & \boldsymbol{O}\\ \boldsymbol{O} & \boldsymbol{O}\end{pmatrix}. \tag{1.7.2}$$

其中,r 为 $\boldsymbol{A}$ 的秩,$\boldsymbol{E}_r$ 为 r 阶单位矩阵.

证明 设 $R(\boldsymbol{A})=r$,$\boldsymbol{A}$ 可经过初等行变换化为行最简形矩阵 $\boldsymbol{B}$,必要时对 $\boldsymbol{B}$ 做第一种初等列变换,则 $\boldsymbol{B}$ 可化为

$$\boldsymbol{C}=\begin{pmatrix}1 & 0 & \cdots & 0 & c_{1,r+1} & c_{1,r+2} & \cdots & c_{1n}\\ 0 & 1 & \cdots & 0 & c_{2,r+1} & c_{2,r+2} & \cdots & c_{2n}\\ \vdots & \vdots & & \vdots & \vdots & \vdots & & \vdots\\ 0 & 0 & \cdots & 1 & c_{r,r+1} & c_{r,r+2} & \cdots & c_{rn}\\ 0 & 0 & \cdots & 0 & 0 & 0 & \cdots & 0\\ \vdots & \vdots & & \vdots & \vdots & \vdots & & \vdots\\ 0 & 0 & \cdots & 0 & 0 & 0 & \cdots & 0\end{pmatrix}.$$

再对 $\boldsymbol{C}$ 做第三种初等列变换,$\boldsymbol{C}$ 可化为 $\overline{\boldsymbol{A}}=\begin{pmatrix}\boldsymbol{E}_r & \boldsymbol{O}\\ \boldsymbol{O} & \boldsymbol{O}\end{pmatrix}$.

矩阵(1.7.2)由 $\boldsymbol{A}$ 的秩唯一确定,称为 $\boldsymbol{A}$ 的**等价标准形**.

推论 1.35 同型矩阵 $\boldsymbol{A}$ 与 $\boldsymbol{B}$ 等价的充分必要条件是 $R(\boldsymbol{A})=R(\boldsymbol{B})$.

证明 必要性就是定理 1.32.

充分性. 设 $R(\boldsymbol{A})=R(\boldsymbol{B})=r$,则 $\boldsymbol{A},\boldsymbol{B}$ 等价于同一标准形,故 $\boldsymbol{A},\boldsymbol{B}$ 等价.

例 4 求矩阵 $\boldsymbol{A}=\begin{pmatrix}2 & 1 & 4 & 1 & -1\\ 1 & -1 & 0 & 1 & 2\\ 1 & 2 & 3 & 2 & 2\\ 2 & -2 & 1 & 0 & -1\end{pmatrix}$ 的秩.

解 对 $\boldsymbol{A}$ 施行初等行变换,将其化为行阶梯形:

$$\boldsymbol{A}=\begin{pmatrix}2&1&4&1&-1\\1&-1&0&1&2\\1&2&3&2&2\\2&-2&1&0&-1\end{pmatrix}\xrightarrow[\substack{r_3-r_1\\r_4-2r_1}]{\substack{r_1\leftrightarrow r_2\\r_2-2r_1}}\begin{pmatrix}1&-1&0&1&2\\0&3&4&-1&-5\\0&3&3&1&0\\0&0&1&-2&-5\end{pmatrix}$$

$$\xrightarrow{r_3-r_2}\begin{pmatrix}1&-1&0&1&2\\0&3&4&-1&-5\\0&0&-1&2&5\\0&0&1&-2&-5\end{pmatrix}\xrightarrow{r_4+r_3}\begin{pmatrix}1&-1&0&1&2\\0&3&4&-1&-5\\0&0&-1&2&5\\0&0&0&0&0\end{pmatrix}.$$

故 $R(\boldsymbol{A})=3$.

例5 证明:$R\begin{pmatrix}\boldsymbol{A}&\boldsymbol{O}\\\boldsymbol{O}&\boldsymbol{B}\end{pmatrix}=R(\boldsymbol{A})+R(\boldsymbol{B})$.

证明 设 $R(\boldsymbol{A})=r,R(\boldsymbol{B})=s$,则 $\boldsymbol{A}\cong\begin{pmatrix}\boldsymbol{E}_r&\boldsymbol{O}\\\boldsymbol{O}&\boldsymbol{O}\end{pmatrix},\boldsymbol{B}\cong\begin{pmatrix}\boldsymbol{E}_s&\boldsymbol{O}\\\boldsymbol{O}&\boldsymbol{O}\end{pmatrix}$, 所以

$$\begin{pmatrix}\boldsymbol{A}&\boldsymbol{O}\\\boldsymbol{O}&\boldsymbol{B}\end{pmatrix}\cong\begin{pmatrix}\boldsymbol{E}_r&&&\\&\boldsymbol{O}&&\\&&\boldsymbol{E}_s&\\&&&\boldsymbol{O}\end{pmatrix}\cong\begin{pmatrix}\boldsymbol{E}_{r+s}&\boldsymbol{O}\\\boldsymbol{O}&\boldsymbol{O}\end{pmatrix}.$$

从而

$$R\begin{pmatrix}\boldsymbol{A}&\boldsymbol{O}\\\boldsymbol{O}&\boldsymbol{B}\end{pmatrix}=R\begin{pmatrix}\boldsymbol{E}_{r+s}&\boldsymbol{O}\\\boldsymbol{O}&\boldsymbol{O}\end{pmatrix}=r+s=R(\boldsymbol{A})+R(\boldsymbol{B}).$$

例6 设 $\boldsymbol{A},\boldsymbol{B}$ 为 $m\times n$ 矩阵,证明:$R(\boldsymbol{A}+\boldsymbol{B})\leqslant R(\boldsymbol{A})+R(\boldsymbol{B})$.

证明 对分块矩阵施行分块初等变换:

$$\begin{pmatrix}\boldsymbol{A}&\boldsymbol{O}\\\boldsymbol{O}&\boldsymbol{B}\end{pmatrix}\xrightarrow{r_1+\boldsymbol{E}_m\times r_2}\begin{pmatrix}\boldsymbol{A}&\boldsymbol{B}\\\boldsymbol{O}&\boldsymbol{B}\end{pmatrix}\xrightarrow{c_2+c_1\times\boldsymbol{E}_n}\begin{pmatrix}\boldsymbol{A}&\boldsymbol{A}+\boldsymbol{B}\\\boldsymbol{O}&\boldsymbol{B}\end{pmatrix},$$

即

$$\begin{pmatrix}\boldsymbol{E}_m&\boldsymbol{E}_m\\\boldsymbol{O}&\boldsymbol{E}_m\end{pmatrix}\begin{pmatrix}\boldsymbol{A}&\boldsymbol{O}\\\boldsymbol{O}&\boldsymbol{B}\end{pmatrix}\begin{pmatrix}\boldsymbol{E}_n&\boldsymbol{E}_n\\\boldsymbol{O}&\boldsymbol{E}_n\end{pmatrix}=\begin{pmatrix}\boldsymbol{A}&\boldsymbol{A}+\boldsymbol{B}\\\boldsymbol{O}&\boldsymbol{B}\end{pmatrix}.$$

所以

$$R(\boldsymbol{A})+R(\boldsymbol{B})=R\begin{pmatrix}\boldsymbol{A}&\boldsymbol{O}\\\boldsymbol{O}&\boldsymbol{B}\end{pmatrix}=R\begin{pmatrix}\boldsymbol{A}&\boldsymbol{A}+\boldsymbol{B}\\\boldsymbol{O}&\boldsymbol{B}\end{pmatrix}\geqslant R(\boldsymbol{A}+\boldsymbol{B}).$$

习题 1.7

一、基础题

1. 分别利用克拉默法则和逆矩阵解线性方程组$\begin{cases} x_1+x_2+x_3=1, \\ x_1-x_2+x_3=1, \\ x_1+2x_2+4x_3=1. \end{cases}$

2. λ 为何值时，线性方程组$\begin{cases} x_1+x_2+\lambda x_3=a, \\ x_1+\lambda x_2+x_3=b, \\ \lambda x_1+x_2+x_3=c \end{cases}$，有唯一解？

3. 设齐次线性方程组$\begin{cases} \lambda x_1+x_2+x_3=0, \\ x_1+\lambda x_2+x_3=0, \\ \lambda x_1+2\lambda x_2+x_3=0 \end{cases}$，有非零解，求 λ.

4. 求下列矩阵的秩：

(1)$\begin{pmatrix} 3 & 1 & 0 & 2 \\ 1 & -1 & 2 & -1 \\ 1 & 3 & -4 & 4 \end{pmatrix}$；　　(2)$\begin{pmatrix} 1 & 1 & 2 & 2 & 1 \\ 0 & 2 & 1 & 5 & -1 \\ 2 & 0 & 3 & -1 & 3 \\ 1 & 1 & 0 & 4 & -1 \end{pmatrix}$.

5. 设 $\boldsymbol{A}=\begin{pmatrix} 1 & -2 & -1 & 3 \\ 3 & -6 & -3 & 9 \\ -2 & 4 & 2 & k \end{pmatrix}$，分别求 k 的值，使

(1)$R(\boldsymbol{A})=1$；　　(2)$R(\boldsymbol{A})=2$.

二、提高题

6. (2007 · 数学一)设矩阵 $\boldsymbol{A}=\begin{pmatrix} 0 & 1 & 0 & 0 \\ 0 & 0 & 1 & 0 \\ 0 & 0 & 0 & 1 \\ 0 & 0 & 0 & 0 \end{pmatrix}$，则 $\boldsymbol{A}^3$ 的秩为________.

7. 设 $\boldsymbol{A}=\begin{pmatrix} a_1b_1 & a_1b_2 & \cdots & a_1b_n \\ a_2b_1 & a_2b_2 & \cdots & a_2b_n \\ \vdots & \vdots & & \vdots \\ a_nb_1 & a_nb_2 & \cdots & a_nb_n \end{pmatrix}$为非零矩阵，则 $\boldsymbol{A}$ 的秩 $R(\boldsymbol{A})=$________.

8. (2001 · 数学三、四)设矩阵 $\boldsymbol{A}=\begin{pmatrix} k & 1 & 1 & 1 \\ 1 & k & 1 & 1 \\ 1 & 1 & k & 1 \\ 1 & 1 & 1 & k \end{pmatrix}$，且 $R(\boldsymbol{A})=3$，则 $k=$________.

9. 设$\boldsymbol{A},\boldsymbol{B}$为三阶矩阵,$\boldsymbol{B}=\begin{pmatrix}-1&0&3\\0&4&0\\5&0&1\end{pmatrix}$,且$R(\boldsymbol{A})=2$,求秩$R(\boldsymbol{A}-\boldsymbol{AB}+\boldsymbol{BA}-\boldsymbol{BAB})$.

10. 设$\boldsymbol{A},\boldsymbol{B}$分别是$m\times n,m\times p$矩阵,证明:

(1)$R(\boldsymbol{A},\boldsymbol{B})=R(\boldsymbol{B},\boldsymbol{A})$;

(2)$R(\boldsymbol{A},\boldsymbol{B})\leqslant R(\boldsymbol{A})+R(\boldsymbol{B})$.

微课：分块矩阵的秩

11. 设$\boldsymbol{A}$为n阶矩阵,$\boldsymbol{E}$为n阶单位矩阵．证明:$R\begin{pmatrix}\boldsymbol{E}&\boldsymbol{A}\\\boldsymbol{A}&\boldsymbol{A}^2\end{pmatrix}=n$.

12. 设$\boldsymbol{A}$为n阶可逆矩阵,$\boldsymbol{b}$为$n\times 1$矩阵,若$\boldsymbol{b}^{\mathrm{T}}\boldsymbol{A}^{-1}\boldsymbol{b}\neq 1$,证明:$R\begin{pmatrix}\boldsymbol{A}&\boldsymbol{b}\\\boldsymbol{b}^{\mathrm{T}}&1\end{pmatrix}=n+1$.

第 1 章知识结构图

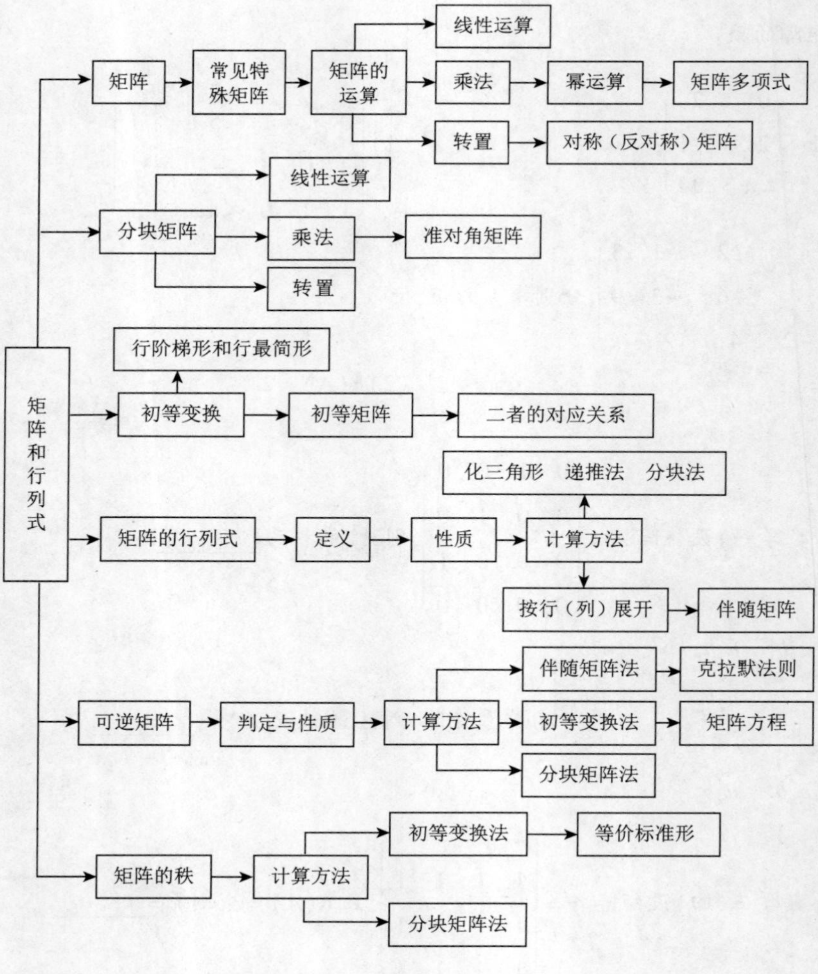

微课：第1章概要与小结

第 1 章总复习题

一、单项选择题

1. (2011 · 数学一、二、三)设 $\boldsymbol{A}$ 为三阶矩阵,将 $\boldsymbol{A}$ 的第二列加到第一列得 $\boldsymbol{B}$,再交换 $\boldsymbol{B}$ 的第二行与第三行得单位矩阵. 记 $\boldsymbol{P}_1=\begin{pmatrix}1&0&0\\1&1&0\\0&0&1\end{pmatrix}$,$\boldsymbol{P}_2=\begin{pmatrix}1&0&0\\0&0&1\\0&1&0\end{pmatrix}$,则 $\boldsymbol{A}=$(　　).

A. $\boldsymbol{P}_1\boldsymbol{P}_2$　　B. $\boldsymbol{P}_1^{-1}\boldsymbol{P}_2$　　C. $\boldsymbol{P}_2\boldsymbol{P}_1$　　D. $\boldsymbol{P}_2\boldsymbol{P}_1^{-1}$

2. 设 $\boldsymbol{A}$ 为三阶矩阵,将 $\boldsymbol{A}$ 的第二行加到第一行得 $\boldsymbol{B}$,再将 $\boldsymbol{B}$ 的第一列的 -1 倍加到第二列得 $\boldsymbol{C}$,记 $\boldsymbol{P}=\begin{pmatrix}1&1&\\&1&\\&&1\end{pmatrix}$,则(　　).

A. $\boldsymbol{C}=\boldsymbol{P}^{-1}\boldsymbol{A}\boldsymbol{P}$　　B. $\boldsymbol{C}=\boldsymbol{P}\boldsymbol{A}\boldsymbol{P}^{-1}$　　C. $\boldsymbol{C}=\boldsymbol{P}^{\mathrm{T}}\boldsymbol{A}\boldsymbol{P}$　　D. $\boldsymbol{C}=\boldsymbol{P}\boldsymbol{A}\boldsymbol{P}^{\mathrm{T}}$

3. (2021 · 数学二、三)设矩阵 $\boldsymbol{A}=\begin{pmatrix}1&0&-1\\2&-1&1\\-1&2&-5\end{pmatrix}$,若下三角可逆矩阵 $\boldsymbol{P}$ 和上三角可逆矩阵 $\boldsymbol{Q}$ 使 $\boldsymbol{PAQ}$ 为对角矩阵,则 $\boldsymbol{P},\boldsymbol{Q}$ 可以分别取(　　).

A. $\begin{pmatrix}1&&\\&1&\\&&1\end{pmatrix},\begin{pmatrix}1&&1\\&1&3\\&&1\end{pmatrix}$　　B. $\begin{pmatrix}1&&\\2&-1&\\-3&2&1\end{pmatrix},\begin{pmatrix}1&&\\&1&\\&&1\end{pmatrix}$

C. $\begin{pmatrix}1&&\\2&-1&\\-3&2&1\end{pmatrix},\begin{pmatrix}1&&1\\&1&3\\&&1\end{pmatrix}$　　D. $\begin{pmatrix}1&&\\&1&\\1&3&1\end{pmatrix},\begin{pmatrix}1&2&-3\\&-1&2\\&&1\end{pmatrix}$

4. (2008 · 数学一、二、三、四)设 $\boldsymbol{A}$ 为 n 阶非零矩阵,$\boldsymbol{E}$ 为 n 阶单位矩阵. 若 $\boldsymbol{A}^3=\boldsymbol{O}$,则(　　).

A. $\boldsymbol{E}-\boldsymbol{A}$ 不可逆,$\boldsymbol{E}+\boldsymbol{A}$ 不可逆　　B. $\boldsymbol{E}-\boldsymbol{A}$ 不可逆,$\boldsymbol{E}+\boldsymbol{A}$ 可逆

C. $\boldsymbol{E}-\boldsymbol{A}$ 可逆,$\boldsymbol{E}+\boldsymbol{A}$ 可逆　　D. $\boldsymbol{E}-\boldsymbol{A}$ 可逆,$\boldsymbol{E}+\boldsymbol{A}$ 不可逆

5. (2024 · 数学二、三)设 $\boldsymbol{A}$ 为三阶矩阵,$\boldsymbol{P}=\begin{pmatrix}1&0&0\\0&1&0\\1&0&1\end{pmatrix}$,若 $\boldsymbol{P}^{\mathrm{T}}\boldsymbol{A}\boldsymbol{P}^2=\begin{pmatrix}a+2c&0&c\\0&b&0\\2c&0&c\end{pmatrix}$,则 $\boldsymbol{A}=$(　　).

A. $\begin{pmatrix}c&0&0\\0&a&0\\0&0&b\end{pmatrix}$　　B. $\begin{pmatrix}b&0&0\\0&c&0\\0&0&a\end{pmatrix}$　　C. $\begin{pmatrix}a&0&0\\0&b&0\\0&0&c\end{pmatrix}$　　D. $\begin{pmatrix}c&0&0\\0&b&0\\0&0&a\end{pmatrix}$

6. 设$\boldsymbol{A}$是$n(n\geqslant 2)$阶可逆矩阵,$\boldsymbol{A}^*$为$\boldsymbol{A}$的伴随矩阵,则(   ).

A. $(\boldsymbol{A}^*)^*=|\boldsymbol{A}|^{n-1}\boldsymbol{A}$ B. $(\boldsymbol{A}^*)^*=|\boldsymbol{A}|^{n+1}\boldsymbol{A}$

C. $(\boldsymbol{A}^*)^*=|\boldsymbol{A}|^{n-2}\boldsymbol{A}$ D. $(\boldsymbol{A}^*)^*=|\boldsymbol{A}|^{n+2}\boldsymbol{A}$

7. (2009·数学一、二、三)设$\boldsymbol{A},\boldsymbol{B}$均为二阶矩阵,$\boldsymbol{A}^*,\boldsymbol{B}^*$分别为$\boldsymbol{A},\boldsymbol{B}$的伴随矩阵,若$|\boldsymbol{A}|=2$,$|\boldsymbol{B}|=3$,则分块矩阵$\begin{pmatrix}\boldsymbol{O}&\boldsymbol{A}\\\boldsymbol{B}&\boldsymbol{O}\end{pmatrix}$的伴随矩阵为(   ).

A. $\begin{pmatrix}\boldsymbol{O}&3\boldsymbol{B}^*\\2\boldsymbol{A}^*&\boldsymbol{O}\end{pmatrix}$ B. $\begin{pmatrix}\boldsymbol{O}&2\boldsymbol{B}^*\\3\boldsymbol{A}^*&\boldsymbol{O}\end{pmatrix}$

C. $\begin{pmatrix}\boldsymbol{O}&3\boldsymbol{A}^*\\2\boldsymbol{B}^*&\boldsymbol{O}\end{pmatrix}$ D. $\begin{pmatrix}\boldsymbol{O}&2\boldsymbol{A}^*\\3\boldsymbol{B}^*&\boldsymbol{O}\end{pmatrix}$

8. (2023·数学二、三)设$\boldsymbol{A},\boldsymbol{B}$为$n$阶可逆矩阵,$\boldsymbol{E}$为$n$阶单位矩阵,$\boldsymbol{M}^*$为矩阵$\boldsymbol{M}$的伴随矩阵,则$\begin{pmatrix}\boldsymbol{A}&\boldsymbol{E}\\\boldsymbol{O}&\boldsymbol{B}\end{pmatrix}^*=$(   ).

A. $\begin{pmatrix}|\boldsymbol{A}|\boldsymbol{B}^*&-\boldsymbol{B}^*\boldsymbol{A}^*\\\boldsymbol{O}&|\boldsymbol{B}|\boldsymbol{A}^*\end{pmatrix}$ B. $\begin{pmatrix}|\boldsymbol{A}|\boldsymbol{B}^*&-\boldsymbol{A}^*\boldsymbol{B}^*\\\boldsymbol{O}&|\boldsymbol{B}|\boldsymbol{A}^*\end{pmatrix}$

C. $\begin{pmatrix}|\boldsymbol{B}|\boldsymbol{A}^*&-\boldsymbol{B}^*\boldsymbol{A}^*\\\boldsymbol{O}&|\boldsymbol{A}|\boldsymbol{B}^*\end{pmatrix}$ D. $\begin{pmatrix}|\boldsymbol{B}|\boldsymbol{A}^*&-\boldsymbol{A}^*\boldsymbol{B}^*\\\boldsymbol{O}&|\boldsymbol{A}|\boldsymbol{B}^*\end{pmatrix}$

9. (2005·数学一、二)设$\boldsymbol{A}$为$n(n\geqslant 2)$阶可逆矩阵,交换$\boldsymbol{A}$的第一、第二行得矩阵$\boldsymbol{B}$,$\boldsymbol{A}^*$和$\boldsymbol{B}^*$分别为$\boldsymbol{A},\boldsymbol{B}$的伴随矩阵,则(   ).

A. 交换$\boldsymbol{A}^*$的第一、第二列得$\boldsymbol{B}^*$ B. 交换$\boldsymbol{A}^*$的第一、第二行得$\boldsymbol{B}^*$

C. 交换$\boldsymbol{A}^*$的第一、第二列得$-\boldsymbol{B}^*$ D. 交换$\boldsymbol{A}^*$的第一、第二行得$-\boldsymbol{B}^*$

10. (2005·数学三)设矩阵$\boldsymbol{A}=(a_{ij})_{3\times 3}$满足$\boldsymbol{A}^*=\boldsymbol{A}^{\mathrm{T}}$,其中$\boldsymbol{A}^*$为$\boldsymbol{A}$的伴随矩阵,$\boldsymbol{A}^{\mathrm{T}}$为$\boldsymbol{A}$的转置矩阵. 若$a_{11},a_{12},a_{13}$为3个相等的正数,则$a_{11}$为(   ).

A. $\dfrac{\sqrt{3}}{3}$ B. 3 C. $\dfrac{1}{3}$ D. $\sqrt{3}$

11. (2018·数学一、二、三)设$\boldsymbol{A},\boldsymbol{B}$为$n$阶矩阵,记$R(\boldsymbol{X})$为$\boldsymbol{X}$的秩,$(\boldsymbol{X},\boldsymbol{Y})$为分块矩阵,则(   ).

A. $R(\boldsymbol{A},\boldsymbol{AB})=R(\boldsymbol{A})$ B. $R(\boldsymbol{A},\boldsymbol{BA})=R(\boldsymbol{A})$

C. $R(\boldsymbol{A},\boldsymbol{B})=\max\{R(\boldsymbol{A}),R(\boldsymbol{B})\}$ D. $R(\boldsymbol{A},\boldsymbol{B})=R(\boldsymbol{A}^{\mathrm{T}},\boldsymbol{B}^{\mathrm{T}})$

12. (2021·数学一)设$\boldsymbol{A},\boldsymbol{B}$为$n$阶实矩阵,下列结论不成立的是(   ).

A. $R\begin{pmatrix}\boldsymbol{A}&\boldsymbol{O}\\\boldsymbol{O}&\boldsymbol{A}^{\mathrm{T}}\boldsymbol{A}\end{pmatrix}=2R(\boldsymbol{A})$ B. $R\begin{pmatrix}\boldsymbol{A}&\boldsymbol{AB}\\\boldsymbol{O}&\boldsymbol{A}^{\mathrm{T}}\end{pmatrix}=2R(\boldsymbol{A})$

C. $R\begin{pmatrix}\boldsymbol{A}&\boldsymbol{BA}\\\boldsymbol{O}&\boldsymbol{AA}^{\mathrm{T}}\end{pmatrix}=2R(\boldsymbol{A})$ D. $R\begin{pmatrix}\boldsymbol{A}&\boldsymbol{O}\\\boldsymbol{BA}&\boldsymbol{A}^{\mathrm{T}}\end{pmatrix}=2R(\boldsymbol{A})$

13. (2023·数学一)设n阶矩阵$\boldsymbol{A},\boldsymbol{B},\boldsymbol{C}$满足$\boldsymbol{ABC}=\boldsymbol{O}$,$\boldsymbol{E}$为$n$阶单位矩阵,记矩阵$\begin{pmatrix}\boldsymbol{O}&\boldsymbol{A}\\\boldsymbol{BC}&\boldsymbol{E}\end{pmatrix}$,

$\begin{pmatrix} AB & C \\ O & E \end{pmatrix}$, $\begin{pmatrix} E & AB \\ AB & O \end{pmatrix}$的秩分别为 r_1, r_2, r_3，则(　　).

A. $r_1 \leqslant r_2 \leqslant r_3$　　B. $r_1 \leqslant r_3 \leqslant r_2$

C. $r_3 \leqslant r_1 \leqslant r_2$　　D. $r_2 \leqslant r_1 \leqslant r_3$

二、填空题

1. (2016·数学一、二、三)行列式 $\begin{vmatrix} \lambda & -1 & 0 & 0 \\ 0 & \lambda & -1 & 0 \\ 0 & 0 & \lambda & -1 \\ 4 & 3 & 2 & \lambda+1 \end{vmatrix}$ = ________.

2. (2004·数学一)设矩阵 $\boldsymbol{A}=\begin{pmatrix} 2 & 1 & 0 \\ 1 & 2 & 0 \\ 0 & 0 & 1 \end{pmatrix}$，矩阵 $\boldsymbol{B}$ 满足 $\boldsymbol{ABA}^* = 2\boldsymbol{BA}^* + \boldsymbol{E}$，其中 $\boldsymbol{A}^*$ 为 $\boldsymbol{A}$ 的伴随矩阵，$\boldsymbol{E}$ 是单位矩阵，则 $|\boldsymbol{B}|$ = ________.

3. (2013·数学一、二、三)设 $\boldsymbol{A}=(a_{ij})$ 是三阶非零矩阵，$|\boldsymbol{A}|$ 为 $\boldsymbol{A}$ 的行列式，A_{ij} 为 a_{ij} 的代数余子式．若 $a_{ij}+A_{ij}=0(i,j=1,2,3)$，则行列式 $|\boldsymbol{A}|$ = ________.

4. (2021·数学一)设 $\boldsymbol{A}=(a_{ij})$ 为三阶矩阵，A_{ij} 为元素 a_{ij} 的代数余子式，若 $\boldsymbol{A}$ 的每行元素之和均为 2，且 $|\boldsymbol{A}|=3$，则 $A_{11}+A_{21}+A_{31}$ = ________.

5. (2022·数学一)已知矩阵 $\boldsymbol{A}$ 和 $\boldsymbol{E}-\boldsymbol{A}$ 可逆，其中 $\boldsymbol{E}$ 为单位矩阵，若 $\boldsymbol{B}$ 满足 $[\boldsymbol{E}-(\boldsymbol{E}-\boldsymbol{A})^{-1}]\boldsymbol{B}=\boldsymbol{A}$，则 $\boldsymbol{B}-\boldsymbol{A}$ = ________.

6. (2003·数学三、四)设 n 维向量 $\boldsymbol{\alpha}=(a,0,\cdots,0,a)^{\mathrm{T}}$，$a<0$，$\boldsymbol{E}$ 为 n 阶单位矩阵，矩阵 $\boldsymbol{A}=\boldsymbol{E}-\boldsymbol{\alpha\alpha}^{\mathrm{T}}$，$\boldsymbol{B}=\boldsymbol{E}+\frac{1}{a}\boldsymbol{\alpha\alpha}^{\mathrm{T}}$，其中 $\boldsymbol{A}$ 的逆矩阵为 $\boldsymbol{B}$，则 a = ________.

7. (2022·数学二、三)设 $\boldsymbol{A}$ 为三阶矩阵，交换 $\boldsymbol{A}$ 的第二行与第三行，再将第二列的 -1 倍加到第一列，得到矩阵 $\begin{pmatrix} -2 & 1 & -1 \\ 1 & -1 & 0 \\ -1 & 0 & 0 \end{pmatrix}$，则 $\boldsymbol{A}^{-1}$ 的迹(指矩阵主对角元之和)$\mathrm{tr}(\boldsymbol{A}^{-1})$ = ________.

8. 设 $n(n\geqslant 3)$ 阶矩阵 $\boldsymbol{A}=\begin{pmatrix} 1 & a & \cdots & a \\ a & 1 & \cdots & a \\ \vdots & \vdots & & \vdots \\ a & a & \cdots & 1 \end{pmatrix}$. 若 $R(\boldsymbol{A})=n-1$，则 a = ________.

9. (2016·数学二)设矩阵 $\begin{pmatrix} a & -1 & -1 \\ -1 & a & -1 \\ -1 & -1 & a \end{pmatrix}$ 与 $\begin{pmatrix} 1 & 1 & 0 \\ 0 & -1 & 1 \\ 1 & 0 & 1 \end{pmatrix}$ 等价，则 a = ________.

三、计算与证明题

1. 计算下列 n 阶行列式：

(1) $\begin{vmatrix} 1 & 2 & 3 & \cdots & n-1 & n \\ 1 & -1 & 0 & \cdots & 0 & 0 \\ 0 & 2 & -2 & \cdots & 0 & 0 \\ \vdots & \vdots & \vdots & & \vdots & \vdots \\ 0 & 0 & 0 & \cdots & 2-n & 0 \\ 0 & 0 & 0 & \cdots & n-1 & 1-n \end{vmatrix}$; (2) $\begin{vmatrix} 1 & 2 & 2 & \cdots & 2 & 2 \\ 2 & 2 & 2 & \cdots & 2 & 2 \\ 2 & 2 & 3 & \cdots & 2 & 2 \\ \vdots & \vdots & \vdots & & \vdots & \vdots \\ 2 & 2 & 2 & \cdots & n-1 & 2 \\ 2 & 2 & 2 & \cdots & 2 & n \end{vmatrix}$.

2. 证明:$D_n = \begin{vmatrix} x & 0 & \cdots & 0 & a_n \\ -1 & x & \cdots & 0 & a_{n-1} \\ 0 & -1 & \cdots & 0 & a_{n-2} \\ \vdots & \vdots & & \vdots & \vdots \\ 0 & 0 & \cdots & -1 & x+a_1 \end{vmatrix} = x^n + a_1 x^{n-1} + \cdots + a_{n-1}x + a_n$.

3. 设 n 阶矩阵 $\boldsymbol{A} = \begin{pmatrix} 0 & 0 & \cdots & 0 & a_n \\ a_1 & 0 & \cdots & 0 & 0 \\ 0 & a_2 & \cdots & 0 & 0 \\ \vdots & \vdots & & \vdots & \vdots \\ 0 & 0 & \cdots & a_{n-1} & 0 \end{pmatrix}$ $(a_1 a_2 \cdots a_n \neq 0)$,求 $\boldsymbol{A}^{-1}$.

4. 设矩阵 $\boldsymbol{A}$ 的逆矩阵为 $\boldsymbol{A}^{-1} = \begin{pmatrix} 1 & 1 & 1 \\ 1 & 2 & 1 \\ 1 & 1 & 3 \end{pmatrix}$,求伴随矩阵 $\boldsymbol{A}^*$ 的逆矩阵 $(\boldsymbol{A}^*)^{-1}$.

5. 设 $\boldsymbol{A} = \begin{pmatrix} 1 & 1 & -1 \\ 2 & 1 & 1 \\ 1 & 1 & 1 \end{pmatrix}$,矩阵 $\boldsymbol{X}$ 满足 $3\boldsymbol{A}^2 + \boldsymbol{A}\boldsymbol{X} = 2\boldsymbol{E}$,其中 $\boldsymbol{E}$ 为单位矩阵,求 $\boldsymbol{X}$.

6. 设矩阵 $\boldsymbol{B} = \begin{pmatrix} 1 & -1 & 0 & 0 \\ 0 & 1 & -1 & 0 \\ 0 & 0 & 1 & -1 \\ 0 & 0 & 0 & 1 \end{pmatrix}$,$\boldsymbol{C} = \begin{pmatrix} 2 & 1 & 3 & 4 \\ 0 & 2 & 1 & 3 \\ 0 & 0 & 2 & 1 \\ 0 & 0 & 0 & 2 \end{pmatrix}$,且矩阵 $\boldsymbol{A}$ 满足 $\boldsymbol{A}(\boldsymbol{E} - \boldsymbol{C}^{-1}\boldsymbol{B})^{\mathrm{T}}\boldsymbol{C}^{\mathrm{T}} = \boldsymbol{E}$,其中 $\boldsymbol{E}$ 为四阶单位矩阵. 将上述关系式化简并求矩阵 $\boldsymbol{A}$.

7. 设 $\boldsymbol{A} = \begin{pmatrix} 1 & 1 & -1 \\ -1 & 1 & 1 \\ 1 & -1 & 1 \end{pmatrix}$,$\boldsymbol{A}^*$ 为 $\boldsymbol{A}$ 的伴随矩阵,且矩阵 $\boldsymbol{X}$ 满足 $\boldsymbol{A}^*\boldsymbol{X} = \boldsymbol{A}^{-1} + 2\boldsymbol{X}$,求 $\boldsymbol{X}$.

8. 设矩阵 $\boldsymbol{A},\boldsymbol{B}$ 满足 $\boldsymbol{A}^*\boldsymbol{B}\boldsymbol{A} = 2\boldsymbol{B}\boldsymbol{A} - 8\boldsymbol{E}$,其中 $\boldsymbol{A}^*$ 为 $\boldsymbol{A} = \begin{pmatrix} 1 & 0 & 0 \\ 0 & -2 & 0 \\ 0 & 0 & 1 \end{pmatrix}$ 的伴随矩阵,$\boldsymbol{E}$ 为单位矩阵,求 $\boldsymbol{B}$.

9. (2009 · 数学一、二、三)设 $\boldsymbol{A},\boldsymbol{B}$ 为三阶方阵,且满足 $2\boldsymbol{A}^{-1}\boldsymbol{B} = \boldsymbol{B} - 4\boldsymbol{E}$,其中 $\boldsymbol{E}$ 为三阶单位矩阵.
(1)证明:矩阵 $\boldsymbol{A} - 2\boldsymbol{E}$ 可逆.

(2)若 $\boldsymbol{B}=\begin{pmatrix}1 & -2 & 0\\ 1 & 2 & 0\\ 0 & 0 & 2\end{pmatrix}$,求矩阵 $\boldsymbol{A}$.

10. (2000・数学一)设矩阵 $\boldsymbol{A}$ 的伴随矩阵 $\boldsymbol{A}^*=\begin{pmatrix}1 & 0 & 0 & 0\\ 0 & 1 & 0 & 0\\ 1 & 0 & 1 & 0\\ 0 & -3 & 0 & 8\end{pmatrix}$,且 $\boldsymbol{ABA}^{-1}=\boldsymbol{BA}^{-1}+3\boldsymbol{E}$,其中 $\boldsymbol{E}$ 为四阶单位矩阵,求矩阵 $\boldsymbol{B}$.

11. (2001・数学二)已知矩阵 $\boldsymbol{A}=\begin{pmatrix}1 & 0 & 0\\ 1 & 1 & 0\\ 1 & 1 & 1\end{pmatrix}$,$\boldsymbol{B}=\begin{pmatrix}0 & 1 & 1\\ 1 & 0 & 1\\ 1 & 1 & 0\end{pmatrix}$,且矩阵 $\boldsymbol{X}$ 满足

$$\boldsymbol{AXA}+\boldsymbol{BXB}=\boldsymbol{AXB}+\boldsymbol{BXA}+\boldsymbol{E},$$

其中 $\boldsymbol{E}$ 为三阶单位矩阵,求 $\boldsymbol{X}$.

12. (2015・数学二、三)设矩阵 $\boldsymbol{A}=\begin{pmatrix}a & 1 & 0\\ 1 & a & -1\\ 0 & 1 & a\end{pmatrix}$,且 $\boldsymbol{A}^3=\boldsymbol{O}$.

(1)求 a 的值.

(2)若矩阵 $\boldsymbol{X}$ 满足 $\boldsymbol{X}-\boldsymbol{XA}^2-\boldsymbol{AX}+\boldsymbol{AXA}^2=\boldsymbol{E}$,其中 $\boldsymbol{E}$ 为单位矩阵,求 $\boldsymbol{X}$.

13. 若 $\boldsymbol{A}$ 为 $n(n\geqslant 2)$ 阶非零矩阵,$\boldsymbol{A}^*$ 为 $\boldsymbol{A}$ 的伴随矩阵,$\boldsymbol{A}^*=-\boldsymbol{A}^{\mathrm{T}}$. 证明:$|\boldsymbol{A}|<0$.

14. 设矩阵 $\boldsymbol{A}$ 可逆,其每行元素之和均为 a. 求证:

(1)$a\neq 0$;

(2)$\boldsymbol{A}^{-1}$每行元素之和为 a^{-1}.

15. 设 $\boldsymbol{A}$ 为 n 阶矩阵,且 $R(\boldsymbol{A})=1$. 证明:

(1)$\boldsymbol{A}=\begin{pmatrix}a_1\\ a_2\\ \vdots\\ a_n\end{pmatrix}(b_1,b_2,\cdots,b_n)$;　　(2)$\boldsymbol{A}^2=k\boldsymbol{A}$,其中 $k=\sum\limits_{i=1}^{n}a_ib_i$.

16. 设 $\boldsymbol{A},\boldsymbol{B}$ 均为 n 阶矩阵,$\boldsymbol{E}$ 为 n 阶单位矩阵,$\boldsymbol{E}-\boldsymbol{BA}$ 可逆. 证明:$\boldsymbol{E}-\boldsymbol{AB}$ 可逆,且

$$(\boldsymbol{E}-\boldsymbol{AB})^{-1}=\boldsymbol{E}+\boldsymbol{A}(\boldsymbol{E}-\boldsymbol{BA})^{-1}\boldsymbol{B}.$$

17. 设 $\boldsymbol{A},\boldsymbol{B}$ 是 n 阶方阵,$\boldsymbol{E}$ 为 n 阶单位矩阵,证明:$\begin{vmatrix}\boldsymbol{A} & \boldsymbol{E}\\ \boldsymbol{E} & \boldsymbol{B}\end{vmatrix}=|\boldsymbol{AB}-\boldsymbol{E}|$.

18. 设 $\boldsymbol{A},\boldsymbol{D}$ 分别为 m,n 阶矩阵,$\boldsymbol{B},\boldsymbol{C}$ 分别为 $m\times n,n\times m$ 矩阵. 若 $\boldsymbol{A}$ 为可逆矩阵,证明:

$$\begin{vmatrix}\boldsymbol{A} & \boldsymbol{B}\\ \boldsymbol{C} & \boldsymbol{D}\end{vmatrix}=|\boldsymbol{A}||\boldsymbol{D}-\boldsymbol{CA}^{-1}\boldsymbol{B}|.$$

第1章总复习题
详解

第 2 章 线性方程组和向量

由于科学技术和经济管理中的许多问题都可以归结为解线性方程组，因此线性方程组的理论和方法具有重要的应用价值．在本章中，我们将系统地研究一般线性方程组有解的判定方法、求解方法及其解的结构．

2.1 线性方程组有解的判定与求解

线性代数讨论的含 m 个方程的 n 元线性方程组的一般形式是

$$\begin{cases} a_{11}x_1 + a_{12}x_2 + \cdots + a_{1n}x_n = b_1, \\ a_{21}x_1 + a_{22}x_2 + \cdots + a_{2n}x_n = b_2, \\ \cdots\cdots\cdots\cdots\cdots \\ a_{m1}x_1 + a_{m2}x_2 + \cdots + a_{mn}x_n = b_m, \end{cases} \tag{2.1.1}$$

其中 $x_1, x_2, \cdots, x_n$ 为未知量．

用方程组(2.1.1)的系数、未知量和常数项排列成的矩阵

$$\boldsymbol{A} = \begin{pmatrix} a_{11} & a_{12} & \cdots & a_{1n} \\ a_{21} & a_{22} & \cdots & a_{2n} \\ \vdots & \vdots & & \vdots \\ a_{m1} & a_{m2} & \cdots & a_{mn} \end{pmatrix}, \boldsymbol{x} = \begin{pmatrix} x_1 \\ x_2 \\ \vdots \\ x_n \end{pmatrix}, \boldsymbol{b} = \begin{pmatrix} b_1 \\ b_2 \\ \vdots \\ b_m \end{pmatrix},$$

分别称为方程组(2.1.1)的**系数矩阵**、**未知量矩阵**和**常数矩阵**(也称为**常数列向量**)．把 $\boldsymbol{A}$ 和 $\boldsymbol{b}$ 联合起来构成的矩阵

$$(\boldsymbol{A}, \boldsymbol{b}) = \begin{pmatrix} a_{11} & a_{12} & \cdots & a_{1n} & b_1 \\ a_{21} & a_{22} & \cdots & a_{2n} & b_2 \\ \vdots & \vdots & & \vdots & \vdots \\ a_{m1} & a_{m2} & \cdots & a_{mn} & b_m \end{pmatrix}$$

称为方程组(2.1.1)的**增广矩阵**．用矩阵乘法可将方程组(2.1.1)表示为 $\boldsymbol{Ax} = \boldsymbol{b}$．

若 $x_1 = c_1, x_2 = c_2, \cdots, x_n = c_n$ 是方程组(2.1.1)的解，即向量 $\boldsymbol{\alpha} = (c_1, c_2, \cdots, c_n)^{\mathrm{T}}$ 满足 $\boldsymbol{A\alpha} = \boldsymbol{b}$，则称 $\boldsymbol{\alpha}$ 为方程组(2.1.1)的**解向量**，简称**解**．

若两个线性方程组解集相同，则称这两个线性方程组**同解**．

若 $\boldsymbol{A}$ 是可逆矩阵，则线性方程组 $\boldsymbol{Ax} = \boldsymbol{b}$ 可用式(1.6.4)来求解．式(1.6.4)就是对 $\boldsymbol{Ax} = \boldsymbol{b}$ 的增广矩阵$(\boldsymbol{A}, \boldsymbol{b})$施行初等行变换，将其化为行最简形．对于一般线性方程组 $\boldsymbol{Ax} = \boldsymbol{b}$，对其增广矩阵$(\boldsymbol{A}, \boldsymbol{b})$

施行初等行变换仍然是有效的解法.

定理 2.1 若线性方程组 $\boldsymbol{Ax}=\boldsymbol{b}$ 的增广矩阵$(\boldsymbol{A},\boldsymbol{b})$和线性方程组 $\boldsymbol{Bx}=\boldsymbol{d}$ 的增广矩阵$(\boldsymbol{B},\boldsymbol{d})$行等价,则 $\boldsymbol{Ax}=\boldsymbol{b}$ 与 $\boldsymbol{Bx}=\boldsymbol{d}$ 同解.

证明 设$(\boldsymbol{A},\boldsymbol{b})\xrightarrow{r}(\boldsymbol{B},\boldsymbol{d})$,则存在初等矩阵 $\boldsymbol{P}_1,\boldsymbol{P}_2,\cdots,\boldsymbol{P}_s$,使

$$\boldsymbol{P}_1\boldsymbol{P}_2\cdots\boldsymbol{P}_s\boldsymbol{A}=\boldsymbol{B},\boldsymbol{P}_1\boldsymbol{P}_2\cdots\boldsymbol{P}_s\boldsymbol{b}=\boldsymbol{d}. \tag{2.1.2}$$

设 $\boldsymbol{\alpha}$ 是 $\boldsymbol{Ax}=\boldsymbol{b}$ 的任意解,则 $\boldsymbol{A\alpha}=\boldsymbol{b}$. 两边左乘以 $\boldsymbol{P}_1\boldsymbol{P}_2\cdots\boldsymbol{P}_s$ 得

$$\boldsymbol{P}_1\boldsymbol{P}_2\cdots\boldsymbol{P}_s\boldsymbol{A\alpha}=\boldsymbol{P}_1\boldsymbol{P}_2\cdots\boldsymbol{P}_s\boldsymbol{b},$$

由式(2.1.2)可得 $\boldsymbol{B\alpha}=\boldsymbol{d}$,即 $\boldsymbol{\alpha}$ 是 $\boldsymbol{Bx}=\boldsymbol{d}$ 的解.

同理可证 $\boldsymbol{Bx}=\boldsymbol{d}$ 的任意解也是 $\boldsymbol{Ax}=\boldsymbol{b}$ 的解.

注 对增广矩阵施行初等行变换,实质上就是对线性方程组实施消元法.

方程组(2.1.1)的增广矩阵$(\boldsymbol{A},\boldsymbol{b})$经初等行变换可以化为行阶梯形矩阵,其中 $\boldsymbol{A}$ 可化为行最简形(必要时可交换行最简形的列使其左上角为单位矩阵,同时只要交换相应未知量的次序即可).

为了叙述方便,现设

$$(\boldsymbol{A},\boldsymbol{b})\xrightarrow{r}(\boldsymbol{B},\boldsymbol{d})=\left(\begin{array}{cccccccc:c}
1 & 0 & \cdots & 0 & c_{1,r+1} & c_{1,r+2} & \cdots & c_{1n} & d_1\\
0 & 1 & \cdots & 0 & c_{2,r+1} & c_{2,r+2} & \cdots & c_{2n} & d_2\\
\vdots & \vdots & & \vdots & \vdots & \vdots & & \vdots & \vdots\\
0 & 0 & \cdots & 1 & c_{r,r+1} & c_{r,r+2} & \cdots & c_{rn} & d_r\\
0 & 0 & \cdots & 0 & 0 & 0 & \cdots & 0 & d_{r+1}\\
0 & 0 & \cdots & 0 & 0 & 0 & \cdots & 0 & 0\\
\vdots & \vdots & & \vdots & \vdots & \vdots & & \vdots & \vdots\\
0 & 0 & \cdots & 0 & 0 & 0 & \cdots & 0 & 0
\end{array}\right),$$

这里 $r=R(\boldsymbol{A})$.

易知,$R(\boldsymbol{A},\boldsymbol{b})=r\Leftrightarrow d_{r+1}=0$.

由定理 2.1 可知,方程组(2.1.1)与矩阵$(\boldsymbol{B},\boldsymbol{d})$对应的线性方程组

$$\begin{cases}
x_1 \quad\quad +c_{1,r+1}x_{r+1}+c_{1,r+2}x_{r+2}+\cdots+c_{1n}x_n=d_1,\\
\quad x_2 \quad +c_{2,r+1}x_{r+1}+c_{2,r+2}x_{r+2}+\cdots+c_{2n}x_n=d_2,\\
\quad\quad\cdots\cdots\cdots\cdots\cdots\cdots\\
\quad\quad x_r+c_{r,r+1}x_{r+1}+c_{r,r+2}x_{r+2}+\cdots+c_{rn}x_n=d_r,\\
\quad\quad\quad\quad\quad\quad\quad\quad\quad\quad\quad\quad 0=d_{r+1}
\end{cases} \tag{2.1.3}$$

同解.

下面讨论同解方程组(2.1.3)的解.

(1)当 $R(\boldsymbol{A},\boldsymbol{b})\neq r$,即 $d_{r+1}\neq 0$ 时,方程组(2.1.3)无解.

(2)当 $R(\boldsymbol{A},\boldsymbol{b})=r$,即 $d_{r+1}=0$ 时,有以下两种情形.

①当 $R(\boldsymbol{A},\boldsymbol{b})=r=n$ 时,方程组(2.1.3)即为

$$\begin{cases} x_1 = d_1, \\ x_2 = d_2, \\ \quad\vdots \\ x_n = d_n. \end{cases}$$

从而方程组(2.1.3)有唯一解.

②当 $R(\boldsymbol{A},\boldsymbol{b}) = r < n$ 时,方程组(2.1.3)可化为

$$\begin{cases} x_1 = d_1 - c_{1,r+1}x_{r+1} - c_{1,r+2}x_{r+2} - \cdots - c_{1n}x_n, \\ x_2 = d_2 - c_{2,r+1}x_{r+1} - c_{2,r+2}x_{r+2} - \cdots - c_{2n}x_n, \\ \cdots\cdots\cdots\cdots\cdots\cdots \\ x_r = d_r - c_{r,r+1}x_{r+1} - c_{r,r+2}x_{r+2} - \cdots - c_{rn}x_n, \end{cases} \tag{2.1.4}$$

其中未知量 $x_{r+1},x_{r+2},\cdots,x_n$ 可任意取值,而 $x_1,x_2,\cdots,x_r$ 的值由 $x_{r+1},x_{r+2},\cdots,x_n$ 的取值确定.此时称 $x_{r+1},x_{r+2},\cdots,x_n$ 为**自由未知量**,自由未知量的个数等于 $n-r$.

令 $x_{r+1}=k_1,x_{r+2}=k_2,\cdots,x_n=k_{n-r}$,并代入方程组(2.1.4),所得到的解

$$\begin{cases} x_1 = d_1 - c_{1,r+1}k_1 - c_{1,r+2}k_2 - \cdots - c_{1n}k_{n-r}, \\ x_2 = d_2 - c_{2,r+1}k_1 - c_{2,r+2}k_2 - \cdots - c_{2n}k_{n-r}, \\ \cdots\cdots\cdots\cdots\cdots\cdots \\ x_r = d_r - c_{r,r+1}k_1 - c_{r,r+2}k_2 - \cdots - c_{rn}k_{n-r}, \\ x_{r+1} = k_1, \\ x_{r+2} = k_2, \\ \cdots\cdots \\ x_n = k_{n-r} \end{cases} \quad (k_1,k_2,\cdots,k_{n-r}\text{为任意常数})$$

称为方程组(2.1.3)的**全部解**或**通解**.

综合以上讨论可得,线性方程组的解有且仅有以下3种情形:

(1)无解; (2)有唯一解; (3)有无穷个解.

定理2.2 设 $\boldsymbol{Ax}=\boldsymbol{b}$ 是 n 元线性方程组,则

(1) $\boldsymbol{Ax}=\boldsymbol{b}$ 无解的充分必要条件是 $R(\boldsymbol{A},\boldsymbol{b}) \neq R(\boldsymbol{A})$;

(2) $\boldsymbol{Ax}=\boldsymbol{b}$ 有唯一解的充分必要条件是 $R(\boldsymbol{A},\boldsymbol{b}) = R(\boldsymbol{A}) = n$;

(3) $\boldsymbol{Ax}=\boldsymbol{b}$ 有无穷个解的充分必要条件是 $R(\boldsymbol{A},\boldsymbol{b}) = R(\boldsymbol{A}) < n$.

当 $\boldsymbol{b}=\boldsymbol{0}$ 时,线性方程组为 $\boldsymbol{Ax}=\boldsymbol{0}$,称为**齐次线性方程组**;当 $\boldsymbol{b}\neq\boldsymbol{0}$ 时,线性方程组 $\boldsymbol{Ax}=\boldsymbol{b}$ 称为**非齐次线性方程组**.

由于齐次线性方程组一定有零解,所以齐次线性方程组有唯一解相当于只有零解,有无穷个解相当于有非零解.

由定理2.2可得以下推论.

推论2.3 设 $\boldsymbol{Ax}=\boldsymbol{0}$ 是 n 元齐次线性方程组,则

(1) $\boldsymbol{Ax}=\boldsymbol{0}$ 只有零解的充分必要条件是 $R(\boldsymbol{A})=n$;

(2) $\boldsymbol{Ax}=\boldsymbol{0}$ 有非零解的充分必要条件是 $R(\boldsymbol{A})<n$.

特别地,有推论 2.4.

推论 2.4 当 $m<n$ 时,齐次线性方程组 $\boldsymbol{A}_{m\times n}\boldsymbol{x}=\boldsymbol{0}$ 有非零解.

由定理 2.2 及其推论 2.3 可得,克拉默法则的逆命题也成立. 即有下面的推论 2.5.

推论 2.5 (1)设 $\boldsymbol{Ax}=\boldsymbol{b}$ 是含有 n 个方程的 n 元线性方程组,则 $\boldsymbol{Ax}=\boldsymbol{b}$ 有唯一解的充分必要条件是 $|\boldsymbol{A}|\neq 0$;

(2)设 $\boldsymbol{Ax}=\boldsymbol{0}$ 是含有 n 个方程的 n 元齐次线性方程组,则 $\boldsymbol{Ax}=\boldsymbol{0}$ 只有零解的充分必要条件是 $|\boldsymbol{A}|\neq 0$.

注 (1) $|\boldsymbol{A}|=0$ 等价于齐次线性方程组 $\boldsymbol{Ax}=\boldsymbol{0}$ 有非零解;

(2) $|\boldsymbol{A}|=0$ 等价于非齐次线性方程组 $\boldsymbol{Ax}=\boldsymbol{b}$ 无解或有无穷个解.

例 1 解线性方程组 $\begin{cases}x_1-x_2-x_3+x_4=0,\\ x_1-x_2+x_3-3x_4=1,\\ x_1-x_2-2x_3+3x_4=-1.\end{cases}$

解 对增广矩阵 $(\boldsymbol{A},\boldsymbol{b})$ 施行初等行变换,将其化为行阶梯形:

$$(\boldsymbol{A},\boldsymbol{b})=\left(\begin{array}{cccc:c}1&-1&-1&1&0\\1&-1&1&-3&1\\1&-1&-2&3&-1\end{array}\right)\xrightarrow[r_3-r_1]{r_2-r_1}\left(\begin{array}{cccc:c}1&-1&-1&1&0\\0&0&2&-4&1\\0&0&-1&2&-1\end{array}\right)$$

$$\xrightarrow[r_3+2r_2]{r_2\leftrightarrow r_3}\left(\begin{array}{cccc:c}1&-1&-1&1&0\\0&0&-1&2&-1\\0&0&0&0&-1\end{array}\right).$$

可知 $R(\boldsymbol{A})=2\neq R(\boldsymbol{A},\boldsymbol{b})=3$,所以方程组无解.

例 2 解线性方程组 $\begin{cases}x_1+x_2+2x_3=1,\\ 2x_1+3x_2+3x_3=4,\\ 3x_1+4x_2+5x_3=5.\end{cases}$

解 对增广矩阵 $(\boldsymbol{A},\boldsymbol{b})$ 施行初等行变换,将其化为行最简形:

$$(\boldsymbol{A},\boldsymbol{b})=\left(\begin{array}{ccc:c}1&1&2&1\\2&3&3&4\\3&4&5&5\end{array}\right)\xrightarrow[r_3-3r_1]{r_2-2r_1}\left(\begin{array}{ccc:c}1&1&2&1\\0&1&-1&2\\0&1&-1&2\end{array}\right)\xrightarrow[r_1-r_2]{r_3-r_2}\left(\begin{array}{ccc:c}1&0&3&-1\\0&1&-1&2\\0&0&0&0\end{array}\right).$$

可知 $R(\boldsymbol{A},\boldsymbol{b})=R(\boldsymbol{A})=2<3$,所以方程组有无穷个解,且方程组同解于

$$\begin{cases}x_1+3x_3=-1,\\ x_2-x_3=2,\end{cases}$$ 其中 x_3 为自由未知量.

令 $x_3=k$,可得方程组的全部解 $\begin{cases}x_1=-3k-1,\\ x_2=k+2,\\ x_3=k,\end{cases}$ 其中 k 为任意常数.

方程组的解也可用向量表示为

$$\begin{pmatrix}x_1\\x_2\\x_3\end{pmatrix}=\begin{pmatrix}-3k-1\\k+2\\k\end{pmatrix}=k\begin{pmatrix}-3\\1\\1\end{pmatrix}+\begin{pmatrix}-1\\2\\0\end{pmatrix},$$ 其中 k 为任意常数.

注 自由未知量的取法是不唯一的,可以将增广矩阵行最简形中非零行的非零首元 1 所对应的未知量取为非自由未知量,其余未知量则为自由未知量.

例 3 解齐次线性方程组 $\begin{cases}x_1+x_2-3x_3-x_4=0,\\3x_1-x_2-3x_3+4x_4=0,\\x_1+5x_2-9x_3-8x_4=0.\end{cases}$

解 对系数矩阵 $\boldsymbol{A}$ 施行初等行变换,将其化为行最简形:

$$\boldsymbol{A}=\begin{pmatrix}1&1&-3&-1\\3&-1&-3&4\\1&5&-9&-8\end{pmatrix}\xrightarrow[r_3-r_1]{r_2-3r_1}\begin{pmatrix}1&1&-3&-1\\0&-4&6&7\\0&4&-6&-7\end{pmatrix}$$

$$\xrightarrow{r_3+r_2}\begin{pmatrix}1&1&-3&-1\\0&-4&6&7\\0&0&0&0\end{pmatrix}\xrightarrow[r_1-r_2]{r_2\times\left(-\frac{1}{4}\right)}\begin{pmatrix}1&0&-\frac{3}{2}&\frac{3}{4}\\0&1&-\frac{3}{2}&-\frac{7}{4}\\0&0&0&0\end{pmatrix}.$$

可知 $R(\boldsymbol{A})=2<4$,从而方程组有非零解,且方程组同解于

$$\begin{cases}x_1=\frac{3}{2}x_3-\frac{3}{4}x_4,\\x_2=\frac{3}{2}x_3+\frac{7}{4}x_4,\end{cases}$$ 其中 x_3,x_4 为自由未知量.

令 $x_3=k_1,x_4=k_2$,可得方程组的全部解

$$\begin{cases}x_1=\frac{3}{2}k_1-\frac{3}{4}k_2,\\x_2=\frac{3}{2}k_1+\frac{7}{4}k_2,\\x_3=k_1,\\x_4=k_2,\end{cases}\text{或}\begin{pmatrix}x_1\\x_2\\x_3\\x_4\end{pmatrix}=k_1\begin{pmatrix}\frac{3}{2}\\\frac{3}{2}\\1\\0\end{pmatrix}+k_2\begin{pmatrix}-\frac{3}{4}\\\frac{7}{4}\\0\\1\end{pmatrix},$$

其中 k_1,k_2 为任意常数.

例 4 a 为何值时,齐次线性方程组

$$\begin{cases}x_1+ax_2+x_3=0,\\ax_1+x_2+x_3=0,\\x_1-x_2+3x_3=0\end{cases}$$

有非零解?在有非零解时,求其全部解.

解 此方程组有非零解当且仅当系数行列式 $|\boldsymbol{A}|=0$. 由

$$|\boldsymbol{A}|=\begin{vmatrix}1&a&1\\a&1&1\\1&-1&3\end{vmatrix}=3-3a^2=0,$$

得 $a=\pm1$，所以当 $a=\pm1$ 时，齐次线性方程组有非零解.

(1)当 $a=1$ 时，对系数矩阵施行初等行变换，将其化为行最简形：

$$\boldsymbol{A}=\begin{pmatrix}1&1&1\\1&1&1\\1&-1&3\end{pmatrix}\xrightarrow[r_2\leftrightarrow r_3]{\substack{r_2-r_1\\r_3-r_1}}\begin{pmatrix}1&1&1\\0&-2&2\\0&0&0\end{pmatrix}\xrightarrow[r_1-r_2]{r_2\times\left(-\frac{1}{2}\right)}\begin{pmatrix}1&0&2\\0&1&-1\\0&0&0\end{pmatrix}.$$

同解方程组为 $\begin{cases}x_1=-2x_3,\\x_2=\quad x_3,\end{cases}$ 其中 x_3 为自由未知量.

令 $x_3=k$，得方程组的全部解

$$\begin{cases}x_1=-2k,\\x_2=\quad k,\\x_3=\quad k,\end{cases}\text{或}\begin{pmatrix}x_1\\x_2\\x_3\end{pmatrix}=k\begin{pmatrix}-2\\1\\1\end{pmatrix},$$

其中 k 为任意常数.

(2)当 $a=-1$ 时，对系数矩阵施行初等行变换，将其化为行最简形：

$$\boldsymbol{A}=\begin{pmatrix}1&-1&1\\-1&1&1\\1&-1&3\end{pmatrix}\xrightarrow[r_3-r_2]{\substack{r_2+r_1\\r_3-r_1}}\begin{pmatrix}1&-1&1\\0&0&2\\0&0&0\end{pmatrix}\xrightarrow[r_1-r_2]{r_2\times\frac{1}{2}}\begin{pmatrix}1&-1&0\\0&0&1\\0&0&0\end{pmatrix}.$$

同解方程组为 $\begin{cases}x_1=x_2,\\x_3=0,\end{cases}$ 其中 x_2 为自由未知量.

令 $x_2=k$，得方程组的全部解

$$\begin{cases}x_1=k,\\x_2=k,\\x_3=0,\end{cases}\text{或}\begin{pmatrix}x_1\\x_2\\x_3\end{pmatrix}=k\begin{pmatrix}1\\1\\0\end{pmatrix},$$

其中 k 为任意常数.

例5 λ 取何值时，线性方程组

$$\begin{cases}\lambda x_1+x_2+x_3=1,\\x_1+\lambda x_2+x_3=\lambda,\\x_1+x_2+\lambda x_3=\lambda^2\end{cases}$$

(1)有唯一解.(2)无解.(3)有无穷个解；在有无穷个解时，求出其全部解.

解法1 此线性方程组有唯一解当且仅当其系数行列式不为0. 系数行列式为

$$\begin{vmatrix}\lambda&1&1\\1&\lambda&1\\1&1&\lambda\end{vmatrix}\xlongequal[c_1+c_3]{c_1+c_2}\begin{vmatrix}\lambda+2&1&1\\\lambda+2&\lambda&1\\\lambda+2&1&\lambda\end{vmatrix}\xlongequal[r_3-r_1]{r_2-r_1}\begin{vmatrix}\lambda+2&1&1\\0&\lambda-1&0\\0&0&\lambda-1\end{vmatrix}=(\lambda+2)(\lambda-1)^2.$$

(1)当 $\lambda\neq -2$ 且 $\lambda\neq 1$ 时,方程组有唯一解.

(2)当 $\lambda=-2$ 时,对增广矩阵施行初等行变换,有

$$\begin{pmatrix}-2&1&1&\vdots&1\\1&-2&1&\vdots&-2\\1&1&-2&\vdots&4\end{pmatrix}\xrightarrow[r_3+r_2]{r_3+r_1}\begin{pmatrix}-2&1&1&\vdots&1\\1&-2&1&\vdots&-2\\0&0&0&\vdots&3\end{pmatrix},$$

得 $R(\boldsymbol{A},\boldsymbol{b})\neq R(\boldsymbol{A})$,故方程组无解.

(3)当 $\lambda=1$ 时,对增广矩阵施行初等行变换,有

$$\begin{pmatrix}1&1&1&\vdots&1\\1&1&1&\vdots&1\\1&1&1&\vdots&1\end{pmatrix}\xrightarrow[r_3-r_1]{r_2-r_1}\begin{pmatrix}1&1&1&\vdots&1\\0&0&0&\vdots&0\\0&0&0&\vdots&0\end{pmatrix},$$

得同解方程 $x_1+x_2+x_3=1$,其中 x_2,x_3 为自由未知量.

令 $x_2=k_1,x_3=k_2$,得方程组的全部解

$$\begin{cases}x_1=-k_1-k_2+1,\\x_2=\quad k_1,\\x_3=\qquad k_2,\end{cases}\quad 或\quad \begin{pmatrix}x_1\\x_2\\x_3\end{pmatrix}=k_1\begin{pmatrix}-1\\1\\0\end{pmatrix}+k_2\begin{pmatrix}-1\\0\\1\end{pmatrix}+\begin{pmatrix}1\\0\\0\end{pmatrix},$$

其中 k_1,k_2 为任意常数.

解法2 对增广矩阵施行初等行变换:

$$\begin{pmatrix}\lambda&1&1&\vdots&1\\1&\lambda&1&\vdots&\lambda\\1&1&\lambda&\vdots&\lambda^2\end{pmatrix}\xrightarrow{r_1\leftrightarrow r_3}\begin{pmatrix}1&1&\lambda&\vdots&\lambda^2\\1&\lambda&1&\vdots&\lambda\\\lambda&1&1&\vdots&1\end{pmatrix}\xrightarrow[r_3-\lambda r_1]{r_2-r_1}\begin{pmatrix}1&1&\lambda&\vdots&\lambda^2\\0&\lambda-1&1-\lambda&\vdots&\lambda-\lambda^2\\0&1-\lambda&1-\lambda^2&\vdots&1-\lambda^3\end{pmatrix}$$

$$\xrightarrow{r_3+r_2}\begin{pmatrix}1&1&\lambda&\vdots&\lambda^2\\0&\lambda-1&1-\lambda&\vdots&\lambda-\lambda^2\\0&0&(1-\lambda)(2+\lambda)&\vdots&(1-\lambda)(1+\lambda)^2\end{pmatrix}.$$

(1)当$(\lambda-1)(1-\lambda)(2+\lambda)\neq 0$,即 $\lambda\neq 1,-2$ 时,$R(\boldsymbol{A},\boldsymbol{b})=R(\boldsymbol{A})=3$,方程组有唯一解.

(2)当 $\lambda=-2$ 或 $\lambda=1$ 时,求解过程同解法1.

习题 2.1

一、基础题

1. 解下列非齐次线性方程组:

(1) $\begin{cases}3x_1-x_2+2x_3=10,\\4x_1+2x_2-x_3=2,\\11x_1+3x_2\qquad=8;\end{cases}$ (2) $\begin{cases}2x_1+3x_2+x_3=4,\\3x_1+8x_2-2x_3=13,\\4x_1-x_2+9x_3=-6,\\x_1-2x_2+4x_3=-5;\end{cases}$

(3) $\begin{cases}2x_1+x_2-x_3+x_4=1,\\3x_1-3x_2+x_3-3x_4=4,\\x_1+4x_2-3x_3+5x_4=-2;\end{cases}$ (4) $\begin{cases}x_1+x_2-3x_3-x_4=1,\\3x_1-x_2-3x_3+4x_4=4,\\x_1+5x_2-9x_3-8x_4=0.\end{cases}$

2. 解下列齐次线性方程组：

(1) $\begin{cases}2x_1+x_2+x_3-x_4=0,\\2x_1+2x_2+x_3+2x_4=0,\\x_1+x_2+2x_3-x_4=0;\end{cases}$ (2) $\begin{cases}3x_1+4x_2-5x_3+7x_4=0,\\4x_1+11x_2-13x_3+16x_4=0,\\7x_1-2x_2+x_3+3x_4=0,\\2x_1-3x_2+3x_3-2x_4=0.\end{cases}$

3. λ 为何值时，齐次线性方程组 $\begin{cases}\lambda x_1+x_2+\lambda^2x_3=0,\\x_1+\lambda x_2+x_3=0,\\x_1+x_2+\lambda x_3=0\end{cases}$ 有非零解？在有非零解时，求其通解.

4. 当 a 为何值时，线性方程组 $\begin{cases}x_1+x_2-x_3=1,\\2x_1+3x_2+ax_3=3,\\x_1+ax_2+3x_3=2\end{cases}$ 有唯一解、无解、有无穷个解？并在有无穷个解时，求其通解.

二、提高题

5. 设 $\boldsymbol{A}$ 为 $m\times n$ 矩阵，对于线性方程组 $\boldsymbol{Ax}=\boldsymbol{b}$，以下命题成立的是(　　).

①当 $R(\boldsymbol{A})=m$ 时，$\boldsymbol{Ax}=\boldsymbol{b}$ 有解.

②当 $R(\boldsymbol{A})=n$ 时，$\boldsymbol{Ax}=\boldsymbol{b}$ 有唯一解.

③当 $R(\boldsymbol{A})<n$ 时，$\boldsymbol{Ax}=\boldsymbol{b}$ 有无穷个解.

④当 $R(\boldsymbol{A},\boldsymbol{b})=n+1$ 时，$\boldsymbol{Ax}=\boldsymbol{b}$ 必无解.

A. ①②　　B. ②③　　C. ③④　　D. ①④

6. (2000 · 数学一) 已知方程组 $\begin{pmatrix}1&2&1\\2&3&a+2\\1&a&-2\end{pmatrix}\begin{pmatrix}x_1\\x_2\\x_3\end{pmatrix}=\begin{pmatrix}1\\3\\0\end{pmatrix}$ 无解，则 $a=$________.

7. (2001 · 数学二) 设方程组 $\begin{pmatrix}a&1&1\\1&a&1\\1&1&a\end{pmatrix}\begin{pmatrix}x_1\\x_2\\x_3\end{pmatrix}=\begin{pmatrix}1\\1\\-2\end{pmatrix}$ 有无穷个解，则 $a=$________.

8. a,b 为何值时，线性方程组

$$\begin{cases}x_1+x_2+x_3+x_4=0,\\x_2+2x_3+2x_4=1,\\-x_2+(a-3)x_3-2x_4=b,\\3x_1+2x_2+x_3+ax_4=-1\end{cases}$$

有唯一解、无解、有无穷个解？并在有无穷个解时，求其通解.

2.2 向量组及其线性组合

向量是基本的数学概念之一,它的理论和方法已渗透到自然科学、工程技术和经济管理的各个领域. 本节讨论向量的线性组合及向量之间的线性关系.

2.2.1 向量的概念及其运算

定义 2.1 n 个数 $a_1,a_2,\cdots,a_n$ 组成的一个有序数组称为一个 n **维向量**.

n 维向量可以用列矩阵 $\boldsymbol{\alpha}=\begin{pmatrix}a_1\\a_2\\\vdots\\a_n\end{pmatrix}$ 表示,称为 n **维列向量**,也可以用行矩阵 $\boldsymbol{\alpha}^{\mathrm{T}}=(a_1,a_2,\cdots,a_n)$ 表示,称为 n **维行向量**,其中 $a_i(i=1,2,\cdots,n)$ 称为向量的第 i 个**分量**(或第 i 个**坐标**). 分量均为实数的向量称为**实向量**. 除特别说明外,本书中的向量均指实向量. 分量全为零的向量称为**零向量**,记作 $\mathbf{0}$.

本书一般用小写希腊字母 $\boldsymbol{\alpha},\boldsymbol{\beta},\cdots$ 表示列向量,有时也用小写拉丁字母 $\boldsymbol{a},\boldsymbol{x},\cdots$ 表示列向量,而用 $\boldsymbol{\alpha}^{\mathrm{T}},\boldsymbol{\beta}^{\mathrm{T}},\boldsymbol{a}^{\mathrm{T}},\boldsymbol{x}^{\mathrm{T}},\cdots$ 表示行向量.

如果两个 n 维向量 $\boldsymbol{\alpha},\boldsymbol{\beta}$ 对应的分量分别相等,则称它们**相等**,记作 $\boldsymbol{\alpha}=\boldsymbol{\beta}$.

注 1 二维和三维向量可分别视为平面向量和空间向量的坐标形式,它们都可用有向线段表示,而四维及四维以上的向量就没有直观的几何形象了.

注 2 向量就是有序数组,$\boldsymbol{\alpha}$ 和 $\boldsymbol{\alpha}^{\mathrm{T}}$ 是同一向量的两种矩阵表达形式. 作为矩阵进行运算时,$\boldsymbol{\alpha}$ 和 $\boldsymbol{\alpha}^{\mathrm{T}}$ 当然是不同的. 例如,$\boldsymbol{\alpha}^{\mathrm{T}}\boldsymbol{\alpha},\boldsymbol{\alpha}\boldsymbol{\alpha}^{\mathrm{T}}$ 分别表示 1×1 和 $n\times n$ 矩阵.

一些相同维数的向量,称为一个**向量组**,常用 $A,B,\cdots$ 表示. 全体 n 维向量的集合称为 n **维向量空间**,记作 $\mathbf{R}^n$.

例如,$\mathbf{R}^2$ 为二维向量空间,$\mathbf{R}^3$ 为三维向量空间.

$m\times n$ 矩阵

$$\boldsymbol{A}=\begin{pmatrix}a_{11}&a_{12}&\cdots&a_{1n}\\a_{21}&a_{22}&\cdots&a_{2n}\\\vdots&\vdots&&\vdots\\a_{m1}&a_{m2}&\cdots&a_{mn}\end{pmatrix}$$

的每一行 $(a_{i1},a_{i2},\cdots,a_{in})(i=1,2,\cdots,m)$ 都是一个 n 维向量,称为 $\boldsymbol{A}$ 的**行向量**,$\boldsymbol{A}$ 的所有行向量称为 $\boldsymbol{A}$ 的**行向量组**;$\boldsymbol{A}$ 的每一列 $(a_{1j},a_{2j},\cdots,a_{mj})^{\mathrm{T}}(j=1,2,\cdots,n)$ 都是一个 m 维向量,称为 $\boldsymbol{A}$ 的**列向量**,$\boldsymbol{A}$ 的所有列向量称为 $\boldsymbol{A}$ 的**列向量组**.

设向量

$$\boldsymbol{\alpha}=(a_1,a_2,\cdots,a_n)^{\mathrm{T}},\boldsymbol{\beta}=(b_1,b_2,\cdots,b_n)^{\mathrm{T}},$$

k 为数,向量的**加法**与**数乘**分别定义为

$$\boldsymbol{\alpha}+\boldsymbol{\beta}=(a_1+b_1,a_2+b_2,\cdots,a_n+b_n)^{\mathrm{T}},$$

$$k\boldsymbol{\alpha}=(ka_1,ka_2,\cdots,ka_n)^{\mathrm{T}}.$$

称向量$(-a_1,-a_2,\cdots,-a_n)^{\mathrm{T}}$为$\boldsymbol{\alpha}$的**负向量**,记作$-\boldsymbol{\alpha}$. 称$\boldsymbol{\alpha}+(-\boldsymbol{\beta})$为$\boldsymbol{\alpha},\boldsymbol{\beta}$相减的**差**,记作$\boldsymbol{\alpha}-\boldsymbol{\beta}$. 向量的加法与数乘运算统称为向量的**线性运算**.

由于向量的加法和数乘的定义分别与矩阵的加法和数乘的定义是相同的,因此运算律也是相同的. 即向量的线性运算有以下运算律.

(1)交换律:$\boldsymbol{\alpha}+\boldsymbol{\beta}=\boldsymbol{\beta}+\boldsymbol{\alpha}$.

(2)结合律:$(\boldsymbol{\alpha}+\boldsymbol{\beta})+\boldsymbol{\gamma}=\boldsymbol{\alpha}+(\boldsymbol{\beta}+\boldsymbol{\gamma})$.

(3)$\boldsymbol{\alpha}+\mathbf{0}=\boldsymbol{\alpha}$.

(4)$\boldsymbol{\alpha}+(-\boldsymbol{\alpha})=\mathbf{0}$.

(5)$(k+l)\boldsymbol{\alpha}=k\boldsymbol{\alpha}+l\boldsymbol{\alpha}$,其中 k,l 为任意数.

(6)$k(\boldsymbol{\alpha}+\boldsymbol{\beta})=k\boldsymbol{\alpha}+k\boldsymbol{\beta}$,其中 k 为任意数.

(7)$(kl)\boldsymbol{\alpha}=k(l\boldsymbol{\alpha})$,其中 k,l 为任意数.

(8)$1\boldsymbol{\alpha}=\boldsymbol{\alpha}$.

例 1 设向量$\boldsymbol{\alpha}=(1,2,3)^{\mathrm{T}},\boldsymbol{\beta}=(-3,0,3)^{\mathrm{T}}$,且向量$\boldsymbol{x}$满足

$$2\boldsymbol{x}+3\boldsymbol{\alpha}=5\boldsymbol{x}+2\boldsymbol{\beta},$$

求$\boldsymbol{x}$.

解 $\boldsymbol{x}=\dfrac{1}{3}(3\boldsymbol{\alpha}-2\boldsymbol{\beta})=\boldsymbol{\alpha}-\dfrac{2}{3}\boldsymbol{\beta}=(3,2,1)^{\mathrm{T}}$.

2.2.2 向量组的线性组合

定义 2.2 设$\boldsymbol{\alpha}_1,\boldsymbol{\alpha}_2,\cdots,\boldsymbol{\alpha}_n$为向量组,$k_1,k_2,\cdots,k_n$为一组数,称

$$k_1\boldsymbol{\alpha}_1+k_2\boldsymbol{\alpha}_2+\cdots+k_n\boldsymbol{\alpha}_n$$

为向量组$\boldsymbol{\alpha}_1,\boldsymbol{\alpha}_2,\cdots,\boldsymbol{\alpha}_n$的一个**线性组合**,$k_1,k_2,\cdots,k_n$称为**组合系数**.

若向量$\boldsymbol{\beta}$可以用向量组$\boldsymbol{\alpha}_1,\boldsymbol{\alpha}_2,\cdots,\boldsymbol{\alpha}_n$的一个线性组合来表示,即存在一组数$k_1,k_2,\cdots,k_n$使

$$\boldsymbol{\beta}=k_1\boldsymbol{\alpha}_1+k_2\boldsymbol{\alpha}_2+\cdots+k_n\boldsymbol{\alpha}_n \tag{2.2.1}$$

成立,则称$\boldsymbol{\beta}$可由向量组$\boldsymbol{\alpha}_1,\boldsymbol{\alpha}_2,\cdots,\boldsymbol{\alpha}_n$**线性表示**.

如果$\boldsymbol{\beta}$可由向量组$\boldsymbol{\alpha}_1,\boldsymbol{\alpha}_2,\cdots,\boldsymbol{\alpha}_n$线性表示,而且组合系数$k_1,k_2,\cdots,k_n$都是唯一的,则称$\boldsymbol{\beta}$可由向量组$\boldsymbol{\alpha}_1,\boldsymbol{\alpha}_2,\cdots,\boldsymbol{\alpha}_n$**唯一线性表示**.

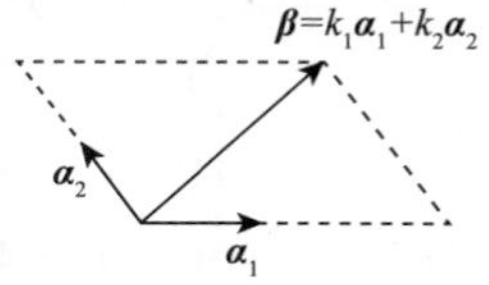

图 2.1 向量$\boldsymbol{\beta}$由$\boldsymbol{\alpha}_1,\boldsymbol{\alpha}_2$线性表示

向量$\boldsymbol{\beta}$由向量组$\boldsymbol{\alpha}_1,\boldsymbol{\alpha}_2$线性表示的几何意义如图 2.1 所示.

易知,n 维零向量$\mathbf{0}$可由任意一组 n 维向量$\boldsymbol{\alpha}_1,\boldsymbol{\alpha}_2,\cdots,\boldsymbol{\alpha}_s$线性表示:

$$\mathbf{0}=0\boldsymbol{\alpha}_1+0\boldsymbol{\alpha}_2+\cdots+0\boldsymbol{\alpha}_s.$$

向量组 $\boldsymbol{\alpha}_1,\boldsymbol{\alpha}_2,\cdots,\boldsymbol{\alpha}_s$ 中的每个向量 $\boldsymbol{\alpha}_i$ 都可由这组向量线性表示：

$$\boldsymbol{\alpha}_i=0\boldsymbol{\alpha}_1+\cdots+0\boldsymbol{\alpha}_{i-1}+\boldsymbol{\alpha}_i+0\boldsymbol{\alpha}_{i+1}+\cdots+0\boldsymbol{\alpha}_s,i=1,2,\cdots,s.$$

例2 任意 n 维向量 $\boldsymbol{\alpha}=(a_1,a_2,\cdots,a_n)^{\mathrm{T}}$ 都可由 n 维单位向量

$$\boldsymbol{\varepsilon}_1=(1,0,\cdots,0)^{\mathrm{T}},\boldsymbol{\varepsilon}_2=(0,1,\cdots,0)^{\mathrm{T}},\cdots,\boldsymbol{\varepsilon}_n=(0,\cdots,0,1)^{\mathrm{T}}$$

线性表示为 $\boldsymbol{\alpha}=a_1\boldsymbol{\varepsilon}_1+a_2\boldsymbol{\varepsilon}_2+\cdots+a_n\boldsymbol{\varepsilon}_n$.

可将式(2.2.1)用分块矩阵乘积表示为 $(\boldsymbol{\alpha}_1,\boldsymbol{\alpha}_2,\cdots,\boldsymbol{\alpha}_n)\begin{pmatrix}k_1\\k_2\\\vdots\\k_n\end{pmatrix}=\boldsymbol{\beta}$，于是 $\boldsymbol{\beta}$ 可由 $\boldsymbol{\alpha}_1,\boldsymbol{\alpha}_2,\cdots,\boldsymbol{\alpha}_n$(唯一)线性表示相当于线性方程组

$$(\boldsymbol{\alpha}_1,\boldsymbol{\alpha}_2,\cdots,\boldsymbol{\alpha}_n)\begin{pmatrix}x_1\\x_2\\\vdots\\x_n\end{pmatrix}=\boldsymbol{\beta} \tag{2.2.2}$$

有(唯一)解．若 $\boldsymbol{\beta}$ 可由 $\boldsymbol{\alpha}_1,\boldsymbol{\alpha}_2,\cdots,\boldsymbol{\alpha}_n$ 线性表示，则表达式中系数就是对应方程组(2.2.2)的解．

定理2.6 向量 $\boldsymbol{\beta}$ 可由向量组 $A:\boldsymbol{\alpha}_1,\boldsymbol{\alpha}_2,\cdots,\boldsymbol{\alpha}_n$ 线性表示的充分必要条件是矩阵的秩 $R(\boldsymbol{A})=R(\boldsymbol{A},\boldsymbol{\beta})$，其中 $\boldsymbol{A}=(\boldsymbol{\alpha}_1,\boldsymbol{\alpha}_2,\cdots,\boldsymbol{\alpha}_n)$.

例3 设向量组

$$\boldsymbol{\alpha}_1=(1,2,3)^{\mathrm{T}},\boldsymbol{\alpha}_2=(0,1,4)^{\mathrm{T}},\boldsymbol{\alpha}_3=(2,3,6)^{\mathrm{T}},\boldsymbol{\beta}=(-1,1,5)^{\mathrm{T}}.$$

判断 $\boldsymbol{\beta}$ 能否由 $\boldsymbol{\alpha}_1,\boldsymbol{\alpha}_2,\boldsymbol{\alpha}_3$ 线性表示，若能，写出表达式．

解 设 $\boldsymbol{A}=(\boldsymbol{\alpha}_1,\boldsymbol{\alpha}_2,\boldsymbol{\alpha}_3)$，先判断线性方程组 $\boldsymbol{Ax}=\boldsymbol{\beta}$ 是否有解．为此，对增广矩阵 $(\boldsymbol{A},\boldsymbol{\beta})$ 施行初等行变换，将其化为行阶梯形：

$$(\boldsymbol{A},\boldsymbol{\beta})=\left(\begin{array}{ccc:c}1&0&2&-1\\2&1&3&1\\3&4&6&5\end{array}\right)\xrightarrow[r_3-3r_1]{r_2-2r_1}\left(\begin{array}{ccc:c}1&0&2&-1\\0&1&-1&3\\0&4&0&8\end{array}\right)$$

$$\xrightarrow{r_3-4r_2}\left(\begin{array}{ccc:c}1&0&2&-1\\0&1&-1&3\\0&0&4&-4\end{array}\right).$$

可知 $R(\boldsymbol{A})=R(\boldsymbol{A},\boldsymbol{\beta})=3$，故 $\boldsymbol{Ax}=\boldsymbol{\beta}$ 有唯一解，从而 $\boldsymbol{\beta}$ 可由 $\boldsymbol{\alpha}_1,\boldsymbol{\alpha}_2,\boldsymbol{\alpha}_3$ 唯一线性表示．

再求方程组 $\boldsymbol{Ax}=\boldsymbol{\beta}$ 的解．为此，继续施行初等行变换，以将增广矩阵化为行最简形：

$$\left(\begin{array}{ccc:c}1&0&2&-1\\0&1&-1&3\\0&0&4&-4\end{array}\right)\xrightarrow{r_3\times\frac{1}{4}}\left(\begin{array}{ccc:c}1&0&2&-1\\0&1&-1&3\\0&0&1&-1\end{array}\right)\xrightarrow[r_1-2r_3]{r_2+r_3}\left(\begin{array}{ccc:c}1&0&0&1\\0&1&0&2\\0&0&1&-1\end{array}\right).$$

由此可得方程组 $\boldsymbol{Ax}=\boldsymbol{\beta}$ 的解为 $\boldsymbol{x}=(1,2,-1)^{\mathrm{T}}$，所以

$$\boldsymbol{\beta}=\boldsymbol{\alpha}_1+2\boldsymbol{\alpha}_2-\boldsymbol{\alpha}_3.$$

2.2.3 向量组的等价

定义2.3 设A:$\boldsymbol{\alpha}_1,\boldsymbol{\alpha}_2,\cdots,\boldsymbol{\alpha}_n$和$B$:$\boldsymbol{\beta}_1,\boldsymbol{\beta}_2,\cdots,\boldsymbol{\beta}_s$为两个向量组,若$A$中每一个向量$\boldsymbol{\alpha}_i(i=1,2,\cdots,n)$都可由$B$中向量$\boldsymbol{\beta}_1,\boldsymbol{\beta}_2,\cdots,\boldsymbol{\beta}_s$线性表示,则称向量组$A$可由向量组$B$**线性表示**.

若向量组A与向量组B可以互相线性表示,则称向量组A与B**等价**.

定理2.7 向量组B:$\boldsymbol{\beta}_1,\boldsymbol{\beta}_2,\cdots,\boldsymbol{\beta}_s$可由向量组$A$:$\boldsymbol{\alpha}_1,\boldsymbol{\alpha}_2,\cdots,\boldsymbol{\alpha}_n$线性表示的充分必要条件是矩阵方程$\boldsymbol{AX}=\boldsymbol{B}$有解,其中$\boldsymbol{A}=(\boldsymbol{\alpha}_1,\boldsymbol{\alpha}_2,\cdots,\boldsymbol{\alpha}_n)$,$\boldsymbol{B}=(\boldsymbol{\beta}_1,\boldsymbol{\beta}_2,\cdots,\boldsymbol{\beta}_s)$.

证明 向量组$\boldsymbol{\beta}_1,\boldsymbol{\beta}_2,\cdots,\boldsymbol{\beta}_s$可由向量组$\boldsymbol{\alpha}_1,\boldsymbol{\alpha}_2,\cdots,\boldsymbol{\alpha}_n$线性表示

$$\Leftrightarrow \forall \boldsymbol{\beta}_i,\text{线性方程组}(\boldsymbol{\alpha}_1,\boldsymbol{\alpha}_2,\cdots,\boldsymbol{\alpha}_n)\begin{pmatrix}x_{1i}\\x_{2i}\\\vdots\\x_{ni}\end{pmatrix}=\boldsymbol{\beta}_i\text{ 有解}(i=1,2,\cdots,s)$$

$$\Leftrightarrow\text{矩阵方程}(\boldsymbol{\alpha}_1,\boldsymbol{\alpha}_2,\cdots,\boldsymbol{\alpha}_n)\begin{pmatrix}x_{11}&x_{12}&\cdots&x_{1s}\\x_{21}&x_{22}&\cdots&x_{2s}\\\vdots&\vdots&&\vdots\\x_{n1}&x_{n2}&\cdots&x_{ns}\end{pmatrix}=(\boldsymbol{\beta}_1,\boldsymbol{\beta}_2,\cdots,\boldsymbol{\beta}_s)\text{有解}.$$

由定理2.7的证明可知,若$\boldsymbol{\beta}_i$可由$\boldsymbol{\alpha}_1,\boldsymbol{\alpha}_2,\cdots,\boldsymbol{\alpha}_n$线性表示,则其表达式中的系数就是矩阵方程$(\boldsymbol{\alpha}_1,\boldsymbol{\alpha}_2,\cdots,\boldsymbol{\alpha}_n)\boldsymbol{X}=(\boldsymbol{\beta}_1,\boldsymbol{\beta}_2,\cdots,\boldsymbol{\beta}_s)$的解矩阵$\boldsymbol{X}$的第$i$列的数,$i=1,2,\cdots,s$.

推论2.8 设A,B,C是3个向量组,若A可由B线性表示,B可由C线性表示,则A可由C线性表示.

证明 将以向量组A,B,C为列向量组的矩阵分别记为$\boldsymbol{A},\boldsymbol{B},\boldsymbol{C}$,则存在矩阵$\boldsymbol{K}_1,\boldsymbol{K}_2$使$\boldsymbol{A}=\boldsymbol{BK}_1$,$\boldsymbol{B}=\boldsymbol{CK}_2$,所以有$\boldsymbol{A}=\boldsymbol{C}(\boldsymbol{K}_2\boldsymbol{K}_1)$,即$A$可由$C$线性表示.

容易证明,向量组等价具有以下性质.

(1)自反性:向量组A与自身等价.

(2)对称性:若向量组A与向量组B等价,则B与A等价.

(3)传递性:若向量组A与向量组B等价,向量组B与向量组C等价,则A与C等价.

下面将线性方程组$\boldsymbol{Ax}=\boldsymbol{b}$有解的判定定理推广到矩阵方程$\boldsymbol{AX}=\boldsymbol{B}$,其证明将在2.4节中进行.

定理2.9 矩阵方程$\boldsymbol{AX}=\boldsymbol{B}$有解的充分必要条件是$R(\boldsymbol{A})=R(\boldsymbol{A},\boldsymbol{B})$.

由定理2.7和定理2.9可得以下推论.

推论2.10 向量组B:$\boldsymbol{\beta}_1,\boldsymbol{\beta}_2,\cdots,\boldsymbol{\beta}_s$可由向量组$A$:$\boldsymbol{\alpha}_1,\boldsymbol{\alpha}_2,\cdots,\boldsymbol{\alpha}_n$线性表示的充分必要条件是矩阵的秩$R(\boldsymbol{A})=R(\boldsymbol{A},\boldsymbol{B})$,其中$\boldsymbol{A}=(\boldsymbol{\alpha}_1,\boldsymbol{\alpha}_2,\cdots,\boldsymbol{\alpha}_n)$,$\boldsymbol{B}=(\boldsymbol{\beta}_1,\boldsymbol{\beta}_2\cdots,\boldsymbol{\beta}_s)$.

推论2.11 向量组A:$\boldsymbol{\alpha}_1,\boldsymbol{\alpha}_2,\cdots,\boldsymbol{\alpha}_n$与向量组$B$:$\boldsymbol{\beta}_1,\boldsymbol{\beta}_2,\cdots,\boldsymbol{\beta}_s$等价的充分必要条件是矩阵的秩$R(\boldsymbol{A})=R(\boldsymbol{A},\boldsymbol{B})=R(\boldsymbol{B})$,其中$\boldsymbol{A}=(\boldsymbol{\alpha}_1,\boldsymbol{\alpha}_2,\cdots,\boldsymbol{\alpha}_n)$,$\boldsymbol{B}=(\boldsymbol{\beta}_1,\boldsymbol{\beta}_2\cdots,\boldsymbol{\beta}_s)$.

例 4 设向量组

$$A:\boldsymbol{\alpha}_1=(1,1,3)^{\mathrm{T}},\boldsymbol{\alpha}_2=(1,3,1)^{\mathrm{T}},\boldsymbol{\alpha}_3=(1,4,0)^{\mathrm{T}};$$
$$B:\boldsymbol{\beta}_1=(1,2,2)^{\mathrm{T}},\boldsymbol{\beta}_2=(0,-1,1)^{\mathrm{T}}.$$

判断向量组 B 能否由向量组 A 线性表示,若能,请写出表达式.

解 设 $\boldsymbol{A}=(\boldsymbol{\alpha}_1,\boldsymbol{\alpha}_2,\boldsymbol{\alpha}_3)$,$\boldsymbol{B}=(\boldsymbol{\beta}_1,\boldsymbol{\beta}_2)$,先判断矩阵方程 $\boldsymbol{AX}=\boldsymbol{B}$ 是否有解. 为此,对增广矩阵$(\boldsymbol{A},\boldsymbol{B})$施行初等行变换,将其化为行阶梯形:

$$(\boldsymbol{A},\boldsymbol{B})=(\boldsymbol{\alpha}_1,\boldsymbol{\alpha}_2,\boldsymbol{\alpha}_3,\boldsymbol{\beta}_1,\boldsymbol{\beta}_2)=\left(\begin{array}{ccc:cc}1&1&1&1&0\\1&3&4&2&-1\\3&1&0&2&1\end{array}\right)$$

$$\xrightarrow[r_3-3r_1]{r_2-r_1}\left(\begin{array}{ccc:cc}1&1&1&1&0\\0&2&3&1&-1\\0&-2&-3&-1&1\end{array}\right)\xrightarrow{r_3+r_2}\left(\begin{array}{ccc:cc}1&1&1&1&0\\0&2&3&1&-1\\0&0&0&0&0\end{array}\right).$$

可知 $R(\boldsymbol{A})=R(\boldsymbol{A},\boldsymbol{B})=2$,故 $\boldsymbol{AX}=\boldsymbol{B}$ 有解,从而向量组 B 可由向量组 A 线性表示.

再求矩阵方程 $\boldsymbol{AX}=\boldsymbol{B}$ 的解. 为此,继续施行初等行变换,以将增广矩阵化为行最简形:

$$\left(\begin{array}{ccc:cc}1&1&1&1&0\\0&2&3&1&-1\\0&0&0&0&0\end{array}\right)\xrightarrow[r_1-r_2]{r_2\times\frac{1}{2}}\left(\begin{array}{ccc:cc}1&0&-\frac{1}{2}&\frac{1}{2}&\frac{1}{2}\\0&1&\frac{3}{2}&\frac{1}{2}&-\frac{1}{2}\\0&0&0&0&0\end{array}\right).$$

由此得方程组 $\boldsymbol{Ax}=\boldsymbol{\beta}_i\,(i=1,2)$ 的解分别为

$$\boldsymbol{x}_1=\begin{pmatrix}\frac{1}{2}+\frac{1}{2}k_1\\\frac{1}{2}-\frac{3}{2}k_1\\k_1\end{pmatrix},\boldsymbol{x}_2=\begin{pmatrix}\frac{1}{2}+\frac{1}{2}k_2\\-\frac{1}{2}-\frac{3}{2}k_2\\k_2\end{pmatrix},k_1,k_2\text{ 为任意常数},$$

即 $\boldsymbol{AX}=\boldsymbol{B}$ 的解为 $\boldsymbol{X}=(\boldsymbol{x}_1,\boldsymbol{x}_2)$. 从而

$$\boldsymbol{\beta}_1=(\boldsymbol{\alpha}_1,\boldsymbol{\alpha}_2,\boldsymbol{\alpha}_3)\boldsymbol{x}_1=\left(\frac{1}{2}+\frac{1}{2}k_1\right)\boldsymbol{\alpha}_1+\left(\frac{1}{2}-\frac{3}{2}k_1\right)\boldsymbol{\alpha}_2+k_1\boldsymbol{\alpha}_3,$$

$$\boldsymbol{\beta}_2=(\boldsymbol{\alpha}_1,\boldsymbol{\alpha}_2,\boldsymbol{\alpha}_3)\boldsymbol{x}_2=\left(\frac{1}{2}+\frac{1}{2}k_2\right)\boldsymbol{\alpha}_1-\left(\frac{1}{2}+\frac{3}{2}k_2\right)\boldsymbol{\alpha}_2+k_2\boldsymbol{\alpha}_3,$$

其中 k_1,k_2 为任意常数.

例 5 设向量组

$$A:\boldsymbol{\alpha}_1=(1,-1,1)^{\mathrm{T}},\boldsymbol{\alpha}_2=(3,1,1)^{\mathrm{T}};$$
$$B:\boldsymbol{\beta}_1=(4,0,2)^{\mathrm{T}},\boldsymbol{\beta}_2=(2,2,0)^{\mathrm{T}},\boldsymbol{\beta}_3=(6,-2,a)^{\mathrm{T}}.$$

问 a 为何值时,向量组 A,B 等价?

解 设$\boldsymbol{A}=(\boldsymbol{\alpha}_1,\boldsymbol{\alpha}_2)$，$\boldsymbol{B}=(\boldsymbol{\beta}_1,\boldsymbol{\beta}_2,\boldsymbol{\beta}_3)$，向量组$A,B$等价当且仅当$R(\boldsymbol{A})=R(\boldsymbol{A},\boldsymbol{B})=R(\boldsymbol{B})$. 为此，对矩阵$(\boldsymbol{A},\boldsymbol{B})$施行初等行变换，将其化为行阶梯形：

$$(\boldsymbol{A},\boldsymbol{B})=\left(\begin{array}{cc:ccc}1&3&4&2&6\\-1&1&0&2&-2\\1&1&2&0&a\end{array}\right)\xrightarrow[r_3-r_1]{r_2+r_1}\left(\begin{array}{cc:ccc}1&3&4&2&6\\0&4&4&4&4\\0&-2&-2&-2&a-6\end{array}\right)$$

$$\xrightarrow{r_3+\frac{1}{2}r_2}\left(\begin{array}{cc:ccc}1&3&4&2&6\\0&4&4&4&4\\0&0&0&0&a-4\end{array}\right).$$

易知，当$a=4$时，$R(\boldsymbol{A})=R(\boldsymbol{A},\boldsymbol{B})=R(\boldsymbol{B})=2$，此时向量组$A,B$等价.

习题 2.2

一、基础题

1. 设向量组$\boldsymbol{\alpha}_1=(3,2,0)^{\mathrm{T}}$，$\boldsymbol{\alpha}_2=(1,2,2)^{\mathrm{T}}$，$\boldsymbol{\alpha}_3=(-3,1,-2)^{\mathrm{T}}$，$\boldsymbol{\beta}=(-4,2,-6)^{\mathrm{T}}$，问$\boldsymbol{\beta}$能否由$\boldsymbol{\alpha}_1,\boldsymbol{\alpha}_2,\boldsymbol{\alpha}_3$线性表示？若能，写出线性表达式.

2. 设向量组$\boldsymbol{\alpha}_1=(1,4,0,2)^{\mathrm{T}}$，$\boldsymbol{\alpha}_2=(2,7,1,3)^{\mathrm{T}}$，$\boldsymbol{\alpha}_3=(0,1,-1,a)^{\mathrm{T}}$，$\boldsymbol{\beta}=(3,10,b,4)^{\mathrm{T}}$. 问：

(1)a,b取何值时，$\boldsymbol{\beta}$不能由$\boldsymbol{\alpha}_1,\boldsymbol{\alpha}_2,\boldsymbol{\alpha}_3$线性表示？

(2)a,b取何值时，$\boldsymbol{\beta}$可由$\boldsymbol{\alpha}_1,\boldsymbol{\alpha}_2,\boldsymbol{\alpha}_3$唯一线性表示？并求表达式.

(3)a,b取何值时，$\boldsymbol{\beta}$可由$\boldsymbol{\alpha}_1,\boldsymbol{\alpha}_2,\boldsymbol{\alpha}_3$线性表示但表达式不唯一？并求表达式.

3. 已知向量组

$$A:\boldsymbol{\alpha}_1=\begin{pmatrix}1\\1\\4\\2\end{pmatrix},\boldsymbol{\alpha}_2=\begin{pmatrix}0\\2\\6\\-2\end{pmatrix},\boldsymbol{\alpha}_3=\begin{pmatrix}1\\-1\\-2\\4\end{pmatrix};\quad B:\boldsymbol{\beta}_1=\begin{pmatrix}-1\\0\\-4\\-7\end{pmatrix},\boldsymbol{\beta}_2=\begin{pmatrix}-3\\-1\\3\\4\end{pmatrix},\boldsymbol{\beta}_3=\begin{pmatrix}-2\\1\\7\\1\end{pmatrix}.$$

证明：向量组B不能由向量组A线性表示，但是向量组A能由向量组B线性表示.

4. 证明：向量组$\boldsymbol{\alpha}_1,\boldsymbol{\alpha}_2,\boldsymbol{\alpha}_3$与向量组$\boldsymbol{\beta}_1=\boldsymbol{\alpha}_1-\boldsymbol{\alpha}_2+\boldsymbol{\alpha}_3$，$\boldsymbol{\beta}_2=\boldsymbol{\alpha}_1+\boldsymbol{\alpha}_2-\boldsymbol{\alpha}_3$，$\boldsymbol{\beta}_3=\boldsymbol{\alpha}_1+\boldsymbol{\alpha}_2+\boldsymbol{\alpha}_3$等价.

5. 设有向量组$A:\boldsymbol{\alpha}_1=(0,1,1)^{\mathrm{T}}$，$\boldsymbol{\alpha}_2=(1,1,0)^{\mathrm{T}}$和向量组$B:\boldsymbol{\beta}_1=(-1,0,1)^{\mathrm{T}}$，$\boldsymbol{\beta}_2=(1,2,1)^{\mathrm{T}}$，$\boldsymbol{\beta}_3=(3,2,-1)^{\mathrm{T}}$，证明向量组$A,B$等价.

二、提高题

6. (2022·数学一、二、三)设$\boldsymbol{\alpha}_1=\begin{pmatrix}\lambda\\1\\1\end{pmatrix}$，$\boldsymbol{\alpha}_2=\begin{pmatrix}1\\\lambda\\1\end{pmatrix}$，$\boldsymbol{\alpha}_3=\begin{pmatrix}1\\1\\\lambda\end{pmatrix}$，$\boldsymbol{\alpha}_4=\begin{pmatrix}1\\\lambda\\\lambda^2\end{pmatrix}$，若向量组$\boldsymbol{\alpha}_1,\boldsymbol{\alpha}_2,\boldsymbol{\alpha}_3$与$\boldsymbol{\alpha}_1,\boldsymbol{\alpha}_2,\boldsymbol{\alpha}_4$等价，则$\lambda$的取值范围是(　　).

A. $\{0,1\}$

B. $\{\lambda\mid\lambda\in\mathbf{R},\lambda\neq-2\}$

C. $\{\lambda\mid\lambda\in\mathbf{R},\lambda\neq-1,\lambda\neq-2\}$

D. $\{\lambda\mid\lambda\in\mathbf{R},\lambda\neq-1\}$

7. 设向量组

$$A:\boldsymbol{\alpha}_1=(1,1,1)^{\mathrm T},\boldsymbol{\alpha}_2=(1,0,2)^{\mathrm T},\boldsymbol{\alpha}_3=(0,-1,1)^{\mathrm T};$$

$$B:\boldsymbol{\beta}_1=(0,1,-1)^{\mathrm T},\boldsymbol{\beta}_2=(2,1,3)^{\mathrm T}.$$

判断向量组 B 能否由向量组 A 线性表示,若能,请写出表达式.

8. (2018 · 数学一、二、三)已知 a 是常数,且矩阵 $\boldsymbol{A}=\begin{pmatrix}1&2&a\\1&3&0\\2&7&-a\end{pmatrix}$ 可经初等列变换化为矩阵 $\boldsymbol{B}=\begin{pmatrix}1&a&2\\0&1&1\\-1&1&1\end{pmatrix}$.

(1)求 a;

(2)求满足 $\boldsymbol{AP}=\boldsymbol{B}$ 的可逆矩阵 $\boldsymbol{P}$.

9. 证明:若矩阵 $\boldsymbol{A},\boldsymbol{B}$ 列等价,则 $\boldsymbol{A},\boldsymbol{B}$ 的列向量组等价.

10. 设 $\boldsymbol{A}$ 是 $m\times n$ 矩阵,$\boldsymbol{E}_m,\boldsymbol{E}_n$ 为单位矩阵,证明:

(1)矩阵方程 $\boldsymbol{AX}=\boldsymbol{E}_m$ 有解的充分必要条件是 $R(\boldsymbol{A})=m$;

(2)矩阵方程 $\boldsymbol{XA}=\boldsymbol{E}_n$ 有解的充分必要条件是 $R(\boldsymbol{A})=n$.

2.3 向量组的线性相关性

向量组的线性相关性是向量线性运算的重要性质,也是研究线性方程组理论的重要基础.

2.3.1 线性相关性的定义

定义 2.4 对于向量组 $A:\boldsymbol{\alpha}_1,\boldsymbol{\alpha}_2,\cdots,\boldsymbol{\alpha}_n$,若存在不全为零的数 $k_1,k_2,\cdots,k_n$,使

$$k_1\boldsymbol{\alpha}_1+k_2\boldsymbol{\alpha}_2+\cdots+k_n\boldsymbol{\alpha}_n=\mathbf{0} \tag{2.3.1}$$

成立,则称向量组 A **线性相关**;若仅当 $k_1=k_2=\cdots=k_n=0$ 时,式(2.3.1)才成立,则称向量组 A **线性无关**.

注 该定义给出了一个判定向量组 A 线性无关的方法:如果由式(2.3.1)能够推出 $k_1=k_2=\cdots=k_n=0$,则向量组 A 线性无关.

例如,向量组 $\boldsymbol{\alpha}_1=(1,2,0)^{\mathrm T},\boldsymbol{\alpha}_2=(2,3,-1)^{\mathrm T},\boldsymbol{\alpha}_3=(0,-1,-1)^{\mathrm T}$ 线性相关.

事实上,容易看出 $\boldsymbol{\alpha}_3=\boldsymbol{\alpha}_2-2\boldsymbol{\alpha}_1$,从而有 $2\boldsymbol{\alpha}_1-\boldsymbol{\alpha}_2+\boldsymbol{\alpha}_3=\mathbf{0}$.

n 维单位向量

$$\boldsymbol{\varepsilon}_1=(1,0,\cdots,0)^{\mathrm T},\boldsymbol{\varepsilon}_2=(0,1,\cdots,0)^{\mathrm T},\cdots,\boldsymbol{\varepsilon}_n=(0,\cdots,0,1)^{\mathrm T}$$

线性无关. 事实上,设 $k_1\boldsymbol{\varepsilon}_1+k_2\boldsymbol{\varepsilon}_2+\cdots+k_n\boldsymbol{\varepsilon}_n=\mathbf{0}$,可得 $(k_1,k_2,\cdots,k_n)^{\mathrm T}=\mathbf{0}$,所以 $k_1=k_2=\cdots=k_n=0$.

由定义 2.4 可得以下结论：

(1) 向量 $\boldsymbol{\alpha}$ 线性相关的充分必要条件是 $\boldsymbol{\alpha}=\mathbf{0}$；

(2) 向量组 $\boldsymbol{\alpha}_1,\boldsymbol{\alpha}_2$ 线性相关的充分必要条件是 $\boldsymbol{\alpha}_1,\boldsymbol{\alpha}_2$ 的对应分量成比例；

(3) 如果向量组 $\boldsymbol{\alpha}_1,\boldsymbol{\alpha}_2,\cdots,\boldsymbol{\alpha}_n$ 中有一部分向量线性相关，则 $\boldsymbol{\alpha}_1,\boldsymbol{\alpha}_2,\cdots,\boldsymbol{\alpha}_n$ 线性相关；

(4) 如果向量组 $\boldsymbol{\alpha}_1,\boldsymbol{\alpha}_2,\cdots,\boldsymbol{\alpha}_n$ 线性无关，则它的任何一部分向量必线性无关.

证明 (3) 不妨设向量组 $\boldsymbol{\alpha}_1,\boldsymbol{\alpha}_2,\cdots,\boldsymbol{\alpha}_n$ 的部分组 $\boldsymbol{\alpha}_1,\boldsymbol{\alpha}_2,\cdots,\boldsymbol{\alpha}_s\ (s<n)$ 线性相关，则存在不全为零的数 $k_1,k_2,\cdots,k_s$，使 $k_1\boldsymbol{\alpha}_1+k_2\boldsymbol{\alpha}_2+\cdots+k_s\boldsymbol{\alpha}_s=\mathbf{0}$，所以

$$k_1\boldsymbol{\alpha}_1+k_2\boldsymbol{\alpha}_2+\cdots+k_s\boldsymbol{\alpha}_s+0\boldsymbol{\alpha}_{s+1}+\cdots+0\boldsymbol{\alpha}_n=\mathbf{0},$$

从而 $\boldsymbol{\alpha}_1,\boldsymbol{\alpha}_2,\cdots,\boldsymbol{\alpha}_n$ 线性相关.

2.3.2 线性相关性的判定与性质

定理 2.12 向量组 $\boldsymbol{\alpha}_1,\boldsymbol{\alpha}_2,\cdots,\boldsymbol{\alpha}_n\ (n\geqslant 2)$ 线性相关的充分必要条件是，其中必存在向量 $\boldsymbol{\alpha}_i$ 可由其余向量 $\boldsymbol{\alpha}_1,\cdots,\boldsymbol{\alpha}_{i-1},\boldsymbol{\alpha}_{i+1},\cdots,\boldsymbol{\alpha}_n$ 线性表示.

证明 充分性. 设 $\boldsymbol{\alpha}_1,\boldsymbol{\alpha}_2,\cdots,\boldsymbol{\alpha}_n$ 中存在向量 $\boldsymbol{\alpha}_i$ 可由其余向量线性表示，且设

$$\boldsymbol{\alpha}_i=l_1\boldsymbol{\alpha}_1+\cdots+l_{i-1}\boldsymbol{\alpha}_{i-1}+l_{i+1}\boldsymbol{\alpha}_{i+1}+\cdots+l_n\boldsymbol{\alpha}_n,$$

移项得

$$l_1\boldsymbol{\alpha}_1+\cdots+l_{i-1}\boldsymbol{\alpha}_{i-1}-\boldsymbol{\alpha}_i+l_{i+1}\boldsymbol{\alpha}_{i+1}+\cdots+l_n\boldsymbol{\alpha}_n=\mathbf{0}.$$

因为系数不全为 0，所以 $\boldsymbol{\alpha}_1,\boldsymbol{\alpha}_2,\cdots,\boldsymbol{\alpha}_n$ 线性相关.

必要性. 由于向量组 $\boldsymbol{\alpha}_1,\boldsymbol{\alpha}_2,\cdots,\boldsymbol{\alpha}_n$ 线性相关，故存在不全为零的数 $k_1,k_2,\cdots,k_n$，使

$$k_1\boldsymbol{\alpha}_1+k_2\boldsymbol{\alpha}_2+\cdots+k_n\boldsymbol{\alpha}_n=\mathbf{0}.$$

设 $k_i\neq 0$，可得

$$\boldsymbol{\alpha}_i=-\frac{k_1}{k_i}\boldsymbol{\alpha}_1-\cdots-\frac{k_{i-1}}{k_i}\boldsymbol{\alpha}_{i-1}-\frac{k_{i+1}}{k_i}\boldsymbol{\alpha}_{i+1}-\cdots-\frac{k_n}{k_i}\boldsymbol{\alpha}_n.$$

推论 2.13 向量组 $\boldsymbol{\alpha}_1,\boldsymbol{\alpha}_2,\cdots,\boldsymbol{\alpha}_n\ (n\geqslant 2)$ 线性无关的充分必要条件是，其中任意向量都不能由其余向量线性表示.

由定理 2.12 可知，在空间中，两个向量线性相关(无关)的几何意义是它们共线(不共线)，3 个向量线性相关(无关)的几何意义是它们共面(不共面).

式(2.3.1)可表示为 $(\boldsymbol{\alpha}_1,\boldsymbol{\alpha}_2,\cdots,\boldsymbol{\alpha}_n)\begin{pmatrix}k_1\\k_2\\\vdots\\k_n\end{pmatrix}=\mathbf{0}$ 形式，由此得向量组 $\boldsymbol{\alpha}_1,\boldsymbol{\alpha}_2,\cdots,\boldsymbol{\alpha}_n$ 线性相关(无关)相当于齐次线性方程组

$$(\boldsymbol{\alpha}_1,\boldsymbol{\alpha}_2,\cdots,\boldsymbol{\alpha}_n)\begin{pmatrix}x_1\\x_2\\\vdots\\x_n\end{pmatrix}=\mathbf{0}$$

有非零解(只有零解). 于是有以下定理.

定理 2.14 (1)向量组 $A:\boldsymbol{\alpha}_1,\boldsymbol{\alpha}_2,\cdots,\boldsymbol{\alpha}_n$ 线性相关的充分必要条件是 $R(\boldsymbol{A})<n$,其中 $\boldsymbol{A}=(\boldsymbol{\alpha}_1,\boldsymbol{\alpha}_2,\cdots,\boldsymbol{\alpha}_n)$.

(2)向量组 $A:\boldsymbol{\alpha}_1,\boldsymbol{\alpha}_2,\cdots,\boldsymbol{\alpha}_n$ 线性无关的充分必要条件是 $R(\boldsymbol{A})=n$,其中 $\boldsymbol{A}=(\boldsymbol{\alpha}_1,\boldsymbol{\alpha}_2,\cdots,\boldsymbol{\alpha}_n)$.

特别地,当向量个数与向量维数相同时,有以下推论.

推论 2.15 (1)n 个 n 维向量 $\boldsymbol{\alpha}_1,\boldsymbol{\alpha}_2,\cdots,\boldsymbol{\alpha}_n$ 线性相关的充分必要条件是行列式

$$|\boldsymbol{\alpha}_1,\boldsymbol{\alpha}_2,\cdots,\boldsymbol{\alpha}_n|=0.$$

(2)n 个 n 维向量 $\boldsymbol{\alpha}_1,\boldsymbol{\alpha}_2,\cdots,\boldsymbol{\alpha}_n$ 线性无关的充分必要条件是行列式

$$|\boldsymbol{\alpha}_1,\boldsymbol{\alpha}_2,\cdots,\boldsymbol{\alpha}_n|\neq 0.$$

注 $|\boldsymbol{A}|=0$ 的充分必要条件是 $\boldsymbol{A}$ 的行(列)向量组线性相关.

例 1 判断向量组

$$\boldsymbol{\alpha}_1=(1,2,1)^{\mathrm{T}},\boldsymbol{\alpha}_2=(2,1,-1)^{\mathrm{T}},\boldsymbol{\alpha}_3=(4,5,1)^{\mathrm{T}}$$

的线性相关性.

解法 1 由

$$(\boldsymbol{\alpha}_1,\boldsymbol{\alpha}_2,\boldsymbol{\alpha}_3)=\begin{pmatrix}1&2&4\\2&1&5\\1&-1&1\end{pmatrix}\xrightarrow[r_3-r_1]{r_2-2r_1}\begin{pmatrix}1&2&4\\0&-3&-3\\0&-3&-3\end{pmatrix}\xrightarrow{r_3-r_2}\begin{pmatrix}1&2&4\\0&-3&-3\\0&0&0\end{pmatrix},$$

得 $R(\boldsymbol{\alpha}_1,\boldsymbol{\alpha}_2,\boldsymbol{\alpha}_3)=2<3$,所以 $\boldsymbol{\alpha}_1,\boldsymbol{\alpha}_2,\boldsymbol{\alpha}_3$ 线性相关.

解法 2 因为

$$|\boldsymbol{\alpha}_1,\boldsymbol{\alpha}_2,\boldsymbol{\alpha}_3|=\begin{vmatrix}1&2&4\\2&1&5\\1&-1&1\end{vmatrix}\xlongequal[r_3-r_1]{r_2-2r_1}\begin{vmatrix}1&2&4\\0&-3&-3\\0&-3&-3\end{vmatrix}=0,$$

所以 $\boldsymbol{\alpha}_1,\boldsymbol{\alpha}_2,\boldsymbol{\alpha}_3$ 线性相关.

注 解法 1 适用于判断一般向量组的线性相关性,而解法 2 仅适用于向量个数与向量维数相同的情形.

例 2 设向量组 $\boldsymbol{\alpha}_1,\boldsymbol{\alpha}_2,\boldsymbol{\alpha}_3$ 线性无关,证明:向量组

$$\boldsymbol{\beta}_1=\boldsymbol{\alpha}_2+\boldsymbol{\alpha}_3,\boldsymbol{\beta}_2=\boldsymbol{\alpha}_1+\boldsymbol{\alpha}_3,\boldsymbol{\beta}_3=\boldsymbol{\alpha}_1+\boldsymbol{\alpha}_2$$

线性无关.

证明 设 $k_1\boldsymbol{\beta}_1+k_2\boldsymbol{\beta}_2+k_3\boldsymbol{\beta}_3=\boldsymbol{0}$,即

$$k_1(\boldsymbol{\alpha}_2+\boldsymbol{\alpha}_3)+k_2(\boldsymbol{\alpha}_1+\boldsymbol{\alpha}_3)+k_3(\boldsymbol{\alpha}_1+\boldsymbol{\alpha}_2)=\boldsymbol{0},$$

则

$$(k_2+k_3)\boldsymbol{\alpha}_1+(k_1+k_3)\boldsymbol{\alpha}_2+(k_1+k_2)\boldsymbol{\alpha}_3=\boldsymbol{0}.$$

因为 $\boldsymbol{\alpha}_1,\boldsymbol{\alpha}_2,\boldsymbol{\alpha}_3$ 线性无关,所以

$$\begin{cases}k_2+k_3=0,\\k_1+k_3=0,\\k_1+k_2=0,\end{cases}$$

解得 $k_1=k_2=k_3=0$,所以 $\boldsymbol{\beta}_1,\boldsymbol{\beta}_2,\boldsymbol{\beta}_3$ 线性无关.

下面给出向量组线性相关的一个充分条件.

定理 2.16 若向量组 $B:\boldsymbol{\beta}_1,\boldsymbol{\beta}_2,\cdots,\boldsymbol{\beta}_s$ 可由向量组 $A:\boldsymbol{\alpha}_1,\boldsymbol{\alpha}_2,\cdots,\boldsymbol{\alpha}_n$ 线性表示,且 $s>n$,则向量组 B 线性相关.

证明 由于向量组 B 可由向量组 A 线性表示,所以存在矩阵 $\boldsymbol{K}_{n\times s}$ 使

$$(\boldsymbol{\beta}_1,\boldsymbol{\beta}_2,\cdots,\boldsymbol{\beta}_s)=(\boldsymbol{\alpha}_1,\boldsymbol{\alpha}_2,\cdots,\boldsymbol{\alpha}_n)\boldsymbol{K}_{n\times s} \tag{2.3.2}$$

成立. 由于 $s>n$,故齐次线性方程组 $\boldsymbol{K}_{n\times s}\boldsymbol{x}=\boldsymbol{0}$ 有非零解 $\boldsymbol{x}=(k_1,k_2,\cdots,k_s)^{\mathrm{T}}\neq\boldsymbol{0}$. 将式(2.3.2)两边右乘以 $(k_1,k_2,\cdots,k_s)^{\mathrm{T}}$,得

$$k_1\boldsymbol{\beta}_1+k_2\boldsymbol{\beta}_2+\cdots+k_s\boldsymbol{\beta}_s=(\boldsymbol{\alpha}_1,\boldsymbol{\alpha}_2,\cdots,\boldsymbol{\alpha}_n)\boldsymbol{K}_{n\times s}\begin{pmatrix}k_1\\k_2\\\vdots\\k_s\end{pmatrix}=\boldsymbol{0},$$

所以向量组 B 线性相关.

推论 2.17 任意 $n+1$ 个 n 维向量必线性相关.

事实上,任意 $n+1$ 个 n 维向量都可由 n 个单位向量

$$\boldsymbol{\varepsilon}_1=(1,0,\cdots,0)^{\mathrm{T}},\boldsymbol{\varepsilon}_2=(0,1,\cdots,0)^{\mathrm{T}},\cdots,\boldsymbol{\varepsilon}_n=(0,\cdots,0,1)^{\mathrm{T}}$$

线性表示.

特别地,任意 3 个二维向量线性相关;任意 4 个三维向量线性相关.

推论 2.18 若向量组 $\boldsymbol{\beta}_1,\boldsymbol{\beta}_2,\cdots,\boldsymbol{\beta}_s$ 线性无关,且可由向量组 $\boldsymbol{\alpha}_1,\boldsymbol{\alpha}_2,\cdots,\boldsymbol{\alpha}_n$ 线性表示,则 $s\leqslant n$.

证明 (反证法)若 $s>n$,则由定理 2.16 得 $\boldsymbol{\beta}_1,\boldsymbol{\beta}_2,\cdots,\boldsymbol{\beta}_s$ 线性相关,矛盾.

推论 2.19 若向量组 $\boldsymbol{\alpha}_1,\boldsymbol{\alpha}_2,\cdots,\boldsymbol{\alpha}_n$ 与向量组 $\boldsymbol{\beta}_1,\boldsymbol{\beta}_2,\cdots,\boldsymbol{\beta}_s$ 等价且都线性无关,则 $n=s$.

下面再给出向量组线性无关的一个充分条件.

定义 2.5 将 k 维向量组

$$A:\boldsymbol{\alpha}_1=\begin{pmatrix}a_{11}\\a_{21}\\\vdots\\a_{k1}\end{pmatrix},\boldsymbol{\alpha}_2=\begin{pmatrix}a_{12}\\a_{22}\\\vdots\\a_{k2}\end{pmatrix},\cdots,\boldsymbol{\alpha}_n=\begin{pmatrix}a_{1n}\\a_{2n}\\\vdots\\a_{kn}\end{pmatrix}$$

的每个向量都添加 l 个分量后得到 $k+l$ 维向量组

$$B:\boldsymbol{\beta}_1=\begin{pmatrix}a_{11}\\\vdots\\a_{k1}\\b_{11}\\\vdots\\b_{l1}\end{pmatrix},\boldsymbol{\beta}_2=\begin{pmatrix}a_{12}\\\vdots\\a_{k2}\\b_{12}\\\vdots\\b_{l2}\end{pmatrix},\cdots,\boldsymbol{\beta}_n=\begin{pmatrix}a_{1n}\\\vdots\\a_{kn}\\b_{1n}\\\vdots\\b_{ln}\end{pmatrix},$$

称向量组 B 为向量组 A 的**延长向量组**(简称**延长组**).

定理 2.20 若向量组线性无关,则其延长组也线性无关.

证明 向量组 A 及其延长组 B 如定义 2.5 所设. 令 $x_1\boldsymbol{\beta}_1+x_2\boldsymbol{\beta}_2+\cdots+x_n\boldsymbol{\beta}_n=\mathbf{0}$,将其写成方程组的形式为

$$\begin{pmatrix} a_{11} & a_{12} & \cdots & a_{1n} \\ \vdots & \vdots & & \vdots \\ a_{k1} & a_{k2} & \cdots & a_{kn} \\ b_{11} & b_{12} & \cdots & b_{1n} \\ \vdots & \vdots & & \vdots \\ b_{l1} & b_{l2} & \cdots & b_{ln} \end{pmatrix}\begin{pmatrix} x_1 \\ x_2 \\ \vdots \\ x_n \end{pmatrix}=\mathbf{0}. \tag{2.3.3}$$

方程组(2.3.3)的前 k 个方程构成的方程组为

$$\begin{pmatrix} a_{11} & a_{12} & \cdots & a_{1n} \\ a_{21} & a_{22} & \cdots & a_{2n} \\ \vdots & \vdots & & \vdots \\ a_{k1} & a_{k2} & \cdots & a_{kn} \end{pmatrix}\begin{pmatrix} x_1 \\ x_2 \\ \vdots \\ x_n \end{pmatrix}=\mathbf{0}. \tag{2.3.4}$$

显然,方程组(2.3.3)的解集是方程组(2.3.4)的解集的非空子集.

因为向量组 A 线性无关,所以方程组(2.3.4)只有零解. 从而方程组(2.3.3)只有零解,所以向量组 B 线性无关.

下面给出线性相关、线性无关的一个性质.

定理 2.21 如果向量组 $\boldsymbol{\alpha}_1,\boldsymbol{\alpha}_2,\cdots,\boldsymbol{\alpha}_n$ 线性无关,而向量组 $\boldsymbol{\alpha}_1,\boldsymbol{\alpha}_2,\cdots,\boldsymbol{\alpha}_n,\boldsymbol{\beta}$ 线性相关,则 $\boldsymbol{\beta}$ 可由 $\boldsymbol{\alpha}_1,\boldsymbol{\alpha}_2,\cdots,\boldsymbol{\alpha}_n$ 唯一线性表示.

证明 因 $\boldsymbol{\alpha}_1,\boldsymbol{\alpha}_2,\cdots,\boldsymbol{\alpha}_n,\boldsymbol{\beta}$ 线性相关,故存在不全为 0 的数 $k_1,k_2,\cdots,k_n,l$,使

$$k_1\boldsymbol{\alpha}_1+k_2\boldsymbol{\alpha}_2+\cdots+k_n\boldsymbol{\alpha}_n+l\boldsymbol{\beta}=\mathbf{0}. \tag{2.3.5}$$

假如 $l=0$,则式(2.3.5)变为 $k_1\boldsymbol{\alpha}_1+k_2\boldsymbol{\alpha}_2+\cdots+k_n\boldsymbol{\alpha}_n=\mathbf{0}$.

由于 $\boldsymbol{\alpha}_1,\boldsymbol{\alpha}_2,\cdots,\boldsymbol{\alpha}_n$ 线性无关,所以 $k_1,k_2,\cdots,k_n$ 均为 0,这与 $k_1,k_2,\cdots,k_n,l$ 不全为 0 矛盾,所以 $l\neq0$. 从而由式(2.3.5)得

$$\boldsymbol{\beta}=-\frac{k_1}{l}\boldsymbol{\alpha}_1-\frac{k_2}{l}\boldsymbol{\alpha}_2-\cdots-\frac{k_n}{l}\boldsymbol{\alpha}_n,$$

即 $\boldsymbol{\beta}$ 可由 $\boldsymbol{\alpha}_1,\boldsymbol{\alpha}_2,\cdots,\boldsymbol{\alpha}_n$ 线性表示.

唯一性. 设

$$\boldsymbol{\beta}=k_1\boldsymbol{\alpha}_1+k_2\boldsymbol{\alpha}_2+\cdots+k_n\boldsymbol{\alpha}_n=l_1\boldsymbol{\alpha}_1+l_2\boldsymbol{\alpha}_2+\cdots+l_n\boldsymbol{\alpha}_n,$$

则

$$(k_1-l_1)\boldsymbol{\alpha}_1+(k_2-l_2)\boldsymbol{\alpha}_2+\cdots+(k_n-l_n)\boldsymbol{\alpha}_n=\mathbf{0}.$$

由 $\boldsymbol{\alpha}_1,\boldsymbol{\alpha}_2,\cdots,\boldsymbol{\alpha}_n$ 线性无关得 $k_i-l_i=0(i=1,2,\cdots,n)$，故线性表示唯一．

例3 设向量组 $\boldsymbol{\alpha}_1,\boldsymbol{\alpha}_2,\boldsymbol{\alpha}_3$ 线性相关，向量组 $\boldsymbol{\alpha}_2,\boldsymbol{\alpha}_3,\boldsymbol{\alpha}_4$ 线性无关．证明：

(1) $\boldsymbol{\alpha}_1$ 可由 $\boldsymbol{\alpha}_2,\boldsymbol{\alpha}_3$ 线性表示；

(2) $\boldsymbol{\alpha}_4$ 不可由 $\boldsymbol{\alpha}_1,\boldsymbol{\alpha}_2,\boldsymbol{\alpha}_3$ 线性表示．

证明 (1)因为 $\boldsymbol{\alpha}_2,\boldsymbol{\alpha}_3,\boldsymbol{\alpha}_4$ 线性无关，所以 $\boldsymbol{\alpha}_2,\boldsymbol{\alpha}_3$ 线性无关．又因为 $\boldsymbol{\alpha}_1,\boldsymbol{\alpha}_2,\boldsymbol{\alpha}_3$ 线性相关，所以 $\boldsymbol{\alpha}_1$ 可由 $\boldsymbol{\alpha}_2,\boldsymbol{\alpha}_3$ 线性表示．

(2)（反证法）假设 $\boldsymbol{\alpha}_4$ 可由 $\boldsymbol{\alpha}_1,\boldsymbol{\alpha}_2,\boldsymbol{\alpha}_3$ 线性表示，由(1)知 $\boldsymbol{\alpha}_1$ 可由 $\boldsymbol{\alpha}_2,\boldsymbol{\alpha}_3$ 线性表示，所以 $\boldsymbol{\alpha}_4$ 可由 $\boldsymbol{\alpha}_2,\boldsymbol{\alpha}_3$ 线性表示．从而 $\boldsymbol{\alpha}_2,\boldsymbol{\alpha}_3,\boldsymbol{\alpha}_4$ 线性相关，这与题设矛盾．所以 $\boldsymbol{\alpha}_4$ 不可由 $\boldsymbol{\alpha}_1,\boldsymbol{\alpha}_2,\boldsymbol{\alpha}_3$ 线性表示．

习题 2.3

一、基础题

1. 判断下列向量组的线性相关性：

(1) $\boldsymbol{\alpha}_1=(1,2,2)^{\mathrm{T}},\boldsymbol{\alpha}_2=(2,1,1)^{\mathrm{T}},\boldsymbol{\alpha}_3=(4,5,5)^{\mathrm{T}}$；

(2) $\boldsymbol{\alpha}_1=(2,1,3,1)^{\mathrm{T}},\boldsymbol{\alpha}_2=(-3,1,1,0)^{\mathrm{T}},\boldsymbol{\alpha}_3=(1,1,-2,1)^{\mathrm{T}}$.

2. a 为何值时，向量组 $\boldsymbol{\alpha}_1=(a,1,1)^{\mathrm{T}},\boldsymbol{\alpha}_2=(1,a,-1)^{\mathrm{T}},\boldsymbol{\alpha}_3=(1,-1,a)^{\mathrm{T}}$ 线性相关、线性无关？

3. t 为何值时，向量组 $\boldsymbol{\alpha}_1=(1,2,-1,1)^{\mathrm{T}},\boldsymbol{\alpha}_2=(2,0,t,0)^{\mathrm{T}},\boldsymbol{\alpha}_3=(0,-4,5,-2)^{\mathrm{T}}$ 线性相关、线性无关？

4. 设向量组 $\boldsymbol{\alpha}_1,\boldsymbol{\alpha}_2,\boldsymbol{\alpha}_3$ 线性无关，证明：$\boldsymbol{\beta}_1=\boldsymbol{\alpha}_1+2\boldsymbol{\alpha}_2,\boldsymbol{\beta}_2=2\boldsymbol{\alpha}_2+3\boldsymbol{\alpha}_3,\boldsymbol{\beta}_3=3\boldsymbol{\alpha}_3+4\boldsymbol{\alpha}_1$ 线性无关．

5. 设向量组 $\boldsymbol{\alpha}_1,\boldsymbol{\alpha}_2,\boldsymbol{\alpha}_3$ 线性无关，$\boldsymbol{\alpha}_1+2\boldsymbol{\alpha}_2+\boldsymbol{\alpha}_3,t\boldsymbol{\alpha}_2+\boldsymbol{\alpha}_3,\boldsymbol{\alpha}_2+t\boldsymbol{\alpha}_3$ 线性相关，求 t.

6. 设 n 维单位向量组 $\boldsymbol{\varepsilon}_1=(1,0,\cdots,0)^{\mathrm{T}},\boldsymbol{\varepsilon}_2=(0,1,\cdots,0)^{\mathrm{T}},\cdots,\boldsymbol{\varepsilon}_n=(0,\cdots,0,1)^{\mathrm{T}}$ 可由向量组 $\boldsymbol{\alpha}_1,\boldsymbol{\alpha}_2,\cdots,\boldsymbol{\alpha}_n$ 线性表示，证明：$\boldsymbol{\alpha}_1,\boldsymbol{\alpha}_2,\cdots,\boldsymbol{\alpha}_n$ 线性无关．

二、提高题

7. (2012 · 数学一、二、三) 设有向量组 $\boldsymbol{\alpha}_1=(0,0,c_1)^{\mathrm{T}},\boldsymbol{\alpha}_2=(0,1,c_2)^{\mathrm{T}},\boldsymbol{\alpha}_3=(1,-1,c_3)^{\mathrm{T}},\boldsymbol{\alpha}_4=(-1,1,c_4)^{\mathrm{T}}$，其中 c_1,c_2,c_3,c_4 为任意常数，则下列向量组一定线性相关的是(　　).

A. $\boldsymbol{\alpha}_1,\boldsymbol{\alpha}_2,\boldsymbol{\alpha}_3$　　B. $\boldsymbol{\alpha}_1,\boldsymbol{\alpha}_2,\boldsymbol{\alpha}_4$　　C. $\boldsymbol{\alpha}_1,\boldsymbol{\alpha}_3,\boldsymbol{\alpha}_4$　　D. $\boldsymbol{\alpha}_2,\boldsymbol{\alpha}_3,\boldsymbol{\alpha}_4$

8. (2002 · 数学二) 设 $\boldsymbol{\alpha}_1,\boldsymbol{\alpha}_2,\boldsymbol{\alpha}_3$ 线性无关，$\boldsymbol{\beta}_1$ 可由 $\boldsymbol{\alpha}_1,\boldsymbol{\alpha}_2,\boldsymbol{\alpha}_3$ 线性表示，而 $\boldsymbol{\beta}_2$ 不能由 $\boldsymbol{\alpha}_1,\boldsymbol{\alpha}_2,\boldsymbol{\alpha}_3$ 线性表示，则对于任意常数 k，必有(　　).

A. $\boldsymbol{\alpha}_1,\boldsymbol{\alpha}_2,\boldsymbol{\alpha}_3,k\boldsymbol{\beta}_1+\boldsymbol{\beta}_2$ 线性无关　　B. $\boldsymbol{\alpha}_1,\boldsymbol{\alpha}_2,\boldsymbol{\alpha}_3,k\boldsymbol{\beta}_1+\boldsymbol{\beta}_2$ 线性相关

C. $\boldsymbol{\alpha}_1,\boldsymbol{\alpha}_2,\boldsymbol{\alpha}_3,\boldsymbol{\beta}_1+k\boldsymbol{\beta}_2$ 线性无关　　D. $\boldsymbol{\alpha}_1,\boldsymbol{\alpha}_2,\boldsymbol{\alpha}_3,\boldsymbol{\beta}_1+k\boldsymbol{\beta}_2$ 线性相关

9. (2010 · 数学一、二、三) 设向量组Ⅰ：$\boldsymbol{\alpha}_1,\boldsymbol{\alpha}_2,\cdots,\boldsymbol{\alpha}_r$ 可由向量组Ⅱ：$\boldsymbol{\beta}_1,\boldsymbol{\beta}_2,\cdots,\boldsymbol{\beta}_s$ 线性表示，则下列命题正确的是(　　).

A. 若向量组Ⅰ线性无关，则 $r\leqslant s$　　B. 若向量组Ⅰ线性相关，则 $r>s$

C. 若向量组Ⅱ线性无关,则 $r \leqslant s$　　D. 若向量组Ⅱ线性相关,则 $r > s$

10. 设 $\boldsymbol{\alpha}_1,\boldsymbol{\alpha}_2,\boldsymbol{\alpha}_3$ 是三维线性无关列向量组,$\boldsymbol{A}$ 为三阶矩阵,且满足

$$\boldsymbol{A}\boldsymbol{\alpha}_1=\boldsymbol{\alpha}_1+\boldsymbol{\alpha}_2,\boldsymbol{A}\boldsymbol{\alpha}_2=\boldsymbol{\alpha}_2+\boldsymbol{\alpha}_3,\boldsymbol{A}\boldsymbol{\alpha}_3=\boldsymbol{\alpha}_1+\boldsymbol{\alpha}_3,$$

则 $|\boldsymbol{A}|=$________.

11. 设 $\boldsymbol{\alpha}_1,\boldsymbol{\alpha}_2,\cdots,\boldsymbol{\alpha}_n$ 是 n 维向量组,证明:$\boldsymbol{\alpha}_1,\boldsymbol{\alpha}_2,\cdots,\boldsymbol{\alpha}_n$ 线性无关的充分必要条件是,任意 n 维向量都可由它们线性表示.

12. 设向量组 $\boldsymbol{\alpha}_1,\boldsymbol{\alpha}_2,\cdots,\boldsymbol{\alpha}_n$ 线性无关,若向量组 $\boldsymbol{\beta}_1,\boldsymbol{\beta}_2,\cdots,\boldsymbol{\beta}_s$ 可由 $\boldsymbol{\alpha}_1,\boldsymbol{\alpha}_2,\cdots,\boldsymbol{\alpha}_n$ 表示为

$$(\boldsymbol{\beta}_1,\boldsymbol{\beta}_2,\cdots,\boldsymbol{\beta}_s)=(\boldsymbol{\alpha}_1,\boldsymbol{\alpha}_2,\cdots,\boldsymbol{\alpha}_n)\begin{pmatrix} c_{11} & c_{12} & \cdots & c_{1s} \\ c_{21} & c_{22} & \cdots & c_{2s} \\ \vdots & \vdots & & \vdots \\ c_{n1} & c_{n2} & \cdots & c_{ns} \end{pmatrix}.$$

微课：向量组的线性相关性

记 $\boldsymbol{C}=(c_{ij})_{n\times s}$,证明:$\boldsymbol{\beta}_1,\boldsymbol{\beta}_2,\cdots,\boldsymbol{\beta}_s$ 线性无关的充分必要条件是 $R(\boldsymbol{C})=s$.

2.4 向量组的秩

一个向量组中可能含有许多向量,甚至有无穷个向量. 例如,当齐次线性方程组有非零解时,其解集中有无穷个向量. 这时,我们希望从中找到尽可能少的一部分向量,使其能够表示该向量组中的所有向量,这样的一部分向量就是本节将要讨论的极大无关组.

2.4.1 向量组的极大无关组和秩

定义 2.6　设 A 为向量组,若 A 中存在 r 个向量 $\boldsymbol{\alpha}_1,\boldsymbol{\alpha}_2,\cdots,\boldsymbol{\alpha}_r$ 满足

(1)$\boldsymbol{\alpha}_1,\boldsymbol{\alpha}_2,\cdots,\boldsymbol{\alpha}_r$ 线性无关;

(2)A 中任意向量都可由 $\boldsymbol{\alpha}_1,\boldsymbol{\alpha}_2,\cdots,\boldsymbol{\alpha}_r$ 线性表示,

则称 $\boldsymbol{\alpha}_1,\boldsymbol{\alpha}_2,\cdots,\boldsymbol{\alpha}_r$ 为 A 的一个**极大线性无关组**,简称**极大无关组**.

当向量组 A 中只含零向量时,A 没有极大无关组;当向量组 A 线性无关时,A 的极大无关组就是其本身.

例 1　在向量组

$$A:\boldsymbol{\alpha}_1=(1,2,3)^{\mathrm{T}},\boldsymbol{\alpha}_2=(1,-1,0)^{\mathrm{T}},\boldsymbol{\alpha}_3=(0,3,3)^{\mathrm{T}}$$

中,由于 $\boldsymbol{\alpha}_1,\boldsymbol{\alpha}_2$ 对应分量不成比例,故 $\boldsymbol{\alpha}_1,\boldsymbol{\alpha}_2$ 线性无关. 又 $\boldsymbol{\alpha}_3=\boldsymbol{\alpha}_1-\boldsymbol{\alpha}_2$,故 $\boldsymbol{\alpha}_1,\boldsymbol{\alpha}_2$ 为 A 的一个极大无关组.

同理可得,$\boldsymbol{\alpha}_2,\boldsymbol{\alpha}_3$ 和 $\boldsymbol{\alpha}_1,\boldsymbol{\alpha}_3$ 都是 A 的极大无关组.

该例说明,线性相关组的极大无关组一般不是唯一的,但此例中极大无关组的向量个数都是 2.

若 $\boldsymbol{\alpha}_1,\boldsymbol{\alpha}_2,\cdots,\boldsymbol{\alpha}_r$ 是向量组 A 的一个极大无关组，则 A 中任意 $r+1$ 个向量 $\boldsymbol{\alpha}_{i_1},\boldsymbol{\alpha}_{i_2},\cdots,\boldsymbol{\alpha}_{i_{r+1}}$ 必线性相关．这是因为 $\boldsymbol{\alpha}_{i_1},\boldsymbol{\alpha}_{i_2},\cdots,\boldsymbol{\alpha}_{i_{r+1}}$ 可由极大无关组 $\boldsymbol{\alpha}_1,\boldsymbol{\alpha}_2,\cdots,\boldsymbol{\alpha}_r$ 线性表示，由定理2.16得 $\boldsymbol{\alpha}_{i_1},\boldsymbol{\alpha}_{i_2},\cdots,\boldsymbol{\alpha}_{i_{r+1}}$ 线性相关．

反之，若 $\boldsymbol{\alpha}_1,\boldsymbol{\alpha}_2,\cdots,\boldsymbol{\alpha}_r$ 是向量组 A 的线性无关组，且 A 中任意 $r+1$ 个向量都线性相关，则 $\boldsymbol{\alpha}_1,\boldsymbol{\alpha}_2,\cdots,\boldsymbol{\alpha}_r$ 一定是 A 的极大无关组．

事实上，对于 A 中任意向量 $\boldsymbol{\beta}$，若 $\boldsymbol{\alpha}_1,\boldsymbol{\alpha}_2,\cdots,\boldsymbol{\alpha}_r,\boldsymbol{\beta}$ 线性相关，则由定理2.21得 $\boldsymbol{\beta}$ 可由 $\boldsymbol{\alpha}_1,\boldsymbol{\alpha}_2,\cdots,\boldsymbol{\alpha}_r$ 线性表示，从而 $\boldsymbol{\alpha}_1,\boldsymbol{\alpha}_2,\cdots,\boldsymbol{\alpha}_r$ 是 A 的极大无关组．

于是，我们有极大无关组的等价定义．

定义2.6′ 若向量组 A 中存在 r 个向量 $\boldsymbol{\alpha}_1,\boldsymbol{\alpha}_2,\cdots,\boldsymbol{\alpha}_r$ 满足

(1) $\boldsymbol{\alpha}_1,\boldsymbol{\alpha}_2,\cdots,\boldsymbol{\alpha}_r$ 线性无关；

(2) A 中任意 $r+1$ 个向量（如果存在的话）都线性相关，

则称 $\boldsymbol{\alpha}_1,\boldsymbol{\alpha}_2,\cdots,\boldsymbol{\alpha}_r$ 为 A 的一个**极大无关组**．

由定义2.6易得以下性质2.22.

性质2.22 向量组与其极大无关组等价．

由此可得，向量组的任意两个极大无关组都等价，于是由推论2.19得以下性质2.23.

性质2.23 向量组的任意两个极大无关组的向量个数相等．

向量组的极大无关组的向量个数是其本身固有的一个量，它与极大无关组的选择无关．

定义2.7 向量组 A 的任意极大无关组所包含的向量个数称为 A 的**秩**，记作 $R(A)$.

若向量组 A 只含零向量，则规定 A 的秩为0.

下面将讨论向量组之间的线性表示与向量组秩的关系．

定理2.24 向量组 B 可由向量组 A 线性表示的充分必要条件是，向量组的秩

$$R(A)=R(A,B).$$

证明 设 A_0 是向量组 A 的极大无关组．

必要性．若向量组 B 可由向量组 A 线性表示，则 B 可由 A_0 线性表示，故 A_0 也是向量组 (A,B) 的极大无关组，所以向量组的秩 $R(A,B)=R(A)$.

充分性．若 $R(A)=R(A,B)$，则 A_0 也是向量组 (A,B) 的极大无关组．所以向量组 (A,B) 和向量组 A 都与 A_0 等价，从而向量组 (A,B) 与向量组 A 等价，故向量组 B 可由向量组 A 线性表示．

推论2.25 向量组 A 与向量组 B 等价的充分必要条件是，向量组的秩

$$R(A)=R(A,B)=R(B).$$

推论2.26 若向量组 B 可由向量组 A 线性表示，则 $R(B)\leqslant R(A)$.

推论2.27 若向量组 A 与向量组 B 等价，则 $R(A)=R(B)$.

2.4.2 矩阵的行秩和列秩

矩阵 $\boldsymbol{A}$ 的行（列）向量组的秩称为 $\boldsymbol{A}$ 的**行（列）秩**．

定理 2.28 矩阵 $\boldsymbol{A}$ 的行秩和列秩都等于 $\boldsymbol{A}$ 的秩.

证明 设 $\boldsymbol{A}$ 的秩 $R(\boldsymbol{A})=r$,先证 $\boldsymbol{A}$ 的列秩等于 r. 设 D_r 为 $\boldsymbol{A}$ 的 r 阶非零子式,则 D_r 对应的列向量组线性无关. 设 $\boldsymbol{\alpha}_{k_1},\boldsymbol{\alpha}_{k_2},\cdots,\boldsymbol{\alpha}_{k_r}$ 是 $\boldsymbol{A}$ 中 D_r 所在的列,由定理 2.20 得 $\boldsymbol{\alpha}_{k_1},\boldsymbol{\alpha}_{k_2},\cdots,\boldsymbol{\alpha}_{k_r}$ 线性无关.

从 $\boldsymbol{A}$ 中任取 $r+1$ 个列向量 $\boldsymbol{\alpha}_{i_1},\boldsymbol{\alpha}_{i_2},\cdots,\boldsymbol{\alpha}_{i_{r+1}}$,并按原来次序构成矩阵 $\boldsymbol{A}_{r+1}$,则 $R(\boldsymbol{A}_{r+1})\leqslant R(\boldsymbol{A})=r<r+1$,故 $\boldsymbol{A}_{r+1}$ 的列向量组线性相关. 由极大无关组的等价定义 2.6′得,$\boldsymbol{\alpha}_{k_1},\boldsymbol{\alpha}_{k_2},\cdots,\boldsymbol{\alpha}_{k_r}$ 为 $\boldsymbol{A}$ 的列向量组的极大无关组,即 $\boldsymbol{A}$ 的列秩为 r.

同理可得,$\boldsymbol{A}$ 的行秩(即 $\boldsymbol{A}^{\mathrm{T}}$ 的列秩)等于 r,即 $R(\boldsymbol{A}^{\mathrm{T}})=R(\boldsymbol{A})=r$.

于是,记号 $R(\boldsymbol{\alpha}_1,\boldsymbol{\alpha}_2,\cdots,\boldsymbol{\alpha}_n)$ 既可理解为向量组 $\boldsymbol{\alpha}_1,\boldsymbol{\alpha}_2,\cdots,\boldsymbol{\alpha}_n$ 的秩,又可理解为矩阵 $\boldsymbol{A}=(\boldsymbol{\alpha}_1,\boldsymbol{\alpha}_2,\cdots,\boldsymbol{\alpha}_n)$ 的秩.

现在给出定理 2.9 的证明.

定理 2.9 的证明 设矩阵 $\boldsymbol{A},\boldsymbol{B}$ 的列向量组分别为 A,B,则

$\boldsymbol{AX}=\boldsymbol{B}$ 有解$\Leftrightarrow$向量组 B 可由向量组 A 线性表示

$\Leftrightarrow$向量组的秩 $R(A)=R(A,B)$

$\Leftrightarrow$矩阵的秩 $R(\boldsymbol{A})=R(\boldsymbol{A},\boldsymbol{B})$.

在定理 2.24 及其推论 2.25 中,可以将向量组的秩 $R(A),R(A,B),R(B)$ 分别用对应矩阵的秩 $R(\boldsymbol{A}),R(\boldsymbol{A},\boldsymbol{B}),R(\boldsymbol{B})$ 来代替,这样就可以得到推论 2.10 和推论 2.11.

例 2 设 $\boldsymbol{A},\boldsymbol{B}$ 分别为 $m\times n,n\times p$ 矩阵,证明:$R(\boldsymbol{AB})\leqslant\min\{R(\boldsymbol{A}),R(\boldsymbol{B})\}$.

证明 设 $\boldsymbol{AB}=\boldsymbol{C}$,则矩阵方程 $\boldsymbol{AX}=\boldsymbol{C}$ 有解 $\boldsymbol{X}=\boldsymbol{B}$. 设 $\boldsymbol{A}=(\boldsymbol{\alpha}_1,\boldsymbol{\alpha}_2,\cdots,\boldsymbol{\alpha}_n)$,$\boldsymbol{C}=(\boldsymbol{\gamma}_1,\boldsymbol{\gamma}_2,\cdots,\boldsymbol{\gamma}_p)$,则向量组 $\boldsymbol{\gamma}_1,\boldsymbol{\gamma}_2,\cdots,\boldsymbol{\gamma}_p$ 可由 $\boldsymbol{\alpha}_1,\boldsymbol{\alpha}_2,\cdots,\boldsymbol{\alpha}_n$ 线性表示,从而有 $R(\boldsymbol{\gamma}_1,\boldsymbol{\gamma}_2,\cdots,\boldsymbol{\gamma}_p)\leqslant R(\boldsymbol{\alpha}_1,\boldsymbol{\alpha}_2,\cdots,\boldsymbol{\alpha}_n)$,即 $R(\boldsymbol{C})\leqslant R(\boldsymbol{A})$.

又因 $\boldsymbol{B}^{\mathrm{T}}\boldsymbol{A}^{\mathrm{T}}=\boldsymbol{C}^{\mathrm{T}}$,故同理可得 $R(\boldsymbol{C}^{\mathrm{T}})\leqslant R(\boldsymbol{B}^{\mathrm{T}})$,即 $R(\boldsymbol{C})\leqslant R(\boldsymbol{B})$.

综上可得 $R(\boldsymbol{AB})=R(\boldsymbol{C})\leqslant\min\{R(\boldsymbol{A}),R(\boldsymbol{B})\}$.

例 3 设向量组 $\boldsymbol{\alpha}_1,\boldsymbol{\alpha}_2,\boldsymbol{\alpha}_3$ 线性无关,证明:向量组

$$\boldsymbol{\beta}_1=\boldsymbol{\alpha}_1+\boldsymbol{\alpha}_2,\boldsymbol{\beta}_2=\boldsymbol{\alpha}_2+\boldsymbol{\alpha}_3,\boldsymbol{\beta}_3=\boldsymbol{\alpha}_1+\boldsymbol{\alpha}_3$$

线性无关.

证法 1 只要证明向量组 $\boldsymbol{\beta}_1,\boldsymbol{\beta}_2,\boldsymbol{\beta}_3$ 的秩为 3,即证矩阵$(\boldsymbol{\beta}_1,\boldsymbol{\beta}_2,\boldsymbol{\beta}_3)$的秩为 3 即可. 为此,对矩阵$(\boldsymbol{\beta}_1,\boldsymbol{\beta}_2,\boldsymbol{\beta}_3)$施行初等列变换,有

$$\begin{aligned}(\boldsymbol{\beta}_1,\boldsymbol{\beta}_2,\boldsymbol{\beta}_3)&=(\boldsymbol{\alpha}_1+\boldsymbol{\alpha}_2,\boldsymbol{\alpha}_2+\boldsymbol{\alpha}_3,\boldsymbol{\alpha}_1+\boldsymbol{\alpha}_3)\\&\xrightarrow[c_1+c_3]{c_1+c_2}(2(\boldsymbol{\alpha}_1+\boldsymbol{\alpha}_2+\boldsymbol{\alpha}_3),\boldsymbol{\alpha}_2+\boldsymbol{\alpha}_3,\boldsymbol{\alpha}_1+\boldsymbol{\alpha}_3)\xrightarrow[c_1-c_2]{c_1\times\frac{1}{2}}(\boldsymbol{\alpha}_1,\boldsymbol{\alpha}_2+\boldsymbol{\alpha}_3,\boldsymbol{\alpha}_1+\boldsymbol{\alpha}_3)\\&\xrightarrow[c_2-c_3]{c_3-c_1}(\boldsymbol{\alpha}_1,\boldsymbol{\alpha}_2,\boldsymbol{\alpha}_3),\end{aligned}$$

得 $R(\boldsymbol{\beta}_1,\boldsymbol{\beta}_2,\boldsymbol{\beta}_3)=R(\boldsymbol{\alpha}_1,\boldsymbol{\alpha}_2,\boldsymbol{\alpha}_3)=3$,从而 $\boldsymbol{\beta}_1,\boldsymbol{\beta}_2,\boldsymbol{\beta}_3$ 线性无关.

证法 2 由分块矩阵乘法法则可得 $(\boldsymbol{\beta}_1,\boldsymbol{\beta}_2,\boldsymbol{\beta}_3)=(\boldsymbol{\alpha}_1,\boldsymbol{\alpha}_2,\boldsymbol{\alpha}_3)\begin{pmatrix}1&0&1\\1&1&0\\0&1&1\end{pmatrix}$.

设 $\boldsymbol{P}=\begin{pmatrix}1&0&1\\1&1&0\\0&1&1\end{pmatrix}$,则 $|\boldsymbol{P}|=2\neq0$,故 $\boldsymbol{P}$ 可逆. 所以

$$R(\boldsymbol{\beta}_1,\boldsymbol{\beta}_2,\boldsymbol{\beta}_3)=R(\boldsymbol{\alpha}_1,\boldsymbol{\alpha}_2,\boldsymbol{\alpha}_3)=3,$$

从而 $\boldsymbol{\beta}_1,\boldsymbol{\beta}_2,\boldsymbol{\beta}_3$ 线性无关.

2.4.3 用初等变换求向量组的极大无关组

设向量组 $A:\boldsymbol{\alpha}_1,\boldsymbol{\alpha}_2,\cdots,\boldsymbol{\alpha}_n$,若存在数 $k_1,k_2,\cdots,k_n$,使 $k_1\boldsymbol{\alpha}_1+k_2\boldsymbol{\alpha}_2+\cdots+k_n\boldsymbol{\alpha}_n=\mathbf{0}$ 成立,则称向量组 A 具有**线性关系** $k_1\boldsymbol{\alpha}_1+k_2\boldsymbol{\alpha}_2+\cdots+k_n\boldsymbol{\alpha}_n=\mathbf{0}$.

例如,$\boldsymbol{\alpha}_1=(1,0)^{\mathrm{T}},\boldsymbol{\alpha}_2=(0,1)^{\mathrm{T}},\boldsymbol{\alpha}_3=(1,2)^{\mathrm{T}}$ 具有线性关系 $\boldsymbol{\alpha}_1+2\boldsymbol{\alpha}_2-\boldsymbol{\alpha}_3=\mathbf{0}$.

定理 2.29 矩阵的初等行变换不改变其列向量组的线性关系.

证明 设

$$\boldsymbol{A}=(\boldsymbol{\alpha}_1,\boldsymbol{\alpha}_2,\cdots,\boldsymbol{\alpha}_n)\xrightarrow{r}\boldsymbol{B}=(\boldsymbol{\beta}_1,\boldsymbol{\beta}_2,\cdots,\boldsymbol{\beta}_n),$$

其中 $\boldsymbol{\alpha}_1,\boldsymbol{\alpha}_2,\cdots,\boldsymbol{\alpha}_n$ 为 $\boldsymbol{A}$ 的列向量组,$\boldsymbol{\beta}_1,\boldsymbol{\beta}_2,\cdots,\boldsymbol{\beta}_n$ 为 $\boldsymbol{B}$ 的列向量组. 由定理 2.1 可知,齐次线性方程组 $\boldsymbol{Ax}=\mathbf{0}$ 与 $\boldsymbol{Bx}=\mathbf{0}$同解. 令 $\boldsymbol{x}=(k_1,k_2,\cdots,k_n)^{\mathrm{T}}$,则

$$k_1\boldsymbol{\alpha}_1+k_2\boldsymbol{\alpha}_2+\cdots+k_n\boldsymbol{\alpha}_n=\mathbf{0}\Leftrightarrow k_1\boldsymbol{\beta}_1+k_2\boldsymbol{\beta}_2+\cdots+k_n\boldsymbol{\beta}_n=\mathbf{0}.$$

由定理 2.29 可知,向量组 $\boldsymbol{\alpha}_1,\boldsymbol{\alpha}_2,\cdots,\boldsymbol{\alpha}_n$ 的极大无关组与 $\boldsymbol{\beta}_1,\boldsymbol{\beta}_2,\cdots,\boldsymbol{\beta}_n$ 的极大无关组一一对应,于是得到如下求极大无关组的方法:

以向量 $\boldsymbol{\alpha}_1,\boldsymbol{\alpha}_2,\cdots,\boldsymbol{\alpha}_n$ 为列构成矩阵 $\boldsymbol{A}=(\boldsymbol{\alpha}_1,\boldsymbol{\alpha}_2,\cdots,\boldsymbol{\alpha}_n)$,并对 $\boldsymbol{A}$ 施行初等行变换,使其化为行最简形 $\boldsymbol{B}$,则 $\boldsymbol{B}$ 中各非零行的非零首元 1 所在的列即为 $\boldsymbol{B}$ 的列向量组的极大无关组,它们对应的 $\boldsymbol{A}$ 中的列向量组就是 $\boldsymbol{\alpha}_1,\boldsymbol{\alpha}_2,\cdots,\boldsymbol{\alpha}_n$ 的一个极大无关组.

例 4 求向量组

$$\boldsymbol{\alpha}_1=\begin{pmatrix}1\\-1\\2\\4\end{pmatrix},\boldsymbol{\alpha}_2=\begin{pmatrix}0\\3\\1\\2\end{pmatrix},\boldsymbol{\alpha}_3=\begin{pmatrix}3\\0\\7\\14\end{pmatrix},\boldsymbol{\alpha}_4=\begin{pmatrix}2\\1\\5\\6\end{pmatrix},\boldsymbol{\alpha}_5=\begin{pmatrix}1\\-1\\2\\0\end{pmatrix}$$

的秩和极大无关组,并用此极大无关组表示其余向量.

解 对矩阵 $\boldsymbol{A}=(\boldsymbol{\alpha}_1,\boldsymbol{\alpha}_2,\boldsymbol{\alpha}_3,\boldsymbol{\alpha}_4,\boldsymbol{\alpha}_5)$施行初等行变换,将其化为行最简形:

$$(\boldsymbol{\alpha}_1,\boldsymbol{\alpha}_2,\boldsymbol{\alpha}_3,\boldsymbol{\alpha}_4,\boldsymbol{\alpha}_5)=\begin{pmatrix}1&0&3&2&1\\-1&3&0&1&-1\\2&1&7&5&2\\4&2&14&6&0\end{pmatrix}\xrightarrow[r_4-4r_1]{\substack{r_2+r_1\\r_3-2r_1}}\begin{pmatrix}1&0&3&2&1\\0&3&3&3&0\\0&1&1&1&0\\0&2&2&-2&-4\end{pmatrix}$$

$$\xrightarrow[r_4-\frac{2}{3}r_2]{r_3-\frac{1}{3}r_2}\begin{pmatrix}1&0&3&2&1\\0&3&3&3&0\\0&0&0&0&0\\0&0&0&-4&-4\end{pmatrix}\xrightarrow[r_3\times\left(-\frac{1}{4}\right)]{\substack{r_2\times\frac{1}{3}\\r_3\leftrightarrow r_4}}\begin{pmatrix}1&0&3&2&1\\0&1&1&1&0\\0&0&0&1&1\\0&0&0&0&0\end{pmatrix}$$

$$\xrightarrow[r_1-2r_3]{r_2-r_3}\begin{pmatrix}1&0&3&0&-1\\0&1&1&0&-1\\0&0&0&1&1\\0&0&0&0&0\end{pmatrix}\triangleq(\boldsymbol{\beta}_1,\boldsymbol{\beta}_2,\boldsymbol{\beta}_3,\boldsymbol{\beta}_4,\boldsymbol{\beta}_5).$$

可知 $R(\boldsymbol{\alpha}_1,\boldsymbol{\alpha}_2,\boldsymbol{\alpha}_3,\boldsymbol{\alpha}_4,\boldsymbol{\alpha}_5)=R(\boldsymbol{\beta}_1,\boldsymbol{\beta}_2,\boldsymbol{\beta}_3,\boldsymbol{\beta}_4,\boldsymbol{\beta}_5)=3$.

因为单位向量 $\boldsymbol{\beta}_1,\boldsymbol{\beta}_2,\boldsymbol{\beta}_4$ 线性无关,并且易知 $\boldsymbol{\beta}_3=3\boldsymbol{\beta}_1+\boldsymbol{\beta}_2,\boldsymbol{\beta}_5=-\boldsymbol{\beta}_1-\boldsymbol{\beta}_2+\boldsymbol{\beta}_4$,故 $\boldsymbol{\beta}_1,\boldsymbol{\beta}_2,\boldsymbol{\beta}_4$ 为 $\boldsymbol{\beta}_1,\boldsymbol{\beta}_2,\boldsymbol{\beta}_3,\boldsymbol{\beta}_4,\boldsymbol{\beta}_5$ 的一个极大无关组. 所以 $\boldsymbol{\beta}_1,\boldsymbol{\beta}_2,\boldsymbol{\beta}_4$ 对应的 $\boldsymbol{\alpha}_1,\boldsymbol{\alpha}_2,\boldsymbol{\alpha}_4$ 为 $\boldsymbol{\alpha}_1,\boldsymbol{\alpha}_2,\boldsymbol{\alpha}_3,\boldsymbol{\alpha}_4,\boldsymbol{\alpha}_5$ 的一个极大无关组,并且有 $\boldsymbol{\alpha}_3=3\boldsymbol{\alpha}_1+\boldsymbol{\alpha}_2,\boldsymbol{\alpha}_5=-\boldsymbol{\alpha}_1-\boldsymbol{\alpha}_2+\boldsymbol{\alpha}_4$.

注 若交换矩阵 $\boldsymbol{A}$ 中列向量的次序,所得极大无关组可能有所不同.

习题 2.4

一、基础题

1. 求下列向量组的秩和极大无关组,并用极大无关组表示其余向量:

(1) $\boldsymbol{\alpha}_1=(1,1,3,1)^{\mathrm{T}},\boldsymbol{\alpha}_2=(-1,1,-1,3)^{\mathrm{T}},\boldsymbol{\alpha}_3=(5,-2,8,-9)^{\mathrm{T}},\boldsymbol{\alpha}_4=(-1,3,1,7)^{\mathrm{T}}$;

(2) $\boldsymbol{\alpha}_1=(1,1,2,3)^{\mathrm{T}},\boldsymbol{\alpha}_2=(1,-1,1,1)^{\mathrm{T}},\boldsymbol{\alpha}_3=(1,3,3,5)^{\mathrm{T}},\boldsymbol{\alpha}_4=(4,-2,5,7)^{\mathrm{T}}$,
$\boldsymbol{\alpha}_5=(-3,-1,-5,-8)^{\mathrm{T}}$.

2. 设向量组 $\boldsymbol{\alpha}_1,\boldsymbol{\alpha}_2,\boldsymbol{\alpha}_3$ 线性无关,求下列向量组的秩:

(1) $\boldsymbol{\beta}_1=\boldsymbol{\alpha}_1+\boldsymbol{\alpha}_2+\boldsymbol{\alpha}_3,\boldsymbol{\beta}_2=\boldsymbol{\alpha}_1+\boldsymbol{\alpha}_2+2\boldsymbol{\alpha}_3,\boldsymbol{\beta}_3=\boldsymbol{\alpha}_1+2\boldsymbol{\alpha}_2+4\boldsymbol{\alpha}_3$;

(2) $\boldsymbol{\beta}_1=\boldsymbol{\alpha}_1-\boldsymbol{\alpha}_2,\boldsymbol{\beta}_2=\boldsymbol{\alpha}_2-\boldsymbol{\alpha}_3,\boldsymbol{\beta}_3=\boldsymbol{\alpha}_1-\boldsymbol{\alpha}_3$.

3. 设向量组 $\boldsymbol{\alpha}_1=(a,3,1)^{\mathrm{T}},\boldsymbol{\alpha}_2=(2,b,3)^{\mathrm{T}},\boldsymbol{\alpha}_3=(1,2,1)^{\mathrm{T}},\boldsymbol{\alpha}_4=(2,3,1)^{\mathrm{T}}$ 的秩为 2,求 a,b.

4. 设 $\boldsymbol{\alpha},\boldsymbol{\beta}$ 分别为 m,n 维非零列向量,证明:$R(\boldsymbol{\alpha}\boldsymbol{\beta}^{\mathrm{T}})=1$.

二、提高题

5. 设向量组 $\boldsymbol{\alpha}_1,\boldsymbol{\alpha}_2,\boldsymbol{\alpha}_3$ 线性无关,则(　　).

A. $\boldsymbol{\alpha}_1+\boldsymbol{\alpha}_2,\boldsymbol{\alpha}_2+\boldsymbol{\alpha}_3,2\boldsymbol{\alpha}_1+\boldsymbol{\alpha}_2-\boldsymbol{\alpha}_3$ 线性无关

B. $\boldsymbol{\alpha}_1-\boldsymbol{\alpha}_2,\boldsymbol{\alpha}_2-\boldsymbol{\alpha}_3,\boldsymbol{\alpha}_1+\boldsymbol{\alpha}_2-2\boldsymbol{\alpha}_3$ 线性无关

C. $\boldsymbol{\alpha}_1+\boldsymbol{\alpha}_2-\boldsymbol{\alpha}_3,2\boldsymbol{\alpha}_1+\boldsymbol{\alpha}_2+\boldsymbol{\alpha}_3,\boldsymbol{\alpha}_1+2\boldsymbol{\alpha}_2-4\boldsymbol{\alpha}_3$ 线性无关

D. $\boldsymbol{\alpha}_1+\boldsymbol{\alpha}_2+\boldsymbol{\alpha}_3,\boldsymbol{\alpha}_1+\boldsymbol{\alpha}_2+2\boldsymbol{\alpha}_3,\boldsymbol{\alpha}_1+2\boldsymbol{\alpha}_2+3\boldsymbol{\alpha}_3$ 线性无关

6. 下列命题中成立的是(　　).

①设 $\boldsymbol{A}$ 为 $m\times n$ 矩阵,$R(\boldsymbol{A})=r$,则 $\boldsymbol{A}$ 的任意 r 个行(列)向量都线性无关.

②设 $\boldsymbol{A}$ 为 $m\times n$ 矩阵,$R(\boldsymbol{A})=r$,则 $\boldsymbol{A}$ 的任意 $r+1$ 个行(列)向量都线性相关.

③n 阶矩阵 $\boldsymbol{A}$ 的行向量组线性相关,当且仅当 $\boldsymbol{A}$ 的列向量组线性相关.

④$m\times n(m\neq n)$ 矩阵 $\boldsymbol{A}$ 的行向量组线性相关,当且仅当 $\boldsymbol{A}$ 的列向量组线性相关.

A. ①②　　B. ②③　　C. ③④　　D. ②④

7. (2024·数学一)设向量 $\boldsymbol{\alpha}_1=\begin{pmatrix}a\\1\\-1\\1\end{pmatrix},\boldsymbol{\alpha}_2=\begin{pmatrix}1\\1\\b\\a\end{pmatrix},\boldsymbol{\alpha}_3=\begin{pmatrix}1\\a\\-1\\1\end{pmatrix}$,若 $\boldsymbol{\alpha}_1,\boldsymbol{\alpha}_2,\boldsymbol{\alpha}_3$ 线性相关,且其中任意两个向量均线性无关,则(　　).

A. $a=1,b\neq-1$　　B. $a=1,b=-1$

C. $a\neq-2,b=2$　　D. $a=-2,b=2$

8. 设 $\boldsymbol{A}$ 是 $m\times n$ 矩阵,$\boldsymbol{B}$ 是 $n\times m$ 矩阵,则(　　).

A. 当 $m>n$ 时,$|\boldsymbol{AB}|\neq0$　　B. 当 $m>n$ 时,$|\boldsymbol{AB}|=0$

C. 当 $n>m$ 时,$|\boldsymbol{AB}|\neq0$　　D. 当 $n>m$ 时,$|\boldsymbol{AB}|=0$

9. 设向量组 A 可由向量组 B 线性表示,且它们的秩相等,证明:向量组 A 与 B 等价.

10. 设向量组 $\boldsymbol{\alpha}_1,\boldsymbol{\alpha}_2,\cdots,\boldsymbol{\alpha}_n$ 线性无关,若向量组 $\boldsymbol{\beta}_1,\boldsymbol{\beta}_2,\cdots,\boldsymbol{\beta}_s$ 可由 $\boldsymbol{\alpha}_1,\boldsymbol{\alpha}_2,\cdots,\boldsymbol{\alpha}_n$ 表示为

$$(\boldsymbol{\beta}_1,\boldsymbol{\beta}_2,\cdots,\boldsymbol{\beta}_s)=(\boldsymbol{\alpha}_1,\boldsymbol{\alpha}_2,\cdots,\boldsymbol{\alpha}_n)\begin{pmatrix}c_{11}&c_{12}&\cdots&c_{1s}\\c_{21}&c_{22}&\cdots&c_{2s}\\\vdots&\vdots&&\vdots\\c_{n1}&c_{n2}&\cdots&c_{ns}\end{pmatrix}.$$

记 $\boldsymbol{C}=(c_{ij})_{n\times s}$,证明:向量组的秩 $R(\boldsymbol{\beta}_1,\boldsymbol{\beta}_2,\cdots,\boldsymbol{\beta}_s)=R(\boldsymbol{C})$.

11. 设 $\boldsymbol{A},\boldsymbol{B}$ 为 $m\times n$ 矩阵,用向量组的秩证明:

(1)$R(\boldsymbol{A},\boldsymbol{B})\leqslant R(\boldsymbol{A})+R(\boldsymbol{B})$;

(2)$R(\boldsymbol{A}+\boldsymbol{B})\leqslant R(\boldsymbol{A})+R(\boldsymbol{B})$.

微课：列满秩矩阵的性质

2.5 线性方程组解的结构

本节用向量阐明线性方程组解的结构. 所谓解的结构,是指当线性方程组有无穷个解时,其解向量之间的线性关系.

2.5.1　齐次线性方程组解的结构

性质 2.30　若 $\boldsymbol{\alpha},\boldsymbol{\beta}$ 是齐次线性方程组 $\boldsymbol{Ax}=\boldsymbol{0}$ 的解,k 为任意数,则 $\boldsymbol{\alpha}+\boldsymbol{\beta},k\boldsymbol{\alpha}$ 都是 $\boldsymbol{Ax}=\boldsymbol{0}$的解.

证明　因为

$$\boldsymbol{A}(\boldsymbol{\alpha}+\boldsymbol{\beta})=\boldsymbol{A\alpha}+\boldsymbol{A\beta}=\boldsymbol{0},\boldsymbol{A}(k\boldsymbol{\alpha})=k(\boldsymbol{A\alpha})=\boldsymbol{0},$$

所以 $\boldsymbol{\alpha}+\boldsymbol{\beta},k\boldsymbol{\alpha}$ 都是方程组 $\boldsymbol{Ax}=\boldsymbol{0}$ 的解.

推论 2.31　齐次线性方程组解的线性组合仍为解.

反之,齐次线性方程组的任意解能否由某些固定解来线性表示?

定义 2.8 设 $\boldsymbol{\eta}_1,\boldsymbol{\eta}_2,\cdots,\boldsymbol{\eta}_s$ 是齐次线性方程组 $\boldsymbol{Ax}=\boldsymbol{0}$ 的一组解向量,如果其满足

(1) $\boldsymbol{\eta}_1,\boldsymbol{\eta}_2,\cdots,\boldsymbol{\eta}_s$ 线性无关;

(2) $\boldsymbol{Ax}=\boldsymbol{0}$ 的任意解都可由 $\boldsymbol{\eta}_1,\boldsymbol{\eta}_2,\cdots,\boldsymbol{\eta}_s$ 线性表示,

则称 $\boldsymbol{\eta}_1,\boldsymbol{\eta}_2,\cdots,\boldsymbol{\eta}_s$ 为 $\boldsymbol{Ax}=\boldsymbol{0}$ 的一个**基础解系**.

若把 $\boldsymbol{Ax}=\boldsymbol{0}$ 的解集 S 视为向量组,则其基础解系就是 S 的极大无关组,反之亦然. 因而基础解系就是能够线性表示所有解的个数最少的一部分解向量.

下面将给出基础解系存在性的证明,同时给出基础解系的求法.

定理 2.32 n 元齐次线性方程组 $\boldsymbol{Ax}=\boldsymbol{0}$ 在有非零解的情况下一定存在基础解系,而且基础解系中的向量个数为 $n-r$,其中 r 是矩阵 $\boldsymbol{A}$ 的秩.

证明 当齐次线性方程组 $\boldsymbol{Ax}=\boldsymbol{0}$ 有非零解时,$R(\boldsymbol{A})=r<n$. 对系数矩阵 $\boldsymbol{A}$ 施行初等行变换可将其化为行最简形矩阵(必要时可交换列的次序使其左上角为单位矩阵,同时交换对应未知量的次序即可),为了叙述方便,现设

$$\boldsymbol{A}\xrightarrow{r}\boldsymbol{B}=\begin{pmatrix}1&0&\cdots&0&c_{1,r+1}&c_{1,r+2}&\cdots&c_{1n}\\0&1&\cdots&0&c_{2,r+1}&c_{2,r+2}&\cdots&c_{2n}\\\vdots&\vdots&&\vdots&\vdots&\vdots&&\vdots\\0&0&\cdots&1&c_{r,r+1}&c_{r,r+2}&\cdots&c_{rn}\\0&0&\cdots&0&0&0&\cdots&0\\\vdots&\vdots&&\vdots&\vdots&\vdots&&\vdots\\0&0&\cdots&0&0&0&\cdots&0\end{pmatrix},$$

则 $\boldsymbol{B}$ 对应的齐次线性方程组

$$\begin{cases}x_1+\qquad c_{1,r+1}x_{r+1}+c_{1,r+2}x_{r+2}+\cdots+c_{1n}x_n=0,\\ \quad x_2+\qquad c_{2,r+1}x_{r+1}+c_{2,r+2}x_{r+2}+\cdots+c_{2n}x_n=0,\\ \qquad\qquad\cdots\cdots\cdots\cdots\cdots\\ \qquad\quad x_r+c_{r,r+1}x_{r+1}+c_{r,r+2}x_{r+2}+\cdots+c_{rn}x_n=0\end{cases}$$

与原方程组 $\boldsymbol{Ax}=\boldsymbol{0}$ 同解,即原方程组同解于方程组

$$\begin{cases}x_1=-c_{1,r+1}x_{r+1}-c_{1,r+2}x_{r+2}-\cdots-c_{1n}x_n,\\x_2=-c_{2,r+1}x_{r+1}-c_{2,r+2}x_{r+2}-\cdots-c_{2n}x_n,\\\qquad\cdots\cdots\cdots\cdots\cdots\\x_r=-c_{r,r+1}x_{r+1}-c_{r,r+2}x_{r+2}-\cdots-c_{rn}x_n.\end{cases}$$

将自由未知量向量 $(x_{r+1},x_{r+2},\cdots,x_n)^{\mathrm{T}}$ 分别取为以下 $n-r$ 个 $n-r$ 维单位向量:

$$\boldsymbol{\varepsilon}_1=(1,0,\cdots,0)^{\mathrm{T}},\boldsymbol{\varepsilon}_2=(0,1,\cdots,0)^{\mathrm{T}},\cdots,\boldsymbol{\varepsilon}_{n-r}=(0,\cdots,0,1)^{\mathrm{T}}.$$

可得方程组 $\boldsymbol{Ax}=\boldsymbol{0}$ 的 $n-r$ 个解向量:

$$\boldsymbol{\eta}_1=\begin{pmatrix}-c_{1,r+1}\\-c_{2,r+1}\\\vdots\\-c_{r,r+1}\\1\\0\\\vdots\\0\end{pmatrix},\boldsymbol{\eta}_2=\begin{pmatrix}-c_{1,r+2}\\-c_{2,r+2}\\\vdots\\-c_{r,r+2}\\0\\1\\\vdots\\0\end{pmatrix},\cdots,\boldsymbol{\eta}_{n-r}=\begin{pmatrix}-c_{1n}\\-c_{2n}\\\vdots\\-c_{rn}\\0\\0\\\vdots\\1\end{pmatrix}.$$

因为 $\boldsymbol{\varepsilon}_1,\boldsymbol{\varepsilon}_2,\cdots,\boldsymbol{\varepsilon}_{n-r}$ 线性无关,由定理 2.20 得 $\boldsymbol{\eta}_1,\boldsymbol{\eta}_2,\cdots,\boldsymbol{\eta}_{n-r}$ 线性无关.

设 $\boldsymbol{\alpha}=(a_1,\cdots,a_r,a_{r+1},\cdots,a_n)^{\mathrm{T}}$ 是 $\boldsymbol{Ax}=\boldsymbol{0}$ 的任意解,令

$$\boldsymbol{\beta}=a_{r+1}\boldsymbol{\eta}_1+a_{r+2}\boldsymbol{\eta}_2+\cdots+a_n\boldsymbol{\eta}_{n-r}=(\ast,\cdots,\ast,a_{r+1},a_{r+2},\cdots,a_n)^{\mathrm{T}},$$

其中"$\ast$"代表向量 $\boldsymbol{\beta}$ 的前 r 个分量. 由于 $\boldsymbol{\beta}$ 是 $\boldsymbol{\eta}_1,\boldsymbol{\eta}_2,\cdots,\boldsymbol{\eta}_{n-r}$ 的线性组合,故 $\boldsymbol{\beta}$ 也是 $\boldsymbol{Ax}=\boldsymbol{0}$ 的解. 又因为 $\boldsymbol{\beta}$ 与 $\boldsymbol{\alpha}$ 中自由未知量的取值相同,从而它们的非自由未知量取值也分别相同,所以 $\boldsymbol{\alpha}=\boldsymbol{\beta}$,即 $\boldsymbol{\alpha}=a_{r+1}\boldsymbol{\eta}_1+a_{r+2}\boldsymbol{\eta}_2+\cdots+a_n\boldsymbol{\eta}_{n-r}$,从而 $\boldsymbol{\eta}_1,\boldsymbol{\eta}_2,\cdots,\boldsymbol{\eta}_{n-r}$ 是 $\boldsymbol{Ax}=\boldsymbol{0}$ 的基础解系.

设 $\boldsymbol{\gamma}_1,\boldsymbol{\gamma}_2,\cdots,\boldsymbol{\gamma}_s$ 是 $\boldsymbol{Ax}=\boldsymbol{0}$ 的任意基础解系,则 $\boldsymbol{\gamma}_1,\boldsymbol{\gamma}_2,\cdots,\boldsymbol{\gamma}_s$ 与 $\boldsymbol{\eta}_1,\boldsymbol{\eta}_2,\cdots,\boldsymbol{\eta}_{n-r}$ 等价,又因它们都线性无关,所以 $s=n-r$.

注 若将 $(x_{r+1},x_{r+2},\cdots,x_n)$ 取为任意 $n-r$ 个 $n-r$ 维线性无关向量,则所得 $n-r$ 个解向量必线性无关,从而也是基础解系,因而基础解系不唯一.

例 1 求齐次线性方程组

$$\begin{cases}x_1-x_2+5x_3-x_4=0,\\x_1+x_2-2x_3+3x_4=0,\\3x_1-x_2+8x_3+x_4=0,\\x_1+3x_2-9x_3+7x_4=0\end{cases}$$

的基础解系,并用基础解系表示全部解.

解 将系数矩阵 $\boldsymbol{A}$ 用初等行变换化为行最简形:

$$\boldsymbol{A}=\begin{pmatrix}1&-1&5&-1\\1&1&-2&3\\3&-1&8&1\\1&3&-9&7\end{pmatrix}\xrightarrow[r_4-r_1]{\substack{r_2-r_1\\r_3-3r_1}}\begin{pmatrix}1&-1&5&-1\\0&2&-7&4\\0&2&-7&4\\0&4&-14&8\end{pmatrix}$$

$$\xrightarrow[r_2\times\frac{1}{2}]{\substack{r_3-r_2\\r_4-2r_2}}\begin{pmatrix}1&-1&5&-1\\0&1&-\frac{7}{2}&2\\0&0&0&0\\0&0&0&0\end{pmatrix}\xrightarrow{r_1+r_2}\begin{pmatrix}1&0&\frac{3}{2}&1\\0&1&-\frac{7}{2}&2\\0&0&0&0\\0&0&0&0\end{pmatrix}.$$

于是得同解方程组

$$\begin{cases} x_1 = -\dfrac{3}{2}x_3 - x_4, \\ x_2 = \dfrac{7}{2}x_3 - 2x_4, \end{cases} \quad \text{其中 } x_3, x_4 \text{ 为自由未知量}.$$

将(x_3,x_4)分别取$(1,0)$,$(0,1)$,得基础解系 $\boldsymbol{\eta}_1=\left(-\dfrac{3}{2},\dfrac{7}{2},1,0\right)^{\mathrm{T}}$,$\boldsymbol{\eta}_2=(-1,-2,0,1)^{\mathrm{T}}$. 所以方程组的全部解为

$$\boldsymbol{x}=k_1\boldsymbol{\eta}_1+k_2\boldsymbol{\eta}_2=k_1\left(-\frac{3}{2},\frac{7}{2},1,0\right)^{\mathrm{T}}+k_2(-1,-2,0,1)^{\mathrm{T}},$$

其中 k_1,k_2 为任意常数.

注 若将(x_3,x_4)分别取线性无关向量$(2,0)$,$(0,1)$,可得基础解系

$$\boldsymbol{\gamma}_1=(-3,7,2,0)^{\mathrm{T}},\ \boldsymbol{\gamma}_2=(-1,-2,0,1)^{\mathrm{T}}.$$

例 2 设 $\boldsymbol{A},\boldsymbol{B}$ 分别为 $m\times n$, $n\times p$ 矩阵,$\boldsymbol{AB}=\boldsymbol{O}$,证明:

(1)$\boldsymbol{B}$ 的列向量都是齐次线性方程组 $\boldsymbol{Ax}=\boldsymbol{0}$ 的解;

(2)$R(\boldsymbol{A})+R(\boldsymbol{B})\leqslant n$;

(3)若 $R(\boldsymbol{A})=n$(即 $\boldsymbol{A}$ 列满秩),则 $\boldsymbol{B}=\boldsymbol{O}$;

(4)若 $\boldsymbol{B}\neq\boldsymbol{O}$,则 $\boldsymbol{A}$ 的列向量组线性相关.

微课:矩阵秩的不等式小结

证明 (1)将 $\boldsymbol{B}$ 按列分块为 $\boldsymbol{B}=(\boldsymbol{\beta}_1,\boldsymbol{\beta}_2,\cdots,\boldsymbol{\beta}_p)$,由 $\boldsymbol{AB}=\boldsymbol{O}$ 得

$$\boldsymbol{A}(\boldsymbol{\beta}_1,\boldsymbol{\beta}_2,\cdots,\boldsymbol{\beta}_p)=(\boldsymbol{A\beta}_1,\boldsymbol{A\beta}_2,\cdots,\boldsymbol{A\beta}_p)=\boldsymbol{O},$$

故 $\boldsymbol{A\beta}_i=\boldsymbol{0}(i=1,2,\cdots,p)$,即 $\boldsymbol{\beta}_1,\boldsymbol{\beta}_2,\cdots,\boldsymbol{\beta}_p$ 都是齐次线性方程组 $\boldsymbol{Ax}=\boldsymbol{0}$ 的解.

(2)设 $R(\boldsymbol{A})=r$,且 $\boldsymbol{\eta}_1,\boldsymbol{\eta}_2,\cdots,\boldsymbol{\eta}_{n-r}$ 是 $\boldsymbol{Ax}=\boldsymbol{0}$ 的基础解系. 由(1)得 $\boldsymbol{\beta}_1,\boldsymbol{\beta}_2,\cdots,\boldsymbol{\beta}_p$ 可由 $\boldsymbol{\eta}_1,\boldsymbol{\eta}_2,\cdots,\boldsymbol{\eta}_{n-r}$ 线性表示,由推论 2.26 得

$$R(\boldsymbol{B})=R(\boldsymbol{\beta}_1,\boldsymbol{\beta}_2,\cdots,\boldsymbol{\beta}_p)\leqslant R(\boldsymbol{\eta}_1,\boldsymbol{\eta}_2,\cdots,\boldsymbol{\eta}_{n-r})=n-r=n-R(\boldsymbol{A}),$$

故 $R(\boldsymbol{A})+R(\boldsymbol{B})\leqslant n$.

(3)若 $R(\boldsymbol{A})=n$,由(2)知 $R(\boldsymbol{B})\leqslant n-R(\boldsymbol{A})=n-n=0$,所以 $R(\boldsymbol{B})=0$,从而 $\boldsymbol{B}=\boldsymbol{O}$.

(4)若 $\boldsymbol{B}\neq\boldsymbol{O}$,由(2)得 $R(\boldsymbol{A})\leqslant n-R(\boldsymbol{B})<n$,即 $\boldsymbol{A}$ 的列向量组线性相关.

2.5.2 非齐次线性方程组解的结构

将非齐次线性方程组 $\boldsymbol{Ax}=\boldsymbol{b}$ 的常数列向量 $\boldsymbol{b}$ 取为零向量,所得齐次线性方程组 $\boldsymbol{Ax}=\boldsymbol{0}$ 称为 $\boldsymbol{Ax}=\boldsymbol{b}$ 的**导出线性方程组**,简称**导出组**.

非齐次线性方程组的解有以下性质.

性质 2.33 若 $\boldsymbol{\alpha},\boldsymbol{\beta}$ 是非齐次线性方程组 $\boldsymbol{Ax}=\boldsymbol{b}$ 的解,则 $\boldsymbol{\alpha}-\boldsymbol{\beta}$ 是其导出组 $\boldsymbol{Ax}=\boldsymbol{0}$ 的解.

证明 因为 $\boldsymbol{A}(\boldsymbol{\alpha}-\boldsymbol{\beta})=\boldsymbol{A\alpha}-\boldsymbol{A\beta}=\boldsymbol{b}-\boldsymbol{b}=\boldsymbol{0}$,所以 $\boldsymbol{\alpha}-\boldsymbol{\beta}$ 是 $\boldsymbol{Ax}=\boldsymbol{0}$的解.

性质 2.34 若 $\boldsymbol{\alpha},\boldsymbol{\beta}$ 分别为非齐次线性方程组 $\boldsymbol{Ax}=\boldsymbol{b}$ 和导出组 $\boldsymbol{Ax}=\boldsymbol{0}$ 的解,则 $\boldsymbol{\alpha}+\boldsymbol{\beta}$ 为 $\boldsymbol{Ax}=\boldsymbol{b}$ 的解.

证明 因为 $\boldsymbol{A}(\boldsymbol{\alpha}+\boldsymbol{\beta})=\boldsymbol{A\alpha}+\boldsymbol{A\beta}=\boldsymbol{b}+\boldsymbol{0}=\boldsymbol{b}$,所以 $\boldsymbol{\alpha}+\boldsymbol{\beta}$ 是 $\boldsymbol{Ax}=\boldsymbol{b}$ 的解.

定理 2.35 设 $\boldsymbol{\gamma}_0$ 是非齐次线性方程组 $\boldsymbol{Ax}=\boldsymbol{b}$ 的一个特解,则 $\boldsymbol{Ax}=\boldsymbol{b}$ 的任意解 $\boldsymbol{\gamma}$ 可表示为 $\boldsymbol{\gamma}=\boldsymbol{\eta}+\boldsymbol{\gamma}_0$,其中 $\boldsymbol{\eta}$ 是导出组 $\boldsymbol{Ax}=\boldsymbol{0}$ 的一个解.

证明 因 $\boldsymbol{A\gamma}=\boldsymbol{b}$,$\boldsymbol{A\gamma}_0=\boldsymbol{b}$,由性质 2.33 可知 $\boldsymbol{\gamma}-\boldsymbol{\gamma}_0$ 是导出组 $\boldsymbol{Ax}=\boldsymbol{0}$ 的解. 令 $\boldsymbol{\eta}=\boldsymbol{\gamma}-\boldsymbol{\gamma}_0$,得 $\boldsymbol{\gamma}=\boldsymbol{\eta}+\boldsymbol{\gamma}_0$.

推论 2.36 设 $\boldsymbol{\gamma}_0$ 是 n 元非齐次线性方程组 $\boldsymbol{Ax}=\boldsymbol{b}$ 的一个特解,$\boldsymbol{\eta}_1,\boldsymbol{\eta}_2,\cdots,\boldsymbol{\eta}_{n-r}$ 是其导出组 $\boldsymbol{Ax}=\boldsymbol{0}$ 的基础解系,则 $\boldsymbol{Ax}=\boldsymbol{b}$ 的全部解可表示为

$$\boldsymbol{\gamma}=k_1\boldsymbol{\eta}_1+k_2\boldsymbol{\eta}_2+\cdots+k_{n-r}\boldsymbol{\eta}_{n-r}+\boldsymbol{\gamma}_0,$$

其中 $r=R(\boldsymbol{A})$,$k_1,k_2,\cdots,k_{n-r}$ 为任意常数.

推论 2.37 若非齐次线性方程组 $\boldsymbol{Ax}=\boldsymbol{b}$ 有解,则 $\boldsymbol{Ax}=\boldsymbol{b}$ 有唯一解的充分必要条件是其导出组 $\boldsymbol{Ax}=\boldsymbol{0}$ 只有零解.

注 设 U,V 分别为 $\boldsymbol{Ax}=\boldsymbol{0}$ 和 $\boldsymbol{Ax}=\boldsymbol{b}$ 的解集(其中 U 称为 $\boldsymbol{Ax}=\boldsymbol{0}$ 的解空间,参见 2.6 节),由定理 2.35 可得

$$V=U+\boldsymbol{\gamma}_0\triangleq\{\boldsymbol{\eta}+\boldsymbol{\gamma}_0\mid\boldsymbol{\eta}\in U\}.$$

如果 U,V 是向量空间 $\mathbf{R}^3$ 中的向量集且始点都在坐标原点,设解空间 U 中向量在同一平面上(必过坐标原点),则解集 V 中向量的终点都在一个与平面 U 平行的平面上,它可视为由平面 U 沿特解向量 $\boldsymbol{\gamma}_0$ 平移得到的,如图 2.2 所示.

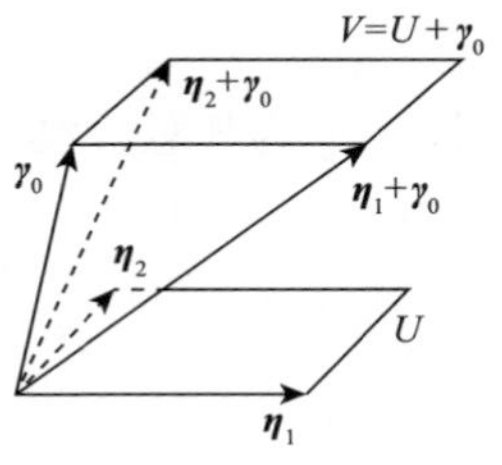

图 2.2 线性方程组与其导出组的解集

例 3 求非齐次线性方程组 $\begin{cases}x_1+x_2-3x_3-x_4=1,\\3x_1-x_2-3x_3+4x_4=4,\\x_1+5x_2-9x_3-8x_4=0\end{cases}$ 的全部解.

解 对增广矩阵 $(\boldsymbol{A},\boldsymbol{b})$ 施行初等行变换,将其化为行最简形:

$$(\boldsymbol{A},\boldsymbol{b})=\left(\begin{array}{cccc:c}1&1&-3&-1&1\\3&-1&-3&4&4\\1&5&-9&-8&0\end{array}\right)\xrightarrow[r_3-r_1]{r_2-3r_1}\left(\begin{array}{cccc:c}1&1&-3&-1&1\\0&-4&6&7&1\\0&4&-6&-7&-1\end{array}\right)$$

$$\xrightarrow[r_2\times\left(-\frac{1}{4}\right)]{r_3+r_2}\left(\begin{array}{cccc:c}1&1&-3&-1&1\\0&1&-\frac{3}{2}&-\frac{7}{4}&-\frac{1}{4}\\0&0&0&0&0\end{array}\right)\xrightarrow{r_1-r_2}\left(\begin{array}{cccc:c}1&0&-\frac{3}{2}&\frac{3}{4}&\frac{5}{4}\\0&1&-\frac{3}{2}&-\frac{7}{4}&-\frac{1}{4}\\0&0&0&0&0\end{array}\right).$$

可知 $R(\boldsymbol{A})=R(\boldsymbol{A},\boldsymbol{b})=2<4$,从而方程组有无穷个解. 同解方程组为

$$\begin{cases}x_1=\frac{5}{4}+\frac{3}{2}x_3-\frac{3}{4}x_4,\\x_2=-\frac{1}{4}+\frac{3}{2}x_3+\frac{7}{4}x_4,\end{cases}\quad\text{其中 } x_3,x_4 \text{ 为自由未知量}.$$

令 $x_3=x_4=0$,得特解 $\boldsymbol{\gamma}_0=\left(\frac{5}{4},-\frac{1}{4},0,0\right)^{\mathrm{T}}$.

将 (x_3,x_4) 分别取线性无关向量 $(2,0)$,$(0,4)$,得导出组的基础解系

$$\boldsymbol{\eta}_1=(3,3,2,0)^{\mathrm{T}},\boldsymbol{\eta}_2=(-3,7,0,4)^{\mathrm{T}}.$$

从而非齐次线性方程组的全部解为

$$\boldsymbol{\gamma}=k_1\boldsymbol{\eta}_1+k_2\boldsymbol{\eta}_2+\boldsymbol{\gamma}_0=k_1(3,3,2,0)^{\mathrm{T}}+k_2(-3,7,0,4)^{\mathrm{T}}+\left(\frac{5}{4},-\frac{1}{4},0,0\right)^{\mathrm{T}},$$

其中 k_1,k_2 为任意常数.

例 4 设 $\boldsymbol{Ax}=\boldsymbol{b}$ 为四元线性方程组,且 $\boldsymbol{A}$ 的秩为 2. 已知 $\boldsymbol{\eta}_1,\boldsymbol{\eta}_2,\boldsymbol{\eta}_3$ 是 $\boldsymbol{Ax}=\boldsymbol{b}$ 的线性无关的解,试求 $\boldsymbol{Ax}=\boldsymbol{b}$ 的全部解.

解 因为 $R(\boldsymbol{A})=2$,未知量个数 $n=4$,所以导出组 $\boldsymbol{Ax}=\boldsymbol{0}$ 的基础解系中向量个数为 $n-R(\boldsymbol{A})=4-2=2$. 因为 $\boldsymbol{\eta}_1,\boldsymbol{\eta}_2,\boldsymbol{\eta}_3$ 是方程组 $\boldsymbol{Ax}=\boldsymbol{b}$ 的解,所以 $\boldsymbol{\eta}_1-\boldsymbol{\eta}_2,\boldsymbol{\eta}_1-\boldsymbol{\eta}_3$ 是导出组 $\boldsymbol{Ax}=\boldsymbol{0}$ 的解. 下面证明 $\boldsymbol{\eta}_1-\boldsymbol{\eta}_2,\boldsymbol{\eta}_1-\boldsymbol{\eta}_3$ 线性无关.

令 $k_1(\boldsymbol{\eta}_1-\boldsymbol{\eta}_2)+k_2(\boldsymbol{\eta}_1-\boldsymbol{\eta}_3)=\boldsymbol{0}$,则 $(k_1+k_2)\boldsymbol{\eta}_1-k_1\boldsymbol{\eta}_2-k_2\boldsymbol{\eta}_3=\boldsymbol{0}$. 由 $\boldsymbol{\eta}_1,\boldsymbol{\eta}_2,\boldsymbol{\eta}_3$ 线性无关得 $k_1=k_2=0$,故 $\boldsymbol{\eta}_1-\boldsymbol{\eta}_2,\boldsymbol{\eta}_1-\boldsymbol{\eta}_3$ 线性无关,从而是导出组 $\boldsymbol{Ax}=\boldsymbol{0}$ 的基础解系. 所以 $\boldsymbol{Ax}=\boldsymbol{b}$ 的全部解为

$$\boldsymbol{\gamma}=c_1(\boldsymbol{\eta}_1-\boldsymbol{\eta}_2)+c_2(\boldsymbol{\eta}_1-\boldsymbol{\eta}_3)+\boldsymbol{\eta}_1,$$

其中 c_1,c_2 为任意常数.

习题 2.5

一、基础题

1. 求下列齐次线性方程组的基础解系,并用基础解系表示全部解.

(1) $\begin{cases} x_1+2x_2-x_3-2x_4=0,\\ 2x_1-x_2-x_3+x_4=0,\\ 3x_1+x_2-2x_3-x_4=0.\end{cases}$　　(2) $\begin{cases} x_1+x_2-x_3+x_4=0,\\ x_1-x_2+2x_3-x_4=0,\\ 3x_1+x_2+x_4=0.\end{cases}$

2. 求下列非齐次线性方程组的全部解,并用导出组的基础解系表示.

(1) $\begin{cases} x_1+x_2=5,\\ 2x_1+x_2+x_3+2x_4=1,\\ 5x_1+3x_2+2x_3+2x_4=3.\end{cases}$　　(2) $\begin{cases} x_1-5x_2+2x_3-3x_4=11,\\ 5x_1+3x_2+6x_3-x_4=-1,\\ 2x_1+4x_2+2x_3+x_4=-6.\end{cases}$

3. 设 $\boldsymbol{\eta}_1,\boldsymbol{\eta}_2,\boldsymbol{\eta}_3$ 是齐次线性方程组 $\boldsymbol{Ax}=\boldsymbol{0}$ 的基础解系,证明:$\boldsymbol{\eta}_1+\boldsymbol{\eta}_2,\boldsymbol{\eta}_1-\boldsymbol{\eta}_2,\boldsymbol{\eta}_1+\boldsymbol{\eta}_2+\boldsymbol{\eta}_3$ 也是 $\boldsymbol{Ax}=\boldsymbol{0}$ 的基础解系.

4. 设 $\boldsymbol{\gamma}_1,\boldsymbol{\gamma}_2,\cdots,\boldsymbol{\gamma}_s$ 为非齐次线性方程组 $\boldsymbol{Ax}=\boldsymbol{b}$ 的解,$k_1,k_2,\cdots,k_s$ 为任意一组数. 证明:$k_1\boldsymbol{\gamma}_1+k_2\boldsymbol{\gamma}_2+\cdots+k_s\boldsymbol{\gamma}_s$ 是 $\boldsymbol{Ax}=\boldsymbol{b}$ 的解的充分必要条件是 $k_1+k_2+\cdots+k_s=1$.

5. 设 $\boldsymbol{\eta}_1,\boldsymbol{\eta}_2,\cdots,\boldsymbol{\eta}_s$ 是齐次线性方程组 $\boldsymbol{Ax}=\boldsymbol{0}$ 的基础解系,向量组 $\boldsymbol{\gamma}_1,\boldsymbol{\gamma}_2,\cdots,\boldsymbol{\gamma}_s$ 可由 $\boldsymbol{\eta}_1,\boldsymbol{\eta}_2,\cdots,\boldsymbol{\eta}_s$ 表示为

$$(\boldsymbol{\gamma}_1,\boldsymbol{\gamma}_2,\cdots,\boldsymbol{\gamma}_s)=(\boldsymbol{\eta}_1,\boldsymbol{\eta}_2,\cdots,\boldsymbol{\eta}_s)\begin{pmatrix} c_{11} & c_{12} & \cdots & c_{1s}\\ c_{21} & c_{22} & \cdots & c_{2s}\\ \vdots & \vdots & & \vdots\\ c_{s1} & c_{s2} & \cdots & c_{ss}\end{pmatrix}.$$

记 $\boldsymbol{C}=(c_{ij})_{s\times s}$,证明:$\boldsymbol{\gamma}_1,\boldsymbol{\gamma}_2,\cdots,\boldsymbol{\gamma}_s$ 是 $\boldsymbol{Ax}=\boldsymbol{0}$ 的基础解系的充分必要条件是矩阵 $\boldsymbol{C}$ 可逆.

二、提高题

6. 设 $\boldsymbol{A}$ 为 $m\times n(n>3)$ 矩阵，$R(\boldsymbol{A})=n-3$，且 $\boldsymbol{\alpha}_1,\boldsymbol{\alpha}_2,\boldsymbol{\alpha}_3$ 是齐次线性方程组 $\boldsymbol{Ax}=\boldsymbol{0}$ 的 3 个线性无关的解向量，则 $\boldsymbol{Ax}=\boldsymbol{0}$ 的基础解系为(　　).

A. $\boldsymbol{\alpha}_1+\boldsymbol{\alpha}_2,\boldsymbol{\alpha}_2-\boldsymbol{\alpha}_3,\boldsymbol{\alpha}_3+\boldsymbol{\alpha}_1$　　B. $\boldsymbol{\alpha}_2-\boldsymbol{\alpha}_1,\boldsymbol{\alpha}_3-\boldsymbol{\alpha}_2,\boldsymbol{\alpha}_1-\boldsymbol{\alpha}_3$

C. $2\boldsymbol{\alpha}_2-\boldsymbol{\alpha}_1,2\boldsymbol{\alpha}_3-\boldsymbol{\alpha}_2,\boldsymbol{\alpha}_1-2\boldsymbol{\alpha}_3$　　D. $\boldsymbol{\alpha}_1+\boldsymbol{\alpha}_2+\boldsymbol{\alpha}_3,2\boldsymbol{\alpha}_3-\boldsymbol{\alpha}_2,3\boldsymbol{\alpha}_3+\boldsymbol{\alpha}_1$

7. 已知 $\boldsymbol{\beta}_1,\boldsymbol{\beta}_2$ 是非齐次线性方程组 $\boldsymbol{Ax}=\boldsymbol{b}$ 的两个不同的解，$\boldsymbol{\alpha}_1,\boldsymbol{\alpha}_2$ 是导出组 $\boldsymbol{Ax}=\boldsymbol{0}$ 的基础解系，k_1,k_2 为任意常数，则 $\boldsymbol{Ax}=\boldsymbol{b}$ 的通解是(　　).

A. $k_1\boldsymbol{\alpha}_1+k_2(\boldsymbol{\alpha}_1+\boldsymbol{\alpha}_2)+\dfrac{1}{2}(\boldsymbol{\beta}_1-\boldsymbol{\beta}_2)$

B. $k_1\boldsymbol{\alpha}_1+k_2(\boldsymbol{\alpha}_1-\boldsymbol{\alpha}_2)+\dfrac{1}{2}(\boldsymbol{\beta}_1+\boldsymbol{\beta}_2)$

C. $k_1\boldsymbol{\alpha}_1+k_2(\boldsymbol{\beta}_1+\boldsymbol{\beta}_2)+\dfrac{1}{2}(\boldsymbol{\beta}_1-\boldsymbol{\beta}_2)$

D. $k_1\boldsymbol{\alpha}_1+k_2(\boldsymbol{\beta}_1-\boldsymbol{\beta}_2)+\dfrac{1}{2}(\boldsymbol{\beta}_1+\boldsymbol{\beta}_2)$

微课：线性方程组的解

8. (2000 · 数学三) 已知 $\boldsymbol{\alpha}_1,\boldsymbol{\alpha}_2$ 是四元非齐次线性方程组 $\boldsymbol{Ax}=\boldsymbol{b}$ 的解，秩 $R(\boldsymbol{A})=3$，$\boldsymbol{\alpha}_1=(1,2,3,4)^{\mathrm{T}}$，$\boldsymbol{\alpha}_1+\boldsymbol{\alpha}_2=(0,1,2,3)^{\mathrm{T}}$，则 $\boldsymbol{Ax}=\boldsymbol{b}$ 的通解为(　　).

A. $(1,2,3,4)^{\mathrm{T}}+k(1,1,1,1)^{\mathrm{T}}$　　B. $(1,2,3,4)^{\mathrm{T}}+k(0,1,2,3)^{\mathrm{T}}$

C. $(1,2,3,4)^{\mathrm{T}}+k(2,3,4,5)^{\mathrm{T}}$　　D. $(1,2,3,4)^{\mathrm{T}}+k(3,4,5,6)^{\mathrm{T}}$

9. 设 $\boldsymbol{A}$ 为 $m\times n$ 矩阵，$\boldsymbol{Ax}=\boldsymbol{0}$ 是非齐次线性方程组 $\boldsymbol{Ax}=\boldsymbol{b}$ 的导出组，则(　　).

A. 若 $\boldsymbol{Ax}=\boldsymbol{0}$ 仅有零解，则 $\boldsymbol{Ax}=\boldsymbol{b}$ 有唯一解　　B. 若 $\boldsymbol{Ax}=\boldsymbol{0}$ 有非零解，则 $\boldsymbol{Ax}=\boldsymbol{b}$ 有无穷个解

C. 若 $\boldsymbol{Ax}=\boldsymbol{b}$ 无解，则 $\boldsymbol{Ax}=\boldsymbol{0}$ 只有零解　　D. 若 $\boldsymbol{Ax}=\boldsymbol{b}$ 有无穷个解，则 $\boldsymbol{Ax}=\boldsymbol{0}$ 有非零解

10. 设 $m\times n$ 矩阵 $\boldsymbol{A}$ 的各行元素之和均为零，且 $\boldsymbol{A}$ 的秩为 $n-1$，则齐次线性方程组 $\boldsymbol{Ax}=\boldsymbol{0}$ 的通解为__________.

11. (2002 · 数学一、二) 已知四阶方阵 $\boldsymbol{A}=(\boldsymbol{\alpha}_1,\boldsymbol{\alpha}_2,\boldsymbol{\alpha}_3,\boldsymbol{\alpha}_4)$，$\boldsymbol{\alpha}_1,\boldsymbol{\alpha}_2,\boldsymbol{\alpha}_3,\boldsymbol{\alpha}_4$ 均为四维列向量，其中 $\boldsymbol{\alpha}_2,\boldsymbol{\alpha}_3,\boldsymbol{\alpha}_4$ 线性无关，$\boldsymbol{\alpha}_1=2\boldsymbol{\alpha}_2-\boldsymbol{\alpha}_3$. 如果 $\boldsymbol{\beta}=\boldsymbol{\alpha}_1+\boldsymbol{\alpha}_2+\boldsymbol{\alpha}_3+\boldsymbol{\alpha}_4$，求线性方程组 $\boldsymbol{Ax}=\boldsymbol{\beta}$ 的通解.

12. 设 $m\times n$ 矩阵 $\boldsymbol{A}$ 的秩为 r，向量 $\boldsymbol{\gamma}_0$ 是非齐次线性方程组 $\boldsymbol{Ax}=\boldsymbol{b}$ 的解，$\boldsymbol{\eta}_1,\boldsymbol{\eta}_2,\cdots,\boldsymbol{\eta}_{n-r}$ 是导出组 $\boldsymbol{Ax}=\boldsymbol{0}$ 的基础解系. 证明：$\boldsymbol{\gamma}_0,\boldsymbol{\gamma}_0+\boldsymbol{\eta}_1,\boldsymbol{\gamma}_0+\boldsymbol{\eta}_2,\cdots,\boldsymbol{\gamma}_0+\boldsymbol{\eta}_{n-r}$ 是 $\boldsymbol{Ax}=\boldsymbol{b}$ 的线性无关解.

13. 设 $m\times n$ 矩阵 $\boldsymbol{A}$ 的秩为 r，$\boldsymbol{\alpha}_1,\boldsymbol{\alpha}_2,\cdots,\boldsymbol{\alpha}_{n-r+1}$ 是非齐次线性方程组 $\boldsymbol{Ax}=\boldsymbol{b}$ 的线性无关解. 证明：$\boldsymbol{\alpha}_2-\boldsymbol{\alpha}_1,\boldsymbol{\alpha}_3-\boldsymbol{\alpha}_1,\cdots,\boldsymbol{\alpha}_{n-r+1}-\boldsymbol{\alpha}_1$ 是导出组 $\boldsymbol{Ax}=\boldsymbol{0}$ 的基础解系.

14. 设 $\boldsymbol{A}$ 为 $m\times n$ 矩阵，$R(\boldsymbol{A})=n$，$\boldsymbol{B},\boldsymbol{C}$ 均为 $n\times p$ 矩阵且 $\boldsymbol{AB}=\boldsymbol{AC}$，证明：$\boldsymbol{B}=\boldsymbol{C}$.

15. 设 $\boldsymbol{A}$ 为 $n(n\geqslant 2)$ 阶矩阵，$\boldsymbol{A}^*$ 为 $\boldsymbol{A}$ 的伴随矩阵，证明：

$$R(\boldsymbol{A}^*)=\begin{cases}n, & R(\boldsymbol{A})=n,\\ 1, & R(\boldsymbol{A})=n-1,\\ 0, & R(\boldsymbol{A})<n-1.\end{cases}$$

微课：伴随矩阵的秩

16. 设 $\boldsymbol{A}$ 为实矩阵，证明：$R(\boldsymbol{A}^{\mathrm{T}}\boldsymbol{A})=R(\boldsymbol{A})$.

*2.6 向量空间

2.6.1 向量空间的定义

我们把全体 n 维实向量的集合 $\mathbf{R}^n$ 称为 n 维向量空间．这是因为 $\mathbf{R}^n$ 中向量有加法和数乘运算，并且满足一系列运算性质，即 $\mathbf{R}^n$ 具有某种代数结构．

定义 2.9 设 V 为 $\mathbf{R}^n$ 的非空子集，而且对于向量的线性运算封闭，即

(1) 若 $\boldsymbol{\alpha},\boldsymbol{\beta}\in V$，则 $\boldsymbol{\alpha}+\boldsymbol{\beta}\in V$；

(2) 若 $\boldsymbol{\alpha}\in V,k\in\mathbf{R}$，则 $k\boldsymbol{\alpha}\in V$，

则称 V 为**向量空间**．

例如，$\mathbf{R}^n$ 为向量空间；仅含有一个零向量的集合 $\{\mathbf{0}\}$ 是向量空间，称为**零空间**．任何向量空间 V 都包含零向量，这是因为，由 $\boldsymbol{\alpha}\in V$ 可得 $0\boldsymbol{\alpha}=\mathbf{0}\in V$.

例 1 设 n 元齐次线性方程组 $\boldsymbol{Ax}=\mathbf{0}$ 的解集

$$V=\{\boldsymbol{x}\in\mathbf{R}^n \mid \boldsymbol{Ax}=\mathbf{0}\},$$

则 V 是向量空间，称为齐次线性方程组 $\boldsymbol{Ax}=\mathbf{0}$ 的**解空间**．

证明 因 V 包含零向量，故 V 非空．又由性质 2.30 可知：若 $\boldsymbol{\alpha},\boldsymbol{\beta}\in V$，则 $\boldsymbol{\alpha}+\boldsymbol{\beta}\in V$；若 $\boldsymbol{\alpha}\in V,k\in\mathbf{R}$，则 $k\boldsymbol{\alpha}\in V$，所以 V 是向量空间．

注 若非齐次线性方程组 $\boldsymbol{Ax}=\boldsymbol{b}$ 有解，由于其解集 V 对向量加法和数乘都不封闭，故 V 不构成向量空间．

例 2 设 $V_1=\{(x,y,0)\mid x,y\in\mathbf{R}\},V_2=\{(0,0,z)\mid z\in\mathbf{R}\}$，则 V_1,V_2 都是向量空间．V_1 表示空间直角坐标系中 xOy 平面，而 V_2 表示空间直角坐标系中 z 轴．

2.6.2 子空间

定义 2.10 设 V 为向量空间，W 是 V 的非空子集，若 W 也是向量空间，则称 W 是 V 的**子空间**．

例如，例 2 中的 V_1,V_2 都是 $\mathbf{R}^3$ 的子空间．n 元齐次线性方程组 $\boldsymbol{Ax}=\mathbf{0}$ 的解空间是 $\mathbf{R}^n$ 的子空间．

例 3 设 V 为向量空间，$\boldsymbol{\alpha}_1,\boldsymbol{\alpha}_2,\cdots,\boldsymbol{\alpha}_s\in V$，向量集

$$L(\boldsymbol{\alpha}_1,\boldsymbol{\alpha}_2,\cdots,\boldsymbol{\alpha}_s)=\{k_1\boldsymbol{\alpha}_1+k_2\boldsymbol{\alpha}_2+\cdots+k_s\boldsymbol{\alpha}_s \mid k_1,k_2,\cdots,k_s\in\mathbf{R}\}$$

为向量 $\boldsymbol{\alpha}_1,\boldsymbol{\alpha}_2,\cdots,\boldsymbol{\alpha}_s$ 的所有线性组合的集合，则 $L(\boldsymbol{\alpha}_1,\boldsymbol{\alpha}_2,\cdots,\boldsymbol{\alpha}_s)$ 是 V 的子空间，称为 $\boldsymbol{\alpha}_1,\boldsymbol{\alpha}_2,\cdots,\boldsymbol{\alpha}_s$ 的**生成子空间**，并称 $\boldsymbol{\alpha}_1,\boldsymbol{\alpha}_2,\cdots,\boldsymbol{\alpha}_s$ 为它的一组**生成元**．

例如，齐次线性方程组 $\boldsymbol{Ax}=\mathbf{0}$ 的解空间等于其基础解系的生成子空间．

例 2 中的子空间 $V_1=L(\boldsymbol{\varepsilon}_1,\boldsymbol{\varepsilon}_2),V_2=L(\boldsymbol{\varepsilon}_3)$，这里

$$\boldsymbol{\varepsilon}_1=(1,0,0)^{\mathrm{T}},\boldsymbol{\varepsilon}_2=(0,1,0)^{\mathrm{T}},\boldsymbol{\varepsilon}_3=(0,0,1)^{\mathrm{T}}.$$

2.6.3 基、维数与坐标

定义2.11 向量空间 V 中的向量 $\boldsymbol{\alpha}_1,\boldsymbol{\alpha}_2,\cdots,\boldsymbol{\alpha}_r$ 称为 V 的**基**(或**基底**),如果

(1)$\boldsymbol{\alpha}_1,\boldsymbol{\alpha}_2,\cdots,\boldsymbol{\alpha}_r$ 线性无关;

(2)V 中任意向量都可由 $\boldsymbol{\alpha}_1,\boldsymbol{\alpha}_2,\cdots,\boldsymbol{\alpha}_r$ 线性表示.

由定义2.11可知,基就是向量空间 V 的极大无关组,反之亦然. 因此,向量空间的基不是唯一的,而基向量个数是唯一的. 我们把向量空间 V 的基向量个数称为 V 的**维数**,记作 $\dim V$.

零空间没有基,其维数规定为0.

在向量空间 $\mathbf{R}^n$ 中,向量组

$$\boldsymbol{\varepsilon}_1=(1,0,\cdots,0)^{\mathrm{T}},\boldsymbol{\varepsilon}_2=(0,1,\cdots,0)^{\mathrm{T}},\cdots,\boldsymbol{\varepsilon}_n=(0,\cdots,0,1)^{\mathrm{T}}$$

是 $\mathbf{R}^n$ 的一个基,称为**自然基**,故 $\dim \mathbf{R}^n=n$.

n 元齐次线性方程组 $\boldsymbol{Ax}=\mathbf{0}$ 的任意基础解系都是其解空间的基,因此,$\boldsymbol{Ax}=\mathbf{0}$ 的解空间的维数为 $n-R(\boldsymbol{A})$.

向量组 $\boldsymbol{\alpha}_1,\boldsymbol{\alpha}_2,\cdots,\boldsymbol{\alpha}_s$ 的任意极大无关组均为其生成子空间 $L(\boldsymbol{\alpha}_1,\boldsymbol{\alpha}_2,\cdots,\boldsymbol{\alpha}_s)$ 的基,因而

$$\dim L(\boldsymbol{\alpha}_1,\boldsymbol{\alpha}_2,\cdots,\boldsymbol{\alpha}_s)=R(\boldsymbol{\alpha}_1,\boldsymbol{\alpha}_2,\cdots,\boldsymbol{\alpha}_s).$$

例4 设 $V=\{(x_1,x_2,\cdots,x_n)\in\mathbf{R}^n \mid x_1+x_2+\cdots+x_n=0\}$,证明:$V$ 是向量空间,并求 V 的一个基及维数 $\dim V$.

证明 因 V 是齐次线性方程组 $x_1+x_2+\cdots+x_n=0$ 的解集,故 V 是向量空间. 其基础解系

$$\boldsymbol{\eta}_1=(-1,1,0,\cdots,0)^{\mathrm{T}},\boldsymbol{\eta}_2=(-1,0,1,\cdots,0)^{\mathrm{T}},\cdots,\boldsymbol{\eta}_{n-1}=(-1,0,\cdots,0,1)^{\mathrm{T}}$$

为 V 的一个基,所以 $\dim V=n-1$.

若 $\boldsymbol{\alpha}_1,\boldsymbol{\alpha}_2,\cdots,\boldsymbol{\alpha}_r$ 是 r 维向量空间 V 的基,由定理2.21知,V 中任意向量 $\boldsymbol{\beta}$ 可由 $\boldsymbol{\alpha}_1,\boldsymbol{\alpha}_2,\cdots,\boldsymbol{\alpha}_r$ 唯一线性表示.

定义2.12 设 $\boldsymbol{\alpha}_1,\boldsymbol{\alpha}_2,\cdots,\boldsymbol{\alpha}_r$ 是向量空间 V 的一个基,若 V 中向量 $\boldsymbol{\beta}$ 可表示为

$$\boldsymbol{\beta}=x_1\boldsymbol{\alpha}_1+x_2\boldsymbol{\alpha}_2+\cdots+x_r\boldsymbol{\alpha}_r,$$

则称向量 $\boldsymbol{x}=(x_1,x_2,\cdots,x_r)^{\mathrm{T}}$ 为 $\boldsymbol{\beta}$ 在基 $\boldsymbol{\alpha}_1,\boldsymbol{\alpha}_2,\cdots,\boldsymbol{\alpha}_r$ 下的**坐标**.

注 坐标与基向量的排列顺序有关,一旦基向量的顺序给定,向量的坐标就是唯一的. 以后谈到坐标时总是把基当作有序基.

例5 证明:向量组

$$\boldsymbol{\alpha}_1=(-2,4,1)^{\mathrm{T}},\boldsymbol{\alpha}_2=(-1,3,5)^{\mathrm{T}},\boldsymbol{\alpha}_3=(2,-3,1)^{\mathrm{T}}$$

是向量空间 $\mathbf{R}^3$ 的基,并求向量 $\boldsymbol{\beta}=(1,1,3)^{\mathrm{T}}$ 在此基下的坐标.

证明 设 $\boldsymbol{A}=(\boldsymbol{\alpha}_1,\boldsymbol{\alpha}_2,\boldsymbol{\alpha}_3)$,则

$$|\boldsymbol{A}|=|\boldsymbol{\alpha}_1,\boldsymbol{\alpha}_2,\boldsymbol{\alpha}_3|=\begin{vmatrix}-2&-1&2\\4&3&-3\\1&5&1\end{vmatrix}=5\neq0,$$

故 $\boldsymbol{\alpha}_1,\boldsymbol{\alpha}_2,\boldsymbol{\alpha}_3$ 线性无关,从而 $\boldsymbol{\alpha}_1,\boldsymbol{\alpha}_2,\boldsymbol{\alpha}_3$ 是 $\mathbf{R}^3$ 的基.

设 $\boldsymbol{\beta}$ 在基 $\boldsymbol{\alpha}_1,\boldsymbol{\alpha}_2,\boldsymbol{\alpha}_3$ 下的坐标为 $\boldsymbol{x}=(x_1,x_2,x_3)^{\mathrm{T}}$,则 $\boldsymbol{\beta}=x_1\boldsymbol{\alpha}_1+x_2\boldsymbol{\alpha}_2+x_3\boldsymbol{\alpha}_3$,即 $(\boldsymbol{\alpha}_1,\boldsymbol{\alpha}_2,\boldsymbol{\alpha}_3)\boldsymbol{x}=\boldsymbol{\beta}$,故 $\boldsymbol{x}=(\boldsymbol{\alpha}_1,\boldsymbol{\alpha}_2,\boldsymbol{\alpha}_3)^{-1}\boldsymbol{\beta}=\boldsymbol{A}^{-1}\boldsymbol{\beta}$. 由

$$(\boldsymbol{A},\boldsymbol{\beta})=(\boldsymbol{\alpha}_1,\boldsymbol{\alpha}_2,\boldsymbol{\alpha}_3,\boldsymbol{\beta})=\left(\begin{array}{ccc:c}-2&-1&2&1\\4&3&-3&1\\1&5&1&3\end{array}\right)\xrightarrow{r}\left(\begin{array}{ccc:c}1&0&0&4\\0&1&0&-1\\0&0&1&4\end{array}\right),$$

得 $\boldsymbol{\beta}$ 在此基下的坐标为 $\boldsymbol{x}=(4,-1,4)^{\mathrm{T}}$.

2.6.4 基变换与坐标变换

定义 2.13 设 V 是 r 维向量空间,$A:\boldsymbol{\alpha}_1,\boldsymbol{\alpha}_2,\cdots,\boldsymbol{\alpha}_r$ 和 $B:\boldsymbol{\beta}_1,\boldsymbol{\beta}_2,\cdots,\boldsymbol{\beta}_r$ 是 V 的两个基,且

$$\begin{cases}\boldsymbol{\beta}_1=a_{11}\boldsymbol{\alpha}_1+a_{21}\boldsymbol{\alpha}_2+\cdots+a_{r1}\boldsymbol{\alpha}_r,\\ \boldsymbol{\beta}_2=a_{12}\boldsymbol{\alpha}_1+a_{22}\boldsymbol{\alpha}_2+\cdots+a_{r2}\boldsymbol{\alpha}_r,\\ \cdots\cdots\cdots\cdots\cdots\\ \boldsymbol{\beta}_r=a_{1r}\boldsymbol{\alpha}_1+a_{2r}\boldsymbol{\alpha}_2+\cdots+a_{rr}\boldsymbol{\alpha}_r,\end{cases}\tag{2.6.1}$$

则以 $\boldsymbol{\beta}_i$ 的坐标 $(a_{1i},a_{2i},\cdots,a_{ri})^{\mathrm{T}}(i=1,2,\cdots,r)$ 为列构成的 r 阶矩阵

$$\boldsymbol{P}=\begin{pmatrix}a_{11}&a_{12}&\cdots&a_{1r}\\a_{21}&a_{22}&\cdots&a_{2r}\\\vdots&\vdots&&\vdots\\a_{r1}&a_{r2}&\cdots&a_{rr}\end{pmatrix}$$

称为由基 A 到基 B 的**过渡矩阵**.

于是,式(2.6.1)可用过渡矩阵表示为

$$(\boldsymbol{\beta}_1,\boldsymbol{\beta}_2,\cdots,\boldsymbol{\beta}_r)=(\boldsymbol{\alpha}_1,\boldsymbol{\alpha}_2,\cdots,\boldsymbol{\alpha}_r)\boldsymbol{P}.\tag{2.6.2}$$

定理 2.38 过渡矩阵是可逆矩阵.

证明 假设过渡矩阵 $\boldsymbol{P}$ 不可逆,则齐次线性方程组 $\boldsymbol{P}\boldsymbol{x}=\boldsymbol{0}$ 有非零解 $\boldsymbol{x}=(k_1,k_2,\cdots,k_r)^{\mathrm{T}}$. 在式(2.6.2)两边右乘以 $(k_1,k_2,\cdots,k_r)^{\mathrm{T}}$ 得

$$k_1\boldsymbol{\beta}_1+k_2\boldsymbol{\beta}_2+\cdots+k_r\boldsymbol{\beta}_r=(\boldsymbol{\alpha}_1,\boldsymbol{\alpha}_2,\cdots,\boldsymbol{\alpha}_r)\boldsymbol{P}\begin{pmatrix}k_1\\k_2\\\vdots\\k_r\end{pmatrix}=\boldsymbol{0},$$

从而 $\boldsymbol{\beta}_1,\boldsymbol{\beta}_2,\cdots,\boldsymbol{\beta}_r$ 线性相关,这与 $\boldsymbol{\beta}_1,\boldsymbol{\beta}_2,\cdots,\boldsymbol{\beta}_r$ 是 V 的基矛盾.

一个向量在不同的基下的坐标一般是不同的. 随着基的改变,向量的坐标有如下关系.

定理 2.39 设 $A:\boldsymbol{\alpha}_1,\boldsymbol{\alpha}_2,\cdots,\boldsymbol{\alpha}_r$ 和 $B:\boldsymbol{\beta}_1,\boldsymbol{\beta}_2,\cdots,\boldsymbol{\beta}_r$ 是 r 维向量空间 V 的两个基,基 A 到基 B 的过

渡矩阵为 $\boldsymbol{P}$，向量 $\boldsymbol{\xi}\in V$ 在基 A 和基 B 下的坐标分别为

$$\boldsymbol{x}=(x_1,x_2,\cdots,x_r)^{\mathrm{T}},\boldsymbol{y}=(y_1,y_2,\cdots,y_r)^{\mathrm{T}},$$

则

$$\boldsymbol{y}=\boldsymbol{P}^{-1}\boldsymbol{x}. \tag{2.6.3}$$

证明 因为基 A 到基 B 的过渡矩阵为 $\boldsymbol{P}$，即

$$(\boldsymbol{\beta}_1,\boldsymbol{\beta}_2,\cdots,\boldsymbol{\beta}_r)=(\boldsymbol{\alpha}_1,\boldsymbol{\alpha}_2,\cdots,\boldsymbol{\alpha}_r)\boldsymbol{P},$$

将等式两边右乘以 $\boldsymbol{y}$ 得

$$\boldsymbol{\xi}=(\boldsymbol{\beta}_1,\boldsymbol{\beta}_2,\cdots,\boldsymbol{\beta}_r)\boldsymbol{y}=(\boldsymbol{\alpha}_1,\boldsymbol{\alpha}_2,\cdots,\boldsymbol{\alpha}_r)\boldsymbol{P}\boldsymbol{y},$$

所以 $\boldsymbol{\xi}$ 在基 A 下的坐标为 $\boldsymbol{P}\boldsymbol{y}$，即 $\boldsymbol{x}=\boldsymbol{P}\boldsymbol{y}$，从而 $\boldsymbol{y}=\boldsymbol{P}^{-1}\boldsymbol{x}$.

式(2.6.2)称为**基变换公式**，式(2.6.3)称为**坐标变换公式**.

例 6 设向量空间 $\mathbf{R}^3$ 的两个基

$$A:\boldsymbol{\alpha}_1=(1,0,1)^{\mathrm{T}},\boldsymbol{\alpha}_2=(1,1,0)^{\mathrm{T}},\boldsymbol{\alpha}_3=(0,1,1)^{\mathrm{T}};$$

$$B:\boldsymbol{\beta}_1=(1,0,3)^{\mathrm{T}},\boldsymbol{\beta}_2=(2,2,2)^{\mathrm{T}},\boldsymbol{\beta}_3=(-1,1,4)^{\mathrm{T}}.$$

(1)求基 A 到基 B 的过渡矩阵 $\boldsymbol{P}$.

(2)设 $\boldsymbol{\xi}\in\mathbf{R}^3$ 在基 A 下的坐标为 $\boldsymbol{x}=(9,0,9)^{\mathrm{T}}$，求 $\boldsymbol{\xi}$ 在基 B 下的坐标 $\boldsymbol{y}$.

解 (1)由基变换公式 $(\boldsymbol{\beta}_1,\boldsymbol{\beta}_2,\boldsymbol{\beta}_3)=(\boldsymbol{\alpha}_1,\boldsymbol{\alpha}_2,\boldsymbol{\alpha}_3)\boldsymbol{P}$ 及矩阵 $(\boldsymbol{\alpha}_1,\boldsymbol{\alpha}_2,\boldsymbol{\alpha}_3)$ 可逆，得

$$\boldsymbol{P}=(\boldsymbol{\alpha}_1,\boldsymbol{\alpha}_2,\boldsymbol{\alpha}_3)^{-1}(\boldsymbol{\beta}_1,\boldsymbol{\beta}_2,\boldsymbol{\beta}_3).$$

可用式(1.6.4)来求 $\boldsymbol{P}$，由

$$(\boldsymbol{\alpha}_1,\boldsymbol{\alpha}_2,\boldsymbol{\alpha}_3,\boldsymbol{\beta}_1,\boldsymbol{\beta}_2,\boldsymbol{\beta}_3)=\left(\begin{array}{ccc:ccc}1&1&0&1&2&-1\\0&1&1&0&2&1\\1&0&1&3&2&4\end{array}\right)\xrightarrow{r}\left(\begin{array}{ccc:ccc}1&0&0&2&1&1\\0&1&0&-1&1&-2\\0&0&1&1&1&3\end{array}\right),$$

得 $\boldsymbol{P}=\begin{pmatrix}2&1&1\\-1&1&-2\\1&1&3\end{pmatrix}$.

(2)由于 $\boldsymbol{y}=\boldsymbol{P}^{-1}\boldsymbol{x}$，可用式(1.6.4)来求 $\boldsymbol{y}$，由

$$(\boldsymbol{P},\boldsymbol{x})=\left(\begin{array}{ccc:c}2&1&1&9\\-1&1&-2&0\\1&1&3&9\end{array}\right)\xrightarrow{r}\left(\begin{array}{ccc:c}1&0&0&2\\0&1&0&4\\0&0&1&1\end{array}\right),$$

得 $\boldsymbol{\xi}$ 在基 B 下的坐标为 $\boldsymbol{y}=(2,4,1)^{\mathrm{T}}$.

习题 2.6

一、基础题

1. 下列向量集是否构成向量空间？若是，求其基和维数.

(1) $V=\{(x_1,x_2,x_3)\mid x_1-x_2+x_3=0\}$.

(2) $V=\{(x_1,x_2,x_3)\mid x_1=2x_2=3x_3\}$.

(3) $V=\{(x_1,x_2,\cdots,x_n)\mid \sum\limits_{i=1}^{n} ix_i=0\}$.

(4) $V=\{(x_1,x_2,\cdots,x_n)\mid \sum\limits_{i=1}^{n} x_i=1\}$.

2. 设向量组

$$A:\boldsymbol{\alpha}_1=(2,2,-1)^{\mathrm{T}},\boldsymbol{\alpha}_2=(2,-1,2)^{\mathrm{T}},\boldsymbol{\alpha}_3=(-1,2,2)^{\mathrm{T}};$$

$$B:\boldsymbol{\beta}_1=(1,0,-4)^{\mathrm{T}},\boldsymbol{\beta}_2=(4,3,2)^{\mathrm{T}}.$$

证明向量组 A 是向量空间 $\mathbf{R}^3$ 的基，并求向量 $\boldsymbol{\beta}_1,\boldsymbol{\beta}_2$ 在基 A 下的坐标.

3. 设向量组

$$A:\boldsymbol{\alpha}_1=(1,2,1)^{\mathrm{T}},\boldsymbol{\alpha}_2=(2,3,3)^{\mathrm{T}},\boldsymbol{\alpha}_3=(3,7,1)^{\mathrm{T}};$$

$$B:\boldsymbol{\beta}_1=(3,1,4)^{\mathrm{T}},\boldsymbol{\beta}_2=(5,2,1)^{\mathrm{T}},\boldsymbol{\beta}_3=(1,1,-6)^{\mathrm{T}}.$$

为 $\mathbf{R}^3$ 的两个基，求基 A 到基 B 的过渡矩阵.

4. 设有向量组 $\boldsymbol{\alpha}_1=(1,2,-1,0)^{\mathrm{T}},\boldsymbol{\alpha}_2=(1,1,0,2)^{\mathrm{T}},\boldsymbol{\alpha}_3=(2,1,1,a)^{\mathrm{T}}$，由 $\boldsymbol{\alpha}_1,\boldsymbol{\alpha}_2,\boldsymbol{\alpha}_3$ 生成的子空间维数为 2，求 a 的值.

二、提高题

5. (2009 · 数学一) 设 $\boldsymbol{\alpha}_1,\boldsymbol{\alpha}_2,\boldsymbol{\alpha}_3$ 是三维向量空间 $\mathbf{R}^3$ 的一个基，则由基 $\boldsymbol{\alpha}_1,\frac{1}{2}\boldsymbol{\alpha}_2,\frac{1}{3}\boldsymbol{\alpha}_3$ 到基 $\boldsymbol{\alpha}_1+\boldsymbol{\alpha}_2,\boldsymbol{\alpha}_2+\boldsymbol{\alpha}_3,\boldsymbol{\alpha}_3+\boldsymbol{\alpha}_1$ 的过渡矩阵为(　　).

A. $\begin{pmatrix}1&0&1\\2&2&0\\0&3&3\end{pmatrix}$　　B. $\begin{pmatrix}1&2&0\\0&2&3\\1&0&3\end{pmatrix}$

C. $\begin{pmatrix}\frac{1}{2}&\frac{1}{4}&-\frac{1}{6}\\-\frac{1}{2}&\frac{1}{4}&\frac{1}{6}\\\frac{1}{2}&-\frac{1}{4}&\frac{1}{6}\end{pmatrix}$　　D. $\begin{pmatrix}\frac{1}{2}&-\frac{1}{2}&\frac{1}{2}\\\frac{1}{4}&\frac{1}{4}&-\frac{1}{4}\\-\frac{1}{6}&\frac{1}{6}&\frac{1}{6}\end{pmatrix}$

6. 设向量空间 $\mathbf{R}^4$ 有两个基 $A:\boldsymbol{\alpha}_1,\boldsymbol{\alpha}_2,\boldsymbol{\alpha}_3,\boldsymbol{\alpha}_4$ 和 $B:2\boldsymbol{\alpha}_1+\boldsymbol{\alpha}_2,\boldsymbol{\alpha}_2+\boldsymbol{\alpha}_3,\boldsymbol{\alpha}_3+\boldsymbol{\alpha}_4,\boldsymbol{\alpha}_4$.

(1) 求基 A 到基 B 的过渡矩阵 $\boldsymbol{P}$.

(2) 设 $\boldsymbol{\xi}\in\mathbf{R}^4$ 在基 A 下的坐标为 $\boldsymbol{x}=(2,2,2,2)^{\mathrm{T}}$，求 $\boldsymbol{\xi}$ 在基 B 下的坐标 $\boldsymbol{y}$.

第 2 章知识结构图

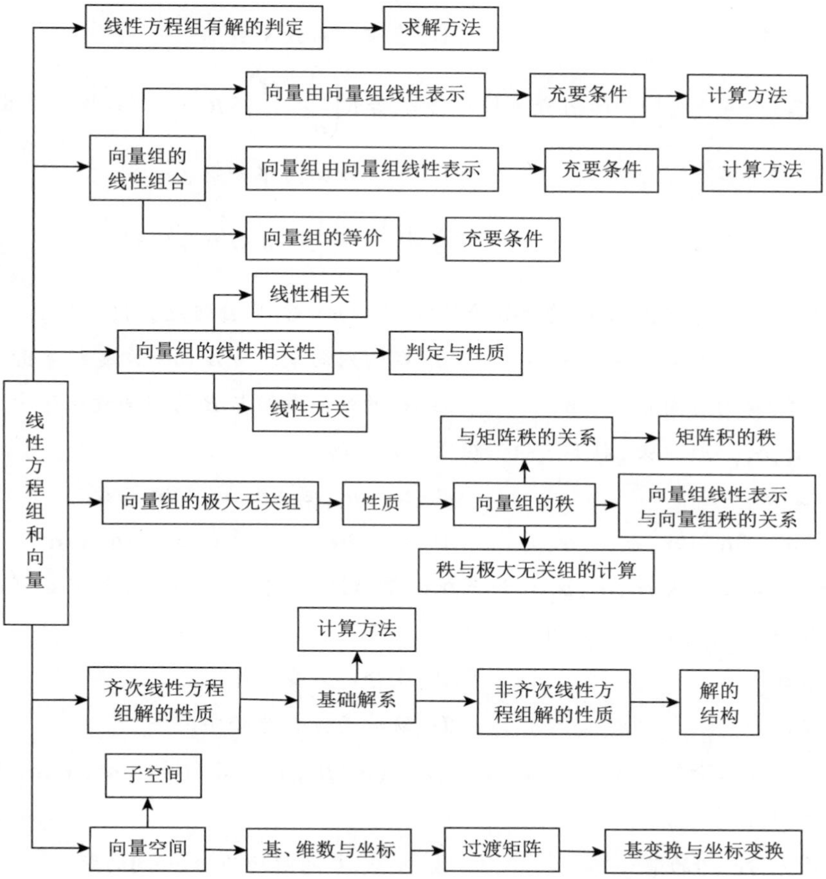

微课：第2章概要与小结

第 2 章总复习题

一、单项选择题

1. (2015・数学一)设矩阵 $\boldsymbol{A}=\begin{pmatrix}1&1&1\\1&2&a\\1&4&a^2\end{pmatrix}$，$\boldsymbol{b}=\begin{pmatrix}1\\d\\d^2\end{pmatrix}$，若集合 $\Omega=\{1,2\}$，则线性方程组 $\boldsymbol{Ax}=\boldsymbol{b}$ 有无穷个解的充分必要条件是(　　).

A. $a\notin\Omega, d\notin\Omega$　　B. $a\notin\Omega, d\in\Omega$

C. $a\in\Omega, d\notin\Omega$　　D. $a\in\Omega, d\in\Omega$

2. (2022·数学二、三)设矩阵 $\boldsymbol{A}=\begin{pmatrix}1&1&1\\1&a&a^2\\1&b&b^2\end{pmatrix}$,$\boldsymbol{b}=\begin{pmatrix}1\\2\\4\end{pmatrix}$,则线性方程组 $\boldsymbol{Ax}=\boldsymbol{b}$ 解的情况为(　　).

A. 无解　　B. 有解

C. 有无穷个解或无解　　D. 有唯一解或无解

3. (2001·数学三)设 $\boldsymbol{A}$ 为 n 阶矩阵,$\boldsymbol{\alpha}$ 是 n 维列向量,若 $R\begin{pmatrix}\boldsymbol{A}&\boldsymbol{\alpha}\\\boldsymbol{\alpha}^{\mathrm{T}}&0\end{pmatrix}=R(\boldsymbol{A})$,则线性方程组(　　).

A. $\boldsymbol{Ax}=\boldsymbol{\alpha}$ 必有无穷个解　　B. $\boldsymbol{Ax}=\boldsymbol{\alpha}$ 必有唯一解

C. $\begin{pmatrix}\boldsymbol{A}&\boldsymbol{\alpha}\\\boldsymbol{\alpha}^{\mathrm{T}}&0\end{pmatrix}\boldsymbol{x}=\boldsymbol{0}$ 仅有零解　　D. $\begin{pmatrix}\boldsymbol{A}&\boldsymbol{\alpha}\\\boldsymbol{\alpha}^{\mathrm{T}}&0\end{pmatrix}\boldsymbol{x}=\boldsymbol{0}$ 必有非零解

4. (2013·数学一、二、三)设 $\boldsymbol{A},\boldsymbol{B},\boldsymbol{C}$ 均为 n 阶矩阵,若 $\boldsymbol{AB}=\boldsymbol{C}$,且 $\boldsymbol{B}$ 可逆,则(　　).

A. $\boldsymbol{C}$ 的行向量组与 $\boldsymbol{A}$ 的行向量组等价　　B. $\boldsymbol{C}$ 的列向量组与 $\boldsymbol{A}$ 的列向量组等价

C. $\boldsymbol{C}$ 的行向量组与 $\boldsymbol{B}$ 的行向量组等价　　D. $\boldsymbol{C}$ 的列向量组与 $\boldsymbol{B}$ 的列向量组等价

5. 设向量组 $\boldsymbol{\alpha}_1,\boldsymbol{\alpha}_2,\boldsymbol{\alpha}_3$ 线性无关,则下列向量组线性无关的是(　　).

A. $\boldsymbol{\alpha}_1+\boldsymbol{\alpha}_2,\boldsymbol{\alpha}_2+\boldsymbol{\alpha}_3,\boldsymbol{\alpha}_3-\boldsymbol{\alpha}_1$　　B. $\boldsymbol{\alpha}_1+\boldsymbol{\alpha}_2,\boldsymbol{\alpha}_2+\boldsymbol{\alpha}_3,\boldsymbol{\alpha}_1+2\boldsymbol{\alpha}_2+\boldsymbol{\alpha}_3$

C. $\boldsymbol{\alpha}_1+\boldsymbol{\alpha}_2+\boldsymbol{\alpha}_3,2\boldsymbol{\alpha}_1-3\boldsymbol{\alpha}_2+\boldsymbol{\alpha}_3,\boldsymbol{\alpha}_1-4\boldsymbol{\alpha}_2$　　D. $\boldsymbol{\alpha}_1+2\boldsymbol{\alpha}_2,2\boldsymbol{\alpha}_2+3\boldsymbol{\alpha}_3,\boldsymbol{\alpha}_1+2\boldsymbol{\alpha}_2+\boldsymbol{\alpha}_3$

6. (2014·数学一、二、三)设 $\boldsymbol{\alpha}_1,\boldsymbol{\alpha}_2,\boldsymbol{\alpha}_3$ 均为三维向量,则对任意常数 k,l,向量组 $\boldsymbol{\alpha}_1+k\boldsymbol{\alpha}_3,\boldsymbol{\alpha}_2+l\boldsymbol{\alpha}_3$ 线性无关是向量组 $\boldsymbol{\alpha}_1,\boldsymbol{\alpha}_2,\boldsymbol{\alpha}_3$ 线性无关的(　　).

A. 必要非充分条件　　B. 充分非必要条件

C. 充分必要条件　　D. 既非充分也非必要条件

7. (2021·数学二)设三阶矩阵 $\boldsymbol{A}=(\boldsymbol{\alpha}_1,\boldsymbol{\alpha}_2,\boldsymbol{\alpha}_3)$,$\boldsymbol{B}=(\boldsymbol{\beta}_1,\boldsymbol{\beta}_2,\boldsymbol{\beta}_3)$,若向量组 $\boldsymbol{\alpha}_1,\boldsymbol{\alpha}_2,\boldsymbol{\alpha}_3$ 可由向量组 $\boldsymbol{\beta}_1,\boldsymbol{\beta}_2,\boldsymbol{\beta}_3$ 线性表示,则(　　).

A. $\boldsymbol{Ax}=\boldsymbol{0}$ 的解均为 $\boldsymbol{Bx}=\boldsymbol{0}$的解　　B. $\boldsymbol{A}^{\mathrm{T}}\boldsymbol{x}=\boldsymbol{0}$ 的解均为 $\boldsymbol{B}^{\mathrm{T}}\boldsymbol{x}=\boldsymbol{0}$的解

C. $\boldsymbol{Bx}=\boldsymbol{0}$ 的解均为 $\boldsymbol{Ax}=\boldsymbol{0}$的解　　D. $\boldsymbol{B}^{\mathrm{T}}\boldsymbol{x}=\boldsymbol{0}$ 的解均为 $\boldsymbol{A}^{\mathrm{T}}\boldsymbol{x}=\boldsymbol{0}$的解

8. (2003·数学一)对于齐次线性方程组 $\boldsymbol{Ax}=\boldsymbol{0}$ 和 $\boldsymbol{Bx}=\boldsymbol{0}$,其中 $\boldsymbol{A},\boldsymbol{B}$ 均为 $m\times n$ 矩阵,现有以下4个命题.

①若 $\boldsymbol{Ax}=\boldsymbol{0}$ 的解均是 $\boldsymbol{Bx}=\boldsymbol{0}$的解,则 $R(\boldsymbol{A})\geqslant R(\boldsymbol{B})$.

②若 $R(\boldsymbol{A})\geqslant R(\boldsymbol{B})$,则 $\boldsymbol{Ax}=\boldsymbol{0}$ 的解均是 $\boldsymbol{Bx}=\boldsymbol{0}$的解.

③若 $\boldsymbol{Ax}=\boldsymbol{0}$ 与 $\boldsymbol{Bx}=\boldsymbol{0}$同解,则 $R(\boldsymbol{A})=R(\boldsymbol{B})$.

④若 $R(\boldsymbol{A})=R(\boldsymbol{B})$,则 $\boldsymbol{Ax}=\boldsymbol{0}$ 与 $\boldsymbol{Bx}=\boldsymbol{0}$同解.

以上命题中正确的是(　　).

A. ①②　　B. ①③　　C. ②④　　D. ③④

9. (2002·数学一)设有3个不同的平面,其方程为 $a_ix+b_iy+c_iz=d_i(i=1,2,3)$. 它们的方程所组成的线性方程组的系数矩阵与增广矩阵的秩都为2,则这3个平面可能的位置关系(见图2.3)为(　　).

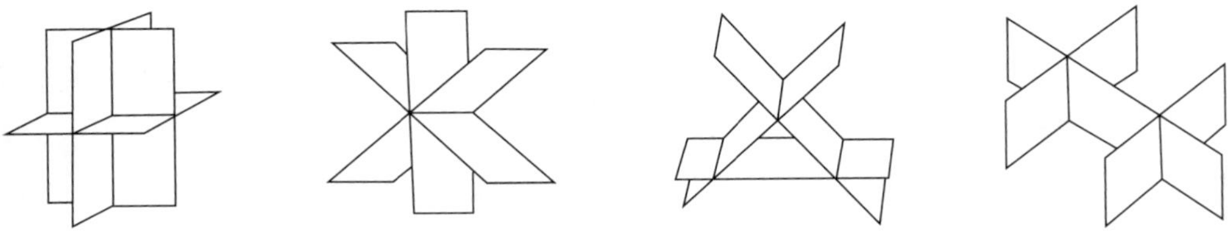

图 2.3

10. (2019 · 数学一) 如图 2.4 所示, 有 3 个平面两两相交, 交线互相平行, 它们的方程 $a_{i1}x+a_{i2}y+a_{i3}z=d_i(i=1,2,3)$ 所组成的线性方程组的系数矩阵和增广矩阵分别为 $\boldsymbol{A},\overline{\boldsymbol{A}}$, 则(　　).

A. $R(\boldsymbol{A})=2,R(\overline{\boldsymbol{A}})=3$

B. $R(\boldsymbol{A})=2,R(\overline{\boldsymbol{A}})=2$

C. $R(\boldsymbol{A})=1,R(\overline{\boldsymbol{A}})=2$

D. $R(\boldsymbol{A})=1,R(\overline{\boldsymbol{A}})=1$

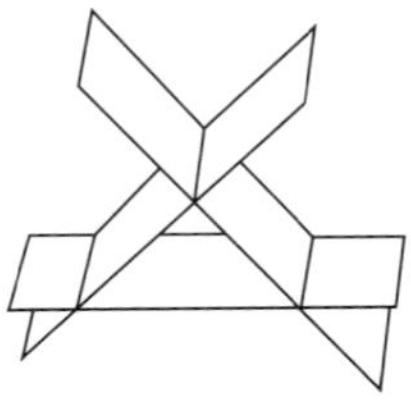

图 2.4

11. (2020 · 数学一) 已知直线 $L_1:\dfrac{x-a_2}{a_1}=\dfrac{y-b_2}{b_1}=\dfrac{z-c_2}{c_1}$ 与直线 $L_2:\dfrac{x-a_3}{a_2}=\dfrac{y-b_3}{b_2}=\dfrac{z-c_3}{c_2}$ 相交于一点, 向量 $\boldsymbol{\alpha}_i=(a_i,b_i,c_i)^{\mathrm{T}},i=1,2,3$, 则(　　).

A. $\boldsymbol{\alpha}_1$ 可由 $\boldsymbol{\alpha}_2,\boldsymbol{\alpha}_3$ 线性表示

B. $\boldsymbol{\alpha}_2$ 可由 $\boldsymbol{\alpha}_1,\boldsymbol{\alpha}_3$ 线性表示

C. $\boldsymbol{\alpha}_3$ 可由 $\boldsymbol{\alpha}_1,\boldsymbol{\alpha}_2$ 线性表示

D. $\boldsymbol{\alpha}_1,\boldsymbol{\alpha}_2,\boldsymbol{\alpha}_3$ 线性无关

12. (2024 · 数学一) 在空间直角坐标系 $Oxyz$ 中, 3 个平面 $\boldsymbol{\Pi}_i$: $a_ix+b_iy+c_iz=d_i(i=1,2,3)$ 的位置关系如图 2.5 所示, 记 $\boldsymbol{\alpha}_i=(a_i,b_i,c_i),\boldsymbol{\beta}_i=(a_i,b_i,c_i,d_i),i=1,2,3$, 若 $R\begin{pmatrix}\boldsymbol{\alpha}_1\\\boldsymbol{\alpha}_2\\\boldsymbol{\alpha}_3\end{pmatrix}=m,R\begin{pmatrix}\boldsymbol{\beta}_1\\\boldsymbol{\beta}_2\\\boldsymbol{\beta}_3\end{pmatrix}=n$, 则(　　).

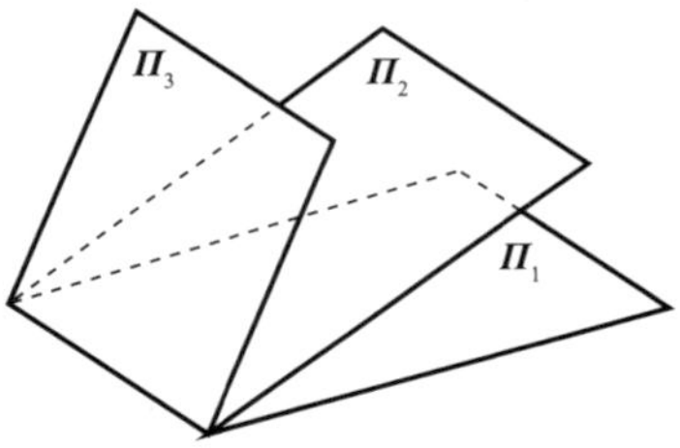

图 2.5

A. $m=1,n=2$　　B. $m=n=2$　　C. $m=2,n=3$　　D. $m=n=3$

13. (2004 · 数学一) 设 $\boldsymbol{A},\boldsymbol{B}$ 为满足 $\boldsymbol{AB}=\boldsymbol{O}$ 的任意两个非零矩阵, 则必有(　　).

A. $\boldsymbol{A}$ 的列向量组线性相关, $\boldsymbol{B}$ 的行向量组线性相关

B. $\boldsymbol{A}$ 的列向量组线性相关, $\boldsymbol{B}$ 的行向量组线性无关

C. $\boldsymbol{A}$ 的行向量组线性无关, $\boldsymbol{B}$ 的列向量组线性相关

D. $\boldsymbol{A}$ 的行向量组线性无关, $\boldsymbol{B}$ 的列向量组线性无关

14. (2002 · 数学二) 设 $\boldsymbol{A}$ 是 $m\times n$ 矩阵, $\boldsymbol{B}$ 是 $n\times m$ 矩阵, 则齐次线性方程组 $\boldsymbol{ABx}=\boldsymbol{0}$(　　).

A. 当 $n>m$ 时, 仅有零解

B. 当 $n>m$ 时, 必有非零解

C. 当 $m>n$ 时, 仅有零解

D. 当 $m>n$ 时, 必有非零解

15. (2019 · 数学二、三) 设 $\boldsymbol{A}$ 为四阶矩阵, $\boldsymbol{A}^*$ 为 $\boldsymbol{A}$ 的伴随矩阵, 若线性方程组 $\boldsymbol{Ax}=\boldsymbol{0}$ 的基础解系中只有 2 个向量, 则 $\boldsymbol{A}^*$ 的秩是(　　).

A. 0　　B. 1　　C. 2　　D. 3

16. 设$\boldsymbol{A},\boldsymbol{B},\boldsymbol{A}^*$均为$n$阶非零矩阵,$\boldsymbol{A}^*$为$\boldsymbol{A}$的伴随矩阵,且$\boldsymbol{AB}=\boldsymbol{O}$,则秩$R(\boldsymbol{B})$(　　).

A. 大于1　　B. 等于$n-1$　　C. 等于1　　D. 不能确定

17. (1993·数学一)已知$\boldsymbol{Q}=\begin{pmatrix}1&2&3\\2&4&t\\3&6&9\end{pmatrix}$,$\boldsymbol{P}$为三阶非零矩阵,且满足$\boldsymbol{PQ}=\boldsymbol{O}$,则(　　).

A. $t=6$,$\boldsymbol{P}$的秩为1　　B. $t=6$,$\boldsymbol{P}$的秩为2

C. $t\neq6$,$\boldsymbol{P}$的秩为1　　D. $t\neq6$,$\boldsymbol{P}$的秩为2

18. (2010·数学一)设$\boldsymbol{A},\boldsymbol{B}$分别为$m\times n,n\times m$矩阵,若$\boldsymbol{AB}=\boldsymbol{E}$,则(　　).

A. $R(\boldsymbol{A})=m,R(\boldsymbol{B})=m$　　B. $R(\boldsymbol{A})=m,R(\boldsymbol{B})=n$

C. $R(\boldsymbol{A})=n,R(\boldsymbol{B})=m$　　D. $R(\boldsymbol{A})=n,R(\boldsymbol{B})=n$

19. (2024·数学二)设$\boldsymbol{A}$为四阶矩阵,$\boldsymbol{A}^*$为$\boldsymbol{A}$的伴随矩阵,若$\boldsymbol{A}(\boldsymbol{A}-\boldsymbol{A}^*)=\boldsymbol{O}$,且$\boldsymbol{A}\neq\boldsymbol{A}^*$,则$R(\boldsymbol{A})$的值为(　　).

A. 0或1　　B. 1或3　　C. 2或3　　D. 1或2

20. (2011·数学三)设$\boldsymbol{A}$为4×3矩阵,$\boldsymbol{\eta}_1,\boldsymbol{\eta}_2,\boldsymbol{\eta}_3$是非齐次线性方程组$\boldsymbol{Ax}=\boldsymbol{\beta}$的3个线性无关的解,$k_1,k_2$为任意常数,则$\boldsymbol{Ax}=\boldsymbol{\beta}$的通解是(　　).

A. $\frac{1}{2}(\boldsymbol{\eta}_2+\boldsymbol{\eta}_3)+k_1(\boldsymbol{\eta}_2-\boldsymbol{\eta}_1)$　　B. $\frac{1}{2}(\boldsymbol{\eta}_2-\boldsymbol{\eta}_3)+k_1(\boldsymbol{\eta}_2-\boldsymbol{\eta}_1)$

C. $\frac{1}{2}(\boldsymbol{\eta}_2+\boldsymbol{\eta}_3)+k_1(\boldsymbol{\eta}_2-\boldsymbol{\eta}_1)+k_2(\boldsymbol{\eta}_3-\boldsymbol{\eta}_1)$　　D. $\frac{1}{2}(\boldsymbol{\eta}_2-\boldsymbol{\eta}_3)+k_1(\boldsymbol{\eta}_2-\boldsymbol{\eta}_1)+k_2(\boldsymbol{\eta}_3-\boldsymbol{\eta}_1)$

21. (2011·数学一、二)设$\boldsymbol{A}=(\boldsymbol{\alpha}_1,\boldsymbol{\alpha}_2,\boldsymbol{\alpha}_3,\boldsymbol{\alpha}_4)$是四阶矩阵,$\boldsymbol{A}^*$为$\boldsymbol{A}$的伴随矩阵,若$(1,0,1,0)^{\mathrm{T}}$是齐次线性方程组$\boldsymbol{Ax}=\boldsymbol{0}$的一个基础解系,则齐次线性方程组$\boldsymbol{A}^*\boldsymbol{x}=\boldsymbol{0}$的基础解系可为(　　).

A. $\boldsymbol{\alpha}_1,\boldsymbol{\alpha}_3$　　B. $\boldsymbol{\alpha}_1,\boldsymbol{\alpha}_2$　　C. $\boldsymbol{\alpha}_1,\boldsymbol{\alpha}_2,\boldsymbol{\alpha}_3$　　D. $\boldsymbol{\alpha}_2,\boldsymbol{\alpha}_3,\boldsymbol{\alpha}_4$

22. (2020·数学二、三)设四阶矩阵$\boldsymbol{A}=(a_{ij})$不可逆,a_{12}的代数余子式$A_{12}\neq0$,$\boldsymbol{\alpha}_1,\boldsymbol{\alpha}_2,\boldsymbol{\alpha}_3,\boldsymbol{\alpha}_4$为$\boldsymbol{A}$的列向量组,$\boldsymbol{A}^*$为$\boldsymbol{A}$的伴随矩阵,则方程组$\boldsymbol{A}^*\boldsymbol{x}=\boldsymbol{0}$的通解为(　　).

A. $\boldsymbol{x}=k_1\boldsymbol{\alpha}_1+k_2\boldsymbol{\alpha}_2+k_3\boldsymbol{\alpha}_3$,其中$k_1,k_2,k_3$为任意常数

B. $\boldsymbol{x}=k_1\boldsymbol{\alpha}_1+k_2\boldsymbol{\alpha}_2+k_3\boldsymbol{\alpha}_4$,其中$k_1,k_2,k_3$为任意常数

C. $\boldsymbol{x}=k_1\boldsymbol{\alpha}_1+k_2\boldsymbol{\alpha}_3+k_3\boldsymbol{\alpha}_4$,其中$k_1,k_2,k_3$为任意常数

D. $\boldsymbol{x}=k_1\boldsymbol{\alpha}_2+k_2\boldsymbol{\alpha}_3+k_3\boldsymbol{\alpha}_4$,其中$k_1,k_2,k_3$为任意常数

23. (2023·数学一、二、三)已知向量$\boldsymbol{\alpha}_1=\begin{pmatrix}1\\2\\3\end{pmatrix}$,$\boldsymbol{\alpha}_2=\begin{pmatrix}2\\1\\1\end{pmatrix}$,$\boldsymbol{\beta}_1=\begin{pmatrix}2\\5\\9\end{pmatrix}$,$\boldsymbol{\beta}_2=\begin{pmatrix}1\\0\\1\end{pmatrix}$. 若$\boldsymbol{\gamma}$既可由$\boldsymbol{\alpha}_1,\boldsymbol{\alpha}_2$线性表示,也可由$\boldsymbol{\beta}_1,\boldsymbol{\beta}_2$线性表示,则$\boldsymbol{\gamma}=$(　　).

A. $k\begin{pmatrix}3\\3\\4\end{pmatrix},k\in\mathbf{R}$　　B. $k\begin{pmatrix}3\\5\\10\end{pmatrix},k\in\mathbf{R}$　　C. $k\begin{pmatrix}-1\\1\\2\end{pmatrix},k\in\mathbf{R}$　　D. $k\begin{pmatrix}1\\5\\8\end{pmatrix},k\in\mathbf{R}$

24. 设 $\boldsymbol{A},\boldsymbol{B}$ 为 $m\times n$ 矩阵，齐次线性方程组 $\boldsymbol{Ax}=\boldsymbol{0}$ 与 $\boldsymbol{Bx}=\boldsymbol{0}$ 同解的充分必要条件是(　　).

A. $R(\boldsymbol{A})=R(\boldsymbol{B})$　　B. 矩阵 $\boldsymbol{A},\boldsymbol{B}$ 等价

C. 矩阵 $\boldsymbol{A},\boldsymbol{B}$ 的行向量组等价　　D. 矩阵 $\boldsymbol{A},\boldsymbol{B}$ 的列向量组等价

25. (2022 · 数学一) 设 $\boldsymbol{A},\boldsymbol{B}$ 为 n 阶矩阵，若 $\boldsymbol{Ax}=\boldsymbol{0}$ 与 $\boldsymbol{Bx}=\boldsymbol{0}$ 同解，则(　　).

A. $\begin{pmatrix}\boldsymbol{A} & \boldsymbol{O}\\ \boldsymbol{E} & \boldsymbol{B}\end{pmatrix}\boldsymbol{x}=\boldsymbol{0}$ 仅有零解　　B. $\begin{pmatrix}\boldsymbol{E} & \boldsymbol{A}\\ \boldsymbol{O} & \boldsymbol{AB}\end{pmatrix}\boldsymbol{x}=\boldsymbol{0}$ 仅有零解

C. $\begin{pmatrix}\boldsymbol{A} & \boldsymbol{B}\\ \boldsymbol{O} & \boldsymbol{B}\end{pmatrix}\boldsymbol{x}=\boldsymbol{0}$ 与 $\begin{pmatrix}\boldsymbol{B} & \boldsymbol{A}\\ \boldsymbol{O} & \boldsymbol{A}\end{pmatrix}\boldsymbol{x}=\boldsymbol{0}$ 同解　　D. $\begin{pmatrix}\boldsymbol{AB} & \boldsymbol{B}\\ \boldsymbol{O} & \boldsymbol{A}\end{pmatrix}\boldsymbol{x}=\boldsymbol{0}$ 与 $\begin{pmatrix}\boldsymbol{BA} & \boldsymbol{A}\\ \boldsymbol{O} & \boldsymbol{B}\end{pmatrix}\boldsymbol{x}=\boldsymbol{0}$ 同解

二、填空题

1. (2017 · 数学一) 设 $\boldsymbol{A}=\begin{pmatrix}1 & 0 & 1\\ 1 & 1 & 2\\ 0 & 1 & 1\end{pmatrix}$，$\boldsymbol{\alpha}_1,\boldsymbol{\alpha}_2,\boldsymbol{\alpha}_3$ 为线性无关的三维列向量，则向量组 $\boldsymbol{A\alpha}_1,\boldsymbol{A\alpha}_2,\boldsymbol{A\alpha}_3$ 的秩为________.

2. (2023 · 数学一) 已知向量 $\boldsymbol{\alpha}_1=(1,0,1,1)^{\mathrm{T}},\boldsymbol{\alpha}_2=(-1,-1,0,1)^{\mathrm{T}},\boldsymbol{\alpha}_3=(0,1,-1,1)^{\mathrm{T}},\boldsymbol{\beta}=(1,1,1,-1)^{\mathrm{T}},\boldsymbol{\gamma}=k_1\boldsymbol{\alpha}_1+k_2\boldsymbol{\alpha}_2+k_3\boldsymbol{\alpha}_3$. 若 $\boldsymbol{\gamma}^{\mathrm{T}}\boldsymbol{\alpha}_i=\boldsymbol{\beta}^{\mathrm{T}}\boldsymbol{\alpha}_i(i=1,2,3)$，则 $k_1^2+k_2^2+k_3^2=$________.

3. (2019 · 数学三) 已知矩阵 $\boldsymbol{A}=\begin{pmatrix}1 & 0 & -1\\ 1 & 1 & -1\\ 0 & 1 & a^2-1\end{pmatrix}$，$\boldsymbol{b}=\begin{pmatrix}0\\ 1\\ a\end{pmatrix}$. 若线性方程组 $\boldsymbol{Ax}=\boldsymbol{b}$ 有无穷个解，则 $a=$________.

4. 设 $\boldsymbol{A}=\begin{pmatrix}1 & 2 & -2\\ 4 & t & 3\\ 3 & -1 & 1\end{pmatrix}$，$\boldsymbol{B}$ 为三阶非零矩阵，且 $\boldsymbol{AB}=\boldsymbol{O}$，则 $t=$________.

5. (2023 · 数学二、三) 已知方程组 $\begin{cases}ax_1+x_3=1,\\ x_1+ax_2+x_3=0,\\ x_1+2x_2+ax_3=0,\\ ax_1+bx_2=2\end{cases}$ 有解，其中 a,b 为常数. 若 $\begin{vmatrix}a & 0 & 1\\ 1 & a & 1\\ 1 & 2 & a\end{vmatrix}=4$，则 $\begin{vmatrix}1 & a & 1\\ 1 & 2 & a\\ a & b & 0\end{vmatrix}=$________.

6. (2019 · 数学一) 设 $\boldsymbol{A}=(\boldsymbol{\alpha}_1,\boldsymbol{\alpha}_2,\boldsymbol{\alpha}_3)$ 为三阶矩阵，若 $\boldsymbol{\alpha}_1,\boldsymbol{\alpha}_2$ 线性无关，$\boldsymbol{\alpha}_3=-\boldsymbol{\alpha}_1+2\boldsymbol{\alpha}_2$，则线性方程组 $\boldsymbol{Ax}=\boldsymbol{0}$ 的通解为________.

7. 设 $\boldsymbol{A}=\begin{pmatrix}1+a & 2 & 2 & 1\\ 1 & 2+a & 2 & 1\\ 1 & 2 & 2+a & 1\\ 1 & 2 & 2 & 1+a\end{pmatrix}$，$\boldsymbol{A}^*$ 为 $\boldsymbol{A}$ 的伴随矩阵，若 $R(\boldsymbol{A}^*)=1$，则 $a=$________.

8. (2010·数学一)设 $\boldsymbol{\alpha}_1=(1,2,-1,0)^{\mathrm{T}},\boldsymbol{\alpha}_2=(1,1,0,2)^{\mathrm{T}},\boldsymbol{\alpha}_3=(2,1,1,a)^{\mathrm{T}}$,若由 $\boldsymbol{\alpha}_1,\boldsymbol{\alpha}_2,\boldsymbol{\alpha}_3$ 生成的向量空间的维数是2,则 $a=$ ________.

9. (2003·数学一)从 $\mathbf{R}^2$ 的基 $\boldsymbol{\alpha}_1=(1,0)^{\mathrm{T}},\boldsymbol{\alpha}_2=(1,-1)^{\mathrm{T}}$ 到基 $\boldsymbol{\beta}_1=(1,1)^{\mathrm{T}},\boldsymbol{\beta}_2=(1,2)^{\mathrm{T}}$ 的过渡矩阵为________.

三、计算与证明题

1. 设有线性方程组 $\begin{cases} x_1+x_2-x_3=1,\\ 2x_1+(a+2)x_2-(b+2)x_3=2,\\ 3ax_2-(a-2b)x_3=3.\end{cases}$ 当 a,b 满足什么条件时,该方程组:(1)有唯一解?(2)无解?

2. (2003·数学一)已知平面上3条不同直线的方程分别为

$$l_1:ax+2by+3c=0,l_2:bx+2cy+3a=0,l_3:cx+2ay+3b=0.$$

证明:这3条直线交于一点的充分必要条件为 $a+b+c=0$.

3. 设有向量组 $\boldsymbol{\alpha}_1=(6,a+1,3)^{\mathrm{T}},\boldsymbol{\alpha}_2=(a,2,-2)^{\mathrm{T}},\boldsymbol{\alpha}_3=(a,1,0)^{\mathrm{T}},\boldsymbol{\alpha}_4=(0,1,a)^{\mathrm{T}}$. 问:

(1) a 为何值时,$\boldsymbol{\alpha}_1,\boldsymbol{\alpha}_2$ 线性相关、线性无关?

(2) a 为何值时,$\boldsymbol{\alpha}_1,\boldsymbol{\alpha}_2,\boldsymbol{\alpha}_3$ 线性相关、线性无关?

(3) a 为何值时,$\boldsymbol{\alpha}_1,\boldsymbol{\alpha}_2,\boldsymbol{\alpha}_3,\boldsymbol{\alpha}_4$ 线性相关、线性无关?

4. 设 $\boldsymbol{\alpha}_1,\boldsymbol{\alpha}_2,\cdots,\boldsymbol{\alpha}_m(m\geqslant 2)$ 为向量组,$\boldsymbol{\beta}=\boldsymbol{\alpha}_1+\boldsymbol{\alpha}_2+\cdots+\boldsymbol{\alpha}_m$,证明:向量组

$$\boldsymbol{\beta}-\boldsymbol{\alpha}_1,\boldsymbol{\beta}-\boldsymbol{\alpha}_2,\cdots,\boldsymbol{\beta}-\boldsymbol{\alpha}_m$$

线性无关的充分必要条件是 $\boldsymbol{\alpha}_1,\boldsymbol{\alpha}_2,\cdots,\boldsymbol{\alpha}_m$ 线性无关.

5. 设向量组 $\boldsymbol{\alpha}_1,\boldsymbol{\alpha}_2,\cdots,\boldsymbol{\alpha}_m(m\geqslant 2)$ 线性无关,讨论向量组

$$\boldsymbol{\beta}_1=\boldsymbol{\alpha}_1+\boldsymbol{\alpha}_2,\boldsymbol{\beta}_2=\boldsymbol{\alpha}_2+\boldsymbol{\alpha}_3,\cdots,\boldsymbol{\beta}_m=\boldsymbol{\alpha}_m+\boldsymbol{\alpha}_1$$

的线性相关性.

6. 设 $\boldsymbol{A}$ 是 n 阶可逆矩阵,$\boldsymbol{\alpha}_1,\boldsymbol{\alpha}_2,\cdots,\boldsymbol{\alpha}_k$ 是 n 维列向量,证明:$\boldsymbol{\alpha}_1,\boldsymbol{\alpha}_2,\cdots,\boldsymbol{\alpha}_k$ 线性无关当且仅当 $\boldsymbol{A}\boldsymbol{\alpha}_1,\boldsymbol{A}\boldsymbol{\alpha}_2,\cdots,\boldsymbol{A}\boldsymbol{\alpha}_k$ 线性无关.

7. 已知 $\boldsymbol{A}$ 是 n 阶矩阵,n 维向量组 $\boldsymbol{\alpha}_1\neq\boldsymbol{0},\boldsymbol{\alpha}_2,\boldsymbol{\alpha}_3$ 满足 $\boldsymbol{A}\boldsymbol{\alpha}_1=\boldsymbol{\alpha}_1,\boldsymbol{A}\boldsymbol{\alpha}_2=\boldsymbol{\alpha}_1+\boldsymbol{\alpha}_2,\boldsymbol{A}\boldsymbol{\alpha}_3=\boldsymbol{\alpha}_2+\boldsymbol{\alpha}_3$. 证明:$\boldsymbol{\alpha}_1,\boldsymbol{\alpha}_2,\boldsymbol{\alpha}_3$ 线性无关.

8. 已知向量组 $\boldsymbol{\alpha}_1=(1,2,-3)^{\mathrm{T}},\boldsymbol{\alpha}_2=(3,0,1)^{\mathrm{T}},\boldsymbol{\alpha}_3=(9,6,-7)^{\mathrm{T}}$ 与向量组 $\boldsymbol{\beta}_1=(0,1,-1)^{\mathrm{T}},\boldsymbol{\beta}_2=(a,2,1)^{\mathrm{T}},\boldsymbol{\beta}_3=(b,1,0)^{\mathrm{T}}$ 有相同的秩,且 $\boldsymbol{\beta}_3$ 可由 $\boldsymbol{\alpha}_1,\boldsymbol{\alpha}_2,\boldsymbol{\alpha}_3$ 线性表示,求 a,b 的值.

9. (2019·数学二、三)已知向量组Ⅰ:$\boldsymbol{\alpha}_1=(1,1,4)^{\mathrm{T}},\boldsymbol{\alpha}_2=(1,0,4)^{\mathrm{T}},\boldsymbol{\alpha}_3=(1,2,a^2+3)^{\mathrm{T}}$ 与向量组Ⅱ:$\boldsymbol{\beta}_1=(1,1,a+3)^{\mathrm{T}},\boldsymbol{\beta}_2=(0,2,1-a)^{\mathrm{T}},\boldsymbol{\beta}_3=(1,3,a^2+3)^{\mathrm{T}}$,若向量组Ⅰ与向量组Ⅱ等价,求 a 的值,并将 $\boldsymbol{\beta}_3$ 用 $\boldsymbol{\alpha}_1,\boldsymbol{\alpha}_2,\boldsymbol{\alpha}_3$ 线性表示.

10. 设 $\boldsymbol{A}$ 是 $n\times m$ 矩阵,$\boldsymbol{B}$ 是 $m\times n$ 矩阵,其中 $n<m$,若 $\boldsymbol{AB}=\boldsymbol{E}$,证明:$\boldsymbol{A}$ 的行向量组线性无关,$\boldsymbol{B}$ 的列向量组线性无关.

11. 设 $\boldsymbol{A}$ 为 n 阶矩阵,证明:

(1)若 $\boldsymbol{A}^2=\boldsymbol{A}$,则 $R(\boldsymbol{A})+R(\boldsymbol{A}-\boldsymbol{E})=n$;

(2) 若 $\boldsymbol{A}^2=\boldsymbol{E}$，则 $R(\boldsymbol{A}+\boldsymbol{E})+R(\boldsymbol{A}-\boldsymbol{E})=n$.

12. (2008 · 数学一) 设 $\boldsymbol{\alpha},\boldsymbol{\beta}$ 为三维列向量，矩阵 $\boldsymbol{A}=\boldsymbol{\alpha}\boldsymbol{\alpha}^{\mathrm{T}}+\boldsymbol{\beta}\boldsymbol{\beta}^{\mathrm{T}}$. 证明：

(1) 秩 $R(\boldsymbol{A})\leqslant 2$；

(2) 若 $\boldsymbol{\alpha},\boldsymbol{\beta}$ 线性相关，则秩 $R(\boldsymbol{A})<2$.

13. 设 $\boldsymbol{A}=\begin{pmatrix}1&2&1&2\\0&1&t&t\\1&t&0&1\end{pmatrix}$，齐次线性方程组 $\boldsymbol{Ax}=\boldsymbol{0}$ 的基础解系中含有两个向量，求 t 的值和 $\boldsymbol{Ax}=\boldsymbol{0}$ 的基础解系.

14. (2001 · 数学一) 设 $\boldsymbol{\alpha}_1,\boldsymbol{\alpha}_2,\cdots,\boldsymbol{\alpha}_s$ 为线性方程组 $\boldsymbol{Ax}=\boldsymbol{0}$ 的一个基础解系，

$$\boldsymbol{\beta}_1=t_1\boldsymbol{\alpha}_1+t_2\boldsymbol{\alpha}_2,\boldsymbol{\beta}_2=t_1\boldsymbol{\alpha}_2+t_2\boldsymbol{\alpha}_3,\cdots,\boldsymbol{\beta}_s=t_1\boldsymbol{\alpha}_s+t_2\boldsymbol{\alpha}_1,$$

其中 t_1,t_2 为实常数，问 t_1,t_2 满足什么条件时，$\boldsymbol{\beta}_1,\boldsymbol{\beta}_2,\cdots,\boldsymbol{\beta}_s$ 也为 $\boldsymbol{Ax}=\boldsymbol{0}$ 的一个基础解系？

15. 设 $\boldsymbol{A}=\begin{pmatrix}1&1&2\\2&2&4\\3&3&6\end{pmatrix}$，求秩为 2 的矩阵 $\boldsymbol{B}$，使 $\boldsymbol{AB}=\boldsymbol{O}$.

16. (2005 · 数学三、四) 已知齐次线性方程组

$$(\mathrm{I})\begin{cases}x_1+2x_2+3x_3=0,\\2x_1+3x_2+5x_3=0,\\x_1+x_2+ax_3=0;\end{cases}\quad(\mathrm{II})\begin{cases}x_1+bx_2+cx_3=0,\\2x_1+b^2x_2+(c+1)x_3=0\end{cases}$$

同解，求 a,b,c 的值.

17. 设线性方程组 (Ⅰ) $\begin{cases}x_1+x_2+x_3=0,\\x_1+2x_2+ax_3=0,\\x_1+4x_2+a^2x_3=0\end{cases}$ 与方程 (Ⅱ) $x_1+2x_2+x_3=a-1$ 有公共解，求 a 的值及所有公共解.

18. 设有齐次线性方程组

$$(\mathrm{I})\begin{cases}x_1+x_2=0,\\x_2-x_4=0;\end{cases}\quad(\mathrm{II})\begin{cases}x_1-x_2+x_3=0,\\x_2-x_3+x_4=0.\end{cases}$$

(1) 分别求方程组 (Ⅰ) 与 (Ⅱ) 的基础解系.

(2) 求方程组 (Ⅰ) 与 (Ⅱ) 的公共解.

19. 已知四元齐次线性方程组 (Ⅰ) 为 $\begin{cases}x_1+x_2=0,\\x_2-x_4=0,\end{cases}$ 又已知某齐次线性方程组 (Ⅱ) 的通解为 $k_1(0,1,1,0)^{\mathrm{T}}+k_2(-1,2,2,1)^{\mathrm{T}}$.

(1) 求线性方程组 (Ⅰ) 的基础解系.

(2) 线性方程组 (Ⅰ) 和 (Ⅱ) 是否有非零公共解？若有，则求出所有的非零公共解. 若没有，则说明理由.

20. (2024·数学三)设矩阵 $\boldsymbol{A}=\begin{pmatrix}1&-1&0&-1\\1&1&0&3\\2&1&2&6\end{pmatrix}$, $\boldsymbol{B}=\begin{pmatrix}1&0&1&2\\1&-1&a&a-1\\2&-3&2&-2\end{pmatrix}$, 向量 $\boldsymbol{\alpha}=\begin{pmatrix}0\\2\\3\end{pmatrix}$, $\boldsymbol{\beta}=\begin{pmatrix}1\\0\\-1\end{pmatrix}$.

(1)证明:方程组 $\boldsymbol{Ax}=\boldsymbol{\alpha}$ 的解均为方程组 $\boldsymbol{Bx}=\boldsymbol{\beta}$ 的解.

(2)若方程组 $\boldsymbol{Ax}=\boldsymbol{\alpha}$ 与方程组 $\boldsymbol{Bx}=\boldsymbol{\beta}$ 不同解,求 a 的值.

21. 已知非齐次线性方程组 $\begin{cases}x_1+x_2+x_3+x_4=-1,\\4x_1+3x_2+5x_3-x_4=-1,\\ax_1+x_2+3x_3+bx_4=1\end{cases}$ 有3个线性无关的解.

(1)证明方程组系数矩阵的秩 $R(\boldsymbol{A})=2$.

(2)求 a,b 的值及方程组的通解.

22. (2016·数学二、三)设矩阵 $\boldsymbol{A}=\begin{pmatrix}1&1&1-a\\1&0&a\\a+1&1&a+1\end{pmatrix}$, $\boldsymbol{\beta}=\begin{pmatrix}0\\1\\2a-2\end{pmatrix}$, 且方程组 $\boldsymbol{Ax}=\boldsymbol{\beta}$ 无解.

(1)求 a 的值.

(2)求方程组 $\boldsymbol{A}^{\mathrm{T}}\boldsymbol{Ax}=\boldsymbol{A}^{\mathrm{T}}\boldsymbol{\beta}$ 的通解.

23. 设矩阵 $\boldsymbol{A}=\begin{pmatrix}1&a&0&0\\0&1&a&0\\0&0&1&a\\a&0&0&1\end{pmatrix}$, $\boldsymbol{b}=\begin{pmatrix}1\\-1\\0\\0\end{pmatrix}$.

(1)求 $|\boldsymbol{A}|$.

(2)已知线性方程组 $\boldsymbol{Ax}=\boldsymbol{b}$ 有无穷个解,求实数 a 的值,并求 $\boldsymbol{Ax}=\boldsymbol{b}$ 的通解.

24. (2010·数学一、三)设 $\boldsymbol{A}=\begin{pmatrix}\lambda&1&1\\0&\lambda-1&0\\1&1&\lambda\end{pmatrix}$, $\boldsymbol{b}=\begin{pmatrix}a\\1\\1\end{pmatrix}$, 已知线性方程组 $\boldsymbol{Ax}=\boldsymbol{b}$ 存在两个不同的解.

(1)求 λ,a 的值. (2)求 $\boldsymbol{Ax}=\boldsymbol{b}$ 的通解.

25. (2005·数学一、二)已知三阶矩阵 $\boldsymbol{A}$ 的第一行是 (a,b,c), 其中 a,b,c 不全为零; 矩阵 $\boldsymbol{B}=\begin{pmatrix}1&2&3\\2&4&6\\3&6&k\end{pmatrix}$($k$ 为常数); $\boldsymbol{AB}=\boldsymbol{O}$. 求线性方程组 $\boldsymbol{Ax}=\boldsymbol{0}$ 的通解.

26. (2013·数学一、二、三)设 $\boldsymbol{A}=\begin{pmatrix}1&a\\1&0\end{pmatrix}$, $\boldsymbol{B}=\begin{pmatrix}0&1\\1&b\end{pmatrix}$, 当 a,b 为何值时,存在矩阵 $\boldsymbol{C}$ 使 $\boldsymbol{AC}-\boldsymbol{CA}=\boldsymbol{B}$, 并求所有矩阵 $\boldsymbol{C}$.

27. 设 n 阶矩阵 $\boldsymbol{A}$ 的伴随矩阵 $\boldsymbol{A}^* \neq \boldsymbol{O}$，若 $\boldsymbol{\alpha}_1, \boldsymbol{\alpha}_2$ 为非齐次线性方程组 $\boldsymbol{Ax}=\boldsymbol{b}$ 的不同解，求 $\boldsymbol{Ax}=\boldsymbol{b}$ 的通解.

28. (2009・数学一、二、三) 设 $\boldsymbol{A}=\begin{pmatrix} 1 & -1 & -1 \\ -1 & 1 & 1 \\ 0 & -4 & -2 \end{pmatrix}, \boldsymbol{\xi}_1=\begin{pmatrix} -1 \\ 1 \\ -2 \end{pmatrix}$.

(1) 求满足 $\boldsymbol{A}\boldsymbol{\xi}_2=\boldsymbol{\xi}_1, \boldsymbol{A}^2\boldsymbol{\xi}_3=\boldsymbol{\xi}_1$ 的所有向量 $\boldsymbol{\xi}_2, \boldsymbol{\xi}_3$.

(2) 对于(1)中的任意向量 $\boldsymbol{\xi}_2, \boldsymbol{\xi}_3$，证明 $\boldsymbol{\xi}_1, \boldsymbol{\xi}_2, \boldsymbol{\xi}_3$ 线性无关.

29. (2016・数学一) 设 $\boldsymbol{A}=\begin{pmatrix} 1 & -1 & -1 \\ 2 & a & 1 \\ -1 & 1 & a \end{pmatrix}, \boldsymbol{B}=\begin{pmatrix} 2 & 2 \\ 1 & a \\ -a-1 & -2 \end{pmatrix}$，当 a 为何值时，矩阵方程 $\boldsymbol{AX}=\boldsymbol{B}$ 无解、有唯一解、有无穷个解?

30. (2011・数学一、二、三) 设向量组 $\boldsymbol{\alpha}_1=(1,0,1)^{\mathrm{T}}, \boldsymbol{\alpha}_2=(0,1,1)^{\mathrm{T}}, \boldsymbol{\alpha}_3=(1,3,5)^{\mathrm{T}}$ 不能由向量组 $\boldsymbol{\beta}_1=(1,1,1)^{\mathrm{T}}, \boldsymbol{\beta}_2=(1,2,3)^{\mathrm{T}}, \boldsymbol{\beta}_3=(3,4,a)^{\mathrm{T}}$ 线性表示.

(1) 求 a 的值.

(2) 将 $\boldsymbol{\beta}_1, \boldsymbol{\beta}_2, \boldsymbol{\beta}_3$ 用 $\boldsymbol{\alpha}_1, \boldsymbol{\alpha}_2, \boldsymbol{\alpha}_3$ 线性表示.

31. (2019・数学一) 设向量组 $\boldsymbol{\alpha}_1=(1,2,1)^{\mathrm{T}}, \boldsymbol{\alpha}_2=(1,3,2)^{\mathrm{T}}, \boldsymbol{\alpha}_3=(1,a,3)^{\mathrm{T}}$ 为 $\mathbf{R}^3$ 的一个基，$\boldsymbol{\beta}=(1,1,1)^{\mathrm{T}}$ 在这个基下的坐标为 $(b,c,1)^{\mathrm{T}}$.

(1) 求 a,b,c.

(2) 证明 $\boldsymbol{\alpha}_2, \boldsymbol{\alpha}_3, \boldsymbol{\beta}$ 为 $\mathbf{R}^3$ 的一个基，并求 $\boldsymbol{\alpha}_2, \boldsymbol{\alpha}_3, \boldsymbol{\beta}$ 到 $\boldsymbol{\alpha}_1, \boldsymbol{\alpha}_2, \boldsymbol{\alpha}_3$ 的过渡矩阵.

32. (2015・数学一) 设向量组 $\boldsymbol{\alpha}_1, \boldsymbol{\alpha}_2, \boldsymbol{\alpha}_3$ 是向量空间 $\mathbf{R}^3$ 的一个基，向量组

$$\boldsymbol{\beta}_1=2\boldsymbol{\alpha}_1+2k\boldsymbol{\alpha}_3, \boldsymbol{\beta}_2=2\boldsymbol{\alpha}_2, \boldsymbol{\beta}_3=\boldsymbol{\alpha}_1+(k+1)\boldsymbol{\alpha}_3.$$

(1) 证明：$\boldsymbol{\beta}_1, \boldsymbol{\beta}_2, \boldsymbol{\beta}_3$ 也是 $\mathbf{R}^3$ 的一个基.

(2) 当 k 为何值时，存在非零向量 $\boldsymbol{\xi}$ 在基 $\boldsymbol{\alpha}_1, \boldsymbol{\alpha}_2, \boldsymbol{\alpha}_3$ 和基 $\boldsymbol{\beta}_1, \boldsymbol{\beta}_2, \boldsymbol{\beta}_3$ 下的坐标相同，并求所有的向量 $\boldsymbol{\xi}$.

第2章总复习
题详解

第 3 章　矩阵的相似对角化

对角矩阵的运算相对简单,本章将着重研究方阵相似于对角矩阵的条件和计算问题．方阵相似于对角矩阵不仅在矩阵理论中很重要,在科学技术、经济管理、自然和社会的许多动态模型问题中也是重要的分析工具．

3.1　矩阵的特征值和特征向量

研究矩阵相似于对角矩阵,需要引入特征值和特征向量的概念．本节先介绍特征值和特征向量的概念与计算方法,然后给出特征值和特征向量的性质．

3.1.1　特征值和特征向量的概念与计算

定义 3.1　设 $\boldsymbol{A}$ 是 n 阶矩阵,如果存在数 λ 和 n 维非零向量 $\boldsymbol{\alpha}$,满足

$$\boldsymbol{A\alpha}=\lambda\boldsymbol{\alpha}, \tag{3.1.1}$$

则称 λ 是 $\boldsymbol{A}$ 的**特征值**,$\boldsymbol{\alpha}$ 是 $\boldsymbol{A}$ 的属于特征值 λ 的**特征向量**．

例如,设 $\boldsymbol{A}=\begin{pmatrix}1&2\\2&1\end{pmatrix}$,$\boldsymbol{\alpha}=\begin{pmatrix}1\\1\end{pmatrix}$,$\boldsymbol{\beta}=\begin{pmatrix}1\\-1\end{pmatrix}$,则 $\boldsymbol{A\alpha}=3\boldsymbol{\alpha}$,$\boldsymbol{A\beta}=-\boldsymbol{\beta}$,即 $\boldsymbol{\alpha}$,$\boldsymbol{\beta}$ 是 $\boldsymbol{A}$ 的分别属于特征值 3, -1 的特征向量．这说明,变换 $\boldsymbol{y}=\boldsymbol{Ax}$ 将 $\boldsymbol{A}$ 的特征向量变为与其共线的向量,如图 3.1 所示．

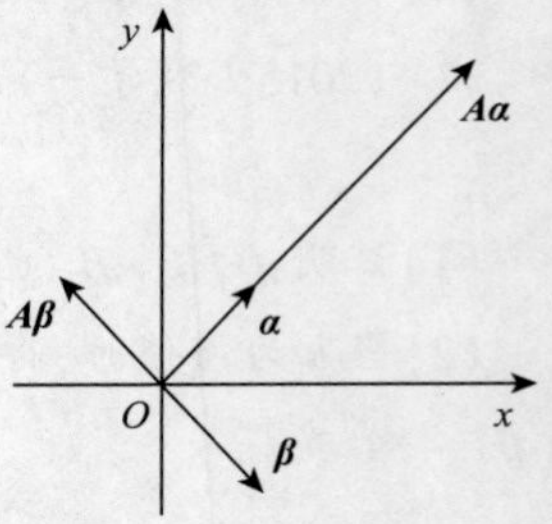

图 3.1　特征向量

由定义 3.1 可知：

(1) 一个特征向量只属于某一个特征值,它不能属于不同的特征值；

(2) 属于特征值 λ 的特征向量不唯一,它们的非零线性组合仍是属于 λ 的特征向量．

事实上,设 $\boldsymbol{\alpha}_1,\boldsymbol{\alpha}_2,\cdots,\boldsymbol{\alpha}_s$ 是 $\boldsymbol{A}$ 的属于特征值 λ 的特征向量,若其线性组合

$$\boldsymbol{\alpha}=k_1\boldsymbol{\alpha}_1+k_2\boldsymbol{\alpha}_2+\cdots+k_s\boldsymbol{\alpha}_s\neq\boldsymbol{0},$$

则

$$\boldsymbol{A\alpha}=k_1\boldsymbol{A\alpha}_1+k_2\boldsymbol{A\alpha}_2+\cdots+k_s\boldsymbol{A\alpha}_s=\lambda(k_1\boldsymbol{\alpha}_1+k_2\boldsymbol{\alpha}_2+\cdots+k_s\boldsymbol{\alpha}_s)=\lambda\boldsymbol{\alpha},$$

即 $\boldsymbol{\alpha}$ 也是属于 λ 的特征向量．

下面讨论矩阵的特征值和特征向量的计算方法．由于式(3.1.1)等价于

$$(\lambda\boldsymbol{E}-\boldsymbol{A})\boldsymbol{\alpha}=\boldsymbol{0}, \tag{3.1.2}$$

又 $\boldsymbol{\alpha}\neq\boldsymbol{0}$,所以式(3.1.2)等价于齐次线性方程组 $(\lambda\boldsymbol{E}-\boldsymbol{A})\boldsymbol{x}=\boldsymbol{0}$ 有非零解 $\boldsymbol{\alpha}$,而这等价于 $|\lambda\boldsymbol{E}-\boldsymbol{A}|=0$.

定义 3.2 设 $\boldsymbol{A}=(a_{ij})_{n\times n}$ 为 n 阶矩阵，行列式

$$|\lambda\boldsymbol{E}-\boldsymbol{A}|=\begin{vmatrix}\lambda-a_{11} & -a_{12} & \cdots & -a_{1n}\\ -a_{21} & \lambda-a_{22} & \cdots & -a_{2n}\\ \vdots & \vdots & & \vdots\\ -a_{n1} & -a_{n2} & \cdots & \lambda-a_{nn}\end{vmatrix}$$

是关于 λ 的 n 次多项式，称为 $\boldsymbol{A}$ 的**特征多项式**，方程 $|\lambda\boldsymbol{E}-\boldsymbol{A}|=0$ 称为 $\boldsymbol{A}$ 的**特征方程**.

注 n 阶矩阵 $\boldsymbol{A}$ 的特征多项式在复数范围内一定可以分解为如下形式：

$$|\lambda\boldsymbol{E}-\boldsymbol{A}|=(\lambda-\lambda_1)^{k_1}(\lambda-\lambda_2)^{k_2}\cdots(\lambda-\lambda_s)^{k_s}.$$

其复根 $\lambda_1,\lambda_2,\cdots,\lambda_s$ 为 $\boldsymbol{A}$ 的全部不同特征值，它们的重数分别为 $k_1,k_2,\cdots,k_s$. 显然有 $\sum\limits_{i=1}^{s}k_i=n$，所以 n 阶矩阵共有 n 个特征值(重根按重数计).

通过上面的分析可得计算 n 阶矩阵 $\boldsymbol{A}$ 的特征值和特征向量的步骤：

(1)求特征方程 $|\lambda\boldsymbol{E}-\boldsymbol{A}|=0$ 的全部复根 $\lambda_1,\lambda_2,\cdots,\lambda_n$，即为 $\boldsymbol{A}$ 的全部特征值；

(2)对每个不同特征值 λ_i，求出齐次线性方程组 $(\lambda_i\boldsymbol{E}-\boldsymbol{A})\boldsymbol{x}=\boldsymbol{0}$ 的基础解系，即为 $\boldsymbol{A}$ 的属于特征值 λ_i 的线性无关的特征向量，它们的所有非零线性组合就是 $\boldsymbol{A}$ 的属于特征值 λ_i 的全部特征向量.

由定义 3.2 易得，上(下)三角形矩阵和对角矩阵的特征值就是其主对角元.

例 1 求矩阵 $\boldsymbol{A}=\begin{pmatrix}0 & 0 & 1\\ 1 & 0 & -3\\ 0 & 1 & 3\end{pmatrix}$ 的特征值和特征向量.

解 由 $\boldsymbol{A}$ 的特征多项式

$$|\lambda\boldsymbol{E}-\boldsymbol{A}|=\begin{vmatrix}\lambda & 0 & -1\\ -1 & \lambda & 3\\ 0 & -1 & \lambda-3\end{vmatrix}=\lambda\begin{vmatrix}\lambda & 3\\ -1 & \lambda-3\end{vmatrix}-\begin{vmatrix}-1 & \lambda\\ 0 & -1\end{vmatrix}$$

$$=\lambda^3-3\lambda^2+3\lambda-1=(\lambda-1)^3,$$

得 $\boldsymbol{A}$ 的特征值为 $\lambda_1=\lambda_2=\lambda_3=1$.

解线性方程组 $(\boldsymbol{E}-\boldsymbol{A})\boldsymbol{x}=\boldsymbol{0}$，由

$$\boldsymbol{E}-\boldsymbol{A}=\begin{pmatrix}1 & 0 & -1\\ -1 & 1 & 3\\ 0 & -1 & -2\end{pmatrix}\xrightarrow{r}\begin{pmatrix}1 & 0 & -1\\ 0 & 1 & 2\\ 0 & 0 & 0\end{pmatrix},$$

得基础解系 $\boldsymbol{\alpha}=(1,-2,1)^{\mathrm{T}}$，所以 $\boldsymbol{A}$ 的属于特征值 1 的特征向量为 $k\boldsymbol{\alpha}$，其中 $k\neq 0$.

例 2 求矩阵 $\boldsymbol{A}=\begin{pmatrix}3 & 2 & -1\\ -2 & -2 & 2\\ 3 & 6 & -1\end{pmatrix}$ 的特征值和特征向量.

解 由 $\boldsymbol{A}$ 的特征多项式

$$|\lambda \boldsymbol{E}-\boldsymbol{A}|=\begin{vmatrix}\lambda-3 & -2 & 1\\ 2 & \lambda+2 & -2\\ -3 & -6 & \lambda+1\end{vmatrix}\xlongequal{c_1+c_3}\begin{vmatrix}\lambda-2 & -2 & 1\\ 0 & \lambda+2 & -2\\ \lambda-2 & -6 & \lambda+1\end{vmatrix}$$

$$\xlongequal{r_3-r_1}\begin{vmatrix}\lambda-2 & -2 & 1\\ 0 & \lambda+2 & -2\\ 0 & -4 & \lambda\end{vmatrix}=(\lambda-2)^2(\lambda+4),$$

得 $\boldsymbol{A}$ 的特征值为 $\lambda_1=\lambda_2=2,\lambda_3=-4$.

对于 $\lambda_1=\lambda_2=2$,解线性方程组 $(2\boldsymbol{E}-\boldsymbol{A})\boldsymbol{x}=\boldsymbol{0}$,由

$$2\boldsymbol{E}-\boldsymbol{A}=\begin{pmatrix}-1 & -2 & 1\\ 2 & 4 & -2\\ -3 & -6 & 3\end{pmatrix}\xrightarrow{r}\begin{pmatrix}1 & 2 & -1\\ 0 & 0 & 0\\ 0 & 0 & 0\end{pmatrix},$$

得基础解系 $\boldsymbol{\alpha}_1=(-2,1,0)^{\mathrm{T}},\boldsymbol{\alpha}_2=(1,0,1)^{\mathrm{T}}$,所以 $\boldsymbol{A}$ 的属于特征值 2 的特征向量为 $k_1\boldsymbol{\alpha}_1+k_2\boldsymbol{\alpha}_2$,其中 k_1,k_2 不全为 0.

对于 $\lambda_3=-4$,解线性方程组 $(-4\boldsymbol{E}-\boldsymbol{A})\boldsymbol{x}=\boldsymbol{0}$,由

$$-4\boldsymbol{E}-\boldsymbol{A}=\begin{pmatrix}-7 & -2 & 1\\ 2 & -2 & -2\\ -3 & -6 & -3\end{pmatrix}\xrightarrow{r}\begin{pmatrix}1 & 0 & -\dfrac{1}{3}\\ 0 & 1 & \dfrac{2}{3}\\ 0 & 0 & 0\end{pmatrix},$$

得基础解系 $\boldsymbol{\alpha}_3=(1,-2,3)^{\mathrm{T}}$,则 $\boldsymbol{A}$ 的属于特征值 -4 的特征向量为 $k_3\boldsymbol{\alpha}_3$,其中 $k_3\neq 0$.

3.1.2 特征值和特征向量的性质

定理 3.1 设 n 阶矩阵 $\boldsymbol{A}=(a_{ij})_{n\times n}$ 的全部特征值为 $\lambda_1,\lambda_2,\cdots,\lambda_n$($k$ 重根记为 k 个根),则

(1) $\lambda_1+\lambda_2+\cdots+\lambda_n=\sum\limits_{i=1}^{n}a_{ii}$[称 $\sum\limits_{i=1}^{n}a_{ii}$ 为矩阵 $\boldsymbol{A}$ 的**迹**,记作 $\mathrm{tr}(\boldsymbol{A})$];

(2) $\lambda_1\lambda_2\cdots\lambda_n=|\boldsymbol{A}|$.

证明 设 $\boldsymbol{A}$ 的特征多项式为

$$f(\lambda)=|\lambda \boldsymbol{E}-\boldsymbol{A}|=\begin{vmatrix}\lambda-a_{11} & -a_{12} & \cdots & -a_{1n}\\ -a_{21} & \lambda-a_{22} & \cdots & -a_{2n}\\ \vdots & \vdots & & \vdots\\ -a_{n1} & -a_{n2} & \cdots & \lambda-a_{nn}\end{vmatrix},$$

将行列式的主对角元相乘得

$$(\lambda-a_{11})(\lambda-a_{22})\cdots(\lambda-a_{nn})=\lambda^n-\Big(\sum_{i=1}^{n}a_{ii}\Big)\lambda^{n-1}+\cdots, \tag{3.1.3}$$

而行列式中此项之外的项至多含有 $n-2$ 个主对角元,因此,$f(\lambda)$ 中次数为 $n,n-1$ 的项都在式(3.1.3)中,从而 $f(\lambda)$ 的 n 次项和 $n-1$ 次项分别为式(3.1.3)的前两项. 而 $f(\lambda)$ 的常数项为

$$f(0)=|0\boldsymbol{E}-\boldsymbol{A}|=|-\boldsymbol{A}|=(-1)^n|\boldsymbol{A}|,$$

于是

$$f(\lambda)=\lambda^n-(\sum_{i=1}^{n}a_{ii})\lambda^{n-1}+\cdots+(-1)^n|\boldsymbol{A}|.$$

因为 $\lambda_1,\lambda_2,\cdots,\lambda_n$ 是 $f(\lambda)$ 的全部根，由根与系数的关系得

$$\lambda_1+\lambda_2+\cdots+\lambda_n=\sum_{i=1}^{n}a_{ii},\lambda_1\lambda_2\cdots\lambda_n=|\boldsymbol{A}|.$$

推论 3.2 矩阵 $\boldsymbol{A}$ 可逆的充分必要条件是 $\boldsymbol{A}$ 的特征值均不为 0.

例 3 若 $\boldsymbol{A}$ 为可逆矩阵，λ 为 $\boldsymbol{A}$ 的特征值，证明：

(1) λ^{-1} 是 $\boldsymbol{A}^{-1}$ 的特征值；

(2) $\lambda^{-1}|\boldsymbol{A}|$ 是 $\boldsymbol{A}^*$ 的特征值.

证明 设 $\boldsymbol{\alpha}$ 是 $\boldsymbol{A}$ 的属于特征值 λ 的特征向量，即 $\boldsymbol{A\alpha}=\lambda\boldsymbol{\alpha}$. 由 $\boldsymbol{A}$ 可逆知 $\lambda\neq0$.

(1) 由 $\boldsymbol{A\alpha}=\lambda\boldsymbol{\alpha}$ 得 $\boldsymbol{A}^{-1}\boldsymbol{A\alpha}=\lambda\boldsymbol{A}^{-1}\boldsymbol{\alpha}$，故 $\boldsymbol{A}^{-1}\boldsymbol{\alpha}=\lambda^{-1}\boldsymbol{\alpha}$，即 λ^{-1} 是 $\boldsymbol{A}^{-1}$ 的特征值.

(2) 由 $\boldsymbol{A\alpha}=\lambda\boldsymbol{\alpha}$ 得 $\boldsymbol{A}^*\boldsymbol{A\alpha}=\lambda\boldsymbol{A}^*\boldsymbol{\alpha}$，即 $|\boldsymbol{A}|\boldsymbol{\alpha}=\lambda\boldsymbol{A}^*\boldsymbol{\alpha}$，故 $\boldsymbol{A}^*\boldsymbol{\alpha}=(\lambda^{-1}|\boldsymbol{A}|)\boldsymbol{\alpha}$，所以 $\lambda^{-1}|\boldsymbol{A}|$ 是 $\boldsymbol{A}^*$ 的特征值.

例 4 设 λ 是 $\boldsymbol{A}$ 的特征值，证明：$2\lambda^2-3\lambda+4$ 是矩阵 $2\boldsymbol{A}^2-3\boldsymbol{A}+4\boldsymbol{E}$ 的特征值.

证明 设 $\boldsymbol{\alpha}$ 是矩阵 $\boldsymbol{A}$ 的属于特征值 λ 的特征向量，即 $\boldsymbol{A\alpha}=\lambda\boldsymbol{\alpha}$，可得

$$\boldsymbol{A}^2\boldsymbol{\alpha}=\boldsymbol{A}(\boldsymbol{A\alpha})=\lambda\boldsymbol{A\alpha}=\lambda^2\boldsymbol{\alpha},$$

所以

$$(2\boldsymbol{A}^2-3\boldsymbol{A}+4\boldsymbol{E})\boldsymbol{\alpha}=2\boldsymbol{A}^2\boldsymbol{\alpha}-3\boldsymbol{A\alpha}+4\boldsymbol{\alpha}=2\lambda^2\boldsymbol{\alpha}-3\lambda\boldsymbol{\alpha}+4\boldsymbol{\alpha}=(2\lambda^2-3\lambda+4)\boldsymbol{\alpha},$$

即 $2\lambda^2-3\lambda+4$ 是矩阵 $2\boldsymbol{A}^2-3\boldsymbol{A}+4\boldsymbol{E}$ 的特征值.

一般地，用例 4 的方法可得：

若 $\boldsymbol{\alpha}$ 是 $\boldsymbol{A}$ 的属于特征值 λ 的特征向量，即 $\boldsymbol{A\alpha}=\lambda\boldsymbol{\alpha}$，$f(x)$ 是任意多项式，则

$$f(\boldsymbol{A})\boldsymbol{\alpha}=f(\lambda)\boldsymbol{\alpha}.$$

定理 3.3（谱映射定理） 设 λ 是 $\boldsymbol{A}$ 的特征值，$f(x)$ 是任意多项式，则 $f(\lambda)$ 是 $f(\boldsymbol{A})$ 的特征值，而对应的特征向量不变.

例 5 设三阶矩阵 $\boldsymbol{A}$ 的特征值为 $\lambda_1=\lambda_2=2,\lambda_3=3$，求 $\boldsymbol{B}=\boldsymbol{A}^2-2\boldsymbol{A}+3\boldsymbol{E}$ 的特征值和行列式.

解 设 $f(x)=x^2-2x+3$，则 $\boldsymbol{B}=f(\boldsymbol{A})$，由定理 3.3 得 $\boldsymbol{B}$ 的特征值

$$\mu_i=f(\lambda_i)=\lambda_i^2-2\lambda_i+3\ (i=1,2,3),$$

即 $\mu_1=\mu_2=3,\mu_3=6$. 由定理 3.1 得 $|\boldsymbol{B}|=\mu_1\mu_2\mu_3=3\times3\times6=54$.

例 6 设矩阵 $\boldsymbol{A}$ 满足 $\boldsymbol{A}^2=\boldsymbol{A}$，证明：$\boldsymbol{A}$ 的特征值只能是 0 或 1.

证明 设 λ 是 $\boldsymbol{A}$ 的任意特征值，则 $\lambda^2-\lambda$ 是 $\boldsymbol{A}^2-\boldsymbol{A}=\boldsymbol{O}$ 的特征值. 而矩阵 $\boldsymbol{O}$ 的特征值均为 0，故 $\lambda^2-\lambda=0$，即 $\lambda=0$ 或 $\lambda=1$.

定理 3.4 设 $\lambda_1,\lambda_2,\cdots,\lambda_k$ 是矩阵 $\boldsymbol{A}$ 的互不相同的特征值，$\boldsymbol{\alpha}_1,\boldsymbol{\alpha}_2,\cdots,\boldsymbol{\alpha}_k$ 为分别属于特征值 $\lambda_1,\lambda_2,\cdots,\lambda_k$ 的特征向量，则 $\boldsymbol{\alpha}_1,\boldsymbol{\alpha}_2,\cdots,\boldsymbol{\alpha}_k$ 线性无关.

证明 对 k 用数学归纳法.

(1)当 $k=1$ 时,由于 $\boldsymbol{\alpha}_1\neq\mathbf{0}$,所以 $\boldsymbol{\alpha}_1$ 线性无关.

(2)假设 $k=s-1$ 时结论成立.当 $k=s$ 时,设 $\boldsymbol{\alpha}_1,\boldsymbol{\alpha}_2,\cdots,\boldsymbol{\alpha}_s$ 为分别属于互不相同的特征值 $\lambda_1,\lambda_2,\cdots,\lambda_s$ 的特征向量.令

$$k_1\boldsymbol{\alpha}_1+k_2\boldsymbol{\alpha}_2+\cdots+k_s\boldsymbol{\alpha}_s=\mathbf{0},\tag{3.1.4}$$

在式(3.1.4)两边左乘以 $\boldsymbol{A}$,由 $\boldsymbol{A}\boldsymbol{\alpha}_i=\lambda_i\boldsymbol{\alpha}_i(i=1,2,\cdots,s)$ 得

$$k_1\lambda_1\boldsymbol{\alpha}_1+k_2\lambda_2\boldsymbol{\alpha}_2+\cdots+k_s\lambda_s\boldsymbol{\alpha}_s=\mathbf{0}.\tag{3.1.5}$$

在式(3.1.4)两边乘以 λ_s 后再与式(3.1.5)相减,得

$$k_1(\lambda_s-\lambda_1)\boldsymbol{\alpha}_1+k_2(\lambda_s-\lambda_2)\boldsymbol{\alpha}_2+\cdots+k_{s-1}(\lambda_s-\lambda_{s-1})\boldsymbol{\alpha}_{s-1}=\mathbf{0}.$$

由假设知 $\boldsymbol{\alpha}_1,\boldsymbol{\alpha}_2,\cdots,\boldsymbol{\alpha}_{s-1}$ 线性无关,故 $k_i(\lambda_s-\lambda_i)=0(i=1,2,\cdots,s-1)$.

由于 $\lambda_1,\lambda_2,\cdots,\lambda_s$ 互不相同,所以 $k_i=0(i=1,2,\cdots,s-1)$.再由式(3.1.4)得 $k_s=0$,从而 $\boldsymbol{\alpha}_1,\boldsymbol{\alpha}_2,\cdots,\boldsymbol{\alpha}_s$ 线性无关.

注 属于不同特征值的特征向量的非零线性组合,一般不再是特征向量.

例如,若 $\boldsymbol{\alpha}_1,\boldsymbol{\alpha}_2$ 分别是 $\boldsymbol{A}$ 的属于不同特征值 λ_1,λ_2 的特征向量,则 $\boldsymbol{\alpha}_1,\boldsymbol{\alpha}_2$ 线性无关,故 $\boldsymbol{\alpha}_1+\boldsymbol{\alpha}_2\neq\mathbf{0}$.但是,$\boldsymbol{\alpha}_1+\boldsymbol{\alpha}_2$ 不是 $\boldsymbol{A}$ 的特征向量.(请读者自行证明.)

推论 3.5 设 $\lambda_1,\lambda_2,\cdots,\lambda_k$ 是矩阵 $\boldsymbol{A}$ 的互不相同的特征值,$\boldsymbol{\alpha}_{i1},\boldsymbol{\alpha}_{i2},\cdots,\boldsymbol{\alpha}_{in_i}$ 是属于 $\lambda_i(i=1,2,\cdots,k)$ 的线性无关的特征向量,则向量组

$$\boldsymbol{\alpha}_{11},\cdots,\boldsymbol{\alpha}_{1n_1},\boldsymbol{\alpha}_{21},\cdots,\boldsymbol{\alpha}_{2n_2},\cdots,\boldsymbol{\alpha}_{k1},\cdots,\boldsymbol{\alpha}_{kn_k}$$

线性无关.

习题 3.1

一、基础题

1. 求下列矩阵的特征值和特征向量:

(1)$\boldsymbol{A}=\begin{pmatrix}3&1\\5&-1\end{pmatrix}$; (2)$\boldsymbol{A}=\begin{pmatrix}4&6&0\\-3&-5&0\\-3&-6&1\end{pmatrix}$; (3)$\boldsymbol{A}=\begin{pmatrix}2&-1&2\\5&-3&3\\-1&0&-2\end{pmatrix}$.

2. 已知 $\lambda=2$ 是可逆矩阵 $\boldsymbol{A}$ 的一个特征值,则 $\left(\dfrac{1}{2}\boldsymbol{A}^2\right)^{-1}$ 有一个怎样的特征值?

3. 设三阶矩阵 $\boldsymbol{A}$ 的特征值为 2,0,1,求行列式 $|\boldsymbol{A}^2-\boldsymbol{A}+2\boldsymbol{E}|$ 的值.

4. 已知二阶矩阵 $\boldsymbol{A}$ 满足 $\mathrm{tr}(\boldsymbol{A})=2$, $|\boldsymbol{A}|=-3$,求 $\boldsymbol{A}$ 的全部特征值.

5. 已知 $\boldsymbol{\alpha}=\begin{pmatrix}1\\a\\1\end{pmatrix}$ 是矩阵 $\boldsymbol{A}=\begin{pmatrix}2&1&1\\1&2&1\\1&1&b\end{pmatrix}$ 的一个特征向量,求 a,b 的值.

6. 已知 0 是矩阵 $\boldsymbol{A}=\begin{pmatrix}1&0&1\\0&2&0\\1&0&a\end{pmatrix}$ 的特征值.

(1) 求 a.

(2) 求 $\boldsymbol{A}$ 的全部特征值和特征向量.

7. 设矩阵 $\boldsymbol{A}$ 满足 $\boldsymbol{A}^2-3\boldsymbol{A}+2\boldsymbol{E}=\boldsymbol{O}$, 证明: $\boldsymbol{A}$ 的特征值只能是 1 或 2.

8. 设 $\boldsymbol{A}$ 为 n 阶矩阵, 证明: $\boldsymbol{A}^{\mathrm{T}}$ 与 $\boldsymbol{A}$ 的特征值相同.

二、提高题

9. 设矩阵 $\boldsymbol{A}$ 有特征值 2, $|\boldsymbol{A}|=-2$, $\boldsymbol{A}^*$ 为 $\boldsymbol{A}$ 的伴随矩阵, 则 $\left[\frac{1}{3}(\boldsymbol{A}^*)^2\right]^{-1}$ 必有特征值( ).

A. 3 B. $\frac{3}{4}$ C. $\frac{4}{3}$ D. $\frac{1}{3}$

10. (2005 · 数学一、二、三) 设 λ_1,λ_2 为矩阵 $\boldsymbol{A}$ 的不同特征值, 它们对应的特征向量分别为 $\boldsymbol{\alpha}_1$, $\boldsymbol{\alpha}_2$, 则 $\boldsymbol{\alpha}_1$, $\boldsymbol{A}(\boldsymbol{\alpha}_1+\boldsymbol{\alpha}_2)$ 线性无关的充分必要条件是( ).

A. $\lambda_1\neq0$ B. $\lambda_2\neq0$ C. $\lambda_1=0$ D. $\lambda_2=0$

11. (2015 · 数学二) 设三阶矩阵 $\boldsymbol{A}$ 的特征值为 2, -2, 1, $\boldsymbol{B}=\boldsymbol{A}^2-\boldsymbol{A}+\boldsymbol{E}$, 其中 $\boldsymbol{E}$ 为三阶单位矩阵, 则行列式 $|\boldsymbol{B}|=$ ________.

微课: 谱映射定理

12. 设 $\boldsymbol{A}$ 为三阶可逆矩阵, 其特征值为 1, -1, 2, 则 $\boldsymbol{B}=\boldsymbol{A}^2-\boldsymbol{A}+2\boldsymbol{A}^{-1}$ 的特征值为 ________.

13. 设三阶矩阵 $\boldsymbol{A}$ 的特征值为 1, 2, -3, $\boldsymbol{A}^*$ 为 $\boldsymbol{A}$ 的伴随矩阵, 则 $|\boldsymbol{A}^*-3\boldsymbol{A}+2\boldsymbol{E}|=$ ________.

3.2 相似矩阵与矩阵的对角化

本节将讨论矩阵相似的性质, 以及矩阵相似于对角矩阵的条件和计算问题.

3.2.1 相似矩阵的概念和性质

定义 3.3 设 $\boldsymbol{A},\boldsymbol{B}$ 是 n 阶矩阵, 若存在可逆矩阵 $\boldsymbol{P}$, 使

$$\boldsymbol{P}^{-1}\boldsymbol{A}\boldsymbol{P}=\boldsymbol{B}$$

成立, 则称 $\boldsymbol{A}$ 与 $\boldsymbol{B}$ **相似**, 并称 $\boldsymbol{P}$ 为**相似变换矩阵**, 记作 $\boldsymbol{A}\sim\boldsymbol{B}$.

由定义 3.3 易知, 若 $\boldsymbol{A}$ 与 $\boldsymbol{B}$ 相似, 则 $\boldsymbol{A}$ 与 $\boldsymbol{B}$ 等价.

矩阵相似具有以下性质:

(1) 自反性: $\boldsymbol{A}\sim\boldsymbol{A}$.

(2) 对称性: 若 $\boldsymbol{A}\sim\boldsymbol{B}$, 则 $\boldsymbol{B}\sim\boldsymbol{A}$.

(3) 传递性: 若 $\boldsymbol{A}\sim\boldsymbol{B}$, $\boldsymbol{B}\sim\boldsymbol{C}$, 则 $\boldsymbol{A}\sim\boldsymbol{C}$.

性质 3.6 若 $\boldsymbol{A}\sim\boldsymbol{B}$, 则

(1) $R(\boldsymbol{A})=R(\boldsymbol{B})$;

(2) $|\boldsymbol{A}|=|\boldsymbol{B}|$;

(3) $\boldsymbol{A}$ 与 $\boldsymbol{B}$ 具有相同的可逆性,且当它们可逆时,有 $\boldsymbol{A}^{-1}\sim\boldsymbol{B}^{-1}$;

(4) $\boldsymbol{A}$ 与 $\boldsymbol{B}$ 的特征多项式相同,从而它们的特征值相同;

(5) $\boldsymbol{A}$ 与 $\boldsymbol{B}$ 的迹相同,即 $\operatorname{tr}(\boldsymbol{A})=\operatorname{tr}(\boldsymbol{B})$;

(6) $\boldsymbol{A}^k\sim\boldsymbol{B}^k$,其中 k 为任意正整数;

(7) 设 $f(x)$ 是任意多项式,则 $f(\boldsymbol{A})\sim f(\boldsymbol{B})$.

证明 这里只证(4)和(6).

(4) 设 $\boldsymbol{P}^{-1}\boldsymbol{AP}=\boldsymbol{B}$,则

$$|\lambda\boldsymbol{E}-\boldsymbol{B}|=|\lambda\boldsymbol{E}-\boldsymbol{P}^{-1}\boldsymbol{AP}|=|\boldsymbol{P}^{-1}(\lambda\boldsymbol{E}-\boldsymbol{A})\boldsymbol{P}|=|\lambda\boldsymbol{E}-\boldsymbol{A}|,$$

即 $\boldsymbol{A}$ 与 $\boldsymbol{B}$ 的特征多项式相同,从而特征值相同.

(6) 设 $\boldsymbol{P}^{-1}\boldsymbol{AP}=\boldsymbol{B}$,两边取 k 次幂得

$$\boldsymbol{B}^k=(\boldsymbol{P}^{-1}\boldsymbol{AP})^k=\overbrace{(\boldsymbol{P}^{-1}\boldsymbol{AP})(\boldsymbol{P}^{-1}\boldsymbol{AP})\cdots(\boldsymbol{P}^{-1}\boldsymbol{AP})}^{k\text{个}}=\boldsymbol{P}^{-1}\boldsymbol{A}^k\boldsymbol{P}.$$

注 性质(1)~(7)的逆命题均不成立.例如,对于性质(4),设

$$\boldsymbol{A}=\begin{pmatrix}1&0\\0&1\end{pmatrix},\boldsymbol{B}=\begin{pmatrix}1&1\\0&1\end{pmatrix},$$

$\boldsymbol{A},\boldsymbol{B}$ 的特征值相同,但是 $\boldsymbol{A}$ 与 $\boldsymbol{B}$ 不相似,因为与单位矩阵相似的只有单位矩阵.

例 1 设矩阵

$$\boldsymbol{A}=\begin{pmatrix}2&1&0\\1&x&0\\-1&1&2\end{pmatrix},\boldsymbol{B}=\begin{pmatrix}y&1&0\\0&1&0\\0&0&2\end{pmatrix}$$

相似,求 x,y 的值.

解 因为 $\boldsymbol{A}$ 与 $\boldsymbol{B}$ 相似,所以 $\operatorname{tr}(\boldsymbol{A})=\operatorname{tr}(\boldsymbol{B})$, $|\boldsymbol{A}|=|\boldsymbol{B}|$. 由此得方程组

$$\begin{cases}4+x=3+y,\\4x-2=2y,\end{cases}$$

解得 $x=2,y=3$.

3.2.2 矩阵相似于对角矩阵的条件

定义 3.4 设 $\boldsymbol{A}$ 为 n 阶矩阵,若存在可逆矩阵 $\boldsymbol{P}$,使 $\boldsymbol{P}^{-1}\boldsymbol{AP}$ 为对角矩阵,则称 $\boldsymbol{A}$ **可以对角化**;否则称 $\boldsymbol{A}$ **不能对角化**.

定理 3.7 n 阶矩阵 $\boldsymbol{A}$ 可以对角化的充分必要条件是,$\boldsymbol{A}$ 有 n 个线性无关的特征向量.

证明 充分性.设 $\boldsymbol{A}$ 有 n 个线性无关的特征向量 $\boldsymbol{\alpha}_1,\boldsymbol{\alpha}_2,\cdots,\boldsymbol{\alpha}_n$,对应的特征值分别为 $\lambda_1,\lambda_2,\cdots,\lambda_n$,则 $\boldsymbol{A\alpha}_i=\lambda_i\boldsymbol{\alpha}_i,i=1,2,\cdots,n$.

设 $\boldsymbol{P}=(\boldsymbol{\alpha}_1,\boldsymbol{\alpha}_2,\cdots,\boldsymbol{\alpha}_n)$,$\boldsymbol{\Lambda}=\operatorname{diag}(\lambda_1,\lambda_2,\cdots,\lambda_n)$,则

$$\boldsymbol{AP}=\boldsymbol{A}(\boldsymbol{\alpha}_1,\boldsymbol{\alpha}_2,\cdots,\boldsymbol{\alpha}_n)=(\boldsymbol{A\alpha}_1,\boldsymbol{A\alpha}_2,\cdots,\boldsymbol{A\alpha}_n)=(\lambda_1\boldsymbol{\alpha}_1,\lambda_2\boldsymbol{\alpha}_2,\cdots,\lambda_n\boldsymbol{\alpha}_n)$$

$$=(\boldsymbol{\alpha}_1,\boldsymbol{\alpha}_2,\cdots,\boldsymbol{\alpha}_n)\begin{pmatrix}\lambda_1 & & & \\ & \lambda_2 & & \\ & & \ddots & \\ & & & \lambda_n\end{pmatrix}=\boldsymbol{P\Lambda}.$$

因为 $\boldsymbol{\alpha}_1,\boldsymbol{\alpha}_2,\cdots,\boldsymbol{\alpha}_n$ 线性无关,所以 $\boldsymbol{P}$ 可逆,从而得 $\boldsymbol{P}^{-1}\boldsymbol{AP}=\boldsymbol{\Lambda}$.

必要性. 只要将充分性的证明逆推上去即可.

上述证明过程说明:若矩阵 $\boldsymbol{A}$ 相似于对角矩阵 $\boldsymbol{\Lambda}$,则 $\boldsymbol{\Lambda}$ 的主对角元是 $\boldsymbol{A}$ 的全部特征值 $\lambda_1,\lambda_2,\cdots,\lambda_n$,而相似变换矩阵 $\boldsymbol{P}$ 的列向量是对应于特征值 $\lambda_1,\lambda_2,\cdots,\lambda_n$ 的线性无关特征向量 $\boldsymbol{\alpha}_1,\boldsymbol{\alpha}_2,\cdots,\boldsymbol{\alpha}_n$.

注 由于特征向量不唯一,故相似变换矩阵 $\boldsymbol{P}$ 也不唯一.

推论3.8 若 n 阶矩阵 $\boldsymbol{A}$ 有 n 个不同的特征值,则 $\boldsymbol{A}$ 可以对角化.

证明 因为 $\boldsymbol{A}$ 有 n 个不同的特征值,由定理3.4得 $\boldsymbol{A}$ 有 n 个线性无关的特征向量,所以 $\boldsymbol{A}$ 可以对角化.

推论3.8是矩阵可以对角化的充分非必要条件. 下面给出矩阵可以对角化的充分必要条件.

定理3.9 n 阶矩阵 $\boldsymbol{A}$ 可以对角化的充分必要条件是,$\boldsymbol{A}$ 的每个 k 重特征值 λ 对应有 k 个线性无关的特征向量[即 $n-R(\lambda\boldsymbol{E}-\boldsymbol{A})=k$].

证明 仅证充分性. 设 $\boldsymbol{A}$ 的全部不同特征值为 $\lambda_1,\lambda_2,\cdots,\lambda_s$,且 λ_i 为 k_i 重特征值,则 $k_1+k_2+\cdots+k_s=n$. 若每个 λ_i 对应有 k_i 个线性无关的特征向量,$i=1,2,\cdots,s$,则由推论3.5可知 $\boldsymbol{A}$ 共有 $k_1+k_2+\cdots+k_s=n$ 个线性无关的特征向量,从而 $\boldsymbol{A}$ 可以对角化.

注 1重特征值必对应1个线性无关的特征向量,而多重特征值对应的线性无关的特征向量个数不超过特征值的重数. 在判断矩阵是否可以对角化时,只需对多重特征值考察其对应的线性无关的特征向量个数即可.

在3.1节例1中,$\boldsymbol{A}$ 的特征值1的重数为3,而其对应的线性无关的特征向量个数为1,故 $\boldsymbol{A}$ 不可以对角化;例2中 $\boldsymbol{A}$ 的特征值2的重数为2,其对应的线性无关的特征向量个数为2,故 $\boldsymbol{A}$ 可以对角化.

若矩阵 $\boldsymbol{A}$ 可以对角化,则可按下面步骤来实现:

(1)解特征方程 $|\lambda\boldsymbol{E}-\boldsymbol{A}|=0$,求出 $\boldsymbol{A}$ 的所有互不相同的特征值 $\lambda_1,\lambda_2,\cdots,\lambda_s$,其中 λ_i 的重数为 k_i,$i=1,2,\cdots,s$;

(2)对每个 λ_i,求线性方程组 $(\lambda_i\boldsymbol{E}-\boldsymbol{A})\boldsymbol{x}=\boldsymbol{0}$ 的基础解系 $\boldsymbol{\alpha}_{i1},\boldsymbol{\alpha}_{i2},\cdots,\boldsymbol{\alpha}_{ik_i}$,即为属于 λ_i 的线性无关特征向量;

(3)令 $\boldsymbol{P}=(\boldsymbol{\alpha}_{11},\boldsymbol{\alpha}_{12},\cdots,\boldsymbol{\alpha}_{1k_1},\boldsymbol{\alpha}_{21},\boldsymbol{\alpha}_{22},\cdots,\boldsymbol{\alpha}_{2k_2},\cdots,\boldsymbol{\alpha}_{s1},\boldsymbol{\alpha}_{s2},\cdots,\boldsymbol{\alpha}_{sk_s})$,则 $\boldsymbol{P}$ 为可逆矩阵,且有 $\boldsymbol{P}^{-1}\boldsymbol{AP}=$

$$\operatorname{diag}(\overbrace{\lambda_1,\cdots,\lambda_1}^{k_1\text{个}},\overbrace{\lambda_2,\cdots,\lambda_2}^{k_2\text{个}},\cdots,\overbrace{\lambda_s,\cdots,\lambda_s}^{k_s\text{个}}).$$

例2 判断下列矩阵 $\boldsymbol{A}$ 是否可以对角化,若 $\boldsymbol{A}$ 可以对角化,求可逆矩阵 $\boldsymbol{P}$,使 $\boldsymbol{P}^{-1}\boldsymbol{AP}$ 为对角矩阵;若不可以,请说明理由.

(1)$\boldsymbol{A}=\begin{pmatrix}-1&1&0\\-4&3&0\\1&0&2\end{pmatrix}$.　　　　(2)$\boldsymbol{A}=\begin{pmatrix}1&-2&2\\-2&-2&4\\2&4&-2\end{pmatrix}$.

解　(1)由 $\boldsymbol{A}$ 的特征多项式

$$|\lambda\boldsymbol{E}-\boldsymbol{A}|=\begin{vmatrix}\lambda+1&-1&0\\4&\lambda-3&0\\-1&0&\lambda-2\end{vmatrix}=(\lambda-1)^2(\lambda-2),$$

得 $\boldsymbol{A}$ 的特征值为 $\lambda_1=\lambda_2=1,\lambda_3=2$.

对于特征值 $\lambda_1=\lambda_2=1$,由

$$\boldsymbol{E}-\boldsymbol{A}=\begin{pmatrix}2&-1&0\\4&-2&0\\-1&0&-1\end{pmatrix}\xrightarrow{r}\begin{pmatrix}1&0&1\\0&1&2\\0&0&0\end{pmatrix},$$

得 $R(\boldsymbol{E}-\boldsymbol{A})=2$,所以 2 重特征值 1 仅对应有 $3-R(\boldsymbol{E}-\boldsymbol{A})=1$ 个线性无关的特征向量,故 $\boldsymbol{A}$ 不可以对角化.

(2)由 $\boldsymbol{A}$ 的特征多项式

$$|\lambda\boldsymbol{E}-\boldsymbol{A}|=\begin{vmatrix}\lambda-1&2&-2\\2&\lambda+2&-4\\-2&-4&\lambda+2\end{vmatrix}\xlongequal{r_3+r_2}\begin{vmatrix}\lambda-1&2&-2\\2&\lambda+2&-4\\0&\lambda-2&\lambda-2\end{vmatrix}$$

$$\xlongequal{c_2-c_3}\begin{vmatrix}\lambda-1&4&-2\\2&\lambda+6&-4\\0&0&\lambda-2\end{vmatrix}=(\lambda-2)^2(\lambda+7),$$

得 $\boldsymbol{A}$ 的特征值为 $\lambda_1=\lambda_2=2,\lambda_3=-7$.

对于特征值 $\lambda_1=\lambda_2=2$,由

$$2\boldsymbol{E}-\boldsymbol{A}=\begin{pmatrix}1&2&-2\\2&4&-4\\-2&-4&4\end{pmatrix}\xrightarrow{r}\begin{pmatrix}1&2&-2\\0&0&0\\0&0&0\end{pmatrix},$$

得 $R(2\boldsymbol{E}-\boldsymbol{A})=1$,所以 2 重特征值 2 对应有 $3-R(2\boldsymbol{E}-\boldsymbol{A})=2$ 个线性无关的特征向量,故 $\boldsymbol{A}$ 可以对角化.

解线性方程组 $(2\boldsymbol{E}-\boldsymbol{A})\boldsymbol{x}=\boldsymbol{0}$ 得基础解系 $\boldsymbol{\alpha}_1=(-2,1,0)^{\mathrm{T}},\boldsymbol{\alpha}_2=(2,0,1)^{\mathrm{T}}$.

对于特征值 $\lambda_3=-7$,解线性方程组 $(-7\boldsymbol{E}-\boldsymbol{A})\boldsymbol{x}=\boldsymbol{0}$,由

$$-7\boldsymbol{E}-\boldsymbol{A}=\begin{pmatrix}-8&2&-2\\2&-5&-4\\-2&-4&-5\end{pmatrix}\xrightarrow{r}\begin{pmatrix}1&0&\frac{1}{2}\\0&1&1\\0&0&0\end{pmatrix},$$

得基础解系 $\boldsymbol{\alpha}_3=(-1,-2,2)^{\mathrm{T}}$. 令

$$P=(\boldsymbol{\alpha}_1,\boldsymbol{\alpha}_2,\boldsymbol{\alpha}_3)=\begin{pmatrix}-2&2&-1\\1&0&-2\\0&1&2\end{pmatrix},$$

则 $\boldsymbol{P}$ 可逆，且 $\boldsymbol{P}^{-1}\boldsymbol{AP}=\mathrm{diag}(2,2,-7)$.

例3 设矩阵 $\boldsymbol{A}=\begin{pmatrix}3&2&-2\\-k&-1&k\\4&2&-3\end{pmatrix}$，当 k 为何值时，$\boldsymbol{A}$ 可对角化？在 $\boldsymbol{A}$ 可对角化时，求可逆矩阵 $\boldsymbol{P}$，使 $\boldsymbol{P}^{-1}\boldsymbol{AP}$ 为对角矩阵.

解 由 $\boldsymbol{A}$ 的特征多项式

$$|\lambda\boldsymbol{E}-\boldsymbol{A}|=\begin{vmatrix}\lambda-3&-2&2\\k&\lambda+1&-k\\-4&-2&\lambda+3\end{vmatrix}\xlongequal{c_1+c_3}\begin{vmatrix}\lambda-1&-2&2\\0&\lambda+1&-k\\\lambda-1&-2&\lambda+3\end{vmatrix}$$

$$\xlongequal{r_3-r_1}\begin{vmatrix}\lambda-1&-2&2\\0&\lambda+1&-k\\0&0&\lambda+1\end{vmatrix}=(\lambda+1)^2(\lambda-1),$$

得 $\boldsymbol{A}$ 的特征值为 $\lambda_1=\lambda_2=-1,\lambda_3=1$.

$\boldsymbol{A}$ 可以对角化当且仅当2重特征值 -1 对应的线性无关的特征向量的个数为 $3-R(-\boldsymbol{E}-\boldsymbol{A})=2$，即 $R(-\boldsymbol{E}-\boldsymbol{A})=1$. 对 $-\boldsymbol{E}-\boldsymbol{A}$ 施行初等行变换，将其化为行阶梯形：

$$-\boldsymbol{E}-\boldsymbol{A}=\begin{pmatrix}-4&-2&2\\k&0&-k\\-4&-2&2\end{pmatrix}\xrightarrow{r}\begin{pmatrix}2&1&-1\\0&-\dfrac{k}{2}&-\dfrac{k}{2}\\0&0&0\end{pmatrix}.$$

由此得 $-\dfrac{k}{2}=0$，即 $k=0$.

当 $k=0$ 时，解方程组 $(-\boldsymbol{E}-\boldsymbol{A})\boldsymbol{x}=\boldsymbol{0}$ 得基础解系 $\boldsymbol{\alpha}_1=(-1,2,0)^{\mathrm{T}},\boldsymbol{\alpha}_2=(1,0,2)^{\mathrm{T}}$.

对于 $\lambda_3=1$，解方程组 $(\boldsymbol{E}-\boldsymbol{A})\boldsymbol{x}=\boldsymbol{0}$，由

$$\boldsymbol{E}-\boldsymbol{A}=\begin{pmatrix}-2&-2&2\\0&2&0\\-4&-2&4\end{pmatrix}\xrightarrow{r}\begin{pmatrix}1&0&-1\\0&1&0\\0&0&0\end{pmatrix},$$

得基础解系 $\boldsymbol{\alpha}_3=(1,0,1)^{\mathrm{T}}$. 令

$$P=(\boldsymbol{\alpha}_1,\boldsymbol{\alpha}_2,\boldsymbol{\alpha}_3)=\begin{pmatrix}-1&1&1\\2&0&0\\0&2&1\end{pmatrix},$$

则 $\boldsymbol{P}$ 可逆，且 $\boldsymbol{P}^{-1}\boldsymbol{AP}=\mathrm{diag}(-1,-1,1)$.

例4 设 $\boldsymbol{A}=\begin{pmatrix}2&1\\0&0\end{pmatrix},\boldsymbol{B}=\begin{pmatrix}1&1\\1&1\end{pmatrix}$，判断 $\boldsymbol{A},\boldsymbol{B}$ 是否相似. 若相似，求可逆矩阵 $\boldsymbol{P}$，使 $\boldsymbol{P}^{-1}\boldsymbol{AP}=\boldsymbol{B}$；若不

相似,请说明理由.

解 由

$$|\lambda \boldsymbol{E}-\boldsymbol{A}|=\begin{vmatrix}\lambda-2 & -1\\ 0 & \lambda\end{vmatrix}=\lambda(\lambda-2),$$

得 $\boldsymbol{A}$ 的特征值为 $\lambda_1=0,\lambda_2=2$,互不相同,所以 $\boldsymbol{A}$ 可以相似于对角矩阵.

对于 $\lambda_1=0$,解线性方程组 $-\boldsymbol{A}\boldsymbol{x}=\boldsymbol{0}$,得基础解系 $\boldsymbol{\alpha}_1=(1,-2)^{\mathrm{T}}$.

对于 $\lambda_2=2$,解线性方程组 $(2\boldsymbol{E}-\boldsymbol{A})\boldsymbol{x}=\boldsymbol{0}$,得基础解系 $\boldsymbol{\alpha}_2=(1,0)^{\mathrm{T}}$.

令 $\boldsymbol{P}_1=(\boldsymbol{\alpha}_1,\boldsymbol{\alpha}_2)=\begin{pmatrix}1 & 1\\ -2 & 0\end{pmatrix}$,则 $\boldsymbol{P}_1$ 可逆,且 $\boldsymbol{P}_1^{-1}\boldsymbol{A}\boldsymbol{P}_1=\begin{pmatrix}0 & \\ & 2\end{pmatrix}$.

由

$$|\mu \boldsymbol{E}-\boldsymbol{B}|=\begin{vmatrix}\mu-1 & -1\\ -1 & \mu-1\end{vmatrix}=\mu(\mu-2),$$

得 $\boldsymbol{B}$ 的特征值为 $\mu_1=0,\mu_2=2$,互不相同,所以 $\boldsymbol{B}$ 可以相似于对角矩阵.

对于 $\mu_1=0$,解线性方程组 $-\boldsymbol{B}\boldsymbol{x}=\boldsymbol{0}$,得基础解系 $\boldsymbol{\beta}_1=(-1,1)^{\mathrm{T}}$.

对于 $\mu_2=2$,解线性方程组 $(2\boldsymbol{E}-\boldsymbol{B})\boldsymbol{x}=\boldsymbol{0}$,得基础解系 $\boldsymbol{\beta}_2=(1,1)^{\mathrm{T}}$.

令 $\boldsymbol{P}_2=(\boldsymbol{\beta}_1,\boldsymbol{\beta}_2)=\begin{pmatrix}-1 & 1\\ 1 & 1\end{pmatrix}$,则 $\boldsymbol{P}_2$ 可逆,且 $\boldsymbol{P}_2^{-1}\boldsymbol{B}\boldsymbol{P}_2=\begin{pmatrix}0 & \\ & 2\end{pmatrix}$.

于是 $\boldsymbol{P}_1^{-1}\boldsymbol{A}\boldsymbol{P}_1=\boldsymbol{P}_2^{-1}\boldsymbol{B}\boldsymbol{P}_2$,所以 $\boldsymbol{P}_2\boldsymbol{P}_1^{-1}\boldsymbol{A}\boldsymbol{P}_1\boldsymbol{P}_2^{-1}=\boldsymbol{B}$. 令 $\boldsymbol{P}=\boldsymbol{P}_1\boldsymbol{P}_2^{-1}$,则 $\boldsymbol{P}^{-1}\boldsymbol{A}\boldsymbol{P}=\boldsymbol{B}$,其中

$$\boldsymbol{P}=\boldsymbol{P}_1\boldsymbol{P}_2^{-1}=\begin{pmatrix}1 & 1\\ -2 & 0\end{pmatrix}\begin{pmatrix}-\frac{1}{2} & \frac{1}{2}\\ \frac{1}{2} & \frac{1}{2}\end{pmatrix}=\begin{pmatrix}0 & 1\\ 1 & -1\end{pmatrix}.$$

习题 3.2

一、基础题

1. 若三阶矩阵 $\boldsymbol{A}$ 与 $\boldsymbol{B}$ 相似,且矩阵 $\boldsymbol{A}$ 的特征值为 2,3,4,求行列式 $|\boldsymbol{B}^2-\boldsymbol{E}|$.

2. 判断习题 3.1 第 1 题所给的矩阵中哪些可以对角化,对于可对角化的矩阵 $\boldsymbol{A}$,求可逆矩阵 $\boldsymbol{P}$,使 $\boldsymbol{P}^{-1}\boldsymbol{A}\boldsymbol{P}$ 为对角矩阵;若不可以对角化,请说明理由.

3. 已知矩阵 $\boldsymbol{A}=\begin{pmatrix}-2 & 0 & 0\\ 2 & x & 2\\ 3 & 1 & 1\end{pmatrix}$ 与对角矩阵 $\boldsymbol{B}=\begin{pmatrix}-1 & 0 & 0\\ 0 & 2 & 0\\ 0 & 0 & y\end{pmatrix}$ 相似.

(1) 求 x,y 的值.

(2) 求可逆矩阵 $\boldsymbol{P}$,使 $\boldsymbol{P}^{-1}\boldsymbol{A}\boldsymbol{P}=\boldsymbol{B}$.

4. 设 $\boldsymbol{A}$ 为三阶矩阵,向量组 $\boldsymbol{\alpha}_1=(1,2,2)^{\mathrm{T}},\boldsymbol{\alpha}_2=(0,-1,1)^{\mathrm{T}},\boldsymbol{\alpha}_3=(0,0,1)^{\mathrm{T}}$ 满足 $\boldsymbol{A}\boldsymbol{\alpha}_1=\boldsymbol{\alpha}_1,\boldsymbol{A}\boldsymbol{\alpha}_2$

$=\mathbf{0}, A\boldsymbol{\alpha}_3=-\boldsymbol{\alpha}_3$. 求 $\boldsymbol{A}$ 和 $\boldsymbol{A}^5$.

二、提高题

5. 设 n 阶矩阵 $\boldsymbol{A}$ 与 $\boldsymbol{B}$ 的特征值完全相同，则(　　).

A. $\boldsymbol{A}$ 与 $\boldsymbol{B}$ 相似　　B. $R(\boldsymbol{A})=R(\boldsymbol{B})$

C. $|\boldsymbol{A}|=|\boldsymbol{B}|$　　D. $\boldsymbol{A}$ 与 $\boldsymbol{B}$ 有相同的特征向量

6. (2012 · 数学一)设 $\boldsymbol{A}$ 为三阶矩阵，$\boldsymbol{P}=(\boldsymbol{\alpha}_1,\boldsymbol{\alpha}_2,\boldsymbol{\alpha}_3)$ 为三阶可逆矩阵，且 $\boldsymbol{P}^{-1}\boldsymbol{A}\boldsymbol{P}=\mathrm{diag}(1,1,2)$，$\boldsymbol{Q}=(\boldsymbol{\alpha}_1+\boldsymbol{\alpha}_2,\boldsymbol{\alpha}_2,\boldsymbol{\alpha}_3)$，则 $\boldsymbol{Q}^{-1}\boldsymbol{A}\boldsymbol{Q}=$(　　).

A. diag(1,2,1)　　B. diag(1,1,2)　　C. diag(2,1,2)　　D. diag(2,2,1)

7. (2017 · 数学一、二、三)设矩阵 $\boldsymbol{A}=\begin{pmatrix}2&0&0\\0&2&1\\0&0&1\end{pmatrix}$，$\boldsymbol{B}=\begin{pmatrix}2&1&0\\0&2&0\\0&0&1\end{pmatrix}$，$\boldsymbol{C}=\begin{pmatrix}1&0&0\\0&2&0\\0&0&2\end{pmatrix}$，则(　　).

A. $\boldsymbol{A}$ 与 $\boldsymbol{C}$ 相似，$\boldsymbol{B}$ 与 $\boldsymbol{C}$ 相似

B. $\boldsymbol{A}$ 与 $\boldsymbol{C}$ 相似，$\boldsymbol{B}$ 与 $\boldsymbol{C}$ 不相似

C. $\boldsymbol{A}$ 与 $\boldsymbol{C}$ 不相似，$\boldsymbol{B}$ 与 $\boldsymbol{C}$ 相似

D. $\boldsymbol{A}$ 与 $\boldsymbol{C}$ 不相似，$\boldsymbol{B}$ 与 $\boldsymbol{C}$ 不相似

微课：矩阵相似的判定

8. (2017 · 数学二)设 $\boldsymbol{A}$ 为三阶矩阵，$\boldsymbol{P}=(\boldsymbol{\alpha}_1,\boldsymbol{\alpha}_2,\boldsymbol{\alpha}_3)$ 为可逆矩阵，使 $\boldsymbol{P}^{-1}\boldsymbol{A}\boldsymbol{P}=\begin{pmatrix}0&0&0\\0&1&0\\0&0&2\end{pmatrix}$，则 $\boldsymbol{A}(\boldsymbol{\alpha}_1+\boldsymbol{\alpha}_2+\boldsymbol{\alpha}_3)=$(　　).

A. $\boldsymbol{\alpha}_1+\boldsymbol{\alpha}_2$　　B. $\boldsymbol{\alpha}_2+2\boldsymbol{\alpha}_3$　　C. $\boldsymbol{\alpha}_2+\boldsymbol{\alpha}_3$　　D. $\boldsymbol{\alpha}_1+2\boldsymbol{\alpha}_2$

9. (2008 · 数学一、二、三)设 $\boldsymbol{A}$ 为二阶矩阵，$\boldsymbol{\alpha}_1,\boldsymbol{\alpha}_2$ 为线性无关的二维列向量，而且 $\boldsymbol{A}\boldsymbol{\alpha}_1=\mathbf{0}$，$\boldsymbol{A}\boldsymbol{\alpha}_2=2\boldsymbol{\alpha}_1+\boldsymbol{\alpha}_2$，则 $\boldsymbol{A}$ 的非零特征值为________.

10. (2018 · 数学三)设 $\boldsymbol{A}$ 为三阶矩阵，$\boldsymbol{\alpha}_1,\boldsymbol{\alpha}_2,\boldsymbol{\alpha}_3$ 是线性无关的向量组，若 $\boldsymbol{A}\boldsymbol{\alpha}_1=\boldsymbol{\alpha}_1+\boldsymbol{\alpha}_2$，$\boldsymbol{A}\boldsymbol{\alpha}_2=\boldsymbol{\alpha}_2+\boldsymbol{\alpha}_3$，$\boldsymbol{A}\boldsymbol{\alpha}_3=\boldsymbol{\alpha}_1+\boldsymbol{\alpha}_3$，则行列式 $|\boldsymbol{A}|=$________.

11. 已知 $\boldsymbol{\xi}=\begin{pmatrix}1\\1\\-1\end{pmatrix}$ 是矩阵 $\boldsymbol{A}=\begin{pmatrix}2&-1&2\\5&a&3\\-1&b&-2\end{pmatrix}$ 的一个特征向量.

(1)试确定参数 a,b 及特征向量 $\boldsymbol{\xi}$ 所对应的特征值.

(2)$\boldsymbol{A}$ 能否相似于对角矩阵？请说明理由.

12. 设矩阵 $\boldsymbol{A}=\begin{pmatrix}1&-1&1\\x&4&y\\-3&-3&5\end{pmatrix}$ 有3个线性无关的特征向量，$\lambda=2$ 是 $\boldsymbol{A}$ 的2重特征值，求 x,y 的值及可逆矩阵 $\boldsymbol{P}$，使 $\boldsymbol{P}^{-1}\boldsymbol{A}\boldsymbol{P}$ 为对角矩阵.

微课：矩阵的对角化

13. 设 $\boldsymbol{\alpha},\boldsymbol{\beta}$ 是 n 维列向量，$\boldsymbol{\alpha}^{\mathrm{T}}\boldsymbol{\beta}\neq 0$，$\boldsymbol{A}=\boldsymbol{\alpha}\boldsymbol{\beta}^{\mathrm{T}}$，证明 $\boldsymbol{A}$ 可以对角化.

3.3 向量的内积与正交矩阵

在2.2节和2.3节中,我们讨论了向量的线性运算,没有涉及向量的长度和夹角.本节将介绍向量的内积,然后通过内积引出向量的长度、夹角和正交等概念及其性质,最后介绍正交矩阵的概念及其判定方法与性质.

3.3.1 向量的内积

定义3.5 在 n 维向量空间 $\mathbf{R}^n$ 中,设

$$\boldsymbol{\alpha}=(x_1,x_2,\cdots,x_n)^{\mathrm{T}},\boldsymbol{\beta}=(y_1,y_2,\cdots,y_n)^{\mathrm{T}},$$

称

$$\boldsymbol{\alpha}^{\mathrm{T}}\boldsymbol{\beta}=\boldsymbol{\beta}^{\mathrm{T}}\boldsymbol{\alpha}=x_1y_1+x_2y_2+\cdots+x_ny_n$$

为向量 $\boldsymbol{\alpha}$ 与 $\boldsymbol{\beta}$ 的**内积**,记作$(\boldsymbol{\alpha},\boldsymbol{\beta})$. 即$(\boldsymbol{\alpha},\boldsymbol{\beta})=\boldsymbol{\alpha}^{\mathrm{T}}\boldsymbol{\beta}=\boldsymbol{\beta}^{\mathrm{T}}\boldsymbol{\alpha}$.

由定义3.5知,向量的内积是实数,n 维向量的内积$(\boldsymbol{\alpha},\boldsymbol{\beta})$是二维、三维向量数量积 $\boldsymbol{\alpha}\cdot\boldsymbol{\beta}$ 的自然推广.

类似于二维、三维向量的数量积,内积运算有以下性质.

(1)对称性:$(\boldsymbol{\alpha},\boldsymbol{\beta})=(\boldsymbol{\beta},\boldsymbol{\alpha})$.

(2)线性性:$(\boldsymbol{\alpha}+\boldsymbol{\beta},\boldsymbol{\gamma})=(\boldsymbol{\alpha},\boldsymbol{\gamma})+(\boldsymbol{\beta},\boldsymbol{\gamma})$;$(k\boldsymbol{\alpha},\boldsymbol{\beta})=k(\boldsymbol{\alpha},\boldsymbol{\beta})$,其中 $k\in\mathbf{R}$.

(3)正定性:$(\boldsymbol{\alpha},\boldsymbol{\alpha})\geqslant 0$,其中等式成立当且仅当 $\boldsymbol{\alpha}=\mathbf{0}$.

证明 (1)和(2)是显然的,只证明(3). 设 $\boldsymbol{\alpha}=(x_1,x_2,\cdots,x_n)^{\mathrm{T}}$,则

$$(\boldsymbol{\alpha},\boldsymbol{\alpha})=\boldsymbol{\alpha}^{\mathrm{T}}\boldsymbol{\alpha}=\sum_{i=1}^{n}x_i^2\geqslant 0.$$

而$(\boldsymbol{\alpha},\boldsymbol{\alpha})=0$ 等价于 $\sum\limits_{i=1}^{n}x_i^2=0$,这又等价于 $x_1=x_2=\cdots=x_n=0$,即 $\boldsymbol{\alpha}=\mathbf{0}$.

定义3.6 设 $\boldsymbol{\alpha}\in\mathbf{R}^n$,称 $\sqrt{(\boldsymbol{\alpha},\boldsymbol{\alpha})}$ 为向量 $\boldsymbol{\alpha}$ 的**长度**(**或模**),记作 $\|\boldsymbol{\alpha}\|$.

若 $\boldsymbol{\alpha}=(x_1,x_2,\cdots,x_n)^{\mathrm{T}}$,则

$$\|\boldsymbol{\alpha}\|=\sqrt{(\boldsymbol{\alpha},\boldsymbol{\alpha})}=\sqrt{\boldsymbol{\alpha}^{\mathrm{T}}\boldsymbol{\alpha}}=\sqrt{x_1^2+x_2^2+\cdots+x_n^2}.$$

由定义3.6可知,n 维向量的长度是二维、三维向量长度的自然推广.

例1 向量 $\boldsymbol{\alpha}=(1,2,-1,3)^{\mathrm{T}}$ 的长度为

$$\|\boldsymbol{\alpha}\|=\sqrt{(\boldsymbol{\alpha},\boldsymbol{\alpha})}=\sqrt{1^2+2^2+(-1)^2+3^2}=\sqrt{15}.$$

向量长度具有以下性质.

(1)非负性:$\|\boldsymbol{\alpha}\|\geqslant 0$,且 $\|\boldsymbol{\alpha}\|=0$ 当且仅当 $\boldsymbol{\alpha}=\mathbf{0}$.

(2)齐次性:$\|k\boldsymbol{\alpha}\|=|k|\,\|\boldsymbol{\alpha}\|$,其中 $k\in\mathbf{R}$.

长度为 1 的向量称为**单位向量**. 如果 $\boldsymbol{\alpha}$ 是非零向量,则 $\|\boldsymbol{\alpha}\|>0$,且

$$\left\|\frac{\boldsymbol{\alpha}}{\|\boldsymbol{\alpha}\|}\right\|=\frac{1}{\|\boldsymbol{\alpha}\|}\|\boldsymbol{\alpha}\|=1,$$

即 $\frac{1}{\|\boldsymbol{\alpha}\|}\boldsymbol{\alpha}$ 是单位向量. 将非零向量 $\boldsymbol{\alpha}$ 化为 $\frac{1}{\|\boldsymbol{\alpha}\|}\boldsymbol{\alpha}$ 称为 $\boldsymbol{\alpha}$ 的**单位化**.

定理 3.10[柯西(Cauchy)不等式]　设 $\boldsymbol{\alpha},\boldsymbol{\beta}\in\mathbf{R}^n$,则

$$|(\boldsymbol{\alpha},\boldsymbol{\beta})|\leqslant\|\boldsymbol{\alpha}\|\|\boldsymbol{\beta}\|,$$

其中等式成立的充分必要条件是 $\boldsymbol{\alpha},\boldsymbol{\beta}$ 线性相关.

证明　若 $\boldsymbol{\alpha},\boldsymbol{\beta}$ 线性相关,则 $\boldsymbol{\alpha}=\mathbf{0}$ 或 $\boldsymbol{\beta}=k\boldsymbol{\alpha}$,无论哪种情况,都有

$$(\boldsymbol{\alpha},\boldsymbol{\beta})^2=(\boldsymbol{\alpha},\boldsymbol{\alpha})(\boldsymbol{\beta},\boldsymbol{\beta}),$$

即 $|(\boldsymbol{\alpha},\boldsymbol{\beta})|=\|\boldsymbol{\alpha}\|\|\boldsymbol{\beta}\|$.

若 $\boldsymbol{\alpha},\boldsymbol{\beta}$ 线性无关,则对任意 $t\in\mathbf{R}$,$t\boldsymbol{\alpha}+\boldsymbol{\beta}\neq\mathbf{0}$. 于是 $(t\boldsymbol{\alpha}+\boldsymbol{\beta},t\boldsymbol{\alpha}+\boldsymbol{\beta})>0$,即

$$(\boldsymbol{\alpha},\boldsymbol{\alpha})t^2+2(\boldsymbol{\alpha},\boldsymbol{\beta})t+(\boldsymbol{\beta},\boldsymbol{\beta})>0$$

对 $t\in\mathbf{R}$ 恒成立. 所以 $4(\boldsymbol{\alpha},\boldsymbol{\beta})^2-4(\boldsymbol{\alpha},\boldsymbol{\alpha})(\boldsymbol{\beta},\boldsymbol{\beta})<0$,即 $(\boldsymbol{\alpha},\boldsymbol{\beta})^2<(\boldsymbol{\alpha},\boldsymbol{\alpha})(\boldsymbol{\beta},\boldsymbol{\beta})$,故

$$|(\boldsymbol{\alpha},\boldsymbol{\beta})|<\|\boldsymbol{\alpha}\|\|\boldsymbol{\beta}\|.$$

推论 3.11(三角不等式)　设 $\boldsymbol{\alpha},\boldsymbol{\beta}\in\mathbf{R}^n$,则 $\|\boldsymbol{\alpha}+\boldsymbol{\beta}\|\leqslant\|\boldsymbol{\alpha}\|+\|\boldsymbol{\beta}\|$.

证明　因为

$$\begin{aligned}\|\boldsymbol{\alpha}+\boldsymbol{\beta}\|^2&=(\boldsymbol{\alpha}+\boldsymbol{\beta},\boldsymbol{\alpha}+\boldsymbol{\beta})=(\boldsymbol{\alpha},\boldsymbol{\alpha})+2(\boldsymbol{\alpha},\boldsymbol{\beta})+(\boldsymbol{\beta},\boldsymbol{\beta})\\&\leqslant\|\boldsymbol{\alpha}\|^2+2\|\boldsymbol{\alpha}\|\|\boldsymbol{\beta}\|+\|\boldsymbol{\beta}\|^2\\&=(\|\boldsymbol{\alpha}\|+\|\boldsymbol{\beta}\|)^2,\end{aligned}$$

所以 $\|\boldsymbol{\alpha}+\boldsymbol{\beta}\|\leqslant\|\boldsymbol{\alpha}\|+\|\boldsymbol{\beta}\|$.

由定理 3.10 可知,若 $\boldsymbol{\alpha}\neq\mathbf{0},\boldsymbol{\beta}\neq\mathbf{0}$,则 $\frac{|(\boldsymbol{\alpha},\boldsymbol{\beta})|}{\|\boldsymbol{\alpha}\|\|\boldsymbol{\beta}\|}\leqslant1$. 由此可引入两向量夹角余弦的概念.

定义 3.7　设 $\boldsymbol{\alpha},\boldsymbol{\beta}\in\mathbf{R}^n$,$\boldsymbol{\alpha}\neq\mathbf{0}$,$\boldsymbol{\beta}\neq\mathbf{0}$,定义 $\boldsymbol{\alpha},\boldsymbol{\beta}$ 的**夹角** $\langle\boldsymbol{\alpha},\boldsymbol{\beta}\rangle$ 的余弦为

$$\cos\langle\boldsymbol{\alpha},\boldsymbol{\beta}\rangle=\frac{(\boldsymbol{\alpha},\boldsymbol{\beta})}{\|\boldsymbol{\alpha}\|\|\boldsymbol{\beta}\|},0\leqslant\langle\boldsymbol{\alpha},\boldsymbol{\beta}\rangle\leqslant\pi.$$

3.3.2　正交向量组

定义 3.8　若向量 $\boldsymbol{\alpha},\boldsymbol{\beta}$ 的内积 $(\boldsymbol{\alpha},\boldsymbol{\beta})=0$,则称 $\boldsymbol{\alpha}$ 与 $\boldsymbol{\beta}$ **正交**.

零向量与任意向量正交,特别地,零向量与自身正交,而且只有零向量与自身正交.

定义 3.9　若 $\mathbf{R}^n$ 中一组非零向量两两正交,则称此向量组为**正交向量组**,简称**正交组**;若正交向量组中的每个向量都是单位向量,则称此正交向量组为**标准正交组**(或**规范正交组**).

显然,$\boldsymbol{\alpha}_1,\boldsymbol{\alpha}_2,\cdots,\boldsymbol{\alpha}_r$ 是标准正交组当且仅当

$$(\boldsymbol{\alpha}_i,\boldsymbol{\alpha}_j)=\begin{cases}0, & i\neq j,\\1, & i=j\end{cases}(i,j=1,2,\cdots,r).$$

定理 3.12　正交向量组一定线性无关.

证明 设 $\boldsymbol{\alpha}_1,\boldsymbol{\alpha}_2,\cdots,\boldsymbol{\alpha}_r$ 是正交向量组,令 $k_1\boldsymbol{\alpha}_1+k_2\boldsymbol{\alpha}_2+\cdots+k_r\boldsymbol{\alpha}_r=\mathbf{0}$,用 $\boldsymbol{\alpha}_i$ 与等式两边分别做内积,得

$$(\boldsymbol{\alpha}_i,k_1\boldsymbol{\alpha}_1+k_2\boldsymbol{\alpha}_2+\cdots+k_r\boldsymbol{\alpha}_r)=(\boldsymbol{\alpha}_i,k_i\boldsymbol{\alpha}_i)=k_i(\boldsymbol{\alpha}_i,\boldsymbol{\alpha}_i)=0.$$

因 $\boldsymbol{\alpha}_i\neq\mathbf{0}$,故 $(\boldsymbol{\alpha}_i,\boldsymbol{\alpha}_i)>0$,从而 $k_i=0(i=1,2,\cdots,r)$,即 $\boldsymbol{\alpha}_1,\boldsymbol{\alpha}_2,\cdots,\boldsymbol{\alpha}_r$ 线性无关.

由定理 3.12 可知,r 维向量空间 V 中任意 r 个向量构成的正交组都是 V 的基.

定义 3.10 若 V 为 r 维向量空间,则 V 中 r 个向量构成的正交组称为 V 的**正交基**;V 中的 r 个向量构成的标准正交组称为 V 的**标准正交基**,也称**规范正交基**.

例如,$\boldsymbol{\varepsilon}_1=(1,0,\cdots,0)^{\mathrm{T}},\boldsymbol{\varepsilon}_2=(0,1,\cdots,0)^{\mathrm{T}},\cdots,\boldsymbol{\varepsilon}_n=(0,\cdots,0,1)^{\mathrm{T}}$ 是 $\mathbf{R}^n$ 的标准正交基.

定理 3.13[施密特(Schmidt)正交化过程] 设 $\boldsymbol{\alpha}_1,\boldsymbol{\alpha}_2,\cdots,\boldsymbol{\alpha}_r(r\geqslant 2)$ 是 $\mathbf{R}^n$ 中的线性无关向量组,令

$$\begin{aligned}
&\boldsymbol{\beta}_1=\boldsymbol{\alpha}_1,\\
&\boldsymbol{\beta}_2=\boldsymbol{\alpha}_2-\frac{(\boldsymbol{\alpha}_2,\boldsymbol{\beta}_1)}{(\boldsymbol{\beta}_1,\boldsymbol{\beta}_1)}\boldsymbol{\beta}_1,\\
&\cdots\cdots\cdots\cdots\cdots\cdots\\
&\boldsymbol{\beta}_r=\boldsymbol{\alpha}_r-\frac{(\boldsymbol{\alpha}_r,\boldsymbol{\beta}_1)}{(\boldsymbol{\beta}_1,\boldsymbol{\beta}_1)}\boldsymbol{\beta}_1-\frac{(\boldsymbol{\alpha}_r,\boldsymbol{\beta}_2)}{(\boldsymbol{\beta}_2,\boldsymbol{\beta}_2)}\boldsymbol{\beta}_2-\cdots-\frac{(\boldsymbol{\alpha}_r,\boldsymbol{\beta}_{r-1})}{(\boldsymbol{\beta}_{r-1},\boldsymbol{\beta}_{r-1})}\boldsymbol{\beta}_{r-1},
\end{aligned}\tag{3.3.1}$$

则 $\boldsymbol{\beta}_1,\boldsymbol{\beta}_2,\cdots,\boldsymbol{\beta}_r$ 是正交组,且与向量组 $\boldsymbol{\alpha}_1,\boldsymbol{\alpha}_2,\cdots,\boldsymbol{\alpha}_r$ 等价.

证明 由式(3.3.1)可知向量组 $\boldsymbol{\beta}_1,\boldsymbol{\beta}_2,\cdots,\boldsymbol{\beta}_r$ 与 $\boldsymbol{\alpha}_1,\boldsymbol{\alpha}_2,\cdots,\boldsymbol{\alpha}_r$ 可互相线性表示,从而它们等价.因为 $\boldsymbol{\alpha}_1,\boldsymbol{\alpha}_2,\cdots,\boldsymbol{\alpha}_r$ 线性无关,所以 $\boldsymbol{\beta}_1,\boldsymbol{\beta}_2,\cdots,\boldsymbol{\beta}_r$ 线性无关,从而 $\boldsymbol{\beta}_1,\boldsymbol{\beta}_2,\cdots,\boldsymbol{\beta}_r$ 均不为 $\mathbf{0}$.

下面用数学归纳法证明 $\boldsymbol{\beta}_1,\boldsymbol{\beta}_2,\cdots,\boldsymbol{\beta}_r$ 是正交组.

(1)当 $r=2$ 时,将式(3.3.1)中的第二式两边与 $\boldsymbol{\beta}_1$ 做内积,得

$$(\boldsymbol{\beta}_1,\boldsymbol{\beta}_2)=\left(\boldsymbol{\beta}_1,\boldsymbol{\alpha}_2-\frac{(\boldsymbol{\alpha}_2,\boldsymbol{\beta}_1)}{(\boldsymbol{\beta}_1,\boldsymbol{\beta}_1)}\boldsymbol{\beta}_1\right)=(\boldsymbol{\beta}_1,\boldsymbol{\alpha}_2)-\frac{(\boldsymbol{\alpha}_2,\boldsymbol{\beta}_1)}{(\boldsymbol{\beta}_1,\boldsymbol{\beta}_1)}(\boldsymbol{\beta}_1,\boldsymbol{\beta}_1)=0,$$

即 $\boldsymbol{\beta}_1,\boldsymbol{\beta}_2$ 是正交组.

(2)假设 $r=k$ 时,结论成立.当 $r=k+1$ 时,设 $\boldsymbol{\beta}_1,\boldsymbol{\beta}_2,\cdots,\boldsymbol{\beta}_k$ 是正交组,且

$$\boldsymbol{\beta}_{k+1}=\boldsymbol{\alpha}_{k+1}-\frac{(\boldsymbol{\alpha}_{k+1},\boldsymbol{\beta}_1)}{(\boldsymbol{\beta}_1,\boldsymbol{\beta}_1)}\boldsymbol{\beta}_1-\frac{(\boldsymbol{\alpha}_{k+1},\boldsymbol{\beta}_2)}{(\boldsymbol{\beta}_2,\boldsymbol{\beta}_2)}\boldsymbol{\beta}_2-\cdots-\frac{(\boldsymbol{\alpha}_{k+1},\boldsymbol{\beta}_k)}{(\boldsymbol{\beta}_k,\boldsymbol{\beta}_k)}\boldsymbol{\beta}_k.\tag{3.3.2}$$

将式(3.3.2)两边与 $\boldsymbol{\beta}_i(i=1,2,\cdots,k)$ 做内积,得

$$\begin{aligned}
(\boldsymbol{\beta}_i,\boldsymbol{\beta}_{k+1})&=(\boldsymbol{\beta}_i,\boldsymbol{\alpha}_{k+1})-\frac{(\boldsymbol{\alpha}_{k+1},\boldsymbol{\beta}_1)}{(\boldsymbol{\beta}_1,\boldsymbol{\beta}_1)}(\boldsymbol{\beta}_i,\boldsymbol{\beta}_1)-\frac{(\boldsymbol{\alpha}_{k+1},\boldsymbol{\beta}_2)}{(\boldsymbol{\beta}_2,\boldsymbol{\beta}_2)}(\boldsymbol{\beta}_i,\boldsymbol{\beta}_2)-\cdots-\frac{(\boldsymbol{\alpha}_{k+1},\boldsymbol{\beta}_k)}{(\boldsymbol{\beta}_k,\boldsymbol{\beta}_k)}(\boldsymbol{\beta}_i,\boldsymbol{\beta}_k)\\
&=(\boldsymbol{\beta}_i,\boldsymbol{\alpha}_{k+1})-\frac{(\boldsymbol{\alpha}_{k+1},\boldsymbol{\beta}_i)}{(\boldsymbol{\beta}_i,\boldsymbol{\beta}_i)}(\boldsymbol{\beta}_i,\boldsymbol{\beta}_i)=0.
\end{aligned}$$

所以 $\boldsymbol{\beta}_1,\boldsymbol{\beta}_2,\cdots,\boldsymbol{\beta}_{k+1}$ 是正交组.从而对一切 $r\geqslant 2$,定理结论成立.

注 三维线性无关向量组 $\boldsymbol{\alpha}_1,\boldsymbol{\alpha}_2,\boldsymbol{\alpha}_3$ 的施密特正交化过程具有几何意义.

设 $\boldsymbol{\beta}_1=\boldsymbol{\alpha}_1$,易知 $\boldsymbol{\eta}=\dfrac{(\boldsymbol{\alpha}_2,\boldsymbol{\beta}_1)}{(\boldsymbol{\beta}_1,\boldsymbol{\beta}_1)}\boldsymbol{\beta}_1$ 等于 $\boldsymbol{\alpha}_2$ 在 $\boldsymbol{\beta}_1$ 上的投影向量,所以

$$\boldsymbol{\beta}_2=\boldsymbol{\alpha}_2-\boldsymbol{\eta}=\boldsymbol{\alpha}_2-\frac{(\boldsymbol{\alpha}_2,\boldsymbol{\beta}_1)}{(\boldsymbol{\beta}_1,\boldsymbol{\beta}_1)}\boldsymbol{\beta}_1$$

与 $\boldsymbol{\beta}_1$ 正交(见图 3.2).

对于正交组 $\boldsymbol{\beta}_1,\boldsymbol{\beta}_2$,易知 $\boldsymbol{\eta}_1=\dfrac{(\boldsymbol{\alpha}_3,\boldsymbol{\beta}_1)}{(\boldsymbol{\beta}_1,\boldsymbol{\beta}_1)}\boldsymbol{\beta}_1$,$\boldsymbol{\eta}_2=\dfrac{(\boldsymbol{\alpha}_3,\boldsymbol{\beta}_2)}{(\boldsymbol{\beta}_2,\boldsymbol{\beta}_2)}\boldsymbol{\beta}_2$ 分别等于向量 $\boldsymbol{\alpha}_3$ 在 $\boldsymbol{\beta}_1,\boldsymbol{\beta}_2$ 上的投影向量,所以

$$\boldsymbol{\beta}_3=\boldsymbol{\alpha}_3-(\boldsymbol{\eta}_1+\boldsymbol{\eta}_2)=\boldsymbol{\alpha}_3-\frac{(\boldsymbol{\alpha}_3,\boldsymbol{\beta}_1)}{(\boldsymbol{\beta}_1,\boldsymbol{\beta}_1)}\boldsymbol{\beta}_1-\frac{(\boldsymbol{\alpha}_3,\boldsymbol{\beta}_2)}{(\boldsymbol{\beta}_2,\boldsymbol{\beta}_2)}\boldsymbol{\beta}_2$$

与 $\boldsymbol{\beta}_1,\boldsymbol{\beta}_2$ 都正交(见图 3.3).

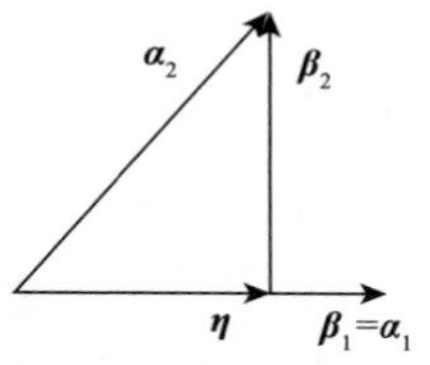

图 3.2 $\boldsymbol{\beta}_2$ 与 $\boldsymbol{\beta}_1$ 正交

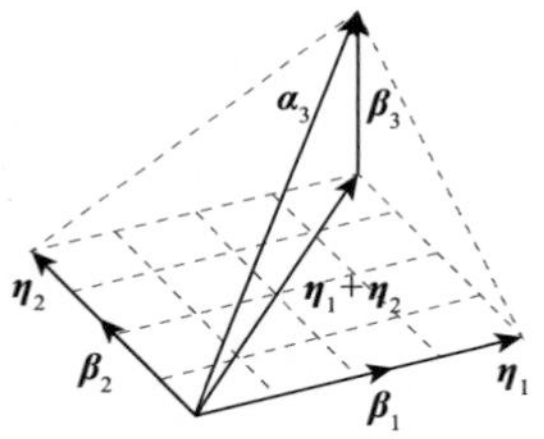

图 3.3 $\boldsymbol{\beta}_3$ 与 $\boldsymbol{\beta}_1,\boldsymbol{\beta}_2$ 正交

对于线性无关的向量组,我们可以用施密特正交化过程得到与其等价的正交组,再将正交组中的向量单位化,就可以得到等价的标准正交组.

例 2 已知 $\mathbf{R}^3$ 中的线性无关向量组

$$\boldsymbol{\alpha}_1=(1,2,-1)^{\mathrm{T}},\boldsymbol{\alpha}_2=(-1,3,1)^{\mathrm{T}},\boldsymbol{\alpha}_3=(4,-1,0)^{\mathrm{T}},$$

求 $\mathbf{R}^3$ 的一个标准正交组.

解 先将 $\boldsymbol{\alpha}_1,\boldsymbol{\alpha}_2,\boldsymbol{\alpha}_3$ 正交化,令

$$\boldsymbol{\beta}_1=\boldsymbol{\alpha}_1;$$

$$\boldsymbol{\beta}_2=\boldsymbol{\alpha}_2-\frac{(\boldsymbol{\alpha}_2,\boldsymbol{\beta}_1)}{(\boldsymbol{\beta}_1,\boldsymbol{\beta}_1)}\boldsymbol{\beta}_1=\begin{pmatrix}-1\\3\\1\end{pmatrix}-\frac{2}{3}\begin{pmatrix}1\\2\\-1\end{pmatrix}=\frac{5}{3}\begin{pmatrix}-1\\1\\1\end{pmatrix};$$

$$\boldsymbol{\beta}_3=\boldsymbol{\alpha}_3-\frac{(\boldsymbol{\alpha}_3,\boldsymbol{\beta}_1)}{(\boldsymbol{\beta}_1,\boldsymbol{\beta}_1)}\boldsymbol{\beta}_1-\frac{(\boldsymbol{\alpha}_3,\boldsymbol{\beta}_2)}{(\boldsymbol{\beta}_2,\boldsymbol{\beta}_2)}\boldsymbol{\beta}_2=\begin{pmatrix}4\\-1\\0\end{pmatrix}-\frac{1}{3}\begin{pmatrix}1\\2\\-1\end{pmatrix}+\frac{5}{3}\begin{pmatrix}-1\\1\\1\end{pmatrix}=2\begin{pmatrix}1\\0\\1\end{pmatrix}.$$

再单位化,得标准正交组:

$$\boldsymbol{\gamma}_1=\frac{1}{\|\boldsymbol{\beta}_1\|}\boldsymbol{\beta}_1=\frac{\sqrt{6}}{6}\begin{pmatrix}1\\2\\-1\end{pmatrix},\boldsymbol{\gamma}_2=\frac{1}{\|\boldsymbol{\beta}_2\|}\boldsymbol{\beta}_2=\frac{\sqrt{3}}{3}\begin{pmatrix}-1\\1\\1\end{pmatrix},\boldsymbol{\gamma}_3=\frac{1}{\|\boldsymbol{\beta}_3\|}\boldsymbol{\beta}_3=\frac{\sqrt{2}}{2}\begin{pmatrix}1\\0\\1\end{pmatrix}.$$

3.3.3 正交矩阵和正交变换

定义 3.11 若 n 阶矩阵 $\boldsymbol{A}$ 满足 $\boldsymbol{A}\boldsymbol{A}^{\mathrm{T}}=\boldsymbol{A}^{\mathrm{T}}\boldsymbol{A}=\boldsymbol{E}$,则称 $\boldsymbol{A}$ 为**正交矩阵**.

由定义 3.11 可知:$\boldsymbol{A}$ 为正交矩阵 $\Leftrightarrow \boldsymbol{A}^{\mathrm{T}}=\boldsymbol{A}^{-1}\Leftrightarrow\boldsymbol{A}^{\mathrm{T}}\boldsymbol{A}=\boldsymbol{E}$(或 $\boldsymbol{A}\boldsymbol{A}^{\mathrm{T}}=\boldsymbol{E}$).

定理 3.14 方阵 $\boldsymbol{A}$ 为正交矩阵当且仅当 $\boldsymbol{A}$ 的列(行)向量组是标准正交组.

证明 设 $\boldsymbol{A}=(\boldsymbol{\alpha}_1,\boldsymbol{\alpha}_2,\cdots,\boldsymbol{\alpha}_n)$,其中 $\boldsymbol{\alpha}_1,\boldsymbol{\alpha}_2,\cdots,\boldsymbol{\alpha}_n$ 是 $\boldsymbol{A}$ 的列向量组,则

$$\boldsymbol{A}\text{ 为正交矩阵}\Leftrightarrow\boldsymbol{A}^{\mathrm{T}}\boldsymbol{A}=\boldsymbol{E}\Leftrightarrow\begin{pmatrix}\boldsymbol{\alpha}_1^{\mathrm{T}}\\\boldsymbol{\alpha}_2^{\mathrm{T}}\\\vdots\\\boldsymbol{\alpha}_n^{\mathrm{T}}\end{pmatrix}(\boldsymbol{\alpha}_1,\boldsymbol{\alpha}_2,\cdots,\boldsymbol{\alpha}_n)=\boldsymbol{E}$$

$$\Leftrightarrow\begin{pmatrix}\boldsymbol{\alpha}_1^{\mathrm{T}}\boldsymbol{\alpha}_1&\boldsymbol{\alpha}_1^{\mathrm{T}}\boldsymbol{\alpha}_2&\cdots&\boldsymbol{\alpha}_1^{\mathrm{T}}\boldsymbol{\alpha}_n\\\boldsymbol{\alpha}_2^{\mathrm{T}}\boldsymbol{\alpha}_1&\boldsymbol{\alpha}_2^{\mathrm{T}}\boldsymbol{\alpha}_2&\cdots&\boldsymbol{\alpha}_2^{\mathrm{T}}\boldsymbol{\alpha}_n\\\vdots&\vdots&&\vdots\\\boldsymbol{\alpha}_n^{\mathrm{T}}\boldsymbol{\alpha}_1&\boldsymbol{\alpha}_n^{\mathrm{T}}\boldsymbol{\alpha}_2&\cdots&\boldsymbol{\alpha}_n^{\mathrm{T}}\boldsymbol{\alpha}_n\end{pmatrix}=\boldsymbol{E}$$

$$\Leftrightarrow\boldsymbol{\alpha}_i^{\mathrm{T}}\boldsymbol{\alpha}_j=(\boldsymbol{\alpha}_i,\boldsymbol{\alpha}_j)=\begin{cases}1,\ i=j,\\0,\ i\neq j\end{cases}\quad(i,\ j=1,\ 2,\ \cdots,\ n)$$

$$\Leftrightarrow\boldsymbol{\alpha}_1,\boldsymbol{\alpha}_2,\cdots,\boldsymbol{\alpha}_n\text{ 为标准正交组}.$$

同理可证行向量组的情形.

例 3 判断下列矩阵是否为正交矩阵:

$$(1)\boldsymbol{A}=\begin{pmatrix}\cos\theta&-\sin\theta\\\sin\theta&\cos\theta\end{pmatrix};\qquad(2)\boldsymbol{B}=\begin{pmatrix}\frac{1}{\sqrt6}&-\frac{2}{\sqrt6}&\frac{1}{\sqrt6}\\\frac{1}{\sqrt2}&0&-\frac{1}{\sqrt2}\\\frac{1}{\sqrt3}&\frac{1}{\sqrt3}&\frac{1}{\sqrt3}\end{pmatrix}.$$

解 (1)因为

$$\boldsymbol{A}\boldsymbol{A}^{\mathrm{T}}=\begin{pmatrix}\cos\theta&-\sin\theta\\\sin\theta&\cos\theta\end{pmatrix}\begin{pmatrix}\cos\theta&\sin\theta\\-\sin\theta&\cos\theta\end{pmatrix}=\boldsymbol{E},$$

所以 $\boldsymbol{A}$ 为正交矩阵.

(2)由计算可知,$\boldsymbol{B}$ 的列向量两两正交,且均为单位向量,故 $\boldsymbol{B}$ 为正交矩阵.

正交矩阵有以下性质:

定理 3.15 若 $\boldsymbol{A}$ 为正交矩阵,则 $|\boldsymbol{A}|=\pm1$.

定理 3.16 若 $\boldsymbol{A},\boldsymbol{B}$ 为同阶正交矩阵,则 $\boldsymbol{AB}$ 也是正交矩阵.

定义 3.12 若 $\boldsymbol{A}$ 为正交矩阵,则线性变换 $\boldsymbol{y}=\boldsymbol{Ax}$ 称为**正交变换**.

定理 3.17 正交变换保持向量的内积和长度不变.

证明 设 $\boldsymbol{A}$ 为 n 阶正交矩阵,$\boldsymbol{y}=\boldsymbol{Ax}$ 为正交变换,$\boldsymbol{\alpha},\boldsymbol{\beta}\in\mathbf{R}^n$,则

$$(\boldsymbol{A\alpha},\boldsymbol{A\beta})=(\boldsymbol{A\alpha})^{\mathrm{T}}(\boldsymbol{A\beta})=\boldsymbol{\alpha}^{\mathrm{T}}(\boldsymbol{A}^{\mathrm{T}}\boldsymbol{A})\boldsymbol{\beta}=\boldsymbol{\alpha}^{\mathrm{T}}\boldsymbol{\beta}=(\boldsymbol{\alpha},\boldsymbol{\beta});$$

$$\|\boldsymbol{A\alpha}\|=\sqrt{(\boldsymbol{A\alpha})^{\mathrm{T}}(\boldsymbol{A\alpha})}=\sqrt{\boldsymbol{\alpha}^{\mathrm{T}}(\boldsymbol{A}^{\mathrm{T}}\boldsymbol{A})\boldsymbol{\alpha}}=\sqrt{\boldsymbol{\alpha}^{\mathrm{T}}\boldsymbol{\alpha}}=\|\boldsymbol{\alpha}\|.$$

习题 3.3

一、基础题

1. 用施密特正交化方法将下列线性无关向量组化为标准正交组:

$$\boldsymbol{\alpha}_1=(0,1,1)^{\mathrm{T}},\boldsymbol{\alpha}_2=(1,1,0)^{\mathrm{T}},\boldsymbol{\alpha}_3=(1,0,1)^{\mathrm{T}}.$$

2. 在 $\mathbf{R}^4$ 中求与向量 $(1,1,-1,1)^{\mathrm{T}},(1,-1,-1,1)^{\mathrm{T}},(2,1,1,3)^{\mathrm{T}}$ 都正交的单位向量.

3. 设 $\boldsymbol{\alpha}_1,\boldsymbol{\alpha}_2,\boldsymbol{\alpha}_3$ 为标准正交组,证明:向量组

$$\boldsymbol{\beta}_1=\frac{1}{3}(\boldsymbol{\alpha}_1-2\boldsymbol{\alpha}_2-2\boldsymbol{\alpha}_3),\boldsymbol{\beta}_2=\frac{1}{3}(2\boldsymbol{\alpha}_1-\boldsymbol{\alpha}_2+2\boldsymbol{\alpha}_3),\boldsymbol{\beta}_3=\frac{1}{3}(2\boldsymbol{\alpha}_1+2\boldsymbol{\alpha}_2-\boldsymbol{\alpha}_3)$$

也是标准正交组.

4. 判别下列矩阵是否为正交矩阵:

(1) $\boldsymbol{A}=\begin{pmatrix}\cos\theta & 0 & -\sin\theta\\ 0 & -1 & 0\\ \sin\theta & 0 & \cos\theta\end{pmatrix}$;　(2) $\boldsymbol{B}=\begin{pmatrix}\frac{1}{9} & -\frac{8}{9} & -\frac{4}{9}\\ -\frac{8}{9} & \frac{1}{9} & -\frac{4}{9}\\ -\frac{4}{9} & -\frac{4}{9} & \frac{7}{9}\end{pmatrix}$.

5. 设 $\boldsymbol{\alpha}$ 为单位列向量,$\boldsymbol{E}$ 为单位矩阵,$\boldsymbol{A}=\boldsymbol{E}-2\boldsymbol{\alpha}\boldsymbol{\alpha}^{\mathrm{T}}$,证明:$\boldsymbol{A}$ 是正交矩阵.

二、提高题

6. (2021·数学一)已知 $\boldsymbol{\alpha}_1=(1,0,1)^{\mathrm{T}},\boldsymbol{\alpha}_2=(1,2,1)^{\mathrm{T}},\boldsymbol{\alpha}_3=(3,1,2)^{\mathrm{T}}$,记 $\boldsymbol{\beta}_1=\boldsymbol{\alpha}_1,\boldsymbol{\beta}_2=\boldsymbol{\alpha}_2-k\boldsymbol{\beta}_1$,$\boldsymbol{\beta}_3=\boldsymbol{\alpha}_3-l_1\boldsymbol{\beta}_1-l_2\boldsymbol{\beta}_2$,若 $\boldsymbol{\beta}_1,\boldsymbol{\beta}_2,\boldsymbol{\beta}_3$ 两两正交,则 l_1,l_2 依次为(　　).

A. $\frac{5}{2},\frac{1}{2}$　　B. $-\frac{5}{2},\frac{1}{2}$　　C. $\frac{5}{2},-\frac{1}{2}$　　D. $-\frac{5}{2},-\frac{1}{2}$

7. 设 $\boldsymbol{A}=(a_{ij})$ 是三阶正交矩阵,且 $a_{11}=1,\boldsymbol{b}=(1,0,0)^{\mathrm{T}}$,则线性方程组 $\boldsymbol{Ax}=\boldsymbol{b}$ 的解是________.

8. 设 $n(n\geqslant3)$ 阶非零实矩阵 $\boldsymbol{A}$ 满足 $\boldsymbol{A}^{\mathrm{T}}=\boldsymbol{A}^*$,其中 $\boldsymbol{A}^*$ 是 $\boldsymbol{A}$ 的伴随矩阵,证明 $\boldsymbol{A}$ 为正交矩阵.

微课:伴随矩阵与正交矩阵

9. 设 $\boldsymbol{A}$ 为正交矩阵且 $|\boldsymbol{A}|=-1$,证明 -1 是 $\boldsymbol{A}$ 的特征值.

10. 设 $\boldsymbol{A}$ 为奇数阶正交矩阵,且 $|\boldsymbol{A}|=1$,证明 1 是 $\boldsymbol{A}$ 的特征值.

3.4 对称矩阵的对角化

我们知道,一般方阵未必可以对角化.本节将证明对称矩阵一定可以对角化,为此,我们首先讨论对称矩阵的特征值和特征向量的一些特殊性质.

定理 3.18 对称矩阵的特征值必为实数.

定理 3.19 对称矩阵属于不同特征值的特征向量互相正交.

证明 设 λ_1,λ_2 是对称矩阵 $\boldsymbol{A}$ 的不同特征值, $\boldsymbol{\alpha}_1,\boldsymbol{\alpha}_2$ 是分别属于 λ_1,λ_2 的特征向量, 则

$$\boldsymbol{A\alpha}_1=\lambda_1\boldsymbol{\alpha}_1,\boldsymbol{A\alpha}_2=\lambda_2\boldsymbol{\alpha}_2. \tag{3.4.1}$$

将式(3.4.1)中两个等式分别左乘以 $\boldsymbol{\alpha}_2^{\mathrm{T}},\boldsymbol{\alpha}_1^{\mathrm{T}}$, 得

$$\boldsymbol{\alpha}_2^{\mathrm{T}}\boldsymbol{A\alpha}_1=\lambda_1\boldsymbol{\alpha}_2^{\mathrm{T}}\boldsymbol{\alpha}_1; \tag{3.4.2}$$

$$\boldsymbol{\alpha}_1^{\mathrm{T}}\boldsymbol{A\alpha}_2=\lambda_2\boldsymbol{\alpha}_1^{\mathrm{T}}\boldsymbol{\alpha}_2. \tag{3.4.3}$$

由于 $\boldsymbol{\alpha}_2^{\mathrm{T}}\boldsymbol{A\alpha}_1$ 是数, 且 $\boldsymbol{A}^{\mathrm{T}}=\boldsymbol{A}$, 所以

$$\boldsymbol{\alpha}_2^{\mathrm{T}}\boldsymbol{A\alpha}_1=(\boldsymbol{\alpha}_2^{\mathrm{T}}\boldsymbol{A\alpha}_1)^{\mathrm{T}}=\boldsymbol{\alpha}_1^{\mathrm{T}}\boldsymbol{A}^{\mathrm{T}}\boldsymbol{\alpha}_2=\boldsymbol{\alpha}_1^{\mathrm{T}}\boldsymbol{A\alpha}_2.$$

于是由式(3.4.2)和式(3.4.3)得 $\lambda_1\boldsymbol{\alpha}_2^{\mathrm{T}}\boldsymbol{\alpha}_1=\lambda_2\boldsymbol{\alpha}_1^{\mathrm{T}}\boldsymbol{\alpha}_2$, 从而有

$$\lambda_1\boldsymbol{\alpha}_2^{\mathrm{T}}\boldsymbol{\alpha}_1-\lambda_2\boldsymbol{\alpha}_1^{\mathrm{T}}\boldsymbol{\alpha}_2=\lambda_1\boldsymbol{\alpha}_1^{\mathrm{T}}\boldsymbol{\alpha}_2-\lambda_2\boldsymbol{\alpha}_1^{\mathrm{T}}\boldsymbol{\alpha}_2=(\lambda_1-\lambda_2)\boldsymbol{\alpha}_1^{\mathrm{T}}\boldsymbol{\alpha}_2=0.$$

因为 $\lambda_1\neq\lambda_2$, 所以 $\boldsymbol{\alpha}_1^{\mathrm{T}}\boldsymbol{\alpha}_2=0$, 即 $\boldsymbol{\alpha}_1$ 与 $\boldsymbol{\alpha}_2$ 正交.

例 1 求对称矩阵 $\boldsymbol{A}=\begin{pmatrix}0&-1&1\\-1&0&1\\1&1&0\end{pmatrix}$ 的特征值和特征向量, 并验证属于不同特征值的特征向量互相正交.

解 由 $\boldsymbol{A}$ 的特征多项式

$$|\lambda\boldsymbol{E}-\boldsymbol{A}|=\begin{vmatrix}\lambda&1&-1\\1&\lambda&-1\\-1&-1&\lambda\end{vmatrix}\xlongequal{c_1+c_3}\begin{vmatrix}\lambda-1&1&-1\\0&\lambda&-1\\\lambda-1&-1&\lambda\end{vmatrix}$$

$$\xlongequal{r_3-r_1}\begin{vmatrix}\lambda-1&1&-1\\0&\lambda&-1\\0&-2&\lambda+1\end{vmatrix}=(\lambda-1)^2(\lambda+2),$$

得 $\boldsymbol{A}$ 的特征值为 $\lambda_1=\lambda_2=1,\lambda_3=-2$.

对于 $\lambda_1=\lambda_2=1$, 解线性方程组 $(\boldsymbol{E}-\boldsymbol{A})\boldsymbol{x}=\boldsymbol{0}$, 由

$$\boldsymbol{E}-\boldsymbol{A}=\begin{pmatrix}1&1&-1\\1&1&-1\\-1&-1&1\end{pmatrix}\xrightarrow{r}\begin{pmatrix}1&1&-1\\0&0&0\\0&0&0\end{pmatrix},$$

得特征向量 $\boldsymbol{\alpha}_1=(-1,1,0)^{\mathrm{T}},\boldsymbol{\alpha}_2=(1,0,1)^{\mathrm{T}}$.

对于 $\lambda_3=-2$, 解线性方程组 $(-2\boldsymbol{E}-\boldsymbol{A})\boldsymbol{x}=\boldsymbol{0}$, 由

$$-2\boldsymbol{E}-\boldsymbol{A}=\begin{pmatrix}-2&1&-1\\1&-2&-1\\-1&-1&-2\end{pmatrix}\xrightarrow{r}\begin{pmatrix}1&0&1\\0&1&1\\0&0&0\end{pmatrix},$$

得特征向量 $\boldsymbol{\alpha}_3=(-1,-1,1)^{\mathrm{T}}$. 易知 $(\boldsymbol{\alpha}_1,\boldsymbol{\alpha}_3)=(\boldsymbol{\alpha}_2,\boldsymbol{\alpha}_3)=0$.

定理 3.20 设 $\boldsymbol{A}$ 为 n 阶对称矩阵, 则存在正交矩阵 $\boldsymbol{Q}$, 使

$$Q^{-1}AQ=Q^{\mathrm{T}}AQ=\mathrm{diag}(\lambda_1,\lambda_2,\cdots,\lambda_n),$$

其中 $\lambda_1,\lambda_2,\cdots,\lambda_n$ 为 A 的全部特征值.

证明 用数学归纳法证明.

(1)当 $n=1$ 时,结论显然成立.

(2)假设对 $n-1$ 阶对称矩阵结论成立. 设 A 为 n 阶对称矩阵,λ_1 是 A 的特征值,α_1 是属于 λ_1 的特征向量,将 α_1 单位化,仍为属于 λ_1 的特征向量.

不妨设 α_1 是属于 λ_1 的单位特征向量,可将 α_1 扩充为 $\mathbf{R}^n$ 的标准正交基 $\alpha_1,\alpha_2,\cdots,\alpha_n$.

令 $S=(\alpha_1,\alpha_2,\cdots,\alpha_n)$,则 S 为正交矩阵,且

$$S^{-1}AS=S^{\mathrm{T}}AS=\begin{pmatrix}\alpha_1^{\mathrm{T}}\\\alpha_2^{\mathrm{T}}\\\vdots\\\alpha_n^{\mathrm{T}}\end{pmatrix}A(\alpha_1,\alpha_2,\cdots,\alpha_n)=\begin{pmatrix}\alpha_1^{\mathrm{T}}\\\alpha_2^{\mathrm{T}}\\\vdots\\\alpha_n^{\mathrm{T}}\end{pmatrix}(A\alpha_1,A\alpha_2,\cdots,A\alpha_n)$$

$$=\begin{pmatrix}\alpha_1^{\mathrm{T}}A\alpha_1 & \alpha_1^{\mathrm{T}}A\alpha_2 & \cdots & \alpha_1^{\mathrm{T}}A\alpha_n\\\alpha_2^{\mathrm{T}}A\alpha_1 & & & \\\vdots & & B & \\\alpha_n^{\mathrm{T}}A\alpha_1 & & & \end{pmatrix}=\begin{pmatrix}\alpha_1^{\mathrm{T}}(A\alpha_1) & (A\alpha_1)^{\mathrm{T}}\alpha_2 & \cdots & (A\alpha_1)^{\mathrm{T}}\alpha_n\\\alpha_2^{\mathrm{T}}(A\alpha_1) & & & \\\vdots & & B & \\\alpha_n^{\mathrm{T}}(A\alpha_1) & & & \end{pmatrix}$$

$$=\begin{pmatrix}\lambda_1\alpha_1^{\mathrm{T}}\alpha_1 & \lambda_1\alpha_1^{\mathrm{T}}\alpha_2 & \cdots & \lambda_1\alpha_1^{\mathrm{T}}\alpha_n\\\lambda_1\alpha_2^{\mathrm{T}}\alpha_1 & & & \\\vdots & & B & \\\lambda_1\alpha_n^{\mathrm{T}}\alpha_1 & & & \end{pmatrix}=\begin{pmatrix}\lambda_1 & 0 & \cdots & 0\\0 & & & \\\vdots & & B & \\0 & & & \end{pmatrix}.$$

因为 $S^{\mathrm{T}}AS$ 对称,所以 B 为 $n-1$ 阶对称矩阵. 由假设存在 $n-1$ 阶正交矩阵 P,使

$$P^{-1}BP=\mathrm{diag}(\lambda_2,\lambda_3,\cdots,\lambda_n).$$

令 $T=\begin{pmatrix}1 & \mathbf{0}\\\mathbf{0} & P\end{pmatrix}$,则 T 为正交矩阵. 设 $Q=ST$,则 Q 为正交矩阵,且

$$Q^{-1}AQ=(ST)^{-1}A(ST)=T^{-1}S^{-1}AST=\begin{pmatrix}1 & \mathbf{0}\\\mathbf{0} & P^{-1}\end{pmatrix}\begin{pmatrix}\lambda_1 & \mathbf{0}\\\mathbf{0} & B\end{pmatrix}\begin{pmatrix}1 & \mathbf{0}\\\mathbf{0} & P\end{pmatrix}$$

$$=\begin{pmatrix}\lambda_1 & \mathbf{0}\\\mathbf{0} & P^{-1}BP\end{pmatrix}=\begin{pmatrix}\lambda_1 & & & \\ & \lambda_2 & & \\ & & \ddots & \\ & & & \lambda_n\end{pmatrix},$$

这里 $\lambda_1,\lambda_2,\cdots,\lambda_n$ 是 A 的全部特征值.

下面给出对称矩阵 A 对角化的步骤:

(1)解特征方程 $|\lambda E-A|=0$,求出 A 的所有互不相同的特征值 $\lambda_1,\lambda_2,\cdots,\lambda_s$;

(2)对于每个特征值 $\lambda_i(i=1,\ 2,\ \cdots,\ s)$,求齐次线性方程组 $(\lambda_iE-A)x=\mathbf{0}$ 的基础解系 $\alpha_{i1},\alpha_{i2},\cdots,\alpha_{ik_i}$;

(3)将 $\boldsymbol{\alpha}_{i1},\boldsymbol{\alpha}_{i2},\cdots,\boldsymbol{\alpha}_{ik_i}$ 正交化、单位化,得标准正交组 $\boldsymbol{\gamma}_{i1},\boldsymbol{\gamma}_{i2},\cdots,\boldsymbol{\gamma}_{ik_i}$;

(4)令 $\boldsymbol{Q}=(\boldsymbol{\gamma}_{11},\boldsymbol{\gamma}_{12},\cdots,\boldsymbol{\gamma}_{1k_1},\boldsymbol{\gamma}_{21},\boldsymbol{\gamma}_{22},\cdots,\boldsymbol{\gamma}_{2k_2},\cdots,\boldsymbol{\gamma}_{s1},\boldsymbol{\gamma}_{s2},\cdots,\boldsymbol{\gamma}_{sk_s})$,则 $\boldsymbol{Q}$ 为正交矩阵,且有 $\boldsymbol{Q}^{-1}\boldsymbol{A}\boldsymbol{Q}=$

$$\boldsymbol{Q}^{\mathrm{T}}\boldsymbol{A}\boldsymbol{Q}=\mathrm{diag}(\overbrace{\lambda_1,\cdots,\lambda_1}^{k_1\text{个}},\overbrace{\lambda_2,\cdots,\lambda_2}^{k_2\text{个}},\cdots,\overbrace{\lambda_s,\cdots,\lambda_s}^{k_s\text{个}}).$$

注 由于特征向量不唯一,故正交矩阵 $\boldsymbol{Q}$ 也不唯一.

例2 设 $\boldsymbol{A}=\begin{pmatrix}1&1&0\\1&1&0\\0&0&1\end{pmatrix}$,求正交矩阵 $\boldsymbol{Q}$,使 $\boldsymbol{Q}^{-1}\boldsymbol{A}\boldsymbol{Q}$ 为对角矩阵.

解 由 $\boldsymbol{A}$ 的特征多项式

$$|\lambda\boldsymbol{E}-\boldsymbol{A}|=\begin{vmatrix}\lambda-1&-1&0\\-1&\lambda-1&0\\0&0&\lambda-1\end{vmatrix}=\lambda(\lambda-1)(\lambda-2),$$

得 $\boldsymbol{A}$ 的特征值为 $\lambda_1=0,\lambda_2=1,\lambda_3=2$.

对于 $\lambda_1=0$,解线性方程组 $-\boldsymbol{A}\boldsymbol{x}=\boldsymbol{0}$,由

$$-\boldsymbol{A}=\begin{pmatrix}-1&-1&0\\-1&-1&0\\0&0&-1\end{pmatrix}\xrightarrow{r}\begin{pmatrix}1&1&0\\0&0&1\\0&0&0\end{pmatrix},$$

得基础解系 $\boldsymbol{\alpha}_1=(1,-1,0)^{\mathrm{T}}$.

对于 $\lambda_2=1$,解线性方程组 $(\boldsymbol{E}-\boldsymbol{A})\boldsymbol{x}=\boldsymbol{0}$,由

$$\boldsymbol{E}-\boldsymbol{A}=\begin{pmatrix}0&-1&0\\-1&0&0\\0&0&0\end{pmatrix}\xrightarrow{r}\begin{pmatrix}1&0&0\\0&1&0\\0&0&0\end{pmatrix},$$

得基础解系 $\boldsymbol{\alpha}_2=(0,0,1)^{\mathrm{T}}$.

对于 $\lambda_3=2$,解线性方程组 $(2\boldsymbol{E}-\boldsymbol{A})\boldsymbol{x}=\boldsymbol{0}$,由

$$2\boldsymbol{E}-\boldsymbol{A}=\begin{pmatrix}1&-1&0\\-1&1&0\\0&0&1\end{pmatrix}\xrightarrow{r}\begin{pmatrix}1&-1&0\\0&0&1\\0&0&0\end{pmatrix},$$

得基础解系 $\boldsymbol{\alpha}_3=(1,1,0)^{\mathrm{T}}$.

令 $\boldsymbol{\gamma}_i=\dfrac{1}{\|\boldsymbol{\alpha}_i\|}\boldsymbol{\alpha}_i(i=1,2,3)$,得

$$\boldsymbol{\gamma}_1=\frac{\sqrt{2}}{2}(1,-1,0)^{\mathrm{T}},\boldsymbol{\gamma}_2=(0,0,1)^{\mathrm{T}},\boldsymbol{\gamma}_3=\frac{\sqrt{2}}{2}(1,1,0)^{\mathrm{T}}.$$

令

$$\boldsymbol{Q}=(\boldsymbol{\gamma}_1,\boldsymbol{\gamma}_2,\boldsymbol{\gamma}_3)=\begin{pmatrix}\frac{\sqrt{2}}{2}&0&\frac{\sqrt{2}}{2}\\-\frac{\sqrt{2}}{2}&0&\frac{\sqrt{2}}{2}\\0&1&0\end{pmatrix},$$

则 $\boldsymbol{Q}$ 为正交矩阵，且 $\boldsymbol{Q}^{-1}\boldsymbol{A}\boldsymbol{Q}=\operatorname{diag}(0,1,2)$.

例3 设 $\boldsymbol{A}=\begin{pmatrix}2&-1&-1\\-1&2&1\\-1&1&2\end{pmatrix}$，求正交矩阵 $\boldsymbol{Q}$，使 $\boldsymbol{Q}^{-1}\boldsymbol{A}\boldsymbol{Q}$ 为对角矩阵.

解 由 $\boldsymbol{A}$ 的特征多项式

$$|\lambda\boldsymbol{E}-\boldsymbol{A}|=\begin{vmatrix}\lambda-2&1&1\\1&\lambda-2&-1\\1&-1&\lambda-2\end{vmatrix}\xlongequal{c_1+c_3}\begin{vmatrix}\lambda-1&1&1\\0&\lambda-2&-1\\\lambda-1&-1&\lambda-2\end{vmatrix}$$

$$\xlongequal{r_3-r_1}\begin{vmatrix}\lambda-1&1&1\\0&\lambda-2&-1\\0&-2&\lambda-3\end{vmatrix}=(\lambda-1)^2(\lambda-4),$$

得 $\boldsymbol{A}$ 的特征值为 $\lambda_1=\lambda_2=1,\lambda_3=4$.

对于 $\lambda_1=\lambda_2=1$，解线性方程组 $(\boldsymbol{E}-\boldsymbol{A})\boldsymbol{x}=\boldsymbol{0}$，由

$$\boldsymbol{E}-\boldsymbol{A}=\begin{pmatrix}-1&1&1\\1&-1&-1\\1&-1&-1\end{pmatrix}\xrightarrow{r}\begin{pmatrix}1&-1&-1\\0&0&0\\0&0&0\end{pmatrix},$$

得基础解系 $\boldsymbol{\alpha}_1=(1,1,0)^{\mathrm{T}},\boldsymbol{\alpha}_2=(1,0,1)^{\mathrm{T}}$. 将它们正交化，令

$$\boldsymbol{\beta}_1=\boldsymbol{\alpha}_1,$$

$$\boldsymbol{\beta}_2=\boldsymbol{\alpha}_2-\frac{(\boldsymbol{\alpha}_2,\boldsymbol{\beta}_1)}{(\boldsymbol{\beta}_1,\boldsymbol{\beta}_1)}\boldsymbol{\beta}_1=\boldsymbol{\alpha}_2-\frac{1}{2}\boldsymbol{\beta}_1=\frac{1}{2}(1,-1,2)^{\mathrm{T}}.$$

再单位化，得

$$\boldsymbol{\gamma}_1=\frac{1}{\|\boldsymbol{\beta}_1\|}\boldsymbol{\beta}_1=\left(\frac{\sqrt{2}}{2},\frac{\sqrt{2}}{2},0\right)^{\mathrm{T}},\boldsymbol{\gamma}_2=\frac{1}{\|\boldsymbol{\beta}_2\|}\boldsymbol{\beta}_2=\left(\frac{\sqrt{6}}{6},-\frac{\sqrt{6}}{6},\frac{\sqrt{6}}{3}\right)^{\mathrm{T}}.$$

对于 $\lambda_3=4$，解线性方程组 $(4\boldsymbol{E}-\boldsymbol{A})\boldsymbol{x}=\boldsymbol{0}$，由

$$4\boldsymbol{E}-\boldsymbol{A}=\begin{pmatrix}2&1&1\\1&2&-1\\1&-1&2\end{pmatrix}\xrightarrow{r}\begin{pmatrix}1&0&1\\0&1&-1\\0&0&0\end{pmatrix},$$

得基础解系 $\boldsymbol{\alpha}_3=(-1,1,1)^{\mathrm{T}}$. 将 $\boldsymbol{\alpha}_3$ 单位化，得

$$\boldsymbol{\gamma}_3=\frac{1}{\|\boldsymbol{\alpha}_3\|}\boldsymbol{\alpha}_3=\left(-\frac{\sqrt{3}}{3},\frac{\sqrt{3}}{3},\frac{\sqrt{3}}{3}\right)^{\mathrm{T}}.$$

令

$$\boldsymbol{Q}=(\boldsymbol{\gamma}_1,\boldsymbol{\gamma}_2,\boldsymbol{\gamma}_3)=\begin{pmatrix}\frac{\sqrt{2}}{2}&\frac{\sqrt{6}}{6}&-\frac{\sqrt{3}}{3}\\\frac{\sqrt{2}}{2}&-\frac{\sqrt{6}}{6}&\frac{\sqrt{3}}{3}\\0&\frac{\sqrt{6}}{3}&\frac{\sqrt{3}}{3}\end{pmatrix},$$

则 $\boldsymbol{Q}$ 为正交矩阵,且 $\boldsymbol{Q}^{-1}\boldsymbol{A}\boldsymbol{Q}=\mathrm{diag}(1,1,4)$.

例 4 已知三阶对称矩阵 $\boldsymbol{A}$ 的特征值为 $\lambda_1=1,\lambda_2=4,\lambda_3=-2$,对应于特征值 λ_1,λ_2 的特征向量分别为 $\boldsymbol{\alpha}_1=(2,1,-2)^{\mathrm{T}},\boldsymbol{\alpha}_2=(2,-2,1)^{\mathrm{T}}$,求矩阵 $\boldsymbol{A}$.

解 设 $\boldsymbol{A}$ 的属于特征值 $\lambda_3=-2$ 的特征向量为 $\boldsymbol{\alpha}_3=(x_1,x_2,x_3)^{\mathrm{T}}$,由于对称矩阵属于不同特征值的特征向量互相正交,故 $(\boldsymbol{\alpha}_3,\boldsymbol{\alpha}_1)=(\boldsymbol{\alpha}_3,\boldsymbol{\alpha}_2)=0$,所以

$$\begin{cases}2x_1+x_2-2x_3=0,\\2x_1-2x_2+x_3=0.\end{cases}$$

解得 $(x_1,x_2,x_3)=k(1,2,2),k\neq0$. 取 $\boldsymbol{\alpha}_3=(1,2,2)^{\mathrm{T}}$,并将 $\boldsymbol{\alpha}_1,\boldsymbol{\alpha}_2,\boldsymbol{\alpha}_3$ 单位化,得

$$\boldsymbol{\beta}_1=\frac{1}{3}(2,1,-2)^{\mathrm{T}},\boldsymbol{\beta}_2=\frac{1}{3}(2,-2,1)^{\mathrm{T}},\boldsymbol{\beta}_3=\frac{1}{3}(1,2,2)^{\mathrm{T}}.$$

令

$$\boldsymbol{Q}=(\boldsymbol{\beta}_1,\boldsymbol{\beta}_2,\boldsymbol{\beta}_3)=\frac{1}{3}\begin{pmatrix}2&2&1\\1&-2&2\\-2&1&2\end{pmatrix},$$

则 $\boldsymbol{Q}$ 为正交矩阵,且 $\boldsymbol{Q}^{-1}\boldsymbol{A}\boldsymbol{Q}=\mathrm{diag}(1,4,-2)$,所以

$$\boldsymbol{A}=\boldsymbol{Q}\begin{pmatrix}1&&\\&4&\\&&-2\end{pmatrix}\boldsymbol{Q}^{-1}=\boldsymbol{Q}\begin{pmatrix}1&&\\&4&\\&&-2\end{pmatrix}\boldsymbol{Q}^{\mathrm{T}}=\begin{pmatrix}2&-2&0\\-2&1&-2\\0&-2&0\end{pmatrix}.$$

例 5 设 $\boldsymbol{A}=\begin{pmatrix}2&-1\\-1&2\end{pmatrix}$,求 $\boldsymbol{A}^n$.

解 因为 $\boldsymbol{A}$ 是对称矩阵,所以 $\boldsymbol{A}$ 可以对角化. 由 $\boldsymbol{A}$ 的特征多项式

$$|\lambda\boldsymbol{E}-\boldsymbol{A}|=\begin{vmatrix}\lambda-2&1\\1&\lambda-2\end{vmatrix}=(\lambda-1)(\lambda-3),$$

得 $\boldsymbol{A}$ 的特征值为 $\lambda_1=1,\lambda_2=3$.

解线性方程组 $(\lambda_i\boldsymbol{E}-\boldsymbol{A})\boldsymbol{x}=\boldsymbol{0}(i=1,2)$,得基础解系分别为

$$\boldsymbol{\alpha}_1=(1,1)^{\mathrm{T}},\boldsymbol{\alpha}_2=(1,-1)^{\mathrm{T}}.$$

令 $\boldsymbol{P}=(\boldsymbol{\alpha}_1,\boldsymbol{\alpha}_2)=\begin{pmatrix}1&1\\1&-1\end{pmatrix}$,则 $\boldsymbol{P}$ 可逆,且 $\boldsymbol{P}^{-1}\boldsymbol{A}\boldsymbol{P}=\begin{pmatrix}1&0\\0&3\end{pmatrix}$. 两边取 n 次幂,得

$$\boldsymbol{P}^{-1}\boldsymbol{A}^n\boldsymbol{P}=(\boldsymbol{P}^{-1}\boldsymbol{A}\boldsymbol{P})^n=\begin{pmatrix}1&0\\0&3\end{pmatrix}^n=\begin{pmatrix}1&0\\0&3^n\end{pmatrix}.$$

所以

$$\boldsymbol{A}^n=\boldsymbol{P}\begin{pmatrix}1&0\\0&3^n\end{pmatrix}\boldsymbol{P}^{-1}=\begin{pmatrix}1&1\\1&-1\end{pmatrix}\begin{pmatrix}1&0\\0&3^n\end{pmatrix}\begin{pmatrix}\frac{1}{2}&\frac{1}{2}\\\frac{1}{2}&-\frac{1}{2}\end{pmatrix}=\frac{1}{2}\begin{pmatrix}1+3^n&1-3^n\\1-3^n&1+3^n\end{pmatrix}.$$

习题 3.4

一、基础题

1. 分别对下列对称矩阵 $\boldsymbol{A}$，求正交矩阵 $\boldsymbol{Q}$，使 $\boldsymbol{Q}^{-1}\boldsymbol{A}\boldsymbol{Q}$ 为对角矩阵：

(1) $\boldsymbol{A}=\begin{pmatrix}2&1\\1&2\end{pmatrix}$；　(2) $\boldsymbol{A}=\begin{pmatrix}1&2&2\\2&1&2\\2&2&1\end{pmatrix}$；　(3) $\boldsymbol{A}=\begin{pmatrix}4&0&0\\0&3&1\\0&1&3\end{pmatrix}$.

2. 设对称矩阵 $\boldsymbol{A}=\begin{pmatrix}2&0&0\\0&0&1\\0&1&x\end{pmatrix}$ 与对角矩阵 $\boldsymbol{B}=\begin{pmatrix}2&0&0\\0&y&0\\0&0&-1\end{pmatrix}$ 相似.

(1) 求 x,y 的值.

(2) 求正交矩阵 $\boldsymbol{Q}$，使 $\boldsymbol{Q}^{-1}\boldsymbol{A}\boldsymbol{Q}=\boldsymbol{B}$.

3. 设三阶对称矩阵 $\boldsymbol{A}$ 的特征值是 $1,-1,0$，且 $\boldsymbol{A}$ 的属于特征值 $1,-1$ 的特征向量分别为 $(1,2,2)^{\mathrm{T}},(2,1,-2)^{\mathrm{T}}$.

(1) 求 $\boldsymbol{A}$ 的属于特征值0的特征向量.

(2) 求 $\boldsymbol{A}$.

微课：对称矩阵的对角化

4. 设 $\boldsymbol{A}=\begin{pmatrix}1&0&1\\0&2&0\\1&0&1\end{pmatrix}$，计算 $\boldsymbol{A}^{n}-2\boldsymbol{A}^{n-1}(n\geqslant 2)$.

二、提高题

5. (2010·数学一、二、三) 设 $\boldsymbol{A}$ 为四阶对称矩阵，且 $\boldsymbol{A}^2+\boldsymbol{A}=\boldsymbol{O}$，若 $\boldsymbol{A}$ 的秩为3，则 $\boldsymbol{A}$ 相似于(　　).

A. $\mathrm{diag}(1,1,1,0)$　　B. $\mathrm{diag}(1,1,-1,0)$　　C. $\mathrm{diag}(1,-1,-1,0)$　　D. $\mathrm{diag}(-1,-1,-1,0)$

6. (2013·数学一、二、三) 矩阵 $\begin{pmatrix}1&a&1\\a&b&a\\1&a&1\end{pmatrix}$ 与 $\begin{pmatrix}2&0&0\\0&b&0\\0&0&0\end{pmatrix}$ 相似的充分必要条件是(　　).

A. $a=0,b=2$　　B. $a=0$，b 为任意常数　　C. $a=2,b=0$　　D. $a=2$，b 为任意常数

7. 设四阶对称矩阵 $\boldsymbol{A}$ 满足 $\boldsymbol{A}^2=2\boldsymbol{A}$，且 $\boldsymbol{A}$ 的迹 $\mathrm{tr}(\boldsymbol{A})=2$，则 $\boldsymbol{A}$ 的全部特征值为________.

8. 设三阶对称矩阵 $\boldsymbol{A}$ 的特征值为 $\lambda_1=-1,\lambda_2=\lambda_3=1$，对应于 λ_1 的特征向量为 $\boldsymbol{\alpha}_1=(0,1,1)^{\mathrm{T}}$，求矩阵 $\boldsymbol{A}$.

9. 设三维列向量组 $\boldsymbol{\alpha}_1,\boldsymbol{\alpha}_2,\boldsymbol{\alpha}_3$ 为标准正交组，$\lambda_1,\lambda_2,\lambda_3$ 为任意实数，矩阵 $\boldsymbol{A}=\lambda_1\boldsymbol{\alpha}_1\boldsymbol{\alpha}_1^{\mathrm{T}}+\lambda_2\boldsymbol{\alpha}_2\boldsymbol{\alpha}_2^{\mathrm{T}}+\lambda_3\boldsymbol{\alpha}_3\boldsymbol{\alpha}_3^{\mathrm{T}}$. 证明：存在正交矩阵 $\boldsymbol{Q}$，使 $\boldsymbol{Q}^{-1}\boldsymbol{A}\boldsymbol{Q}$ 为对角矩阵.

10. 设 $\boldsymbol{A}$ 为三阶对称矩阵，证明：存在标准正交列向量组 $\boldsymbol{\alpha}_1,\boldsymbol{\alpha}_2,\boldsymbol{\alpha}_3$ 及数 $\lambda_1,\lambda_2,\lambda_3$，使

$$\boldsymbol{A}=\lambda_1\boldsymbol{\alpha}_1\boldsymbol{\alpha}_1^{\mathrm{T}}+\lambda_2\boldsymbol{\alpha}_2\boldsymbol{\alpha}_2^{\mathrm{T}}+\lambda_3\boldsymbol{\alpha}_3\boldsymbol{\alpha}_3^{\mathrm{T}}.$$

第 3 章知识结构图

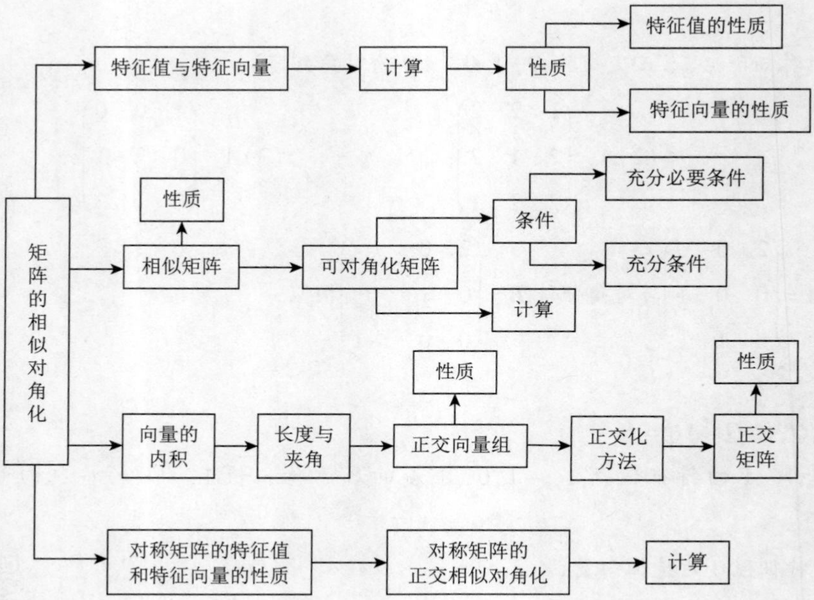

微课：第3章
概要与小结

第 3 章总复习题

一、单项选择题

1. 设三阶矩阵 $\boldsymbol{A}$ 的特征值为 $1,-1,2$，则下列矩阵中一定可逆的是(   ).

A. $\boldsymbol{E}-\boldsymbol{A}$　　B. $2\boldsymbol{E}+\boldsymbol{A}$　　C. $2\boldsymbol{E}-\boldsymbol{A}$　　D. $\boldsymbol{E}+\boldsymbol{A}$

2. (2016 · 数学一、二)设矩阵 $\boldsymbol{A},\boldsymbol{B}$ 可逆，且 $\boldsymbol{A}$ 与 $\boldsymbol{B}$ 相似，则下列结论错误的是(   ).

A. $\boldsymbol{A}^{\mathrm{T}}$ 与 $\boldsymbol{B}^{\mathrm{T}}$ 相似　　B. $\boldsymbol{A}^{-1}$ 与 $\boldsymbol{B}^{-1}$ 相似

C. $\boldsymbol{A}+\boldsymbol{A}^{\mathrm{T}}$ 与 $\boldsymbol{B}+\boldsymbol{B}^{\mathrm{T}}$ 相似　　D. $\boldsymbol{A}+\boldsymbol{A}^{-1}$ 与 $\boldsymbol{B}+\boldsymbol{B}^{-1}$ 相似

3. n 阶矩阵 $\boldsymbol{A}$ 相似于对角矩阵的充分必要条件是(   ).

A. $\boldsymbol{A}$ 有 n 个互不相同的特征值　　B. $\boldsymbol{A}$ 有 n 个互不相同的特征向量

C. $\boldsymbol{A}$ 有 n 个线性无关的特征向量　　D. $\boldsymbol{A}$ 有 n 个互相正交的特征向量

4. (2022 · 数学一)下述 4 个条件中，三阶矩阵 $\boldsymbol{A}$ 可以对角化的一个充分但不必要条件是(   ).

A. $\boldsymbol{A}$ 有 3 个互不相等的特征值　　B. $\boldsymbol{A}$ 有 3 个线性无关的特征向量

C. $\boldsymbol{A}$ 有 3 个两两线性无关的特征向量　　D. $\boldsymbol{A}$ 的属于不同特征值的特征向量正交

5. (2023·数学一)下列矩阵中不能相似于对角矩阵的是( ).

A. $\begin{pmatrix}1&1&a\\0&2&2\\0&0&3\end{pmatrix}$ B. $\begin{pmatrix}1&1&a\\1&2&0\\a&0&3\end{pmatrix}$ C. $\begin{pmatrix}1&1&a\\0&2&0\\0&0&2\end{pmatrix}$ D. $\begin{pmatrix}1&1&a\\0&2&2\\0&0&2\end{pmatrix}$

6. (2022·数学二、三)设$\boldsymbol{A}$为三阶矩阵,$\boldsymbol{\Lambda}=\begin{pmatrix}1&0&0\\0&-1&0\\0&0&0\end{pmatrix}$,则$\boldsymbol{A}$的特征值为$1,-1,0$的充分必要条件是( ).

A. 存在可逆矩阵$\boldsymbol{P},\boldsymbol{Q}$,使$\boldsymbol{A}=\boldsymbol{P\Lambda Q}$ B. 存在可逆矩阵$\boldsymbol{P}$,使$\boldsymbol{A}=\boldsymbol{P\Lambda P}^{-1}$

C. 存在正交矩阵$\boldsymbol{Q}$,使$\boldsymbol{A}=\boldsymbol{Q\Lambda Q}^{-1}$ D. 存在可逆矩阵$\boldsymbol{P}$,使$\boldsymbol{A}=\boldsymbol{P\Lambda P}^{\mathrm{T}}$

7. 下列矩阵与$\begin{pmatrix}1&0&0\\0&1&0\\0&0&2\end{pmatrix}$相似的是( ).

A. $\begin{pmatrix}1&1&0\\0&1&0\\0&0&2\end{pmatrix}$ B. $\begin{pmatrix}1&0&1\\0&2&0\\0&0&1\end{pmatrix}$ C. $\begin{pmatrix}1&0&0\\1&2&0\\1&-1&1\end{pmatrix}$ D. $\begin{pmatrix}1&0&0\\0&1&1\\0&0&2\end{pmatrix}$

8. (2018·数学一、二、三)下列矩阵与$\begin{pmatrix}1&1&0\\0&1&1\\0&0&1\end{pmatrix}$相似的是( ).

A. $\begin{pmatrix}1&1&-1\\0&1&1\\0&0&1\end{pmatrix}$ B. $\begin{pmatrix}1&0&-1\\0&1&1\\0&0&1\end{pmatrix}$ C. $\begin{pmatrix}1&1&-1\\0&1&0\\0&0&1\end{pmatrix}$ D. $\begin{pmatrix}1&0&-1\\0&1&0\\0&0&1\end{pmatrix}$

9. (2020·数学二、三)设$\boldsymbol{A}$为三阶矩阵,$\boldsymbol{\alpha}_1,\boldsymbol{\alpha}_2$为$\boldsymbol{A}$的属于特征值1的线性无关的特征向量,$\boldsymbol{\alpha}_3$为$\boldsymbol{A}$的属于特征值$-1$的特征向量,则满足$\boldsymbol{P}^{-1}\boldsymbol{AP}=\begin{pmatrix}1&0&0\\0&-1&0\\0&0&1\end{pmatrix}$的可逆矩阵$\boldsymbol{P}$为( ).

A. $(\boldsymbol{\alpha}_1+\boldsymbol{\alpha}_3,\boldsymbol{\alpha}_2,-\boldsymbol{\alpha}_3)$ B. $(\boldsymbol{\alpha}_1+\boldsymbol{\alpha}_2,\boldsymbol{\alpha}_2,-\boldsymbol{\alpha}_3)$

C. $(\boldsymbol{\alpha}_1+\boldsymbol{\alpha}_3,-\boldsymbol{\alpha}_3,\boldsymbol{\alpha}_2)$ D. $(\boldsymbol{\alpha}_1+\boldsymbol{\alpha}_2,-\boldsymbol{\alpha}_3,\boldsymbol{\alpha}_2)$

10. (2021·数学三)设$\boldsymbol{A}=(\boldsymbol{\alpha}_1,\boldsymbol{\alpha}_2,\boldsymbol{\alpha}_3,\boldsymbol{\alpha}_4)$为四阶正交矩阵,若矩阵$\boldsymbol{B}=\begin{pmatrix}\boldsymbol{\alpha}_1^{\mathrm{T}}\\\boldsymbol{\alpha}_2^{\mathrm{T}}\\\boldsymbol{\alpha}_3^{\mathrm{T}}\end{pmatrix}$,$\boldsymbol{\beta}=\begin{pmatrix}1\\1\\1\end{pmatrix}$,$k$表示任意常数,则线性方程组$\boldsymbol{Bx}=\boldsymbol{\beta}$的通解$\boldsymbol{x}=$( ).

A. $\boldsymbol{\alpha}_2+\boldsymbol{\alpha}_3+\boldsymbol{\alpha}_4+k\boldsymbol{\alpha}_1$ B. $\boldsymbol{\alpha}_1+\boldsymbol{\alpha}_3+\boldsymbol{\alpha}_4+k\boldsymbol{\alpha}_2$

C. $\boldsymbol{\alpha}_1+\boldsymbol{\alpha}_2+\boldsymbol{\alpha}_4+k\boldsymbol{\alpha}_3$ D. $\boldsymbol{\alpha}_1+\boldsymbol{\alpha}_2+\boldsymbol{\alpha}_3+k\boldsymbol{\alpha}_4$

11. (2017·数学一、三)设$\boldsymbol{\alpha}$为n维单位列向量,$\boldsymbol{E}$为n阶单位矩阵,则( ).

A. $\boldsymbol{E}-\boldsymbol{\alpha\alpha}^{\mathrm{T}}$不可逆 B. $\boldsymbol{E}+\boldsymbol{\alpha\alpha}^{\mathrm{T}}$不可逆 C. $\boldsymbol{E}+2\boldsymbol{\alpha\alpha}^{\mathrm{T}}$不可逆 D. $\boldsymbol{E}-2\boldsymbol{\alpha\alpha}^{\mathrm{T}}$不可逆

12. (2024·数学一)设$\boldsymbol{A}$是秩为2的三阶矩阵,$\boldsymbol{\alpha}$是满足$\boldsymbol{A\alpha}=\boldsymbol{0}$的非零向量,对满足$\boldsymbol{\beta}^{\mathrm{T}}\boldsymbol{\alpha}=0$的任意向量$\boldsymbol{\beta}$,均有$\boldsymbol{A\beta}=\boldsymbol{\beta}$,则(　　).

A. $\boldsymbol{A}^3$的迹为2　　B. $\boldsymbol{A}^3$的迹为5　　C. $\boldsymbol{A}^5$的迹为7　　D. $\boldsymbol{A}^5$的迹为9

13. (2024·数学二)设$\boldsymbol{A},\boldsymbol{B}$为二阶矩阵,且$\boldsymbol{AB}=\boldsymbol{BA}$,则"$\boldsymbol{A}$有两个不相等的特征值"是"$\boldsymbol{B}$可以对角化"的(　　).

A. 充分必要条件　　B. 充分不必要条件

C. 必要不充分条件　　D. 既不充分也不必要条件

二、填空题

1. (2017·数学二)设矩阵$\boldsymbol{A}=\begin{pmatrix}4&1&-2\\1&2&a\\3&1&-1\end{pmatrix}$的一个特征向量为$\begin{pmatrix}1\\1\\2\end{pmatrix}$,则$a=$________.

2. 设$\boldsymbol{A}$为n阶矩阵,$|\boldsymbol{A}|\neq0$,$\boldsymbol{A}^*$为$\boldsymbol{A}$的伴随矩阵,$\boldsymbol{E}$为n阶单位矩阵.若$\boldsymbol{A}$有特征值λ,则$(\boldsymbol{A}^*)^2+\boldsymbol{E}$必有特征值________.

3. 设四阶矩阵$\boldsymbol{A}$满足$|\boldsymbol{A}+3\boldsymbol{E}|=0$,$\boldsymbol{AA}^{\mathrm{T}}=2\boldsymbol{E}$,$|\boldsymbol{A}|<0$,则$\boldsymbol{A}$的伴随矩阵$\boldsymbol{A}^*$必有特征值________.

4. 设$\boldsymbol{A}$为三阶矩阵,$\boldsymbol{A}-\boldsymbol{E}$,$\boldsymbol{A}+2\boldsymbol{E}$,$2\boldsymbol{E}-\boldsymbol{A}$为不可逆矩阵,$\boldsymbol{A}^*$为$\boldsymbol{A}$的伴随矩阵,则$|2\boldsymbol{A}^*+3\boldsymbol{E}|=$________.

5. 设$\boldsymbol{A}$为三阶可逆矩阵,$\boldsymbol{A}^{-1}$的全部特征值为1,2,3,$\boldsymbol{A}^*$为$\boldsymbol{A}$的伴随矩阵,则$\mathrm{tr}(\boldsymbol{A}^*)=$________.

6. (2018·数学二、三)设$\boldsymbol{A}$为三阶矩阵,$\boldsymbol{\alpha}_1,\boldsymbol{\alpha}_2,\boldsymbol{\alpha}_3$是线性无关的向量组,若$\boldsymbol{A\alpha}_1=2\boldsymbol{\alpha}_1+\boldsymbol{\alpha}_2+\boldsymbol{\alpha}_3$,$\boldsymbol{A\alpha}_2=\boldsymbol{\alpha}_2+2\boldsymbol{\alpha}_3$,$\boldsymbol{A\alpha}_3=-\boldsymbol{\alpha}_2+\boldsymbol{\alpha}_3$,则$\boldsymbol{A}$的实特征值为________.

7. (2018·数学一)设二阶矩阵$\boldsymbol{A}$有两个不同的特征值,$\boldsymbol{\alpha}_1,\boldsymbol{\alpha}_2$是$\boldsymbol{A}$的线性无关的特征向量,且满足$\boldsymbol{A}^2(\boldsymbol{\alpha}_1+\boldsymbol{\alpha}_2)=\boldsymbol{\alpha}_1+\boldsymbol{\alpha}_2$,则行列式$|\boldsymbol{A}|=$________.

8. (2024·数学三)设$\boldsymbol{A}$为三阶矩阵,$\boldsymbol{A}^*$为$\boldsymbol{A}$的伴随矩阵,$\boldsymbol{E}$为三阶单位矩阵,若$R(2\boldsymbol{E}-\boldsymbol{A})=1$,$R(\boldsymbol{E}+\boldsymbol{A})=2$,则$|\boldsymbol{A}^*|=$________.

9. (2009·数学一)若三维列向量$\boldsymbol{\alpha},\boldsymbol{\beta}$满足$\boldsymbol{\alpha}^{\mathrm{T}}\boldsymbol{\beta}=2$,则矩阵$\boldsymbol{\beta\alpha}^{\mathrm{T}}$的非零特征值为________.

10. (2009·数学二)设$\boldsymbol{\alpha},\boldsymbol{\beta}$为三维列向量,若$\boldsymbol{\alpha\beta}^{\mathrm{T}}$相似于$\begin{pmatrix}2&0&0\\0&0&0\\0&0&0\end{pmatrix}$,则$\boldsymbol{\beta}^{\mathrm{T}}\boldsymbol{\alpha}=$________.

11. (2009·数学三)设$\boldsymbol{\alpha}=(1,1,1)^{\mathrm{T}}$,$\boldsymbol{\beta}=(1,0,k)^{\mathrm{T}}$,若$\boldsymbol{\alpha\beta}^{\mathrm{T}}$相似于$\begin{pmatrix}3&0&0\\0&0&0\\0&0&0\end{pmatrix}$,则$k=$________.

12. (2012·数学一)设$\boldsymbol{\alpha}$为三维列向量,$\|\boldsymbol{\alpha}\|=1$,$\boldsymbol{E}$为三阶单位矩阵,则秩$R(\boldsymbol{E}-\boldsymbol{\alpha\alpha}^{\mathrm{T}})=$________.

三、计算与证明题

1. 设矩阵$\boldsymbol{A}=\begin{pmatrix}a&b\\c&d\end{pmatrix}$满足$bc>0$,证明:$\boldsymbol{A}$可以相似于对角矩阵.

2. 设$\boldsymbol{A}=\begin{pmatrix}a&-1&c\\5&b&3\\1-c&0&-a\end{pmatrix}$,$|\boldsymbol{A}|=-1$,$\boldsymbol{A}$的伴随矩阵$\boldsymbol{A}^*$有一个特征值$\lambda$,且$\boldsymbol{A}^*$的属于$\lambda$的一

个特征向量为 $\boldsymbol{\alpha}=(-1,-1,1)^{\mathrm{T}}$，求 a,b,c 和 λ 的值.

3. (2001·数学一)已知三阶矩阵 $\boldsymbol{A}$ 和三维向量 $\boldsymbol{x}$ 使 $\boldsymbol{x},\boldsymbol{A}\boldsymbol{x},\boldsymbol{A}^2\boldsymbol{x}$ 线性无关，并且满足 $\boldsymbol{A}^3\boldsymbol{x}=3\boldsymbol{A}\boldsymbol{x}-2\boldsymbol{A}^2\boldsymbol{x}$.

(1)记 $\boldsymbol{P}=(\boldsymbol{x},\boldsymbol{A}\boldsymbol{x},\boldsymbol{A}^2\boldsymbol{x})$，求 $\boldsymbol{B}$，使 $\boldsymbol{A}=\boldsymbol{P}\boldsymbol{B}\boldsymbol{P}^{-1}$.

(2)计算行列式 $|\boldsymbol{A}+\boldsymbol{E}|$.

4. (2023·数学二、三)设矩阵 $\boldsymbol{A}$ 满足对任意的 x_1,x_2,x_3 均有 $\boldsymbol{A}\begin{pmatrix}x_1\\x_2\\x_3\end{pmatrix}=\begin{pmatrix}x_1+x_2+x_3\\2x_1-x_2+x_3\\x_2-x_3\end{pmatrix}$.

(1)求 $\boldsymbol{A}$.

(2)求可逆矩阵 $\boldsymbol{P}$ 与对角矩阵 $\boldsymbol{\Lambda}$，使 $\boldsymbol{P}^{-1}\boldsymbol{A}\boldsymbol{P}=\boldsymbol{\Lambda}$.

5. (2021·数学二、三)设矩阵 $\boldsymbol{A}=\begin{pmatrix}2&1&0\\1&2&0\\1&a&b\end{pmatrix}$ 仅有两个不同的特征值，若 $\boldsymbol{A}$ 可相似于对角矩阵，求 a,b 的值，并求可逆矩阵 $\boldsymbol{P}$，使 $\boldsymbol{P}^{-1}\boldsymbol{A}\boldsymbol{P}$ 为对角矩阵.

6. (2015·数学一、二、三)设矩阵 $\boldsymbol{A}=\begin{pmatrix}0&2&-3\\-1&3&-3\\1&-2&a\end{pmatrix}$ 相似于矩阵 $\boldsymbol{B}=\begin{pmatrix}1&-2&0\\0&b&0\\0&3&1\end{pmatrix}$.

(1)求 a,b 的值.

(2)求可逆矩阵 $\boldsymbol{P}$，使 $\boldsymbol{P}^{-1}\boldsymbol{A}\boldsymbol{P}$ 为对角矩阵.

7. (2019·数学一、二、三)已知矩阵 $\boldsymbol{A}=\begin{pmatrix}-2&-2&1\\2&x&-2\\0&0&-2\end{pmatrix}$ 与 $\boldsymbol{B}=\begin{pmatrix}2&1&0\\0&-1&0\\0&0&y\end{pmatrix}$ 相似.

(1)求 x,y.

(2)求可逆矩阵 $\boldsymbol{P}$，使 $\boldsymbol{P}^{-1}\boldsymbol{A}\boldsymbol{P}=\boldsymbol{B}$.

8. 设矩阵 $\boldsymbol{A}=\begin{pmatrix}3&2&2\\2&3&2\\2&2&3\end{pmatrix}$，$\boldsymbol{P}=\begin{pmatrix}0&1&0\\1&0&1\\0&0&1\end{pmatrix}$，$\boldsymbol{B}=\boldsymbol{P}^{-1}\boldsymbol{A}^*\boldsymbol{P}$，其中 $\boldsymbol{A}^*$ 为 $\boldsymbol{A}$ 的伴随矩阵，$\boldsymbol{E}$ 为三阶单位矩阵，求 $\boldsymbol{B}+2\boldsymbol{E}$ 的特征值与特征向量.

9. (2004·数学一、二)设矩阵 $\boldsymbol{A}=\begin{pmatrix}1&2&-3\\-1&4&-3\\1&a&5\end{pmatrix}$ 的特征方程有一个二重根，求 a 的值，并讨论 $\boldsymbol{A}$ 能否相似对角化.

10. (2008·数学二、三、四)设三阶矩阵 $\boldsymbol{A}$ 有特征值 $-1,1$，对应的特征向量分别为 $\boldsymbol{\alpha}_1,\boldsymbol{\alpha}_2$，向量 $\boldsymbol{\alpha}_3$ 满足 $\boldsymbol{A}\boldsymbol{\alpha}_3=\boldsymbol{\alpha}_2+\boldsymbol{\alpha}_3$.

(1)证明：$\boldsymbol{\alpha}_1,\boldsymbol{\alpha}_2,\boldsymbol{\alpha}_3$ 线性无关.

(2)令 $\boldsymbol{P}=(\boldsymbol{\alpha}_1,\boldsymbol{\alpha}_2,\boldsymbol{\alpha}_3)$，求 $\boldsymbol{P}^{-1}\boldsymbol{A}\boldsymbol{P}$.

11. 设三阶矩阵 $\boldsymbol{A}$ 的特征值为 $\lambda_1=1,\lambda_2=2,\lambda_3=3$,对应的特征向量依次为 $\boldsymbol{\xi}_1=(1,1,1)^{\mathrm{T}},\boldsymbol{\xi}_2=(1,2,4)^{\mathrm{T}},\boldsymbol{\xi}_3=(1,3,9)^{\mathrm{T}}$,向量 $\boldsymbol{\beta}=(1,1,3)^{\mathrm{T}}$.

(1)将 $\boldsymbol{\beta}$ 用 $\boldsymbol{\xi}_1,\boldsymbol{\xi}_2,\boldsymbol{\xi}_3$ 线性表示.

(2)求 $\boldsymbol{A}^n\boldsymbol{\beta}$($n$ 为正整数).

12. (2016·数学一、二、三)已知矩阵 $\boldsymbol{A}=\begin{pmatrix}0&-1&1\\2&-3&0\\0&0&0\end{pmatrix}$.

(1)求 $\boldsymbol{A}^{99}$.

(2)设三阶矩阵 $\boldsymbol{B}=(\boldsymbol{\alpha}_1,\boldsymbol{\alpha}_2,\boldsymbol{\alpha}_3)$ 满足 $\boldsymbol{B}^2=\boldsymbol{BA}$,记 $\boldsymbol{B}^{100}=(\boldsymbol{\beta}_1,\boldsymbol{\beta}_2,\boldsymbol{\beta}_3)$,将 $\boldsymbol{\beta}_1,\boldsymbol{\beta}_2,\boldsymbol{\beta}_3$ 分别表示为 $\boldsymbol{\alpha}_1,\boldsymbol{\alpha}_2,\boldsymbol{\alpha}_3$ 的线性组合.

13. (2024·数学一)已知数列 $\{x_i\},\{y_i\},\{z_i\}$ 满足 $x_0=-1,y_0=0,z_0=2$,且

$$\begin{cases}x_n=-2x_{n-1}+2z_{n-1},\\y_n=-2y_{n-1}-2z_{n-1},\\z_n=-6x_{n-1}-3y_{n-1}+3z_{n-1}.\end{cases}$$

记 $\boldsymbol{\alpha}_n=\begin{pmatrix}x_n\\y_n\\z_n\end{pmatrix}$,写出满足 $\boldsymbol{\alpha}_n=\boldsymbol{A\alpha}_{n-1}$ 的矩阵 $\boldsymbol{A}$,并求 $\boldsymbol{A}^n$ 及 $x_n,y_n,z_n(n=1,2,\cdots)$.

14. (2017·数学一、二、三)设三阶矩阵 $\boldsymbol{A}=(\boldsymbol{\alpha}_1,\boldsymbol{\alpha}_2,\boldsymbol{\alpha}_3)$ 有3个不同的特征值,且 $\boldsymbol{\alpha}_3=\boldsymbol{\alpha}_1+2\boldsymbol{\alpha}_2$.

(1)证明:$R(\boldsymbol{A})=2$.

(2)若 $\boldsymbol{\beta}=\boldsymbol{\alpha}_1+\boldsymbol{\alpha}_2+\boldsymbol{\alpha}_3$,求方程组 $\boldsymbol{Ax}=\boldsymbol{\beta}$ 的通解.

15. (2020·数学一、二、三)设 $\boldsymbol{A}$ 为二阶矩阵,$\boldsymbol{P}=(\boldsymbol{\alpha},\boldsymbol{A\alpha})$,其中 $\boldsymbol{\alpha}$ 是非零向量且不是 $\boldsymbol{A}$ 的特征向量.

(1)证明 $\boldsymbol{P}$ 为可逆矩阵.

(2)若 $\boldsymbol{A}^2\boldsymbol{\alpha}+\boldsymbol{A\alpha}-6\boldsymbol{\alpha}=\boldsymbol{0}$,求 $\boldsymbol{P}^{-1}\boldsymbol{AP}$,并判断 $\boldsymbol{A}$ 能否相似于对角矩阵.

16. 设 $\lambda_1,\lambda_2,\lambda_3$ 为三阶方阵 $\boldsymbol{A}$ 的3个不同的特征值,对应的特征向量依次为 $\boldsymbol{\alpha}_1,\boldsymbol{\alpha}_2,\boldsymbol{\alpha}_3$,令 $\boldsymbol{\beta}=\boldsymbol{\alpha}_1+\boldsymbol{\alpha}_2+\boldsymbol{\alpha}_3$,证明:$\boldsymbol{\beta},\boldsymbol{A\beta},\boldsymbol{A}^2\boldsymbol{\beta}$ 线性无关.

17. 设 $\boldsymbol{A},\boldsymbol{B}$ 为 n 阶矩阵,且 $R(\boldsymbol{A})+R(\boldsymbol{B})<n$,证明:$\boldsymbol{A},\boldsymbol{B}$ 有公共的特征值和特征向量.

18. 设三阶矩阵 $\boldsymbol{A}$ 满足 $\boldsymbol{A}^2=\boldsymbol{A}$,且 $R(\boldsymbol{A})=2$,问:$\boldsymbol{A}$ 能否相似于对角矩阵?若能,请给出对角矩阵;若不能,请说明理由.

19. 设 $\boldsymbol{A}=(a_{ij})$ 是三阶矩阵,且满足以下条件:

(1)$A_{ij}=a_{ij}(i,j=1,2,3)$,其中 A_{ij} 是 a_{ij} 的代数余子式;

(2)$a_{33}=1$.

求方程组 $\boldsymbol{Ax}=\boldsymbol{b}$ 的解,其中 $\boldsymbol{b}=(0,0,1)^{\mathrm{T}}$.

20. 设6,3,3是对称矩阵 $\boldsymbol{A}$ 的全部特征值,$\boldsymbol{A}$ 的属于特征值3的特征向量为 $(-1,0,1)^{\mathrm{T}},(1,2,1)^{\mathrm{T}}$.

(1)求 $\boldsymbol{A}$ 的属于特征值6的特征向量.

(2)求 $\boldsymbol{A}$.

21. (2006・数学一、二、三)已知三阶对称矩阵 $\boldsymbol{A}$ 的各行元素之和均为3,且向量 $\boldsymbol{\alpha}_1=(-1,2,-1)^{\mathrm{T}}$ 和 $\boldsymbol{\alpha}_2=(0,-1,1)^{\mathrm{T}}$ 是齐次线性方程组 $\boldsymbol{Ax}=\boldsymbol{0}$ 的两个解.

(1)求 $\boldsymbol{A}$ 的特征值和特征向量.

(2)求正交矩阵 $\boldsymbol{Q}$ 和对角矩阵 $\boldsymbol{\Lambda}$,使 $\boldsymbol{Q}^{\mathrm{T}}\boldsymbol{AQ}=\boldsymbol{\Lambda}$.

22. 设矩阵 $\boldsymbol{A}=\begin{pmatrix}1&1&a\\1&a&1\\a&1&1\end{pmatrix}$,$\boldsymbol{\beta}=\begin{pmatrix}1\\1\\-2\end{pmatrix}$,线性方程组 $\boldsymbol{Ax}=\boldsymbol{\beta}$ 有解但不唯一.

(1)求 a 的值.

(2)求正交矩阵 $\boldsymbol{P}$,使 $\boldsymbol{P}^{-1}\boldsymbol{AP}$ 为对角矩阵.

23. 设 $\boldsymbol{A}=\begin{pmatrix}1&2\\2&1\end{pmatrix}$,$\boldsymbol{B}=\begin{pmatrix}1&2&0\\2&1&0\\0&0&1\end{pmatrix}$.

(1)求正交矩阵 $\boldsymbol{P}$,使 $\boldsymbol{P}^{-1}\boldsymbol{AP}$ 为对角矩阵.

(2)求 $\boldsymbol{B}^n$.

24. (2011・数学一、二、三)设 $\boldsymbol{A}$ 为三阶对称矩阵,$R(\boldsymbol{A})=2$,且满足 $\boldsymbol{A}\begin{pmatrix}1&1\\0&0\\-1&1\end{pmatrix}=\begin{pmatrix}-1&1\\0&0\\1&1\end{pmatrix}$.

(1)求 $\boldsymbol{A}$ 的特征值与特征向量.

(2)求 $\boldsymbol{A}$.

25. (2002・数学四)设实对称矩阵 $\boldsymbol{A}=\begin{pmatrix}a&1&1\\1&a&-1\\1&-1&a\end{pmatrix}$,求可逆矩阵 $\boldsymbol{P}$,使 $\boldsymbol{P}^{-1}\boldsymbol{AP}$ 为对角矩阵,并计算行列式 $|\boldsymbol{A}-\boldsymbol{E}|$.

26. (2007・数学一、二、三)设三阶实对称矩阵 $\boldsymbol{A}$ 的特征值为 $\lambda_1=1,\lambda_2=2,\lambda_3=-2$,$\boldsymbol{\alpha}_1=(1,-1,1)^{\mathrm{T}}$ 是 $\boldsymbol{A}$ 的属于 λ_1 的一个特征向量,记 $\boldsymbol{B}=\boldsymbol{A}^5-4\boldsymbol{A}^3+\boldsymbol{E}$,其中 $\boldsymbol{E}$ 为三阶单位矩阵.

(1)验证 $\boldsymbol{\alpha}_1$ 是矩阵 $\boldsymbol{B}$ 的特征向量,并求 $\boldsymbol{B}$ 的全部特征值与特征向量.

(2)求矩阵 $\boldsymbol{B}$.

27. (2014・数学一、二、三)证明:n 阶矩阵 $\begin{pmatrix}1&1&\cdots&1\\1&1&\cdots&1\\\vdots&\vdots&&\vdots\\1&1&\cdots&1\end{pmatrix}$ 与 $\begin{pmatrix}0&\cdots&0&1\\0&\cdots&0&2\\\vdots&&\vdots&\vdots\\0&\cdots&0&n\end{pmatrix}$ 相似.

28. 设 $\boldsymbol{\alpha},\boldsymbol{\beta}$ 为三维单位列向量,且 $\boldsymbol{\alpha},\boldsymbol{\beta}$ 正交,$\boldsymbol{A}=\boldsymbol{\alpha\beta}^{\mathrm{T}}+\boldsymbol{\beta\alpha}^{\mathrm{T}}$,证明 $\boldsymbol{A}$ 可以对角化,并给出相似对角矩阵.

29. 设 $\boldsymbol{A},\boldsymbol{B}$ 均为 n 阶对称矩阵,且 $\boldsymbol{P}$ 为正交矩阵,若 $\boldsymbol{P}^{\mathrm{T}}\boldsymbol{AP}$ 与 $\boldsymbol{P}^{\mathrm{T}}\boldsymbol{BP}$ 均为对角矩阵,证明:$\boldsymbol{AB}=\boldsymbol{BA}$.

第3章总复习
题详解

第4章 二次型

二次型的研究起源于解析几何中二次曲线(面)方程化为标准方程的问题.

例如,对于中心在坐标原点的二次曲线方程 $ax^2+2bxy+cy^2=d$,选择适当的旋转角度 θ,用坐标旋转变换

$$\begin{cases} x = x'\cos\theta - y'\sin\theta, \\ y = x'\sin\theta + y'\cos\theta \end{cases}$$

可将其化为标准方程 $\lambda_1 x'^2 + \lambda_2 y'^2 = d$.

本章将这类问题一般化,讨论 n 个变量的二次齐次多项式的化简问题.

4.1 二次型及其标准形

4.1.1 二次型的概念

定义 4.1 含有 n 个变量 $x_1,x_2,\cdots,x_n$ 的二次齐次多项式

$$\begin{aligned} f(x_1,x_2,\cdots,x_n) = {} & a_{11}x_1^2 + 2a_{12}x_1x_2 + 2a_{13}x_1x_3 + \cdots + 2a_{1n}x_1x_n + \\ & a_{22}x_2^2 + 2a_{23}x_2x_3 + \cdots + 2a_{2n}x_2x_n + \\ & \cdots + a_{nn}x_n^2 \end{aligned} \tag{4.1.1}$$

称为 **n 元二次型**.

令 $a_{ij}=a_{ji}(i,\ j=1,\ 2,\ \cdots,\ n)$,则

$$2a_{ij}x_ix_j = a_{ij}x_ix_j + a_{ji}x_jx_i.$$

从而式(4.1.1)可变为

$$\begin{aligned} f(x_1,x_2,\cdots,x_n) &= x_1(a_{11}x_1 + a_{12}x_2 + \cdots + a_{1n}x_n) + \\ &\quad x_2(a_{21}x_1 + a_{22}x_2 + \cdots + a_{2n}x_n) + \\ &\quad \cdots + \\ &\quad x_n(a_{n1}x_1 + a_{n2}x_2 + \cdots + a_{nn}x_n) \\ &= (x_1,x_2,\cdots,x_n)\begin{pmatrix} a_{11}x_1 + a_{12}x_2 + \cdots + a_{1n}x_n \\ a_{21}x_1 + a_{22}x_2 + \cdots + a_{2n}x_n \\ \vdots \\ a_{n1}x_1 + a_{n2}x_2 + \cdots + a_{nn}x_n \end{pmatrix} \end{aligned}$$

$$
=(x_1,x_2,\cdots,x_n)\begin{pmatrix} a_{11} & a_{12} & \cdots & a_{1n} \\ a_{21} & a_{22} & \cdots & a_{2n} \\ \vdots & \vdots & & \vdots \\ a_{n1} & a_{n2} & \cdots & a_{nn} \end{pmatrix}\begin{pmatrix} x_1 \\ x_2 \\ \vdots \\ x_n \end{pmatrix}.
$$

记

$$
\boldsymbol{A}=\begin{pmatrix} a_{11} & a_{12} & \cdots & a_{1n} \\ a_{21} & a_{22} & \cdots & a_{2n} \\ \vdots & \vdots & & \vdots \\ a_{n1} & a_{n2} & \cdots & a_{nn} \end{pmatrix}, \boldsymbol{x}=\begin{pmatrix} x_1 \\ x_2 \\ \vdots \\ x_n \end{pmatrix},
$$

则二次型(4.1.1)可表示为矩阵乘积的形式 $f(\boldsymbol{x})=\boldsymbol{x}^{\mathrm{T}}\boldsymbol{A}\boldsymbol{x}$，其中 $\boldsymbol{A}$ 为对称矩阵，称为**二次型 $f(\boldsymbol{x})$ 的矩阵**，矩阵 $\boldsymbol{A}$ 的秩称为二次型 $f(\boldsymbol{x})$ 的**秩**．

注 二次型的矩阵与二次型是一一对应的，即平方项系数 a_{ii} 是二次型矩阵的第 i 个主对角元，交叉项系数 $2a_{ij}$ 的一半 a_{ij} 是二次型矩阵的 (i,j) 元和 (j,i) 元．

二次型也可记作 $f(x_1,x_2,\cdots,x_n)=\sum\limits_{i=1}^{n}\sum\limits_{j=1}^{n}a_{ij}x_ix_j\,(a_{ij}=a_{ji})$，本书只讨论实二次型，即 $a_{ij}\in\mathbf{R}$，$i,j=1,2,\cdots,n$.

二元二次型 $z=ax^2+2bxy+cy^2$ 在空间直角坐标系中的图像是过坐标原点的二次曲面．例如，$z=\frac{x^2}{9}+\frac{y^2}{4}$ 和 $z=\frac{x^2}{9}-\frac{y^2}{4}$ 的图像分别为椭圆抛物面和双曲抛物面（马鞍面），如图 4.1 和图 4.2 所示．

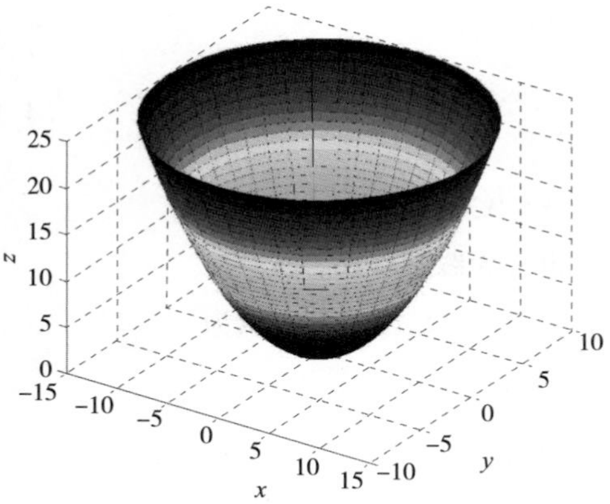

图 4.1　椭圆抛物面

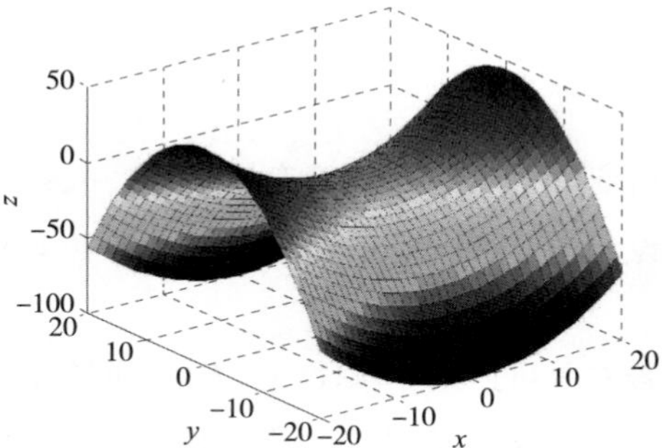

图 4.2　双曲抛物面（马鞍面）

例 1 求二次型

$$
f(x_1,x_2,x_3)=x_1^2+2x_2^2-3x_3^2+4x_1x_2-8x_2x_3
$$

的矩阵和秩，并用该二次型的矩阵表示该二次型．

解 由二次型的矩阵与二次型系数的对应关系可知，该二次型的矩阵为 $\boldsymbol{A}=\begin{pmatrix} 1 & 2 & 0 \\ 2 & 2 & -4 \\ 0 & -4 & -3 \end{pmatrix}$．对

$\boldsymbol{A}$ 施行初等行变换,将其化为行阶梯形:

$$\boldsymbol{A}=\begin{pmatrix}1&2&0\\2&2&-4\\0&-4&-3\end{pmatrix}\xrightarrow[r_3-2r_2]{r_2-2r_1}\begin{pmatrix}1&2&0\\0&-2&-4\\0&0&5\end{pmatrix}.$$

可知 $R(\boldsymbol{A})=3$,即该二次型的秩为 3. 该二次型可用矩阵表示为

$$f(\boldsymbol{x})=\boldsymbol{x}^{\mathrm{T}}\boldsymbol{A}\boldsymbol{x}=(x_1,x_2,x_3)\begin{pmatrix}1&2&0\\2&2&-4\\0&-4&-3\end{pmatrix}\begin{pmatrix}x_1\\x_2\\x_3\end{pmatrix}.$$

例 2 试写出对称矩阵 $\boldsymbol{A}=\begin{pmatrix}0&1&0\\1&2&-1\\0&-1&-3\end{pmatrix}$ 所对应的二次型.

解 由二次型系数与二次型的矩阵的对应关系可知,$\boldsymbol{A}$ 对应的二次型为

$$f(x_1,x_2,x_3)=2x_2^2-3x_3^2+2x_1x_2-2x_2x_3.$$

注 当 $\boldsymbol{A}$ 非对称时,$f(\boldsymbol{x})=\boldsymbol{x}^{\mathrm{T}}\boldsymbol{A}\boldsymbol{x}$ 也是二次型,但是 $\boldsymbol{A}$ 不是二次型的矩阵. 本书中二次型 $f(\boldsymbol{x})=\boldsymbol{x}^{\mathrm{T}}\boldsymbol{A}\boldsymbol{x}$ 的矩阵 $\boldsymbol{A}$ 均指的是实对称矩阵.

4.1.2 可逆线性变换与矩阵的合同

定义 4.2 变量 $x_1,x_2,\cdots,x_n$ 与变量 $y_1,y_2,\cdots,y_n$ 之间的线性关系式

$$\begin{cases}x_1=c_{11}y_1+c_{12}y_2+\cdots+c_{1n}y_n,\\x_2=c_{21}y_1+c_{22}y_2+\cdots+c_{2n}y_n,\\\cdots\cdots\cdots\cdots\\x_n=c_{n1}y_1+c_{n2}y_2+\cdots+c_{nn}y_n\end{cases}\tag{4.1.2}$$

称为由变量 $x_1,x_2,\cdots,x_n$ 到变量 $y_1,y_2,\cdots,y_n$ 的**线性变换**,也称为**线性替换**.

设 $\boldsymbol{x}=(x_1,x_2,\cdots,x_n)^{\mathrm{T}}$,$\boldsymbol{y}=(y_1,y_2,\cdots,y_n)^{\mathrm{T}}$,$\boldsymbol{C}=(c_{ij})_{n\times n}$,则式(4.1.2)可表示为

$$\boldsymbol{x}=\boldsymbol{C}\boldsymbol{y}.$$

若 $\boldsymbol{C}$ 是可逆矩阵,则称 $\boldsymbol{x}=\boldsymbol{C}\boldsymbol{y}$ 为**可逆线性变换**.

特别地,若 $\boldsymbol{C}$ 是正交矩阵,则称 $\boldsymbol{x}=\boldsymbol{C}\boldsymbol{y}$ 为**正交变换**.

将可逆线性变换式 $\boldsymbol{x}=\boldsymbol{C}\boldsymbol{y}$ 代入二次型 $f(\boldsymbol{x})=\boldsymbol{x}^{\mathrm{T}}\boldsymbol{A}\boldsymbol{x}$,可得到关于变量 $y_1,y_2,\cdots,y_n$ 的二次型,记作 $g(\boldsymbol{y})$,即

$$f(\boldsymbol{x})=\boldsymbol{x}^{\mathrm{T}}\boldsymbol{A}\boldsymbol{x}\overset{\boldsymbol{x}=\boldsymbol{C}\boldsymbol{y}}{=\!=\!=\!=}g(\boldsymbol{y})=(\boldsymbol{C}\boldsymbol{y})^{\mathrm{T}}\boldsymbol{A}(\boldsymbol{C}\boldsymbol{y})=\boldsymbol{y}^{\mathrm{T}}(\boldsymbol{C}^{\mathrm{T}}\boldsymbol{A}\boldsymbol{C})\boldsymbol{y}.\tag{4.1.3}$$

记 $\boldsymbol{B}=\boldsymbol{C}^{\mathrm{T}}\boldsymbol{A}\boldsymbol{C}$,则 $\boldsymbol{B}$ 为对称矩阵,所以 $\boldsymbol{B}$ 是二次型 $g(\boldsymbol{y})$ 的矩阵.

若将逆变换式 $\boldsymbol{y}=\boldsymbol{C}^{-1}\boldsymbol{x}$ 代入式(4.1.3),可得

$$g(\boldsymbol{y})=\boldsymbol{y}^{\mathrm{T}}\boldsymbol{B}\boldsymbol{y}\overset{\boldsymbol{y}=\boldsymbol{C}^{-1}\boldsymbol{x}}{=\!=\!=\!=}(\boldsymbol{C}^{-1}\boldsymbol{x})^{\mathrm{T}}(\boldsymbol{C}^{\mathrm{T}}\boldsymbol{A}\boldsymbol{C})(\boldsymbol{C}^{-1}\boldsymbol{x})=\boldsymbol{x}^{\mathrm{T}}\boldsymbol{A}\boldsymbol{x}=f(\boldsymbol{x}).$$

若二次型 $f(\boldsymbol{x})$ 经可逆线性变换 $\boldsymbol{x}=\boldsymbol{C}\boldsymbol{y}$ 得到二次型 $g(\boldsymbol{y})$,则称二次型 $f(\boldsymbol{x})$ 与 $g(\boldsymbol{y})$ **等价**.

例如，对于二次型 $f(x_1,x_2)=x_1^2+2x_1x_2+3x_2^2$，若做可逆线性变换

$$\begin{pmatrix}x_1\\x_2\end{pmatrix}=\begin{pmatrix}1&-1\\0&1\end{pmatrix}\begin{pmatrix}y_1\\y_2\end{pmatrix},$$

则 $f(x_1,x_2)$ 可化为

$$\begin{aligned}f(x_1,x_2)&=(x_1,x_2)\begin{pmatrix}1&1\\1&3\end{pmatrix}\begin{pmatrix}x_1\\x_2\end{pmatrix}=(y_1,y_2)\begin{pmatrix}1&0\\-1&1\end{pmatrix}\begin{pmatrix}1&1\\1&3\end{pmatrix}\begin{pmatrix}1&-1\\0&1\end{pmatrix}\begin{pmatrix}y_1\\y_2\end{pmatrix}\\&=(y_1,y_2)\begin{pmatrix}1&0\\0&2\end{pmatrix}\begin{pmatrix}y_1\\y_2\end{pmatrix}=y_1^2+2y_2^2,\end{aligned}$$

所以 $f(x_1,x_2)=x_1^2+2x_1x_2+3x_2^2$ 与 $g(y_1,y_2)=y_1^2+2y_2^2$ 等价．

定义 4.3 设 $\boldsymbol{A},\boldsymbol{B}$ 是 n 阶矩阵，若存在可逆矩阵 $\boldsymbol{C}$ 使 $\boldsymbol{C}^{\mathrm{T}}\boldsymbol{A}\boldsymbol{C}=\boldsymbol{B}$，则称 $\boldsymbol{A}$ 与 $\boldsymbol{B}$ **合同**，记作 $\boldsymbol{A}\simeq\boldsymbol{B}$.

矩阵合同具有以下性质．

(1) 自反性：$\boldsymbol{A}\simeq\boldsymbol{A}$.

(2) 对称性：若 $\boldsymbol{A}\simeq\boldsymbol{B}$，则 $\boldsymbol{B}\simeq\boldsymbol{A}$.

(3) 传递性：若 $\boldsymbol{A}\simeq\boldsymbol{B}$，$\boldsymbol{B}\simeq\boldsymbol{C}$，则 $\boldsymbol{A}\simeq\boldsymbol{C}$.

定理 4.1 二次型等价当且仅当它们的矩阵合同．

推论 4.2 等价二次型的秩相同．

4.1.3 用正交变换法化二次型为标准形

下面，我们讨论的主要问题是，寻求可逆线性变换 $\boldsymbol{x}=\boldsymbol{C}\boldsymbol{y}$ 将二次型 $f(\boldsymbol{x})$ 化为

$$g(\boldsymbol{y})=d_1y_1^2+d_2y_2^2+\cdots+d_ny_n^2,$$

这种只含平方项的二次型称为二次型 $f(\boldsymbol{x})$ 的**标准形**．

这个问题的几何背景是，通过坐标变换将二次曲线（面）方程化为标准方程．因为几何中的坐标变换都是可逆变换，所以自然要求线性变换都是可逆线性变换．

由定理 4.1 可知，二次型 $f(\boldsymbol{x})=\boldsymbol{x}^{\mathrm{T}}\boldsymbol{A}\boldsymbol{x}$ 等价于标准形当且仅当 $\boldsymbol{A}$ 合同于对角矩阵．于是，问题归结为求可逆矩阵 $\boldsymbol{C}$，使 $\boldsymbol{C}^{\mathrm{T}}\boldsymbol{A}\boldsymbol{C}$ 为对角矩阵．

由于 $\boldsymbol{A}$ 为对称矩阵，由定理 3.20 可知，存在正交矩阵 $\boldsymbol{Q}$，使

$$\boldsymbol{Q}^{\mathrm{T}}\boldsymbol{A}\boldsymbol{Q}=\boldsymbol{Q}^{-1}\boldsymbol{A}\boldsymbol{Q}=\mathrm{diag}(\lambda_1,\lambda_2,\cdots,\lambda_n),$$

其中 $\lambda_1,\lambda_2,\cdots,\lambda_n$ 是 $\boldsymbol{A}$ 的全部特征值，即 $\boldsymbol{A}$ 总可以合同于对角矩阵．

定理 4.3（主轴定理） 设 $f(\boldsymbol{x})=\boldsymbol{x}^{\mathrm{T}}\boldsymbol{A}\boldsymbol{x}$ 为 n 元二次型，则存在正交变换 $\boldsymbol{x}=\boldsymbol{Q}\boldsymbol{y}$ 可将 $f(\boldsymbol{x})$ 化为标准形

$$g(\boldsymbol{y})=\lambda_1y_1^2+\lambda_2y_2^2+\cdots+\lambda_ny_n^2,$$

其中 $\lambda_1,\lambda_2,\cdots,\lambda_n$ 是矩阵 $\boldsymbol{A}$ 的全部特征值．

用正交变换法化二次型 $f(\boldsymbol{x})$ 为标准形的具体步骤如下．

(1) 写出二次型 $f(\boldsymbol{x})$ 的矩阵 $\boldsymbol{A}$；

(2) 用 3.4 节中介绍的方法求正交矩阵 $\boldsymbol{Q}$，使

$$Q^{T}AQ=Q^{-1}AQ=\mathrm{diag}(\lambda_1,\lambda_2,\cdots,\lambda_n);$$

(3)做正交变换 $x=Qy$,将 $f(x)$ 化为标准形

$$g(y)=\lambda_1y_1^2+\lambda_2y_2^2+\cdots+\lambda_ny_n^2.$$

注 因正交矩阵 Q 不唯一,故正交变换 $x=Qy$ 也不唯一. 但是,除了标准形的系数排列顺序不同外,标准形是唯一的.

例3 用正交变换法将二次型

$$f(x_1,x_2,x_3)=2x_1^2+2x_2^2+2x_3^2+2x_1x_2+2x_1x_3+2x_2x_3$$

化为标准形,并求出所用的正交变换.

解 $f(x_1,x_2,x_3)$ 的矩阵为 $A=\begin{pmatrix}2&1&1\\1&2&1\\1&1&2\end{pmatrix}$. 由 A 的特征多项式

$$|\lambda E-A|=\begin{vmatrix}\lambda-2&-1&-1\\-1&\lambda-2&-1\\-1&-1&\lambda-2\end{vmatrix}\xlongequal[c_1+c_3]{c_1+c_2}\begin{vmatrix}\lambda-4&-1&-1\\\lambda-4&\lambda-2&-1\\\lambda-4&-1&\lambda-2\end{vmatrix}$$

$$\xlongequal[r_3-r_1]{r_2-r_1}\begin{vmatrix}\lambda-4&-1&-1\\0&\lambda-1&0\\0&0&\lambda-1\end{vmatrix}=(\lambda-1)^2(\lambda-4),$$

得 A 的特征值为 $\lambda_1=\lambda_2=1,\lambda_3=4$.

对于 $\lambda_1=\lambda_2=1$,解线性方程组 $(E-A)x=0$,由

$$E-A=\begin{pmatrix}-1&-1&-1\\-1&-1&-1\\-1&-1&-1\end{pmatrix}\xrightarrow{r}\begin{pmatrix}1&1&1\\0&0&0\\0&0&0\end{pmatrix},$$

得基础解系 $\alpha_1=(-1,1,0)^T,\alpha_2=(-1,0,1)^T$. 将它们正交化,得

$$\beta_1=\alpha_1=\begin{pmatrix}-1\\1\\0\end{pmatrix},$$

$$\beta_2=\alpha_2-\frac{(\alpha_2,\beta_1)}{(\beta_1,\beta_1)}\beta_1=\begin{pmatrix}-1\\0\\1\end{pmatrix}-\frac{1}{2}\begin{pmatrix}-1\\1\\0\end{pmatrix}=\frac{1}{2}\begin{pmatrix}-1\\-1\\2\end{pmatrix}.$$

再单位化,得

$$\gamma_1=\frac{1}{\|\beta_1\|}\beta_1=\frac{\sqrt{2}}{2}(-1,1,0)^T,\gamma_2=\frac{1}{\|\beta_2\|}\beta_2=\frac{\sqrt{6}}{6}(-1,-1,2)^T.$$

对于 $\lambda_3=4$,解线性方程组 $(4E-A)x=0$,由

$$4E-A=\begin{pmatrix}2&-1&-1\\-1&2&-1\\-1&-1&2\end{pmatrix}\xrightarrow{r}\begin{pmatrix}1&0&-1\\0&1&-1\\0&0&0\end{pmatrix},$$

得基础解系 $\boldsymbol{\alpha}_3=(1,1,1)^{\mathrm{T}}$. 将其单位化,得 $\boldsymbol{\gamma}_3=\frac{1}{\|\boldsymbol{\alpha}_3\|}\boldsymbol{\alpha}_3=\frac{\sqrt{3}}{3}(1,1,1)^{\mathrm{T}}$.

令

$$\boldsymbol{Q}=(\boldsymbol{\gamma}_1,\boldsymbol{\gamma}_2,\boldsymbol{\gamma}_3)=\begin{pmatrix}-\frac{\sqrt{2}}{2} & -\frac{\sqrt{6}}{6} & \frac{\sqrt{3}}{3}\\ \frac{\sqrt{2}}{2} & -\frac{\sqrt{6}}{6} & \frac{\sqrt{3}}{3}\\ 0 & \frac{\sqrt{6}}{3} & \frac{\sqrt{3}}{3}\end{pmatrix},$$

则 $\boldsymbol{Q}$ 为正交矩阵,且 $\boldsymbol{Q}^{\mathrm{T}}\boldsymbol{A}\boldsymbol{Q}=\mathrm{diag}(1,1,4)$. 正交变换 $\boldsymbol{x}=\boldsymbol{Q}\boldsymbol{y}$ 将 $f(x_1,x_2,x_3)$ 化为标准形

$$g(y_1,y_2,y_3)=y_1^2+y_2^2+4y_3^2.$$

例 4 在平面直角坐标系 xOy 中,已知曲线方程为 $5x^2+5y^2-6xy=8$. 用正交变换将曲线方程化为标准方程,并判断曲线的类型.

解 曲线方程可表示为 $\boldsymbol{x}^{\mathrm{T}}\boldsymbol{A}\boldsymbol{x}=8$,其中 $\boldsymbol{A}=\begin{pmatrix}5 & -3\\ -3 & 5\end{pmatrix},\boldsymbol{x}=\begin{pmatrix}x\\ y\end{pmatrix}$.

由 $\boldsymbol{A}$ 的特征多项式

$$|\lambda\boldsymbol{E}-\boldsymbol{A}|=\begin{vmatrix}\lambda-5 & 3\\ 3 & \lambda-5\end{vmatrix}=(\lambda-2)(\lambda-8),$$

得 $\boldsymbol{A}$ 的特征值为 $\lambda_1=2,\lambda_2=8$.

解线性方程组 $(\lambda_i\boldsymbol{E}-\boldsymbol{A})\boldsymbol{x}=\boldsymbol{0}(i=1,2)$,得基础解系分别为

$$\boldsymbol{\alpha}_1=(1,1)^{\mathrm{T}},\boldsymbol{\alpha}_2=(-1,1)^{\mathrm{T}}.$$

由于 $\boldsymbol{\alpha}_1,\boldsymbol{\alpha}_2$ 已正交,将 $\boldsymbol{\alpha}_1,\boldsymbol{\alpha}_2$ 单位化,得

$$\boldsymbol{\gamma}_1=\frac{\sqrt{2}}{2}(1,1)^{\mathrm{T}},\boldsymbol{\gamma}_2=\pm\frac{\sqrt{2}}{2}(-1,1)^{\mathrm{T}}.$$

取正交矩阵 $\boldsymbol{Q}=(\boldsymbol{\gamma}_1,\boldsymbol{\gamma}_2)=\begin{pmatrix}\frac{\sqrt{2}}{2} & -\frac{\sqrt{2}}{2}\\ \frac{\sqrt{2}}{2} & \frac{\sqrt{2}}{2}\end{pmatrix}$(使 $|\boldsymbol{Q}|=1$),则 $\boldsymbol{Q}^{\mathrm{T}}\boldsymbol{A}\boldsymbol{Q}=\begin{pmatrix}2 & 0\\ 0 & 8\end{pmatrix}$.

令 $\boldsymbol{y}=\begin{pmatrix}x'\\ y'\end{pmatrix}$,则正交变换

$$\boldsymbol{x}=\boldsymbol{Q}\boldsymbol{y}=\begin{pmatrix}\cos 45^\circ & -\sin 45^\circ\\ \sin 45^\circ & \cos 45^\circ\end{pmatrix}\boldsymbol{y}$$

为坐标变换(绕坐标原点 O 逆时针旋转45°),它将二次型 $\boldsymbol{x}^{\mathrm{T}}\boldsymbol{A}\boldsymbol{x}$ 化为标准形:

$$\boldsymbol{x}^{\mathrm{T}}\boldsymbol{A}\boldsymbol{x}=\boldsymbol{y}^{\mathrm{T}}\boldsymbol{Q}^{\mathrm{T}}\boldsymbol{A}\boldsymbol{Q}\boldsymbol{y}=2x'^2+8y'^2.$$

在新坐标系 $x'Oy'$ 中曲线方程变为标准方程 $\frac{x'^2}{4}+y'^2=1$,所以曲线为椭圆,如图 4.3 所示.

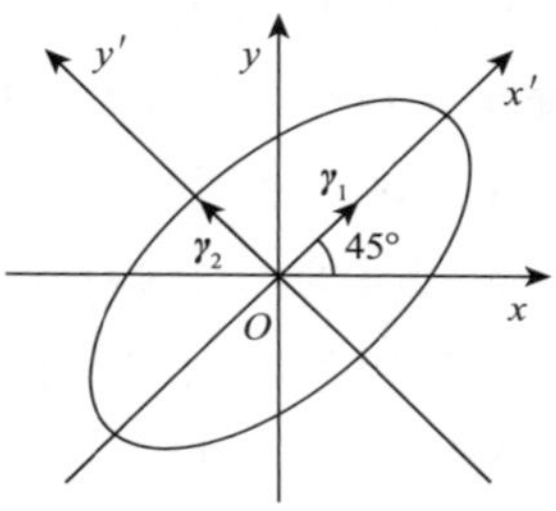

图 4.3 坐标变换

习题 4.1

一、基础题

1. 写出下列二次型的矩阵,并用二次型的矩阵表示二次型:

(1) $f(x_1,x_2,x_3)=2x_1^2-2x_3^2-4x_1x_2+2x_1x_3-2x_2x_3$;

(2) $f(x_1,x_2,x_3)=2x_1x_2+6x_1x_3-4x_2x_3$;

(3) $f(x_1,x_2,x_3)=(x_1,x_2,x_3)\begin{pmatrix}1&2&3\\4&5&6\\7&8&9\end{pmatrix}\begin{pmatrix}x_1\\x_2\\x_3\end{pmatrix}$.

2. 已知二次型 $f(x_1,x_2,x_3)=x_1^2+x_2^2+ax_3^2+4x_1x_2+6x_2x_3$ 的秩为 2,求 a.

3. 用正交变换将下列二次型化为标准形,并求出所用的正交变换:

(1) $f(x_1,x_2,x_3)=2x_1^2-4x_1x_2+x_2^2-4x_2x_3$;

(2) $f(x_1,x_2,x_3)=2x_1x_2-2x_1x_3-2x_2x_3$.

4. 用正交变换化简二次曲面方程 $7x^2+6y^2+5z^2-4xy-4yz=1$,并确定曲面的类型.

二、提高题

5. 设 $\boldsymbol{A}$ 为 n 阶矩阵,$\boldsymbol{C}$ 为 n 阶正交矩阵,$\boldsymbol{B}=\boldsymbol{C}^{\mathrm{T}}\boldsymbol{A}\boldsymbol{C}$,则下列结论不成立的是(　　).

A. $\boldsymbol{A}$ 与 $\boldsymbol{B}$ 等价

B. $\boldsymbol{A}$ 与 $\boldsymbol{B}$ 相似

C. $\boldsymbol{A}$ 与 $\boldsymbol{B}$ 有相同的特征值

D. $\boldsymbol{A}$ 与 $\boldsymbol{B}$ 有相同的特征向量

6. (2001 · 数学一)设矩阵 $\boldsymbol{A}=\begin{pmatrix}1&1&1&1\\1&1&1&1\\1&1&1&1\\1&1&1&1\end{pmatrix}$,$\boldsymbol{B}=\begin{pmatrix}4&0&0&0\\0&0&0&0\\0&0&0&0\\0&0&0&0\end{pmatrix}$,则 $\boldsymbol{A}$ 与 $\boldsymbol{B}$(　　).

A. 合同,且相似

B. 合同,但不相似

C. 不合同,但相似

D. 既不合同,也不相似

7. (2015 · 数学一、二、三)设二次型 $f(x_1,x_2,x_3)$ 在正交变换 $\boldsymbol{x}=\boldsymbol{P}\boldsymbol{y}$ 下的标准形为 $2y_1^2+y_2^2-y_3^2$,其中 $\boldsymbol{P}=(\boldsymbol{e}_1,\boldsymbol{e}_2,\boldsymbol{e}_3)$. 若 $\boldsymbol{Q}=(\boldsymbol{e}_1,-\boldsymbol{e}_3,\boldsymbol{e}_2)$,则 $f(x_1,x_2,x_3)$ 在正交变换 $\boldsymbol{x}=\boldsymbol{Q}\boldsymbol{y}$ 下的标准形为(　　).

A. $2y_1^2-y_2^2+y_3^2$

B. $2y_1^2+y_2^2-y_3^2$

C. $2y_1^2-y_2^2-y_3^2$

D. $2y_1^2+y_2^2+y_3^2$

8. (2024 · 数学三)设二次型 $f(x_1,x_2,x_3)=\boldsymbol{x}^{\mathrm{T}}\boldsymbol{A}\boldsymbol{x}$ 在正交变换下可化成 $y_1^2-2y_2^2+3y_3^2$,则二次型 f 的矩阵 $\boldsymbol{A}$ 的行列式与迹分别为(　　).

A. $-6,-2$

B. $6,-2$

C. $-6,2$

D. $6,2$

9. 设 $\boldsymbol{A}$ 为三阶实对称矩阵,$\boldsymbol{E}$ 为三阶单位矩阵,若 $\boldsymbol{A}^2+\boldsymbol{A}=2\boldsymbol{E}$,且 $|\boldsymbol{A}|=4$,则二次型 $\boldsymbol{x}^{\mathrm{T}}\boldsymbol{A}\boldsymbol{x}$ 在正交变换下的标准形为(　　).

A. $y_1^2+2y_2^2+2y_3^2$

B. $y_1^2-2y_2^2-2y_3^2$

C. $-y_1^2-2y_2^2+2y_3^2$

D. $-y_1^2-2y_2^2-2y_3^2$

10. (2002 · 数学一)已知实二次型

$$f(x_1,x_2,x_3)=a(x_1^2+x_2^2+x_3^2)+4x_1x_2+4x_1x_3+4x_2x_3$$

经正交变换 $\boldsymbol{x}=\boldsymbol{P}\boldsymbol{y}$ 可化成标准形 $f=6y_1^2$,则 $a=$ ________.

11. 设二次型 $f(x_1,x_2,x_3)=x_1^2+x_2^2+4ax_3^2-2ax_1x_2+4x_1x_3-4x_2x_3$ 的秩为 1.

(1)求 a 的值.

(2)求正交变换 $\boldsymbol{x}=\boldsymbol{Q}\boldsymbol{y}$,将二次型 f 化为标准形.

4.2 用配方法和合同变换法化二次型为标准形

在 4.1 节中,我们用一种特殊的可逆线性变换——正交变换将二次型化为标准形. 在本节中,我们将用一般的可逆线性变换将二次型化为标准形.

4.2.1 用配方法化二次型为标准形

下面通过具体的例子来介绍拉格朗日(Lagrange)配方法.

例 1 求一个可逆线性变换,化二次型

$$f(x_1,x_2,x_3)=x_1^2+x_2^2-x_3^2+2x_1x_2+2x_1x_3-2x_2x_3$$

为标准形.

解 先对 x_1 配方(即把 x_1 视为变量,x_2,x_3 视为常数),得

$$\begin{aligned}f(x_1,x_2,x_3)&=x_1^2+2(x_2+x_3)x_1+x_2^2-x_3^2-2x_2x_3\\&=[x_1^2+2(x_2+x_3)x_1+(x_2+x_3)^2]-(x_2+x_3)^2+x_2^2-x_3^2-2x_2x_3\\&=(x_1+x_2+x_3)^2-4x_2x_3-2x_3^2.\end{aligned}$$

在余下的二元二次型 $-4x_2x_3-2x_3^2$ 中再对 x_3 配方,得

$$\begin{aligned}f(x_1,x_2,x_3)&=(x_1+x_2+x_3)^2-2(x_3^2+2x_2x_3+x_2^2)+2x_2^2\\&=(x_1+x_2+x_3)^2-2(x_3+x_2)^2+2x_2^2.\end{aligned}$$

令 $\begin{cases}y_1=x_1+x_2+x_3,\\y_2=\qquad x_2+x_3,\\y_3=\qquad x_2,\end{cases}$ 得线性变换

$$\begin{cases}x_1=y_1-y_2,\\x_2=\qquad\qquad y_3,\\x_3=\qquad y_2-y_3,\end{cases}\text{即}\begin{pmatrix}x_1\\x_2\\x_3\end{pmatrix}=\begin{pmatrix}1&-1&0\\0&0&1\\0&1&-1\end{pmatrix}\begin{pmatrix}y_1\\y_2\\y_3\end{pmatrix}.\tag{4.2.1}$$

由于

$$\begin{vmatrix}1&-1&0\\0&0&1\\0&1&-1\end{vmatrix}=-1\neq0,$$

故线性变换(4.2.1)是可逆线性变换,且该线性变换将二次型$f(x_1,x_2,x_3)$化为标准形

$$g(y_1,y_2,y_3)=y_1^2-2y_2^2+2y_3^2.$$

注 用拉格朗日配方法得到的线性变换一定是可逆的,而用一般配方法得到的线性变换不一定可逆,因而所得标准形与原二次型不一定等价.

例如,对二次型$f(x_1,x_2,x_3)=2x_1^2+2x_2^2+2x_3^2+2x_1x_2+2x_1x_3-2x_2x_3$做如下配方:

$$f(x_1,x_2,x_3)=(x_1+x_2)^2+(x_1+x_3)^2+(x_2-x_3)^2.$$

所得线性变换

$$\begin{cases}y_1=x_1+x_2,\\ y_2=x_1+\quad\ x_3,\\ y_3=\quad\ x_2-x_3,\end{cases}\text{即}\begin{pmatrix}y_1\\y_2\\y_3\end{pmatrix}=\begin{pmatrix}1&1&0\\1&0&1\\0&1&-1\end{pmatrix}\begin{pmatrix}x_1\\x_2\\x_3\end{pmatrix}$$

是不可逆的,替换后所得二次型$g(y_1,y_2,y_3)=y_1^2+y_2^2+y_3^2$与$f(x_1,x_2,x_3)$不等价.

事实上,二次型$f(x_1,x_2,x_3)$的秩为2,而$g(y_1,y_2,y_3)$的秩为3,两者不相等.

例2 求一个可逆线性变换,将二次型$f(x_1,x_2,x_3)=2x_1x_2-4x_1x_3$化为标准形.

解 由于二次型不含平方项,故可先施行可逆线性变换

$$\begin{cases}x_1=y_1+y_2,\\ x_2=y_1-y_2,\\ x_3=\quad\quad\ y_3,\end{cases}\quad\text{即}\begin{pmatrix}x_1\\x_2\\x_3\end{pmatrix}=\begin{pmatrix}1&1&0\\1&-1&0\\0&0&1\end{pmatrix}\begin{pmatrix}y_1\\y_2\\y_3\end{pmatrix},\tag{4.2.2}$$

将$f(x_1,x_2,x_3)$化为含有平方项的二次型,有

$$f(x_1,x_2,x_3)=2(y_1+y_2)(y_1-y_2)-4(y_1+y_2)y_3=2y_1^2-2y_2^2-4y_1y_3-4y_2y_3.$$

然后对y_1配方,再对y_2配方,得

$$\begin{aligned}f(x_1,x_2,x_3)&=2(y_1-y_3)^2-2y_2^2-4y_2y_3-2y_3^2\\&=2(y_1-y_3)^2-2(y_2+y_3)^2.\end{aligned}$$

令$\begin{cases}z_1=y_1-\quad\ y_3,\\ z_2=\quad\ y_2+y_3,\\ z_3=\quad\quad\ \ y_3,\end{cases}$得可逆线性变换

$$\begin{cases}y_1=z_1+\quad\ z_3,\\ y_2=\quad\ z_2-z_3,\\ y_3=\quad\quad\ \ z_3,\end{cases}\text{即}\begin{pmatrix}y_1\\y_2\\y_3\end{pmatrix}=\begin{pmatrix}1&0&1\\0&1&-1\\0&0&1\end{pmatrix}\begin{pmatrix}z_1\\z_2\\z_3\end{pmatrix}.\tag{4.2.3}$$

将式(4.2.3)代入式(4.2.2)得可逆线性变换

$$\begin{pmatrix}x_1\\x_2\\x_3\end{pmatrix}=\begin{pmatrix}1&1&0\\1&-1&0\\0&0&1\end{pmatrix}\begin{pmatrix}1&0&1\\0&1&-1\\0&0&1\end{pmatrix}\begin{pmatrix}z_1\\z_2\\z_3\end{pmatrix}=\begin{pmatrix}1&1&0\\1&-1&2\\0&0&1\end{pmatrix}\begin{pmatrix}z_1\\z_2\\z_3\end{pmatrix}.\tag{4.2.4}$$

所以二次型$f(x_1,x_2,x_3)$经可逆线性变换(4.2.4)化为标准形

$$g(z_1,z_2,z_3)=2z_1^2-2z_2^2.$$

定理 4.4 设 $f(\boldsymbol{x})=\boldsymbol{x}^{\mathrm{T}}\boldsymbol{A}\boldsymbol{x}$ 为 n 元二次型，则存在可逆线性变换 $\boldsymbol{x}=\boldsymbol{C}\boldsymbol{y}$，可将 $f(\boldsymbol{x})$ 化为标准形

$$g(\boldsymbol{y})=d_1y_1^2+d_2y_2^2+\cdots+d_ny_n^2.$$

拉格朗日配方法的步骤如下.

(1)若二次型含有某变量 x_i 的平方项，则先把含有 x_i 的项集中后配方，然后对其余的变量重复上述过程，直到都配成平方项为止；

(2)若二次型不含平方项，但是存在 $a_{ij}\neq 0(i\neq j)$，则先做可逆线性变换

$$\begin{cases}x_i=y_i+y_j,\\ x_j=y_i-y_j,\\ x_k=y_k(k\neq i,j),\end{cases}$$

将二次型化为含有平方项的二次型，然后按步骤(1)的方法配方.

注 用配方法得到的标准形平方项系数不是唯一的，而且与 $\boldsymbol{A}$ 的特征值无关.

定理 4.4 用矩阵的语言可叙述如下.

定理 4.4′ 设 $\boldsymbol{A}$ 为 n 阶对称矩阵，则存在可逆矩阵 $\boldsymbol{C}$，使

$$\boldsymbol{C}^{\mathrm{T}}\boldsymbol{A}\boldsymbol{C}=\operatorname{diag}(d_1,d_2,\cdots,d_n).$$

4.2.2 用合同变换法化二次型为标准形

将定理 4.4′中的可逆矩阵 $\boldsymbol{C}$ 表示为 $\boldsymbol{C}=\boldsymbol{P}_1\boldsymbol{P}_2\cdots\boldsymbol{P}_s$，其中 $\boldsymbol{P}_1,\boldsymbol{P}_2,\cdots,\boldsymbol{P}_s$ 为初等矩阵，则

$$\boldsymbol{C}^{\mathrm{T}}\boldsymbol{A}\boldsymbol{C}=\boldsymbol{P}_s^{\mathrm{T}}\cdots\boldsymbol{P}_2^{\mathrm{T}}\boldsymbol{P}_1^{\mathrm{T}}\boldsymbol{A}\boldsymbol{P}_1\boldsymbol{P}_2\cdots\boldsymbol{P}_s=\operatorname{diag}(d_1,d_2,\cdots,d_n). \tag{4.2.5}$$

由于

$$\boldsymbol{E}(i,j)^{\mathrm{T}}=\boldsymbol{E}(i,j),\boldsymbol{E}(i(k))^{\mathrm{T}}=\boldsymbol{E}(i(k)),\boldsymbol{E}(i,j(k))^{\mathrm{T}}=\boldsymbol{E}(j,i(k)),$$

所以，$\boldsymbol{E}(i,j)^{\mathrm{T}}\boldsymbol{A}\boldsymbol{E}(i,j)$ 表示先交换 $\boldsymbol{A}$ 的第 i,j 列，再交换第 i,j 行；$\boldsymbol{E}(i(k))^{\mathrm{T}}\boldsymbol{A}\boldsymbol{E}(i(k))$ 表示先将 $\boldsymbol{A}$ 的第 i 列乘以 k，再将第 i 行乘以 k；$\boldsymbol{E}(i,j(k))^{\mathrm{T}}\boldsymbol{A}\boldsymbol{E}(i,j(k))$ 表示先将 $\boldsymbol{A}$ 的第 i 列的 k 倍加到第 j 列，再将第 i 行的 k 倍加到第 j 行.

定义 4.4 对矩阵 $\boldsymbol{A}$ 施行以下 3 种初等变换称为**合同变换**：

(1)先交换 $\boldsymbol{A}$ 的第 i,j 列，再交换第 i,j 行；

(2)先将 $\boldsymbol{A}$ 的第 i 列乘以 $k(k\neq 0)$，再将第 i 行乘以 k；

(3)先将 $\boldsymbol{A}$ 的第 i 列的 k 倍加到第 j 列，再将第 i 行的 k 倍加到第 j 行.

由式(4.2.5)可知，对对称矩阵 $\boldsymbol{A}$ 施行若干次合同变换可得到对角矩阵，若同时对单位矩阵 $\boldsymbol{E}$ 依次施行相应的初等列变换，则可得到可逆矩阵 $\boldsymbol{C}$. 于是有计算公式：

$$\begin{pmatrix}\boldsymbol{A}\\ \boldsymbol{E}\end{pmatrix}\xrightarrow{\text{合同变换}}\begin{pmatrix}\boldsymbol{P}_s^{\mathrm{T}}\cdots\boldsymbol{P}_2^{\mathrm{T}}\boldsymbol{P}_1^{\mathrm{T}}\boldsymbol{A}\boldsymbol{P}_1\boldsymbol{P}_2\cdots\boldsymbol{P}_s\\ \boldsymbol{E}\boldsymbol{P}_1\boldsymbol{P}_2\cdots\boldsymbol{P}_s\end{pmatrix}=\begin{pmatrix}\boldsymbol{C}^{\mathrm{T}}\boldsymbol{A}\boldsymbol{C}\\ \boldsymbol{C}\end{pmatrix}.$$

注 做合同变换时，可先连续做一些初等列变换，再做相应的初等行变换.

例 3 用合同变换法将例 2 中的二次型 $f(x_1,x_2,x_3)$ 化为标准形.

解 $f(x_1,x_2,x_3)$ 的矩阵为 $\boldsymbol{A}=\begin{pmatrix}0&1&-2\\1&0&0\\-2&0&0\end{pmatrix}$，先用第三种合同变换将 $\boldsymbol{A}$ 的左上角 0 变为非零元，

再用第三种合同变换将其化为对角矩阵. 具体变换过程如下.

$$\begin{pmatrix}\boldsymbol{A}\\\boldsymbol{E}\end{pmatrix}=\left(\begin{array}{ccc}0&1&-2\\1&0&0\\-2&0&0\\\hline 1&0&0\\0&1&0\\0&0&1\end{array}\right)\xrightarrow[r_1+r_2]{c_1+c_2}\left(\begin{array}{ccc}2&1&-2\\1&0&0\\-2&0&0\\\hline 1&0&0\\1&1&0\\0&0&1\end{array}\right)$$

$$\xrightarrow[\substack{r_2-\frac{1}{2}r_1\\ r_3+r_1}]{\substack{c_2-\frac{1}{2}c_1\\ c_3+c_1}}\left(\begin{array}{ccc}2&0&0\\0&-\frac{1}{2}&1\\0&1&-2\\\hline 1&-\frac{1}{2}&1\\1&\frac{1}{2}&1\\0&0&1\end{array}\right)\xrightarrow[r_3+2r_2]{c_3+2c_2}\left(\begin{array}{ccc}2&0&0\\0&-\frac{1}{2}&0\\0&0&0\\\hline 1&-\frac{1}{2}&0\\1&\frac{1}{2}&2\\0&0&1\end{array}\right).$$

令 $\boldsymbol{C}=\begin{pmatrix}1&-\frac{1}{2}&0\\1&\frac{1}{2}&2\\0&0&1\end{pmatrix}$,则 $\boldsymbol{C}^{\mathrm{T}}\boldsymbol{A}\boldsymbol{C}=\begin{pmatrix}2&&\\&-\frac{1}{2}&\\&&0\end{pmatrix}$,即可逆线性变换 $\boldsymbol{x}=\boldsymbol{C}\boldsymbol{y}$ 可将二次型 $f(x_1,x_2,x_3)$ 化为标准形 $g(y_1,y_2,y_3)=2y_1^2-\frac{1}{2}y_2^2$.

4.2.3 规范形及其唯一性

设 n 元二次型 $f(\boldsymbol{x})$ 的秩为 r,则其标准形的系数 $d_1,d_2,\cdots,d_n$ 中非零数的个数为 r. 不妨设 $f(\boldsymbol{x})$ 的标准形为

$$g(\boldsymbol{y})=d_1y_1^2+\cdots+d_py_p^2-d_{p+1}y_{p+1}^2-\cdots-d_ry_r^2, \tag{4.2.6}$$

这里 $d_i>0(i=1,2,\cdots,r)$. 做可逆线性变换

$$\begin{cases}y_i=\dfrac{z_i}{\sqrt{d_i}}, i=1,2,\cdots,r,\\ y_j=z_j,\ j=r+1,r+2,\cdots,n,\end{cases}$$

可将标准形(4.2.6)化为

$$h(\boldsymbol{z})=z_1^2+\cdots+z_p^2-z_{p+1}^2-\cdots-z_r^2.$$

这种平方项系数为 ±1 和 0 的标准形称为二次型 $f(\boldsymbol{x})$ 的**规范形**.

定理 4.5(惯性定理) 设二次型 $f(\boldsymbol{x})=\boldsymbol{x}^{\mathrm{T}}\boldsymbol{A}\boldsymbol{x}$ 的秩为 r,则存在可逆线性变换 $\boldsymbol{x}=\boldsymbol{C}\boldsymbol{z}$,可将 $f(\boldsymbol{x})$ 化为规范形

$$h(z)=z_1^2+\cdots+z_p^2-z_{p+1}^2-\cdots-z_r^2,$$

并且规范形是唯一的,即规范形中正项项数 p 和负项项数 $r-p$ 是唯一的.

定义 4.5 二次型的规范形中,正项项数 p 称为 $f(\boldsymbol{x})$ 的**正惯性指数**,负项项数 $r-p$ 称为 $f(\boldsymbol{x})$ 的**负惯性指数**,二者之差 $2p-r$ 称为 $f(\boldsymbol{x})$ 的**符号差**.

二次型 $f(\boldsymbol{x})=\boldsymbol{x}^{\mathrm{T}}\boldsymbol{A}\boldsymbol{x}$ 的正惯性指数、负惯性指数和符号差也分别称为其矩阵 $\boldsymbol{A}$ 的**正惯性指数**、**负惯性指数**和**符号差**.

二次型的标准形不唯一,它与所用的可逆线性变换有关. 但是由惯性定理可知,标准形中正、负项的项数是唯一的,它们分别等于二次型的正、负惯性指数.

特别地,二次型矩阵 $\boldsymbol{A}$ 的正、负特征值的个数(重复的按重数计)分别等于其正、负惯性指数.

由规范形的唯一性可得下面的推论 4.6.

推论 4.6 n 元二次型等价的充分必要条件是,它们的秩和正惯性指数分别相同.

推论 4.6 用矩阵语言可叙述如下.

推论 4.6′ n 阶对称矩阵合同的充分必要条件是,它们的秩和正惯性指数分别相同.

注 由于二次型的秩等于其正、负惯性指数之和,故二次型等价当且仅当它们的正、负惯性指数分别相同.

例 4 判断二次型 $f(x_1,x_2)=x_1^2+2x_1x_2$ 与 $g(y_1,y_2)=2y_1y_2$ 是否等价,若等价,求可逆线性变换 $\boldsymbol{x}=\boldsymbol{C}\boldsymbol{y}$ 将 $f(x_1,x_2)$ 化为 $g(y_1,y_2)$;若不等价,请说明理由.

解 对 $f(x_1,x_2)$ 配方得 $f(x_1,x_2)=x_1^2+2x_1x_2=(x_1+x_2)^2-x_2^2$,所以 $f(x_1,x_2)$ 经可逆线性变换

$$\begin{cases}x_1=z_1-z_2,\\ x_2=\qquad z_2\end{cases}\tag{4.2.7}$$

可化为规范形 $h(z_1,z_2)=z_1^2-z_2^2$.

对 $g(y_1,y_2)=2y_1y_2$ 做可逆线性变换

$$\begin{cases}y_1=\dfrac{1}{\sqrt{2}}(z_1+z_2),\\ y_2=\dfrac{1}{\sqrt{2}}(z_1-z_2),\end{cases}\tag{4.2.8}$$

可将其化为规范形 $h(z_1,z_2)=z_1^2-z_2^2$.

由于 $f(x_1,x_2)$ 与 $g(y_1,y_2)$ 的规范形相同,所以 $f(x_1,x_2)$ 与 $g(y_1,y_2)$ 等价,即

$$f(x_1,x_2)\xlongequal{\text{变换}(4.2.7)}h(z_1,z_2),g(y_1,y_2)\xlongequal{\text{变换}(4.2.8)}h(z_1,z_2).$$

联立式(4.2.7)和式(4.2.8),消去 z_1,z_2 可得 f 变为 g 的可逆线性变换

$$\begin{cases}x_1=\qquad\qquad\sqrt{2}y_2,\\ x_2=\dfrac{\sqrt{2}}{2}y_1-\dfrac{\sqrt{2}}{2}y_2,\end{cases}\text{即}\begin{pmatrix}x_1\\x_2\end{pmatrix}=\begin{pmatrix}0&\sqrt{2}\\ \dfrac{\sqrt{2}}{2}&-\dfrac{\sqrt{2}}{2}\end{pmatrix}\begin{pmatrix}y_1\\y_2\end{pmatrix}.$$

习题 4.2

一、基础题

1. 用拉格朗日配方法将下列二次型化为标准形,并求可逆线性变换:

(1) $f(x_1,x_2,x_3)=x_1^2+2x_2^2+5x_3^2+2x_1x_2+6x_2x_3+2x_1x_3$;

(2) $f(x_1,x_2,x_3)=2x_1^2+5x_2^2+5x_3^2+4x_1x_2-4x_1x_3-8x_2x_3$.

2. 用合同变换法将二次型 $f(x_1,x_2,x_3)=4x_1x_2-2x_1x_3-2x_2x_3+3x_3^2$ 化为标准形,并求可逆线性变换.

3. 求下列二次型的规范形,并写出二次型的秩 r、正惯性指数 p 和负惯性指数 $r-p$:

(1) $f(x_1,x_2,x_3)=x_1^2-2x_2x_3$;

(2) $f(x_1,x_2,x_3)=x_1^2+2x_3^2-4x_1x_2-4x_1x_3$;

(3) $f(x_1,x_2,x_3)=x_1^2+x_2^2+x_3^2+2x_1x_2+2x_1x_3+2x_2x_3$.

4. 设

$$\boldsymbol{A}=\begin{pmatrix}1&0&0\\0&-1&0\\0&0&2\end{pmatrix},\boldsymbol{B}=\begin{pmatrix}1&-1&0\\-1&2&0\\0&0&2\end{pmatrix},\boldsymbol{C}=\begin{pmatrix}1&0&0\\0&1&1\\0&1&-1\end{pmatrix},\boldsymbol{D}=\begin{pmatrix}1&-1&0\\-1&1&0\\0&0&2\end{pmatrix},$$

求 $\boldsymbol{B},\boldsymbol{C},\boldsymbol{D}$ 中与 $\boldsymbol{A}$ 合同的矩阵.

二、提高题

5. (2023·数学二、三)二次型 $f(x_1,x_2,x_3)=(x_1+x_2)^2+(x_1+x_3)^2-4(x_2-x_3)^2$ 的规范形为(　　).

A. $y_1^2+y_2^2$　　B. $y_1^2-y_2^2$　　C. $y_1^2+y_2^2-4y_3^2$　　D. $y_1^2+y_2^2-y_3^2$

6. (2016·数学二、三)设二次型 $f(x_1,x_2,x_3)=a(x_1^2+x_2^2+x_3^2)+2x_1x_2+2x_2x_3+2x_1x_3$ 的正、负惯性指数分别为1,2,则(　　).

A. $a>1$　　B. $a<-2$　　C. $-2<a<1$　　D. $a=1$ 或 $a=-2$

7. (2007·数学一、二、三)设矩阵 $\boldsymbol{A}=\begin{pmatrix}2&-1&-1\\-1&2&-1\\-1&-1&2\end{pmatrix},\boldsymbol{B}=\begin{pmatrix}1&0&0\\0&1&0\\0&0&0\end{pmatrix}$,则 $\boldsymbol{A}$ 与 $\boldsymbol{B}$(　　).

A. 合同,且相似　　B. 合同,但不相似

C. 不合同,但相似　　D. 既不合同,也不相似

8. 设二次型 $f(x_1,x_2,x_3)=x_1^2+ax_2^2+ax_3^2-2x_1x_2+6x_1x_3-6x_2x_3$. 分别求 a 的值,使

(1) $f(x_1,x_2,x_3)$ 的秩为2;

(2) $f(x_1,x_2,x_3)$ 的正惯性指数为2;

(3) $f(x_1,x_2,x_3)$ 的负惯性指数为2.

微课：对称矩阵的相似与合同

9. (2009·数学一、二、三)设二次型 $f(x_1,x_2,x_3)=ax_1^2+ax_2^2+(a-1)x_3^2+2x_1x_3-2x_2x_3$.

(1) 求二次型 f 的矩阵的所有特征值.

(2) 若二次型 f 的规范形为 $y_1^2+y_2^2$,求 a 的值.

4.3 正定二次型和正定矩阵

我们知道,n 元二次型等价当且仅当它们的秩和正惯性指数分别相同. 因此,对于所有的 n 元二次型,我们可以按其秩 r 和正惯性指数 p 的取值进行等价分类,而规范形可作为等价类的代表. 例如,所有二元二次型

$$f(x_1,x_2)=a_{11}x_1^2+2a_{12}x_1x_2+a_{22}x_2^2(a_{11},a_{12},a_{22}\in\mathbf{R})$$

可以划分为 6 个等价类,用规范形表示如下:

(1) $y_1^2+y_2^2(r=p=2)$;

(2) $y_1^2-y_2^2(r=2,p=1)$;

(3) $-y_1^2-y_2^2(r=2,p=0)$;

(4) $y_1^2(r=p=1)$;

(5) $-y_1^2(r=1,p=0)$;

(6) $0(r=p=0)$.

其中,(1)类二次型当 y_1,y_2 取任意不全为零的数时,其函数值均大于零.

本节主要讨论这类特殊二次型——正定二次型,它在二次型中占有特殊地位;其次简要介绍其他类型的二次型.

4.3.1 正定二次型和正定矩阵的概念

定义 4.6 设二次型 $f(\boldsymbol{x})=\boldsymbol{x}^{\mathrm{T}}\boldsymbol{A}\boldsymbol{x}$,如果对任意 $\boldsymbol{x}\neq\boldsymbol{0}$,都有 $f(\boldsymbol{x})>0$,则称 $f(\boldsymbol{x})$ 为**正定二次型**,同时称二次型的矩阵 $\boldsymbol{A}$ 为**正定矩阵**.

例如,二次型 $f(x_1,x_2,x_3)=x_1^2+4x_2^2+3x_3^2$ 是正定二次型,而二次型

$$g(x_1,x_2,x_3)=x_1^2+x_2^2-3x_3^2,h(x_1,x_2,x_3)=x_1^2+4x_2^2$$

都不是正定二次型.

一般地,n 元二次型 $f(\boldsymbol{x})=d_1x_1^2+d_2x_2^2+\cdots+d_nx_n^2$ 正定的充分必要条件是,其平方项系数 $d_1,d_2,\cdots,d_n$ 均为正数.

正定二次型 $z=ax^2+2bxy+cy^2$ 的图像除有一点与坐标原点重合外,其他点都在 xOy 平面上方. 例如,图 4.1 对应的二次型正定,而图 4.2 对应的二次型不正定.

4.3.2 正定二次型和正定矩阵的判定

定理 4.7 等价二次型的正定性相同.

证明 设二次型$f(\boldsymbol{x})=\boldsymbol{x}^{\mathrm{T}}\boldsymbol{A}\boldsymbol{x}$经过可逆线性变换$\boldsymbol{x}=\boldsymbol{C}\boldsymbol{y}$化为$g(\boldsymbol{y})$,即

$$f(\boldsymbol{x})=\boldsymbol{x}^{\mathrm{T}}\boldsymbol{A}\boldsymbol{x}\xlongequal{\boldsymbol{x}=\boldsymbol{C}\boldsymbol{y}}g(\boldsymbol{y})=\boldsymbol{y}^{\mathrm{T}}(\boldsymbol{C}^{\mathrm{T}}\boldsymbol{A}\boldsymbol{C})\boldsymbol{y}. \tag{4.3.1}$$

若$f(\boldsymbol{x})$正定,设$\boldsymbol{y}\neq\boldsymbol{0}$,又$\boldsymbol{C}$可逆,则$\boldsymbol{x}=\boldsymbol{C}\boldsymbol{y}\neq\boldsymbol{0}$. 由式(4.3.1)得

$$g(\boldsymbol{y})=f(\boldsymbol{x})=\boldsymbol{x}^{\mathrm{T}}\boldsymbol{A}\boldsymbol{x}>0,$$

故$g(\boldsymbol{y})$为正定二次型.

同理可证:若$g(\boldsymbol{y})$正定,则$f(\boldsymbol{x})$也正定.

定理4.8 n元二次型正定的充分必要条件是其正惯性指数$p=n$.

证明 设$f(\boldsymbol{x})$等价于标准形$g(\boldsymbol{y})=d_1y_1^2+d_2y_2^2+\cdots+d_ny_n^2$. 由定理4.7可知,$f(\boldsymbol{x})$正定当且仅当$g(\boldsymbol{y})$正定,而$g(\boldsymbol{y})$正定当且仅当$d_1,d_2,\cdots,d_n$均为正数,即$f(\boldsymbol{x})$的正惯性指数$p=n$.

推论4.9 n元二次型$f(\boldsymbol{x})$正定的充分必要条件是其规范形为

$$g(\boldsymbol{y})=y_1^2+y_2^2+\cdots+y_n^2.$$

推论4.9′ 对称矩阵$\boldsymbol{A}$正定的充分必要条件是$\boldsymbol{A}$合同于单位矩阵$\boldsymbol{E}$.

推论4.10 对称矩阵正定的充分必要条件是其特征值均大于0.

推论4.11 正定矩阵的行列式大于0.

例1 设$\boldsymbol{A}$是n阶正定矩阵,$\boldsymbol{A}^*$为$\boldsymbol{A}$的伴随矩阵,证明:$\boldsymbol{A}^{-1},\boldsymbol{A}^*,\boldsymbol{A}^k$($k$为正整数)都是正定矩阵.

证明 由$\boldsymbol{A}$为对称矩阵,得$(\boldsymbol{A}^{-1})^{\mathrm{T}}=(\boldsymbol{A}^{\mathrm{T}})^{-1}=\boldsymbol{A}^{-1}$,故$\boldsymbol{A}^{-1}$为对称矩阵.

同理,$\boldsymbol{A}^*,\boldsymbol{A}^k$都是对称矩阵.

设$\lambda_1,\lambda_2,\cdots,\lambda_n$是$\boldsymbol{A}$的全部特征值,因为$\boldsymbol{A}$正定,所以$\lambda_i>0(i=1,2,\cdots,n)$,且$|\boldsymbol{A}|>0$.

因为$\boldsymbol{A}^{-1}$的特征值$\lambda_i^{-1}>0(i=1,2,\cdots,n)$,所以$\boldsymbol{A}^{-1}$正定.

因为$\boldsymbol{A}^*$的特征值$\lambda_i^{-1}|\boldsymbol{A}|>0(i=1,2,\cdots,n)$,所以$\boldsymbol{A}^*$正定.

因为$\boldsymbol{A}^k$的特征值$\lambda_i^k>0(i=1,2,\cdots,n)$,所以$\boldsymbol{A}^k$正定.

例2 设$\boldsymbol{A},\boldsymbol{B}$是$n$阶正定矩阵,证明:$\boldsymbol{A}+\boldsymbol{B}$也是正定矩阵.

证明 显然$\boldsymbol{A}+\boldsymbol{B}$为对称矩阵. 设$\boldsymbol{A}+\boldsymbol{B}$对应的二次型为$f(\boldsymbol{x})=\boldsymbol{x}^{\mathrm{T}}(\boldsymbol{A}+\boldsymbol{B})\boldsymbol{x}$,对任意$\boldsymbol{x}=\boldsymbol{\alpha}\neq\boldsymbol{0}$,有

$$f(\boldsymbol{\alpha})=\boldsymbol{\alpha}^{\mathrm{T}}(\boldsymbol{A}+\boldsymbol{B})\boldsymbol{\alpha}=\boldsymbol{\alpha}^{\mathrm{T}}\boldsymbol{A}\boldsymbol{\alpha}+\boldsymbol{\alpha}^{\mathrm{T}}\boldsymbol{B}\boldsymbol{\alpha}.$$

由$\boldsymbol{A},\boldsymbol{B}$正定得$\boldsymbol{\alpha}^{\mathrm{T}}\boldsymbol{A}\boldsymbol{\alpha}>0,\boldsymbol{\alpha}^{\mathrm{T}}\boldsymbol{B}\boldsymbol{\alpha}>0$,故$f(\boldsymbol{\alpha})>0$,所以二次型$f(\boldsymbol{x})$正定,即$\boldsymbol{A}+\boldsymbol{B}$正定.

例3 设$\boldsymbol{A}=(a_{ij})_{n\times n}$是$n$阶正定矩阵,证明:$\boldsymbol{A}$的主对角元$a_{ii}(i=1,2,\cdots,n)$大于0.

证明 设二次型$f(\boldsymbol{x})=\boldsymbol{x}^{\mathrm{T}}\boldsymbol{A}\boldsymbol{x}$,取

$$\boldsymbol{x}=\boldsymbol{\varepsilon}_i=(0,\cdots,0,\overset{(\text{第}i\text{个})}{1},0,\cdots,0)^{\mathrm{T}}\neq\boldsymbol{0},$$

由$f(\boldsymbol{x})$正定得$f(\boldsymbol{\varepsilon}_i)=\boldsymbol{\varepsilon}_i^{\mathrm{T}}\boldsymbol{A}\boldsymbol{\varepsilon}_i=a_{ii}>0,i=1,2,\cdots,n$.

定义4.7 设n阶矩阵$\boldsymbol{A}=(a_{ij})_{n\times n}$,$\boldsymbol{A}$的$k$阶子式

$$\Delta_k=\begin{vmatrix}a_{11}&a_{12}&\cdots&a_{1k}\\a_{21}&a_{22}&\cdots&a_{2k}\\\vdots&\vdots&&\vdots\\a_{k1}&a_{k2}&\cdots&a_{kk}\end{vmatrix}(k=1,2,\cdots,n)$$

称为矩阵 $\boldsymbol{A}$ 的 k 阶**顺序主子式**.

定理 4.12[赫尔维茨(Hurwitz)定理] n 阶对称矩阵 $\boldsymbol{A}$ 正定的充分必要条件是,$\boldsymbol{A}$ 的各阶顺序主子式均大于零,即

$$\Delta_1=a_{11}>0,\Delta_2=\begin{vmatrix}a_{11}&a_{12}\\a_{21}&a_{22}\end{vmatrix}>0,\cdots,\Delta_n=|\boldsymbol{A}|>0.$$

例 4 判断二次型

$$f(x_1,x_2,x_3)=2x_1^2+5x_2^2+5x_3^2+4x_1x_2-4x_1x_3-8x_2x_3$$

的正定性.

解法 1 $f(x_1,x_2,x_3)$ 的矩阵为 $\boldsymbol{A}=\begin{pmatrix}2&2&-2\\2&5&-4\\-2&-4&5\end{pmatrix}$,其各阶顺序主子式为

$$\Delta_1=2>0,\Delta_2=\begin{vmatrix}2&2\\2&5\end{vmatrix}=6>0,\Delta_3=\begin{vmatrix}2&2&-2\\2&5&-4\\-2&-4&5\end{vmatrix}=10>0,$$

故矩阵 $\boldsymbol{A}$ 正定,即 $f(x_1,x_2,x_3)$ 是正定二次型.

解法 2 二次型矩阵 $\boldsymbol{A}$ 的特征多项式为

$$|\lambda\boldsymbol{E}-\boldsymbol{A}|=\begin{vmatrix}\lambda-2&-2&2\\-2&\lambda-5&4\\2&4&\lambda-5\end{vmatrix}\xlongequal{r_3+r_2}\begin{vmatrix}\lambda-2&-2&2\\-2&\lambda-5&4\\0&\lambda-1&\lambda-1\end{vmatrix}$$

$$\xlongequal{c_2-c_3}\begin{vmatrix}\lambda-2&-4&2\\-2&\lambda-9&4\\0&0&\lambda-1\end{vmatrix}=(\lambda-1)^2(\lambda-10),$$

所以 $\boldsymbol{A}$ 的特征值为 $\lambda_1=\lambda_2=1>0,\lambda_3=10>0$,故 $f(x_1,x_2,x_3)$ 是正定二次型.

解法 3 对二次型矩阵 $\boldsymbol{A}$ 施行合同变换,将其化为对角矩阵:

$$\boldsymbol{A}=\begin{pmatrix}2&2&-2\\2&5&-4\\-2&-4&5\end{pmatrix}\xrightarrow[\substack{r_2-r_1\\r_3+r_1}]{\substack{c_2-c_1\\c_3+c_1}}\begin{pmatrix}2&0&0\\0&3&-2\\0&-2&3\end{pmatrix}\xrightarrow[r_3+\frac{2}{3}r_2]{c_3+\frac{2}{3}c_2}\begin{pmatrix}2&&\\&3&\\&&\frac{5}{3}\end{pmatrix}.$$

可知 $\boldsymbol{A}$ 的正惯性指数 $p=n=3$,故 $\boldsymbol{A}$ 正定,即二次型 $f(x_1,x_2,x_3)$ 正定.

例 5 t 为何值时,$\boldsymbol{A}=\begin{pmatrix}2&t&1\\t&2&-1\\1&-1&1\end{pmatrix}$ 是正定矩阵?

解 令 $\boldsymbol{A}$ 的各阶顺序主子式 $\Delta_i>0,i=1,2,3$,即

$$\Delta_1=2>0,\Delta_2=\begin{vmatrix}2&t\\t&2\end{vmatrix}=4-t^2>0,\Delta_3=\begin{vmatrix}2&t&1\\t&2&-1\\1&-1&1\end{vmatrix}=-t^2-2t>0,$$

解得 $-2<t<0$. 故当 $-2<t<0$ 时,$\boldsymbol{A}$ 是正定矩阵.

*4.3.3 二次型及其矩阵的其他定性

定义 4.8 设 $f(\boldsymbol{x})=\boldsymbol{x}^{\mathrm{T}}\boldsymbol{A}\boldsymbol{x}$ 为 n 元二次型.

(1)如果对于任何 $\boldsymbol{x}\neq\boldsymbol{0}$,都有 $f(\boldsymbol{x})<0$,则称 $f(\boldsymbol{x})$ 为**负定二次型**,并称矩阵 $\boldsymbol{A}$ 是**负定矩阵**.

(2)如果对于任何 $\boldsymbol{x}\neq\boldsymbol{0}$,都有 $f(\boldsymbol{x})\geqslant 0(\leqslant 0)$,则称 $f(\boldsymbol{x})$ 为**半正定(半负定)二次型**,并称矩阵 $\boldsymbol{A}$ 是**半正定(半负定)矩阵**.

二次型及其矩阵的正定、负定、半正定和半负定统称为二次型及其矩阵是**定的**;如果对于所有的 $\boldsymbol{x}\neq\boldsymbol{0}$,$f(\boldsymbol{x})$ 值的符号不定,则称二次型及其矩阵是**不定的**.

由定义 4.8 可知,二次型 $f(\boldsymbol{x})=\boldsymbol{x}^{\mathrm{T}}\boldsymbol{A}\boldsymbol{x}$ 负定(半负定)的充分必要条件是

$$-f(\boldsymbol{x})=-\boldsymbol{x}^{\mathrm{T}}\boldsymbol{A}\boldsymbol{x}=\boldsymbol{x}^{\mathrm{T}}(-\boldsymbol{A})\boldsymbol{x}$$

正定(半正定).

对于半正定二次型,有以下定理.

定理 4.13 以下 4 个条件均为二次型 $f(\boldsymbol{x})=\boldsymbol{x}^{\mathrm{T}}\boldsymbol{A}\boldsymbol{x}$ 半正定的充分必要条件:

(1)$f(\boldsymbol{x})$ 的正惯性指数与其秩相等,即 $p=r$;

(2)$f(\boldsymbol{x})$ 的规范形为 $g(\boldsymbol{y})=y_1^2+y_2^2+\cdots+y_r^2$,其中 r 为 $f(\boldsymbol{x})$ 的秩;

(3)矩阵 $\boldsymbol{A}$ 的特征值均为非负实数;

(4)矩阵 $\boldsymbol{A}$ 的所有主子式均为非负实数(主子式指行下标集与列下标集相同的子式).

习题 4.3

一、基础题

1. 判断下列二次型的正定性:

(1)$f(x_1,x_2,x_3)=5x_1^2+x_2^2+5x_3^2+4x_1x_2-8x_1x_3-4x_2x_3$;

(2)$f(x_1,x_2,x_3)=2x_1^2+x_2^2-4x_1x_2-4x_2x_3$.

2. a 取何值时,二次型 $f(x,y,z)=5x^2+y^2+az^2+4xy-2xz-2yz$ 正定?

3. 设 $\boldsymbol{A}=\begin{pmatrix}2-a & 1 & 0\\ 1 & 1 & 0\\ 0 & 0 & a+3\end{pmatrix}$ 是正定矩阵,求 a 的取值范围.

4. 设对称矩阵 $\boldsymbol{A}$ 满足 $\boldsymbol{A}^3+\boldsymbol{A}^2+\boldsymbol{A}=3\boldsymbol{E}$,其中 $\boldsymbol{E}$ 为单位矩阵,证明:$\boldsymbol{A}$ 为正定矩阵.

二、提高题

5. 二次型 $f(\boldsymbol{x})=\boldsymbol{x}^{\mathrm{T}}\boldsymbol{A}\boldsymbol{x}(\boldsymbol{A}^{\mathrm{T}}=\boldsymbol{A})$ 正定的充分必要条件是( ).

A. $\boldsymbol{A}$ 的正惯性指数等于 $\boldsymbol{A}$ 的秩　　B. $\boldsymbol{A}$ 的负惯性指数等于0

C. $\boldsymbol{A}$ 的主对角元均大于0　　D. $\boldsymbol{A}$ 的特征值均大于0

6. 下列矩阵为正定矩阵的是(　　).

A. $\begin{pmatrix}1&2&1\\2&5&3\\1&3&0\end{pmatrix}$　　B. $\begin{pmatrix}1&2&3\\2&5&7\\3&7&10\end{pmatrix}$　　C. $\begin{pmatrix}1&-2&0\\-2&5&3\\0&3&-2\end{pmatrix}$　　D. $\begin{pmatrix}1&2&3\\2&5&7\\3&7&12\end{pmatrix}$

7. (2002 · 数学三)设 $\boldsymbol{A}$ 为三阶实对称矩阵,且满足 $\boldsymbol{A}^2+2\boldsymbol{A}=\boldsymbol{O}$,已知 $\boldsymbol{A}$ 的秩 $R(\boldsymbol{A})=2$.

(1)求 $\boldsymbol{A}$ 的全部特征值.

(2)当 k 为何值时,矩阵 $\boldsymbol{A}+k\boldsymbol{E}$ 为正定矩阵?其中 $\boldsymbol{E}$ 为三阶单位矩阵.

8. 设 $\boldsymbol{A}$ 为 $m\times n$ 矩阵,$\boldsymbol{B}=\lambda\boldsymbol{E}+\boldsymbol{A}^{\mathrm{T}}\boldsymbol{A}$,证明:当 $\lambda>0$ 时,$\boldsymbol{B}$ 为正定矩阵.

9. 设 $\boldsymbol{A}$ 为正定矩阵,$\boldsymbol{E}$ 为单位矩阵,证明 $|\boldsymbol{A}+\boldsymbol{E}|>1$.

10. (1)设 $\boldsymbol{A}$ 是正定矩阵,证明存在正定矩阵 $\boldsymbol{B}$,使 $\boldsymbol{B}^2=\boldsymbol{A}$.

(2)对正定矩阵 $\boldsymbol{A}=\begin{pmatrix}2&-1&-1\\-1&2&1\\-1&1&2\end{pmatrix}$,求正定矩阵 $\boldsymbol{B}$,使 $\boldsymbol{B}^2=\boldsymbol{A}$.

微课:对称矩阵的正定性

第 4 章知识结构图

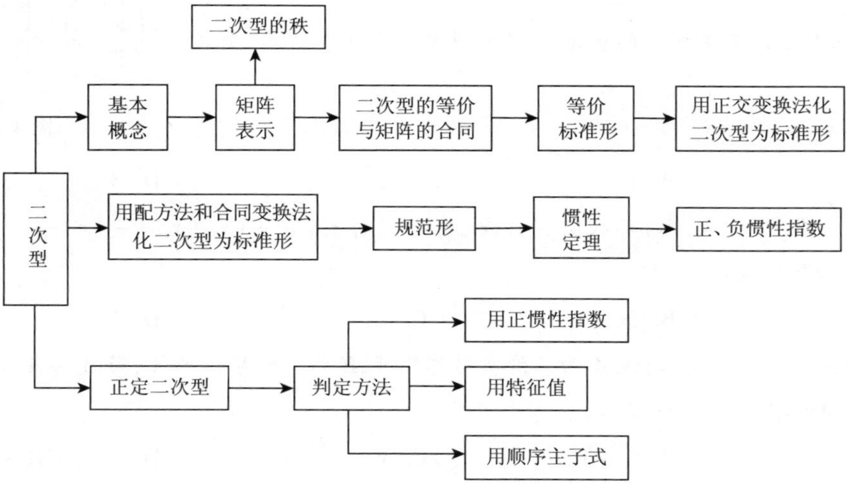

微课:第4章概要与小结

第 4 章总复习题

一、单项选择题

1. 设二次型 $f(x_1,x_2,x_3)=x_1^2+4x_2^2+4x_3^2+2\lambda x_1x_2-2x_1x_3+4x_2x_3$ 为正定二次型，则 λ 的取值范围是(　　).

A. $-2<\lambda<1$　　B. $1<\lambda<2$　　C. $-3<\lambda<-2$　　D. $\lambda>2$

2. 设矩阵 $\boldsymbol{A}=\begin{pmatrix}1&0&0\\0&m&n+3\\0&m-1&m\end{pmatrix}$ 为正定矩阵，则 m 必满足(　　).

A. $m>\dfrac{1}{2}$　　B. $m<\dfrac{3}{2}$　　C. $m>-2$　　D. m 与 n 有关，不能确定

3. (2016 · 数学一) 设二次型 $f(x_1,x_2,x_3)=x_1^2+x_2^2+x_3^2+4x_1x_2+4x_1x_3+4x_2x_3$，则 $f(x_1,x_2,x_3)=2$ 在空间直角坐标系下表示的二次曲面为(　　).

A. 单叶双曲面　　B. 双叶双曲面　　C. 椭球面　　D. 柱面

4. (2008 · 数学一) 设 $\boldsymbol{A}$ 为三阶实对称矩阵，如果二次曲面方程 $(x,y,z)\boldsymbol{A}\begin{pmatrix}x\\y\\z\end{pmatrix}=1$ 在正交变换下的标准方程的图像如图 4.4 所示，则 $\boldsymbol{A}$ 的正特征值个数为(　　).

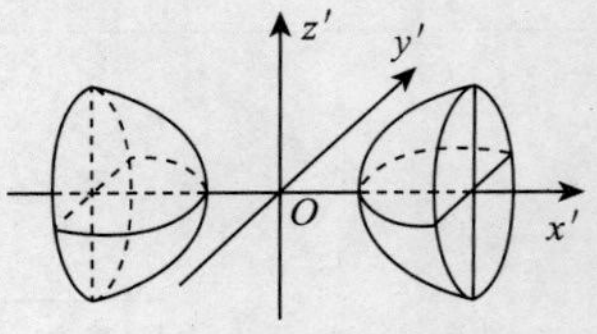

图 4.4

A. 0　　B. 1　　C. 2　　D. 3

5. (2021 · 数学一、二、三) 二次型 $f(x_1,x_2,x_3)=(x_1+x_2)^2+(x_2+x_3)^2-(x_3-x_1)^2$ 的正惯性指数与负惯性指数依次为(　　).

A. 2,0　　B. 1,1　　C. 2,1　　D. 1,2

6. (2019 · 数学一、二、三) 设 $\boldsymbol{A}$ 为三阶实对称矩阵，$\boldsymbol{E}$ 为三阶单位矩阵，若 $\boldsymbol{A}^2+\boldsymbol{A}=2\boldsymbol{E}$，且 $|\boldsymbol{A}|=4$，则二次型 $\boldsymbol{x}^{\mathrm{T}}\boldsymbol{A}\boldsymbol{x}$ 的规范形为(　　).

A. $y_1^2+y_2^2+y_3^2$　　B. $y_1^2+y_2^2-y_3^2$　　C. $y_1^2-y_2^2-y_3^2$　　D. $-y_1^2-y_2^2-y_3^2$

7. (2008 · 数学二、三、四) 设矩阵 $\boldsymbol{A}=\begin{pmatrix}1&2\\2&1\end{pmatrix}$，则在实数域上与 $\boldsymbol{A}$ 合同的矩阵为(　　).

A. $\begin{pmatrix}-2&1\\1&-2\end{pmatrix}$　　B. $\begin{pmatrix}2&-1\\-1&2\end{pmatrix}$　　C. $\begin{pmatrix}2&1\\1&2\end{pmatrix}$　　D. $\begin{pmatrix}1&-2\\-2&1\end{pmatrix}$

二、填空题

1. (2011 · 数学三) 设二次型 $f(\boldsymbol{x})=\boldsymbol{x}^{\mathrm{T}}\boldsymbol{A}\boldsymbol{x}$ 的秩为 1，$\boldsymbol{A}$ 中各行元素之和均为 3，则 f 在正交变换下的标准形为________.

2. 设二次型 $f(x_1,x_2,x_3)=\boldsymbol{x}^{\mathrm{T}}\boldsymbol{A}\boldsymbol{x}=x_1^2-5x_2^2+x_3^2+2ax_1x_2+2x_1x_3+2bx_2x_3$ 的秩为 2，向量 $\boldsymbol{\xi}=$

$(2,1,2)^T$ 是 $\boldsymbol{A}$ 的特征向量，则经正交变换后二次型 f 的标准形是________.

3. (2011·数学一)设二次曲面方程 $x^2+3y^2+z^2+2axy+2xz+2yz=4$ 经正交变换化为 $y_1^2+4z_1^2=4$，则 $a=$________.

4. (2014·数学一、二、三)设二次型 $f(x_1,x_2,x_3)=x_1^2-x_2^2+2ax_1x_3+4x_2x_3$ 的负惯性指数为 1，则 a 的取值范围是________.

5. 设 $\boldsymbol{\alpha}$ 为 n 维非零列向量，$\boldsymbol{A}=\boldsymbol{\alpha}\boldsymbol{\alpha}^T$，则 $\boldsymbol{A}$ 的正惯性指数为________.

三、计算与证明题

1. 设二次型 $f(x_1,x_2,x_3)=x_1^2+4x_2^2+4x_3^2-4x_1x_2+2ax_1x_3-8x_2x_3$ 的秩为 1.

(1) 求 a 的值.

(2) 求正交变换 $\boldsymbol{x}=\boldsymbol{Q}\boldsymbol{y}$，将 $f(x_1,x_2,x_3)$ 化为标准形.

2. 设二次型 $f(x_1,x_2,x_3)=x_1^2+x_2^2+x_3^2+2ax_1x_2+2bx_2x_3+2x_1x_3$ 经正交变换化为标准形 $f=y_2^2+2y_3^2$.

(1) 求 a,b 的值.

(2) 求所用的正交变换.

3. (2003·数学三)设二次型 $f(x_1,x_2,x_3)=\boldsymbol{x}^T\boldsymbol{A}\boldsymbol{x}=ax_1^2+2x_2^2-2x_3^2+2bx_1x_3\ (b>0)$，其中二次型的矩阵 $\boldsymbol{A}$ 的特征值之和为 1，特征值之积为 -12.

(1) 求 a,b 的值.

(2) 利用正交变换将二次型 f 化为标准形，并写出所用的正交变换和对应的正交矩阵.

4. (2020·数学一、三)设二次型 $f(x_1,x_2)=x_1^2-4x_1x_2+4x_2^2$ 经正交变换 $\begin{pmatrix}x_1\\x_2\end{pmatrix}=\boldsymbol{Q}\begin{pmatrix}y_1\\y_2\end{pmatrix}$ 化为二次型 $g(y_1,y_2)=ay_1^2+4y_1y_2+by_2^2$，其中 $a\geqslant b$.

(1) 求 a,b 的值.

(2) 求正交矩阵 $\boldsymbol{Q}$.

5. (2020·数学二)设二次型 $f(x_1,x_2,x_3)=x_1^2+x_2^2+x_3^2+2ax_1x_2+2ax_1x_3+2ax_2x_3$ 经可逆线性变换 $\boldsymbol{x}=\boldsymbol{P}\boldsymbol{y}$ 得 $g(y_1,y_2,y_3)=y_1^2+y_2^2+4y_3^2+2y_1y_2$.

(1) 求 a 的值.

(2) 求可逆矩阵 $\boldsymbol{P}$.

6. (2012·数学一、二、三)已知 $\boldsymbol{A}=\begin{pmatrix}1&0&1\\0&1&1\\-1&0&a\\0&a&-1\end{pmatrix}$，二次型 $f(x_1,x_2,x_3)=\boldsymbol{x}^T\boldsymbol{A}^T\boldsymbol{A}\boldsymbol{x}$ 的秩为 2.

(1) 求 a 的值.

(2) 求正交变换 $\boldsymbol{x}=\boldsymbol{Q}\boldsymbol{y}$，将 f 化为标准形.

7. (2017·数学一、二、三)设二次型 $f(x_1,x_2,x_3)=2x_1^2-x_2^2+ax_3^2+2x_1x_2-8x_1x_3+2x_2x_3$ 在正交变

换 $\boldsymbol{x}=\boldsymbol{Q}\boldsymbol{y}$ 下的标准形为 $\lambda_1 y_1^2+\lambda_2 y_2^2$，求 a 的值及一个正交矩阵 $\boldsymbol{Q}$.

8. (2013・数学一、二、三)设二次型 $f(x_1,x_2,x_3)=2(a_1x_1+a_2x_2+a_3x_3)^2+(b_1x_1+b_2x_2+b_3x_3)^2$，记 $\boldsymbol{\alpha}=(a_1,a_2,a_3)^{\mathrm{T}}$，$\boldsymbol{\beta}=(b_1,b_2,b_3)^{\mathrm{T}}$.

(1)证明：二次型 $f(x_1,x_2,x_3)$ 对应的矩阵为 $2\boldsymbol{\alpha}\boldsymbol{\alpha}^{\mathrm{T}}+\boldsymbol{\beta}\boldsymbol{\beta}^{\mathrm{T}}$.

(2)若 $\boldsymbol{\alpha},\boldsymbol{\beta}$ 正交且均为单位向量，证明：$f(x_1,x_2,x_3)$ 在正交变换下的标准形为 $2y_1^2+y_2^2$.

9. (2022・数学二、三)已知二次型 $f(x_1,x_2,x_3)=3x_1^2+4x_2^2+3x_3^2+2x_1x_3$.

(1)求正交变换 $\boldsymbol{x}=\boldsymbol{Q}\boldsymbol{y}$，将 $f(x_1,x_2,x_3)$ 化为标准形.

(2)证明 $\min\limits_{x\neq 0}\dfrac{f(\boldsymbol{x})}{\boldsymbol{x}^{\mathrm{T}}\boldsymbol{x}}=2$.

10. 已知二次型 $f(x_1,x_2,x_3)=5x_1^2+5x_2^2+cx_3^2-2x_1x_2+6x_1x_3-6x_2x_3$ 的秩为 2.

(1)求参数 c 及二次型对应矩阵的特征值.

(2)指出方程 $f(x_1,x_2,x_3)=1$ 表示何种二次曲面.

11. 已知二次曲面方程 $x^2+ay^2+z^2+2bxy+2xz+2yz=4$ 可以经过正交变换 $\begin{pmatrix}x\\y\\z\end{pmatrix}=\boldsymbol{P}\begin{pmatrix}\xi\\\eta\\\zeta\end{pmatrix}$ 化为椭圆柱面方程 $\eta^2+4\zeta^2=4$，求 a,b 的值和正交矩阵 $\boldsymbol{P}$.

12. (2005・数学一)已知二次型 $f(x_1,x_2,x_3)=(1-a)x_1^2+(1-a)x_2^2+2x_3^2+2(1+a)x_1x_2$ 的秩为 2.

(1)求 a 的值.

(2)求正交变换 $\boldsymbol{x}=\boldsymbol{Q}\boldsymbol{y}$，把 $f(x_1,x_2,x_3)$ 化成标准形.

(3)求方程 $f(x_1,x_2,x_3)=0$ 的解.

13. (2022・数学一)已知二次型 $f(x_1,x_2,x_3)=\sum\limits_{i=1}^{3}\sum\limits_{j=1}^{3}ijx_ix_j$.

(1)写出 $f(x_1,x_2,x_3)$ 对应的矩阵.

(2)求正交变换 $\boldsymbol{x}=\boldsymbol{Q}\boldsymbol{y}$，将 $f(x_1,x_2,x_3)$ 化为标准形.

(3)求 $f(x_1,x_2,x_3)=0$ 的解.

14. (2024・数学二)设 $\boldsymbol{A}=\begin{pmatrix}0&1&a\\1&0&1\end{pmatrix}$，$\boldsymbol{B}=\begin{pmatrix}1&1\\1&1\\b&2\end{pmatrix}$，$f(x_1,x_2,x_3)=\boldsymbol{x}^{\mathrm{T}}\boldsymbol{B}\boldsymbol{A}\boldsymbol{x}$，已知方程组 $\boldsymbol{A}\boldsymbol{x}=\boldsymbol{0}$ 的解是 $\boldsymbol{B}^{\mathrm{T}}\boldsymbol{x}=\boldsymbol{0}$ 的解，但两个方程组不同解.

(1)求 a,b 的值.

(2)求正交变换 $\boldsymbol{x}=\boldsymbol{Q}\boldsymbol{y}$，将 $f(x_1,x_2,x_3)$ 化为标准形.

15. (2018・数学一、二、三)设实二次型 $f(x_1,x_2,x_3)=(x_1-x_2+x_3)^2+(x_2+x_3)^2+(x_1+ax_3)^2$，其中 a 是参数.

(1)求 $f(x_1,x_2,x_3)=0$ 的解.

(2)求 $f(x_1,x_2,x_3)$ 的规范形.

16. 求二次型 $f(x_1,x_2,\cdots,x_n)=\sum\limits_{i=1}^{n}x_i^2+4\sum\limits_{1\leqslant i<j\leqslant n}x_ix_j$ 的秩与符号差.

17. (2023 · 数学一)已知二次型 $f(x_1,x_2,x_3)=x_1^2+2x_2^2+2x_3^2+2x_1x_2-2x_1x_3$,$g(y_1,y_2,y_3)=y_1^2+y_2^2+y_3^2+2y_2y_3$.

(1)求可逆变换 $\boldsymbol{x}=\boldsymbol{P}\boldsymbol{y}$,将 $f(x_1,x_2,x_3)$ 化为 $g(y_1,y_2,y_3)$.

(2)是否存在正交矩阵 $\boldsymbol{Q}$,使 $\boldsymbol{x}=\boldsymbol{Q}\boldsymbol{y}$ 时,将 $f(x_1,x_2,x_3)$ 化为 $g(y_1,y_2,y_3)$.

18. (2021 · 数学一)设矩阵 $\boldsymbol{A}=\begin{pmatrix}a&1&-1\\1&a&-1\\-1&-1&a\end{pmatrix}$.

(1)求正交矩阵 $\boldsymbol{P}$,使 $\boldsymbol{P}^{\mathrm{T}}\boldsymbol{A}\boldsymbol{P}$ 为对角矩阵.

(2)求正定矩阵 $\boldsymbol{C}$,使 $\boldsymbol{C}^2=(a+3)\boldsymbol{E}-\boldsymbol{A}$,其中 $\boldsymbol{E}$ 为三阶单位矩阵.

19. (2010 · 数学一)设二次型 $f(x_1,x_2,x_3)=\boldsymbol{x}^{\mathrm{T}}\boldsymbol{A}\boldsymbol{x}$ 在正交变换 $\boldsymbol{x}=\boldsymbol{Q}\boldsymbol{y}$ 下的标准形为 $y_1^2+y_2^2$,且 $\boldsymbol{Q}$ 的第三列为 $\left(\dfrac{\sqrt{2}}{2},0,\dfrac{\sqrt{2}}{2}\right)^{\mathrm{T}}$.

(1)求矩阵 $\boldsymbol{A}$.

(2)证明 $\boldsymbol{A}+\boldsymbol{E}$ 为正定矩阵,其中 $\boldsymbol{E}$ 为三阶单位矩阵.

20. (2010 · 数学二、三)设 $\boldsymbol{A}=\begin{pmatrix}0&-1&4\\-1&3&a\\4&a&0\end{pmatrix}$,正交矩阵 $\boldsymbol{Q}$ 使 $\boldsymbol{Q}^{\mathrm{T}}\boldsymbol{A}\boldsymbol{Q}$ 为对角矩阵,若 $\boldsymbol{Q}$ 的第一列为 $\dfrac{1}{\sqrt{6}}(1,2,1)^{\mathrm{T}}$,求 $a,\boldsymbol{Q}$.

21. 设 $\boldsymbol{\alpha},\boldsymbol{\beta}$ 是三维单位列向量,且 $\boldsymbol{\alpha}^{\mathrm{T}}\boldsymbol{\beta}=0$,$\boldsymbol{A}=\boldsymbol{\alpha}\boldsymbol{\beta}^{\mathrm{T}}+\boldsymbol{\beta}\boldsymbol{\alpha}^{\mathrm{T}}+2\boldsymbol{E}$,其中 $\boldsymbol{E}$ 为单位矩阵.

(1)证明:$\boldsymbol{A}$ 为对称矩阵.

(2)写出二次型 $f(\boldsymbol{x})=\boldsymbol{x}^{\mathrm{T}}\boldsymbol{A}\boldsymbol{x}$ 在正交变换下的标准形.

(3)矩阵 $\boldsymbol{A}$ 是否正定,为什么?

22. 设 $\boldsymbol{A},\boldsymbol{B}$ 为对称矩阵,其中 $\boldsymbol{A}$ 为正定矩阵,证明存在实数 t,使 $t\boldsymbol{A}+\boldsymbol{B}$ 为正定矩阵.

23. 设 $\boldsymbol{A}$ 为 $m\times n$ 矩阵,证明:$\boldsymbol{A}^{\mathrm{T}}\boldsymbol{A}$ 正定当且仅当 $R(\boldsymbol{A})=n$.

24. 设 $\boldsymbol{A}$ 为 m 阶对称矩阵且正定,$\boldsymbol{B}$ 为 $m\times n$ 矩阵,证明:$\boldsymbol{B}^{\mathrm{T}}\boldsymbol{A}\boldsymbol{B}$ 为正定矩阵的充分必要条件是 $\boldsymbol{B}$ 的秩 $R(\boldsymbol{B})=n$.

25. (2005 · 数学三)设 $\boldsymbol{D}=\begin{pmatrix}\boldsymbol{A}&\boldsymbol{C}\\\boldsymbol{C}^{\mathrm{T}}&\boldsymbol{B}\end{pmatrix}$为正定矩阵,其中 $\boldsymbol{A},\boldsymbol{B}$ 分别为 m,n 阶对称矩阵,$\boldsymbol{C}$ 为 $m\times n$ 矩阵.

(1)计算 $\boldsymbol{P}^{\mathrm{T}}\boldsymbol{D}\boldsymbol{P}$,其中 $\boldsymbol{P}=\begin{pmatrix}\boldsymbol{E}_m&-\boldsymbol{A}^{-1}\boldsymbol{C}\\\boldsymbol{O}&\boldsymbol{E}_n\end{pmatrix}$.

(2)利用(1)的结果判断矩阵 $\boldsymbol{B}-\boldsymbol{C}^{\mathrm{T}}\boldsymbol{A}\boldsymbol{C}$ 是否为正定矩阵,并证明你的结论.

第4章总复习题详解

附录 1 用 MATLAB 进行线性代数计算

MATLAB(Matrix Laboratory 的缩写)是集数值计算、图像处理、符号运算、文字处理、数学建模、实时控制、动态仿真等功能于一体的数学应用软件.

MATLAB 的命令窗口是用户与 MATLAB 进行交互的主要场所,其中的“>>”为运算提示符,表示 MATLAB 处于准备状态. 当用户在“>>”后面输入一段正确的算式后,按下回车键,命令窗口中就会直接显示运算结果,然后再次进入准备状态.

如果输入的运算式用分号“;”结束,则执行后结果不在命令窗口显示,但结果仍保存在 MATLAB 工作空间中;若以逗号“,”结束,或直接按下回车键,则在命令窗口显示结果. 如果在表达式前面未指定输出变量,结果将赋给默认变量 ans.

一、用 MATLAB 进行矩阵和行列式计算

1. 矩阵的输入

(1)直接输入矩阵元素

从键盘上直接输入一系列元素生成矩阵,要遵循下面几个基本原则:

①所有矩阵元素必须包含在方括号“[ ]”中;

②同行中的元素之间必须用空格或逗号分隔;

③不同行之间要用分号或回车键分隔.

另外,可以将小矩阵联合起来构成一个较大的矩阵,原则与上述原则相同.

(2)常用矩阵的生成函数

①零矩阵的生成

“zeros(n)”:生成 n 阶全 0 矩阵.

“zeros(m,n)”:生成 $m\times n$ 的全 0 矩阵.

②单位矩阵的生成

“eye(n)”:生成 n 阶单位矩阵.

“eye(m,n)”:生成 $m\times n$ 矩阵,其主对角元均为 1,其他元素均为 0.

③对角矩阵的生成

“diag(v)”: 返回以向量 $\boldsymbol{v}$ 的元素为主对角元的对角矩阵.

要输入含有字母的矩阵,需要先用函数 syms 定义其中的符号变量.

“syms x y …z”:定义 $x,y,\cdots,z$ 为符号变量.

例 1 输入矩阵 $\boldsymbol{A}=\begin{pmatrix}1&2\\3&4\end{pmatrix}$,$\boldsymbol{B}=\begin{pmatrix}2&-1\\-2&3\end{pmatrix}$,以及分块矩阵 $\boldsymbol{P}=\begin{pmatrix}\boldsymbol{A}&\boldsymbol{E}\\\boldsymbol{O}&\boldsymbol{B}\end{pmatrix}$.

解 相关代码及运行结果如下.

```
>>A=[1 2;3 4]
>>B=[2 -1;-2 3]
>>P=[A eye(2);zeros(2) B]
A =
       1     2
       3     4
B =
       2    -1
      -2     3
P =
       1     2     1     0
       3     4     0     1
       0     0     2    -1
       0     0    -2     3
```

2. 矩阵的运算

(1)加法和减法

①“A+B”:返回矩阵 $\boldsymbol{A}$ 与 $\boldsymbol{B}$ 的和 $\boldsymbol{A}+\boldsymbol{B}$.

②“A-B”:返回矩阵 $\boldsymbol{A}$ 与 $\boldsymbol{B}$ 的差 $\boldsymbol{A}-\boldsymbol{B}$.

(2)矩阵的数乘、乘法和乘方

①“k*A”:返回数 k 与矩阵 $\boldsymbol{A}$ 的乘积 $k\boldsymbol{A}$.

②“A*B”:返回矩阵 $\boldsymbol{A}$ 与 $\boldsymbol{B}$ 的积 $\boldsymbol{AB}$.

③“A^k”:返回矩阵 $\boldsymbol{A}$ 的 k 次方幂 $\boldsymbol{A}^k$. 如果 k 是一个负整数,则先求 $\boldsymbol{A}$ 的逆矩阵,然后求逆矩阵的 $|k|$ 次方幂.

(3)矩阵的转置和矩阵的逆

①“A'”:若 $\boldsymbol{A}$ 为实矩阵,则返回 $\boldsymbol{A}$ 的转置矩阵 $\boldsymbol{A}^{\mathrm{T}}$.

②“inv(A)”(或“A^-1”):返回 $\boldsymbol{A}$ 的逆矩阵 $\boldsymbol{A}^{-1}$.

(4)矩阵左除和右除

MATLAB 中定义了矩阵的除法运算:左除和右除.

①“A\B”:矩阵 $\boldsymbol{A}$ 左除矩阵 $\boldsymbol{B}$,它表示矩阵方程 $\boldsymbol{AX}=\boldsymbol{B}$ 的解 $\boldsymbol{A}^{-1}\boldsymbol{B}$.

②“B/A”:矩阵 $\boldsymbol{A}$ 右除矩阵 $\boldsymbol{B}$,它表示矩阵方程 $\boldsymbol{XA}=\boldsymbol{B}$ 的解 $\boldsymbol{BA}^{-1}$.

(5)矩阵的行列式、秩与迹

①“det(A)”:返回矩阵 $\boldsymbol{A}$ 的行列式 $|\boldsymbol{A}|$.

②“rank(A)”:返回矩阵 $\boldsymbol{A}$ 的秩 $R(\boldsymbol{A})$.

③“trace(A)”:返回矩阵 $\boldsymbol{A}$ 的迹 $\mathrm{tr}(\boldsymbol{A})$(主对角元之和).

(6)矩阵的行最简形

“rref(A)”:返回矩阵 $\boldsymbol{A}$ 的行最简形矩阵.

例 2 设 $\boldsymbol{A}=\begin{pmatrix}1&2&3\\2&2&1\\3&4&3\end{pmatrix},\boldsymbol{B}=\begin{pmatrix}2&1\\5&3\end{pmatrix},\boldsymbol{C}=\begin{pmatrix}1&3\\2&0\\3&1\end{pmatrix}$,解矩阵方程 $\boldsymbol{AXB}=\boldsymbol{C}$.

解 相关代码及运行结果如下.

```
>>A=[1 2 3;2 2 1;3 4 3];
>>B=[2 1;5 3];
>>C=[1 3;2 0;3 1];
>>X=A\C/B
X =
     -2.0000         1.0000
     10.0000        -4.0000
    -10.0000         4.0000
```

例 3 求矩阵 $\boldsymbol{A}=\begin{pmatrix}0&a&0&0\\0&0&b&0\\0&0&0&c\\d&0&0&0\end{pmatrix}(abcd\neq0)$ 的行列式和逆矩阵.

解 相关代码及运行结果如下.

```
>>syms a b c d
>>A=[0 a 0 0;0 0 b 0;0 0 0 c;d 0 0 0];
>>D=det(A)
>>B=inv(A)
D =
          -d*a*b*c
B =
          [  0,     0,     0,   1/d ]
          [ 1/a,    0,     0,    0  ]
          [  0,   1/b,     0,    0  ]
          [  0,     0,   1/c,    0  ]
```

二、用 MATLAB 进行线性方程组和向量计算

1. 向量的线性关系

MATLAB 提供了一个非常有用的函数 rref,它可将矩阵化为行最简形,由此可判定向量组的线性相关性,求向量组的秩与极大无关组,求线性方程组的解.

“[R id]=rref(A)”:返回矩阵 $\boldsymbol{A}$ 的行最简形矩阵 $\boldsymbol{R}$,及其列向量组的极大无关组的向量序数 id.

例 4 设有向量组

$$A:\boldsymbol{\alpha}_1=(1,1,4,2)^{\mathrm{T}},\boldsymbol{\alpha}_2=(0,2,6,-2)^{\mathrm{T}},\boldsymbol{\alpha}_3=(1,-1,-2,4)^{\mathrm{T}};$$

$$B:\boldsymbol{\beta}_1=(-1,0,-4,-7)^{\mathrm{T}},\boldsymbol{\beta}_2=(-3,-1,3,4)^{\mathrm{T}},\boldsymbol{\beta}_3=(-2,1,7,1)^{\mathrm{T}}.$$

(1)向量组 B 能否由 A 线性表示?若能,写出表达式.

(2)向量组 A 能否由 B 线性表示？若能，写出表达式．

解 先计算向量组 A,B 和 (A,B) 的秩，即对应矩阵的秩 $R(\boldsymbol{A}),R(\boldsymbol{B}),R(\boldsymbol{A},\boldsymbol{B})$．相关代码及运行结果如下．

```
>>a1 = [1 1 4 2]'; a2 = [0 2 6 -2]'; a3 = [1 -1 -2 4]';
>>b1 = [-1 0 -4 -7]'; b2 = [-3 -1 3 4]'; b3 = [-2 1 7 1]';
>>A = [a1 a2 a3];
>>B = [b1 b2 b3];
>>r_A = rank(A), r_AB = rank([A B]), r_B = rank(B)
r_A =
        2
r_AB =
        3
r_B =
        3
```

(1)可知 $R(\boldsymbol{A})\neq R(\boldsymbol{A},\boldsymbol{B})$，所以向量组 B 不能由 A 线性表示．

(2)由 $R(\boldsymbol{B})=R(\boldsymbol{A},\boldsymbol{B})=R(\boldsymbol{B},\boldsymbol{A})=3$ 知，向量组 A 能由 B 线性表示．要求表达式，则需要求矩阵方程 $\boldsymbol{BX}=\boldsymbol{A}$ 的解，为此再输入以下代码并运行．

```
>>format rat                  %以分数格式输出
>>rref([B,A])
ans =
        1      0      0     -1/2       0       -1/2
        0      1      0     -1/2     -4/5       3/10
        0      0      1      1/2      6/5      -7/10
        0      0      0      0        0         0
```

可得解 $\boldsymbol{X}=\begin{pmatrix}-\dfrac{1}{2} & 0 & -\dfrac{1}{2}\\ -\dfrac{1}{2} & -\dfrac{4}{5} & \dfrac{3}{10}\\ \dfrac{1}{2} & \dfrac{6}{5} & -\dfrac{7}{10}\end{pmatrix}$，所以向量组 A 可由 B 线性表示为

$$\boldsymbol{\alpha}_1=-\frac{1}{2}\boldsymbol{\beta}_1-\frac{1}{2}\boldsymbol{\beta}_2+\frac{1}{2}\boldsymbol{\beta}_3,\boldsymbol{\alpha}_2=-\frac{4}{5}\boldsymbol{\beta}_2+\frac{6}{5}\boldsymbol{\beta}_3,\boldsymbol{\alpha}_3=-\frac{1}{2}\boldsymbol{\beta}_1+\frac{3}{10}\boldsymbol{\beta}_2-\frac{7}{10}\boldsymbol{\beta}_3.$$

或者输入以下代码并运行也可得到结果．

```
>>X = B\A
X =
      -1/2          0          -1/2
      -1/2        -4/5          3/10
       1/2         6/5         -7/10
```

例5 判断向量组

$\boldsymbol{\alpha}_1=(1,-2,2,3)^{\mathrm{T}},\boldsymbol{\alpha}_2=(-2,4,-1,3)^{\mathrm{T}},\boldsymbol{\alpha}_3=(-1,2,0,3)^{\mathrm{T}},\boldsymbol{\alpha}_4=(0,6,2,3)^{\mathrm{T}},\boldsymbol{\alpha}_5=(2,-6,3,4)^{\mathrm{T}}$

的线性相关性,求其极大无关组,并用极大无关组表示其余向量.

解 在 MATLAB 的命令窗口中输入以下代码并运行.

```
>> format rat
>> a1 = [1 -2 2 3]';
>> a2 = [-2 4 -1 3]';
>> a3 = [-1 2 0 3]';
>> a4 = [0 6 2 3]';
>> a5 = [2 -6 3 4]';
>> A = [a1 a2 a3 a4 a5];
>> r = rank(A), [R id] = rref(A)
r =
        3
R =
        1      0      1/3      0      16/9
        0      1      2/3      0      -1/9
        0      0       0       1      -1/3
        0      0       0       0       0
id =
        1      2       4
```

可知向量组的秩为3,故向量组线性相关.$\boldsymbol{\alpha}_1,\boldsymbol{\alpha}_2,\boldsymbol{\alpha}_4$ 为极大无关组,而且 $\boldsymbol{\alpha}_3,\boldsymbol{\alpha}_5$ 可用 $\boldsymbol{\alpha}_1,\boldsymbol{\alpha}_2,\boldsymbol{\alpha}_4$ 线性表示为

$$\boldsymbol{\alpha}_3=\frac{1}{3}\boldsymbol{\alpha}_1+\frac{2}{3}\boldsymbol{\alpha}_2,\boldsymbol{\alpha}_5=\frac{16}{9}\boldsymbol{\alpha}_1-\frac{1}{9}\boldsymbol{\alpha}_2-\frac{1}{3}\boldsymbol{\alpha}_4.$$

2. 求线性方程组的解

(1)求线性方程组 $\boldsymbol{Ax}=\boldsymbol{b}$ 的特解

“A\b”:求线性方程组 $\boldsymbol{Ax}=\boldsymbol{b}$ 的一个特解.

例 6 解线性方程组 $\begin{cases}5x_1+6x_2=1,\\x_1+5x_2+6x_3=0,\\x_2+5x_3+6x_4=0,\\x_3+5x_4+6x_5=0,\\x_4+5x_5=1.\end{cases}$

解 相关代码及运行结果如下.

```
>> format                              %以默认格式输出
>> A = [5 6 0 0 0;1 5 6 0 0;0 1 5 6 0;0 0 1 5 6;0 0 0 1 5];
>> b = [1 0 0 0 1]';
>> r = [rank(A) rank([A b])]
>> X = A\b
r =
        5          5
```

```
X =
        2.2662
       -1.7218
        1.0571
       -0.5940
        0.3188
```

(2)求齐次线性方程组的基础解系

在 MATLAB 中,函数 null 可用来求齐次线性方程组的基础解系.

①“null(A,'r')”:返回齐次线性方程组 $\boldsymbol{Ax}=\boldsymbol{0}$ 的一个基础解系,并将其排成列向量组形式,其中“'r'”表示用分数格式输出.

②“null(A)”:返回齐次线性方程组 $\boldsymbol{Ax}=\boldsymbol{0}$ 的基础解系,并将其正交化、单位化.

例 7 求齐次线性方程组 $\begin{cases} x_1+2x_2+2x_3+x_4=0, \\ 2x_1+x_2-2x_3-2x_4=0, \\ x_1-x_2-4x_3-3x_4=0 \end{cases}$ 的基础解系和通解.

解 在 MATLAB 的命令窗口中输入以下代码并运行.

```
>>A=[1 2 2 1;2 1 -2 -2;1 -1 -4 -3];
>>null(A,'r')
ans =
        2          5/3
       -2         -4/3
        1          0
        0          1
```

由此可得通解为

$$\boldsymbol{x}=k_1(2,-2,1,0)^{\mathrm{T}}+k_2\left(\frac{5}{3},-\frac{4}{3},0,1\right)^{\mathrm{T}},\text{其中 } k_1,k_2 \text{ 为任意常数}.$$

(3)求非齐次线性方程组的通解

用“rref([A b])”可将增广矩阵$(\boldsymbol{A},\boldsymbol{b})$化为行最简形,由此可求方程组 $\boldsymbol{Ax}=\boldsymbol{b}$ 的通解.

也可用“A\b”求出方程组 $\boldsymbol{Ax}=\boldsymbol{b}$ 的一个特解,再用函数 null 求出导出组 $\boldsymbol{Ax}=\boldsymbol{0}$ 的基础解系,从而得到方程组 $\boldsymbol{Ax}=\boldsymbol{b}$ 的通解.

例 8 求线性方程组 $\begin{cases} x_1+3x_2-2x_3+4x_4+x_5=7, \\ 2x_1+6x_2+5x_4+2x_5=5, \\ 4x_1+11x_2+8x_3+5x_5=3, \\ x_1+3x_2+2x_3+x_4+x_5=-2 \end{cases}$ 的通解.

解 在 MATLAB 的命令窗口中输入以下代码并运行.

```
>>format  rat
>>A=[1 3 -2 4 1;2 6 0 5 2;4 11 8 0 5;1 3 2 1 1];
>>b=[7 5 3 -2]';
```

```
>> r = [rank(A),rank([A b])]
>> C = rref([A b])
r =
        3          3
C =
        1      0      0      -19/2      4       71/2
        0      1      0        4       -1      -11
        0      0      1       -3/4      0       -9/4
        0      0      0        0        0        0
```

由于系数矩阵和增广矩阵的秩均为3,所以线性方程组有无穷个解.令自由未知量 $x_4=x_5=0$,得方程组的特解为 $\boldsymbol{\gamma}_0=\left(\frac{71}{2},-11,-\frac{9}{4},0,0\right)^{\mathrm{T}}$.由导出组系数矩阵的行最简形矩阵可得导出组的一个基础解系为 $\boldsymbol{\eta}_1=\left(\frac{19}{2},-4,\frac{3}{4},1,0\right)^{\mathrm{T}}$,$\boldsymbol{\eta}_2=(-4,1,0,0,1)^{\mathrm{T}}$,所以方程组的通解为 $\boldsymbol{x}=\boldsymbol{\gamma}_0+k_1\boldsymbol{\eta}_1+k_2\boldsymbol{\eta}_2$,其中 k_1,k_2 为任意常数.

三、用 MATLAB 进行矩阵的相似对角化计算

1. 向量组的正交化

在 MATLAB 中,向量组的正交化与单位化可用矩阵的 $\boldsymbol{QR}$ 分解函数 qr 来计算.

“[Q,R] = qr(A)”:返回矩阵 $\boldsymbol{Q}$ 和上三角形矩阵 $\boldsymbol{R}$,使 $\boldsymbol{A}=\boldsymbol{QR}$.

若 $\boldsymbol{A}$ 是可逆矩阵,则 $\boldsymbol{Q}$ 为正交矩阵,其列向量组是由 $\boldsymbol{A}$ 的列向量组经施密特正交化方法得到的标准正交组.

例9 用施密特正交化方法将下列向量组化为标准正交组:

$$\boldsymbol{\alpha}_1=(1,1,1,1)^{\mathrm{T}},\boldsymbol{\alpha}_2=(1,1,1,0)^{\mathrm{T}},\boldsymbol{\alpha}_3=(1,1,0,1)^{\mathrm{T}},\boldsymbol{\alpha}_4=(1,0,0,0)^{\mathrm{T}}.$$

解 相关代码及运行结果如下.

```
>> format                          %以默认格式输出
>> a1 = [1 1 1 1]';
>> a2 = [1 1 1 0]';
>> a3 = [1 1 0 1]';
>> a4 = [1 0 0 0]';
>> A = [a1 a2 a3 a4];
>> [Q,R] = qr(A)
Q =
       -0.5000     -0.2887      0.4082     -0.7071
       -0.5000     -0.2887      0.4082      0.7071
       -0.5000     -0.2887     -0.8165      0.0000
       -0.5000      0.8660     -0.0000      0.0000
R =
       -2.0000     -1.5000     -1.5000     -0.5000
             0     -0.8660      0.2887     -0.2887
             0           0      0.8165      0.4082
             0           0           0     -0.7071
```

这里,矩阵 $\boldsymbol{Q}$ 的列向量组就是所求的标准正交组.

2. 特征值、特征向量和矩阵的对角化

在 MATLAB 中,求矩阵的特征值和特征向量可用函数 eig 来实现.

“`eig(A)`”:返回矩阵 $\boldsymbol{A}$ 的特征值,并将特征值表示为列向量形式.

“`[V,D] = eig(A)`”:返回矩阵 $\boldsymbol{V}$ 和对角矩阵 $\boldsymbol{D}$,其中 $\boldsymbol{D}$ 的主对角元为 $\boldsymbol{A}$ 的全部特征值,$\boldsymbol{V}$ 的第 i 列是 $\boldsymbol{D}$ 中第 i 个主对角元所对应的特征向量.

若 $\boldsymbol{V}$ 可逆,则 $\boldsymbol{V}^{-1}\boldsymbol{A}\boldsymbol{V}=\boldsymbol{D}$;否则,$\boldsymbol{A}$ 不能对角化.

如果 $\boldsymbol{A}$ 为对称矩阵,则 $\boldsymbol{V}$ 为正交矩阵,且 $\boldsymbol{V}^{-1}\boldsymbol{A}\boldsymbol{V}=\boldsymbol{V}^{\mathrm{T}}\boldsymbol{A}\boldsymbol{V}=\boldsymbol{D}$.

不是每个方阵都能相似于对角矩阵,但是总可以相似于若尔当(Jordan)标准形.

“`[P,J] = jordan(A)`”:返回可逆矩阵 $\boldsymbol{P}$ 和若尔当标准形 $\boldsymbol{J}$,其中 $\boldsymbol{J}$ 的主对角元为 $\boldsymbol{A}$ 的全部特征值,且满足 $\boldsymbol{P}^{-1}\boldsymbol{A}\boldsymbol{P}=\boldsymbol{J}$.

如果 $\boldsymbol{J}$ 为对角矩阵,则 $\boldsymbol{A}$ 可以对角化;否则,$\boldsymbol{A}$ 不可对角化.

例 10 求矩阵 $\boldsymbol{A}=\begin{pmatrix}2&0&-3\\3&-1&-3\\0&0&-1\end{pmatrix}$的特征值和对应的线性无关特征向量,并判断 $\boldsymbol{A}$ 是否可以对角化. 若 $\boldsymbol{A}$ 可对角化,求可逆矩阵 $\boldsymbol{P}$,使 $\boldsymbol{P}^{-1}\boldsymbol{A}\boldsymbol{P}$ 为对角矩阵.

解 在 MATLAB 的命令窗口中输入以下代码并运行.

```
>> A = [2 0 -3;3 -1 -3;0 0 -1];
>> A1 = sym(A);                        %将矩阵 A 转化为符号矩阵
>> [P,D] = eig(A1)
P =
          [ 1,  1,  0 ]
          [ 1,  0,  1 ]
          [ 0,  1,  0 ]
D =
          [ 2,    0,    0 ]
          [ 0,   -1,    0 ]
          [ 0,    0,   -1 ]
```

可知 $\boldsymbol{A}$ 的特征值为 2, -1, -1. 对应于特征值 2 的特征向量为 $\boldsymbol{\alpha}_1=(1,1,0)^{\mathrm{T}}$,对应于特征值 -1 的线性无关特征向量为 $\boldsymbol{\alpha}_2=(1,0,1)^{\mathrm{T}}$,$\boldsymbol{\alpha}_3=(0,1,0)^{\mathrm{T}}$. 所以 $\boldsymbol{A}$ 可以对角化,而且可逆矩阵 $\boldsymbol{P}=\begin{pmatrix}1&1&0\\1&0&1\\0&1&0\end{pmatrix}$可使 $\boldsymbol{P}^{-1}\boldsymbol{A}\boldsymbol{P}=\begin{pmatrix}2&&\\&-1&\\&&-1\end{pmatrix}$.

例 11 设对称矩阵 $\boldsymbol{A}=\begin{pmatrix}0&1&1&-1\\1&0&-1&1\\1&-1&0&1\\-1&1&1&0\end{pmatrix}$,求正交矩阵 $\boldsymbol{Q}$,使 $\boldsymbol{Q}^{-1}\boldsymbol{A}\boldsymbol{Q}$ 为对角矩阵.

解 相关代码及运行结果如下.

```
>>A=[0 1 1 -1;1 0 -1 1;1 -1 0 1;-1 1 1 0];
>>[Q,D]=eig(A)
Q =
      -0.5000      -0.0788       0.2887      -0.8127
       0.5000       0.6644      -0.2887      -0.4746
       0.5000      -0.7432      -0.2887      -0.3381
      -0.5000            0      -0.8660            0
D =
      -3.0000            0            0            0
            0       1.0000            0            0
            0            0       1.0000            0
            0            0            0       1.0000
```

可知 $\boldsymbol{Q}^{-1}\boldsymbol{AQ}=\mathrm{diag}(-3,1,1,1)$.

四、用 MATLAB 进行二次型计算

对于对称矩阵 $\boldsymbol{A}$,用 eig 函数可将 $\boldsymbol{A}$ 正交相似对角化,从而可将 $\boldsymbol{A}$ 所对应的二次型用正交变换化为标准形.

例 12 用正交变换将二次型 $f(x_1,x_2,x_3)=-2x_1x_2+2x_1x_3+2x_2x_3$ 化为标准形,求其正、负惯性指数,并判断二次型的正定性.

解 在 MATLAB 的命令窗口中输入以下代码并运行.

```
>>A=[0 -1 1;-1 0 1;1 1 0];
>>[Q,D]=eig(A)
Q =
      -0.5774      -0.5216       0.6282
      -0.5774       0.8048       0.1376
       0.5774       0.2832       0.7658
D =
      -2.0000            0            0
            0       1.0000            0
            0            0       1.0000
```

可知正交矩阵 $\boldsymbol{Q}$ 使 $\boldsymbol{Q}^{-1}\boldsymbol{AQ}=\boldsymbol{Q}^{\mathrm{T}}\boldsymbol{AQ}=\boldsymbol{D}$,所以正交变换 $\boldsymbol{x}=\boldsymbol{Qy}$ 可将二次型 $f(x_1,x_2,x_3)$ 化为标准形 $g(y_1,y_2,y_3)=-2y_1^2+y_2^2+y_3^2$. 由于特征值不全为正数,故该二次型不正定,其正、负惯性指数分别为 2 和 1.

附录 2　线性代数的应用案例

线性代数的理论和方法在科学技术、经济管理和社会生产生活等各方面的应用越来越广泛和深入．下面介绍线性代数的一些应用案例．

一、矩阵的应用案例

例 1（飞机航线问题）　已知 4 个城市之间的航空航线如图 1 所示，其中 1、2、3、4 表示 4 个城市，带箭头线段表示两个城市之间的航线．求从城市 2 坐飞机转机次数分别为 1 次、2 次所能到达的城市，并求出相应的航线数．

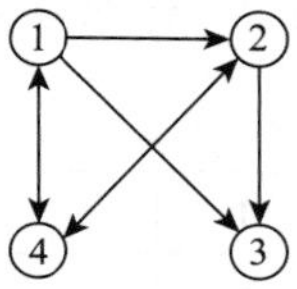

图 1　航空航线示意

解　设矩阵的行号表示起点城市，列号表示到达城市，按以下规则可得到图 1 的邻接矩阵 $\boldsymbol{A}=(a_{ij})_{4\times4}$：若从城市 i 出发坐一次航班能到达城市 j，则规定 $a_{ij}=1$；否则规定 $a_{ij}=0$.

$$\boldsymbol{A}=\begin{pmatrix}0&1&1&1\\0&0&1&1\\0&0&0&0\\1&1&0&0\end{pmatrix},$$

其中第 i 行描述从城市 i 出发坐一次航班可以到达各个城市的情况．例如，第二行表示：从城市 2 出发可以到达城市 3 和城市 4，但不能到达城市 1 和城市 2.

记 $\boldsymbol{A}^2=(a_{ij}^{(2)})$，由于

$$a_{ik}a_{kj}=\begin{cases}1, & a_{ik}=a_{kj}=1,\\0, & \text{其他}\end{cases}=\text{从城市 } i \text{ 经城市 } k \text{ 到城市 } j \text{ 的航线数},$$

故 $a_{ij}^{(2)}=\sum\limits_{k=1}^{3}a_{ik}a_{kj}$ 表示从城市 i 经过所有城市 $k(k=1,2,3)$ 到城市 j 的航线总数，从而

$$\boldsymbol{A}^2=\begin{pmatrix}1&1&1&1\\1&1&0&0\\0&0&0&0\\0&1&2&2\end{pmatrix}$$

表示连续坐 2 次航班（中间转机 1 次）可以到达的城市．从 $\boldsymbol{A}^2$ 的第二行可知，从城市 2 出发，连续坐 2 次航班可以到达城市 1 和城市 2，但不能到达城市 3 和城市 4，而且到达城市 1 和城市 2 的航线数各为 1 条．

同理，

$$A^3=\begin{pmatrix}1&2&2&2\\0&1&2&2\\0&0&0&0\\2&2&1&1\end{pmatrix}$$

表示连续坐 3 次航班(中间转机 2 次)可以到达的城市．例如，从 A^3 的第二行可看出：从城市 2 出发，连续坐 3 次航班可以到达城市 2、城市 3、城市 4，但不能到达城市 1，而且到达城市 2、城市 3、城市 4 的航线数分别为 1、2、2 条．

例 2(密码的加密与解密)　矩阵在密码学中有广泛应用，经常用来加密和解密密码．1929 年，希尔(Hill)通过线性变换对传输信息进行加密处理，提出了在密码史上有重要地位的希尔加密算法．

下面略去一些实际应用中的细节，只介绍希尔加密算法最基本的思想．假设要加密的明文由 26 个拉丁字母构成，将每个明文字母与 1 ~ 26 的数字建立一一对应，称对应数字为明文字母的表值，如表 1 所示．

表 1

字母	A	B	C	D	E	F	G	H	I	J	K	L	M
表值	1	2	3	4	5	6	7	8	9	10	11	12	13
字母	N	O	P	Q	R	S	T	U	V	W	X	Y	Z
表值	14	15	16	17	18	19	20	21	22	23	24	25	26

假设要发送的明文为：go at night. 先取一个二阶正整数矩阵 A(加密矩阵)，使 $|A|=\pm1$，则其逆矩阵也为整数矩阵．例如，$A=\begin{pmatrix}1&2\\2&3\end{pmatrix}$，则 $A^{-1}=\begin{pmatrix}-3&2\\2&-1\end{pmatrix}$．将明文字母依次按每两个字母为一组，最后一组出现单个的情况，可在最后补充一个哑元，即发送：go at nightt. 然后查出其表值，得到一个二维列向量组

$$\alpha_1=\begin{pmatrix}7\\15\end{pmatrix},\alpha_2=\begin{pmatrix}1\\20\end{pmatrix},\alpha_3=\begin{pmatrix}14\\9\end{pmatrix},\alpha_4=\begin{pmatrix}7\\8\end{pmatrix},\alpha_5=\begin{pmatrix}20\\20\end{pmatrix}.$$

将这些向量左乘以加密矩阵 A 得

$$\begin{aligned}(\beta_1,\beta_2,\beta_3,\beta_4,\beta_5)&=A(\alpha_1,\alpha_2,\alpha_3,\alpha_4,\alpha_5)\\&=\begin{pmatrix}1&2\\2&3\end{pmatrix}\begin{pmatrix}7&1&14&7&20\\15&20&9&8&20\end{pmatrix}\\&=\begin{pmatrix}37&41&32&23&60\\59&62&55&38&100\end{pmatrix}.\end{aligned}$$

发送者只需发送 $\beta_1,\beta_2,\beta_3,\beta_4,\beta_5$，即发送代码：37，59，41，62，32，55，23，38，60，100. 接收者按照指定的编码规则，将列向量组 $\beta_1,\beta_2,\beta_3,\beta_4,\beta_5$ 左乘以矩阵 A^{-1} 得

$$\begin{aligned}A^{-1}(\beta_1,\beta_2,\beta_3,\beta_4,\beta_5)&=\begin{pmatrix}-3&2\\2&-1\end{pmatrix}\begin{pmatrix}37&41&32&23&60\\59&62&55&38&100\end{pmatrix}\\&=\begin{pmatrix}7&1&14&7&20\\15&20&9&8&20\end{pmatrix}.\end{aligned}$$

这样接收者就可以根据字母和表值的对应关系译出收到的信息.

二、线性方程组和向量组的应用案例

1. 线性方程组的应用案例

例 3(投入产出模型) 投入产出法由美国哈佛大学列昂惕夫(Leontiff)教授于 1936 年首先提出,后来也被称为投入产出分析. 投入产出法是研究经济活动中投入与产出之间相互依存关系的一种数量分析方法.

投入产出法是通过编制投入产出表进行的,投入产出表采用棋盘式,纵横相互交叉. 横行表明各部门生产的产品的分配去向,纵列表明各部门生产过程中对各要素的消耗,如表 2 所示. 通过计算各种系数,可以全面反映出生产过程中各种要素之间的经济联系.

假定一个国家或区域内的经济体系可以分解为 n 个部门,这些部门都有生产产品或提供服务的独立功能.

例如,在表 2 中,x_i 表示第 i 个部门的总产出量,y_i 表示第 i 个部门的最终产品量,x_{ij}表示第 j 个部门在生产过程中消耗第 i 个部门的产品量,d_i, v_i, m_i 分别表示第 i 个部门的固定资产折旧、劳动报酬和税利,$z_i = d_i + v_i + m_i(i, j=1, 2, \cdots, n)$.

表 2

投入		产出								
		中间使用 x_{ij}				最终产品				总产出
		部门 1	部门 2	$\cdots$	部门 n	消费	积累	出口	小计 y_i	x_i
中间投入	部门 1	x_{11}	x_{12}	$\cdots$	x_{1n}				y_1	x_1
	部门 2	x_{21}	x_{22}	$\cdots$	x_{2n}				y_2	x_2
	$\vdots$	$\vdots$	$\vdots$		$\vdots$				$\vdots$	$\vdots$
	部门 n	x_{n1}	x_{n2}	$\cdots$	x_{nn}				y_n	x_n
增加值	固定资产折旧 d_i	d_1	d_2	$\cdots$	d_n					
	劳动报酬 v_i	v_1	v_2	$\cdots$	v_n					
	税利 m_i	m_1	m_2	$\cdots$	m_n					
	小计 z_i	z_1	z_2	$\cdots$	z_n					
总投入 x_j		x_1	x_2	$\cdots$	x_n					

在投入产出法中,线性代数起着重要的作用. 下面我们来看看投入产出法的基本思路.

在一个生产周期内,对应于每个部门 $j(j = 1, 2, \cdots, n)$,存在一个 n 维列向量 $\boldsymbol{\alpha}_j = (a_{1j}, a_{2j}, \cdots, a_{nj})^{\mathrm{T}}$,它的各个分量 a_{ij} 表示第 j 个部门每产出一个单位(如 1 万元)产品消耗第 $i(i=1, 2, \cdots, n)$ 个部门的产品数量,即 $a_{ij} = \dfrac{x_{ij}}{x_j}$. 把这 n 个向量 $\boldsymbol{\alpha}_j$ 并列起来可以构成 $n \times n$ 矩阵 $\boldsymbol{A}$,称为直接消耗系数矩阵. 各部门对应的最终产品量和总产出量分别用 n 维列向量 $\boldsymbol{y} = (y_1, y_2, \cdots, y_n)^{\mathrm{T}}$ 和 $\boldsymbol{x} = (x_1, x_2, \cdots, x_n)^{\mathrm{T}}$ 表示.

投入产出的基本平衡关系如下.

(1)从左到右:中间使用+最终产品=总产出.

(2)从上到下:中间投入+增加值=总投入.

故有

$$x_{i1}+x_{i2}+\cdots+x_{in}+y_i=x_i(i=1,\ 2,\ \cdots,\ n),$$

$$x_{1j}+x_{2j}+\cdots+x_{nj}+z_j=x_j(j=1,\ 2,\ \cdots,\ n).$$

设某地区有 3 个重要的产业,分别是煤炭、电力和铁路.某年内它们每万元产出的消耗向量 $\boldsymbol{\alpha}_j(j=1,2,3)$、最终产品向量 $\boldsymbol{y}$ 和总产出向量 $\boldsymbol{x}$ 如表 3 所示.

表 3 单位:万元

产业	每万元产出的消耗			最终产品 $\boldsymbol{y}$	总产出 $\boldsymbol{x}$
	煤炭 $\boldsymbol{\alpha}_1$	电力 $\boldsymbol{\alpha}_2$	铁路 $\boldsymbol{\alpha}_3$		
煤炭	0	0.35	0.4	5 000	x_1
电力	0.25	0.05	0.1	2 500	x_2
铁路	0.4	0.15	0.1	0	x_3

这里

$$\boldsymbol{\alpha}_1=\begin{pmatrix}0\\0.25\\0.4\end{pmatrix},\boldsymbol{\alpha}_2=\begin{pmatrix}0.35\\0.05\\0.15\end{pmatrix},\boldsymbol{\alpha}_3=\begin{pmatrix}0.4\\0.1\\0.1\end{pmatrix},$$

其中 $\boldsymbol{\alpha}_1$ 表明煤炭产业每产出 1 万元煤炭,要消耗 0 万元煤炭、0.25 万元电力和 0.4 万元铁路运输费, $\boldsymbol{\alpha}_2$ 和 $\boldsymbol{\alpha}_3$ 的各分量的含义与此类同.

最终产品向量 $\boldsymbol{y}=(5\ 000,2\ 500,0)^{\mathrm{T}}$ 表明煤炭、电力和铁路产业的最终产品量分别为 5 000 万元、2 500 万元和 0 万元.

求这 3 个产业该年度内的总产出 $\boldsymbol{x}=(x_1,x_2,x_3)^{\mathrm{T}}$.

解 由表 3 可知,直接消耗系数矩阵为

$$\boldsymbol{A}=(\boldsymbol{\alpha}_1,\boldsymbol{\alpha}_2,\boldsymbol{\alpha}_3)=\begin{pmatrix}0&0.35&0.4\\0.25&0.05&0.1\\0.4&0.15&0.1\end{pmatrix}.$$

煤炭、电力和铁路产业的总产出分别为 x_1,x_2,x_3,则它们的总消耗向量为 $\boldsymbol{\alpha}_1,\boldsymbol{\alpha}_2,\boldsymbol{\alpha}_3$ 的线性组合 $x_1\boldsymbol{\alpha}_1+x_2\boldsymbol{\alpha}_2+x_3\boldsymbol{\alpha}_3=\boldsymbol{Ax}$. 根据基本平衡关系(1)可得 $\boldsymbol{Ax}+\boldsymbol{y}=\boldsymbol{x}$,即线性方程组 $(\boldsymbol{E}-\boldsymbol{A})\boldsymbol{x}=\boldsymbol{y}$. 我们可用 MATLAB 来求解该线性方程组,相关代码及运行结果如下.

```
>> A = [0,0.35,0.4;0.25,0.05,0.1;0.4,0.15,0.1];
>> Y = [5000;2500;0];
>> X = (eye(3) - A) \Y
X =
        1.0e +003 *
```

```
8.8539
5.4718
4.8470
```

由以上结果知,该地区煤炭、电力和铁路产业该年度内的总产出分别为 8 853.9 万元、5 471.8 万元和4 847.0 万元.

2. 向量组的应用案例

例 4(药方配制问题) 某中药厂用 9 种中草药 A, B, …, I 配制 7 种成药,各成药中的中草药用量如表 4 所示.

表4 单位:g

中草药	1 号成药	2 号成药	3 号成药	4 号成药	5 号成药	6 号成药	7 号成药
A	10	2	14	12	20	38	100
B	12	0	12	25	35	60	55
C	5	3	11	0	5	14	0
D	7	9	25	5	15	47	35
E	0	1	2	25	5	33	6
F	25	5	35	5	35	55	50
G	9	4	17	25	2	39	25
H	6	5	16	10	10	35	10
I	8	2	12	0	0	6	20

试回答以下问题.

(1)某医院要购买这 7 种成药,但该中药厂的 3 号成药和 6 号成药已经卖完,请问能否用其他成药配制出这两种脱销的成药?

(2)现在该医院想用这 7 种成药配制 3 种新的特效药,表 5 给出了这 3 种新的特效药的成分,请问能否配制?如何配制?

表5 单位:g

中草药	1 号特效药	2 号特效药	3 号特效药
A	40	162	88
B	62	141	67
C	14	27	8
D	44	102	51
E	53	60	7
F	50	155	80
G	71	118	38
H	41	68	21
I	14	52	30

解 (1)把每一种成药看作一个 9 维列向量,记为 $\boldsymbol{\alpha}_1, \boldsymbol{\alpha}_2, \boldsymbol{\alpha}_3, \boldsymbol{\alpha}_4, \boldsymbol{\alpha}_5, \boldsymbol{\alpha}_6, \boldsymbol{\alpha}_7$. 若这 7 个列向量线性

无关,则 $\boldsymbol{\alpha}_3,\boldsymbol{\alpha}_6$ 不能用其余向量线性表示,即无法配制脱销的3号成药和6号成药;若这7个向量线性相关,且 $\boldsymbol{\alpha}_3,\boldsymbol{\alpha}_6$ 能用其余向量线性表示,则可以用其他成药配制3号成药和6号成药.

用MATLAB求解此问题的相关代码及运行结果如下.

```
>>a1 = [10;12;5;7;0;25;9;6;8];
>>a2 = [2;0;3;9;1;5;4;5;2];
>>a3 = [14;12;11;25;2;35;17;16;12];
>>a4 = [12;25;0;5;25;5;25;10;0];
>>a5 = [20;35;5;15;5;35;2;10;0];
>>a6 = [38;60;14;47;33;55;39;35;6];
>>a7 = [100;55;0;35;6;50;25;10;20];
>>A = [a1,a2,a3,a4,a5,a6,a7];
>>[U,id] = rref(A)
U =
        1     0     1     0     0     0     0
        0     1     2     0     0     3     0
        0     0     0     1     0     1     0
        0     0     0     0     1     1     0
        0     0     0     0     0     0     1
        0     0     0     0     0     0     0
        0     0     0     0     0     0     0
        0     0     0     0     0     0     0
        0     0     0     0     0     0     0
id =
        1     2     4     5     7
```

可知 $\boldsymbol{\alpha}_1,\boldsymbol{\alpha}_2,\boldsymbol{\alpha}_4,\boldsymbol{\alpha}_5,\boldsymbol{\alpha}_7$ 为极大无关组,且 $\boldsymbol{\alpha}_3$ 可由 $\boldsymbol{\alpha}_1,\boldsymbol{\alpha}_2$ 线性表示,$\boldsymbol{\alpha}_6$ 可由 $\boldsymbol{\alpha}_2,\boldsymbol{\alpha}_4,\boldsymbol{\alpha}_5$ 线性表示. 故可以配制3号成药和6号成药.

(2) 将3种特效药分别用向量 $\boldsymbol{v}_1,\boldsymbol{v}_2,\boldsymbol{v}_3$ 表示,则问题转化为:向量组 $\boldsymbol{v}_1,\boldsymbol{v}_2,\boldsymbol{v}_3$ 能否由向量组 $\boldsymbol{\alpha}_1,\boldsymbol{\alpha}_2,\boldsymbol{\alpha}_3,\boldsymbol{\alpha}_4,\boldsymbol{\alpha}_5,\boldsymbol{\alpha}_6,\boldsymbol{\alpha}_7$ 线性表示. 若能表示,则可配制;否则不能配制.

用MATLAB求解该问题的相关代码及运行结果如下.

```
>>v1 = [40;62;14;44;53;50;71;41;14];
>>v2 = [162;141;27;102;60;155;118;68;52];
>>v3 = [88;67;8;51;7;80;38;21;30];
>>B = [a1,a2,a3,a4,a5,a6,a7,v1,v2,v3];
>>[U,id] = rref(B)
U =
        1     0     1     0     0     0     0     1     3     0
        0     1     2     0     0     3     0     3     4     0
        0     0     0     1     0     1     0     2     2     0
        0     0     0     0     1     1     0     0     0     0
        0     0     0     0     0     0     1     0     1     0
        0     0     0     0     0     0     0     0     0     1
```

```
     0     0     0     0     0     0     0     0     0     0
     0     0     0     0     0     0     0     0     0     0
     0     0     0     0     0     0     0     0     0     0
id =
     1     2     4     5     7    10
```

可知 $\boldsymbol{\alpha}_1,\boldsymbol{\alpha}_2,\boldsymbol{\alpha}_4,\boldsymbol{\alpha}_5,\boldsymbol{\alpha}_7,\boldsymbol{v}_3$ 为一个极大无关组．由“U”的第八、第九两列可以看出

$$\boldsymbol{v}_1=\boldsymbol{\alpha}_1+3\boldsymbol{\alpha}_2+2\boldsymbol{\alpha}_4,\boldsymbol{v}_2=3\boldsymbol{\alpha}_1+4\boldsymbol{\alpha}_2+2\boldsymbol{\alpha}_4+\boldsymbol{\alpha}_7,$$

即能配制 1 号和 2 号特效药．而 $\boldsymbol{v}_3$ 在极大无关组中，不能被线性表示，所以不能配制 3 号特效药．可用 1 号、2 号、4 号成药按 $82\times1:31\times3:107\times2=41:46:107$ 的比例来配制 1 号特效药；可用 1 号、2 号、4 号、7 号成药按

$$82\times3:31\times4:107\times2:301\times1=246:124:214:301$$

的比例来配制 2 号特效药．

三、矩阵对角化的应用案例

在生态学、社会学、经济学和工程科技等许多领域中经常要对随时间变化的动态系统进行数学建模，此类系统中的某些量常按离散时间间隔来测量，这样就产生了与时间间隔相应的向量序列 $\boldsymbol{x}_0,\boldsymbol{x}_1,\boldsymbol{x}_2,\cdots$，其中 $\boldsymbol{x}_n$ 表示第 n 次测量时系统状态的相关信息，而 $\boldsymbol{x}_0$ 称为初始向量．如果存在矩阵 $\boldsymbol{A}$ 使 $\boldsymbol{x}_1=\boldsymbol{A}\boldsymbol{x}_0,\boldsymbol{x}_2=\boldsymbol{A}\boldsymbol{x}_1,\cdots$，即

$$\boldsymbol{x}_{n+1}=\boldsymbol{A}\boldsymbol{x}_n\ (n=0,1,2,\cdots),$$

则可用矩阵的对角化方法来求通项 $\boldsymbol{x}_n$.

例 5（人口迁徙模型）　设某一个城市的总人口是固定的，其人口的分布因居民在市区和郊区之间迁徙而变化．每年有 5% 的市区居民搬到郊区，而有 15% 的郊区居民搬到市区．若开始时有 700 000 人口居住在市区，300 000 人口居住在郊区，请回答下列问题．

(1) 10 年后、30 年后、50 年后市区和郊区的人口数各是多少？

(2) 随着时间增加，市区人口数和郊区人口数的比例会收敛吗？如果收敛，其极限是多少？

解　(1) 把 n 年后的人口向量 $\boldsymbol{\alpha}_n$ 用市区人口数和郊区人口数两个分量来表示，即 $\boldsymbol{\alpha}_n=(x_n,y_n)^{\mathrm{T}}$，其中 x_n,y_n 分别为 n 年后的市区人口数和郊区人口数．

在 $n=0$ 的初始状态，人口向量为 $\boldsymbol{\alpha}_0=\begin{pmatrix}x_0\\y_0\end{pmatrix}=\begin{pmatrix}700\ 000\\300\ 000\end{pmatrix}$．由题意可得，在 $n+1$ 年的人口分布状态为

$$\begin{cases}x_{n+1}=0.95x_n+0.15y_n,\\y_{n+1}=0.05x_n+0.85y_n,\end{cases}$$

其矩阵形式为

$$\begin{pmatrix}x_{n+1}\\y_{n+1}\end{pmatrix}=\begin{pmatrix}0.95&0.15\\0.05&0.85\end{pmatrix}\begin{pmatrix}x_n\\y_n\end{pmatrix}.$$

记 $\boldsymbol{A}=\begin{pmatrix}0.95&0.15\\0.05&0.85\end{pmatrix}$，则上式可表示为 $\boldsymbol{\alpha}_{n+1}=\boldsymbol{A}\boldsymbol{\alpha}_n,n=0,1,2,\cdots$．由此递推可得到 n 年后市区和郊区

的人口分布

$$\boldsymbol{\alpha}_n = \boldsymbol{A}\boldsymbol{\alpha}_{n-1} = \boldsymbol{A}^2\boldsymbol{\alpha}_{n-2} = \cdots = \boldsymbol{A}^n\boldsymbol{\alpha}_0.$$

我们可用 MATLAB 来计算 $\boldsymbol{\alpha}_{10},\boldsymbol{\alpha}_{30},\boldsymbol{\alpha}_{50}$,相关代码及运行结果如下.

```
>> A = [0.95,0.15;0.05,0.85];
>> a0 = [700000;300000];
>> a10 = A^10 * a0
>> a30 = A^30 * a0
>> a50 = A^50 * a0
a10 =
          1.0e +005 *
             7.4463
             2.5537
a30 =
          1.0e +005 *
             7.4994
             2.5006
a50 =
          1.0e +005 *
             7.5000
             2.5000
```

故

$$\boldsymbol{\alpha}_{10} = \begin{pmatrix} 744\ 630 \\ 255\ 370 \end{pmatrix}, \boldsymbol{\alpha}_{30} = \begin{pmatrix} 749\ 940 \\ 250\ 060 \end{pmatrix}, \boldsymbol{\alpha}_{50} = \begin{pmatrix} 750\ 000 \\ 250\ 000 \end{pmatrix}.$$

(2)随着时间 n 增加,可以猜测市区人口数和郊区人口数趋向于 $\begin{pmatrix} 750\ 000 \\ 250\ 000 \end{pmatrix}$.

为证明此猜测,可以将 $\boldsymbol{A}$ 对角化来计算 $\boldsymbol{A}^n$.

设 $\boldsymbol{A} = \boldsymbol{P}\boldsymbol{D}\boldsymbol{P}^{-1}$,其中 $\boldsymbol{D}$ 为对角矩阵,则 $\boldsymbol{A}^n = \boldsymbol{P}\boldsymbol{D}^n\boldsymbol{P}^{-1}$,$\boldsymbol{\alpha}_n = \boldsymbol{A}^n\boldsymbol{\alpha}_0 = \boldsymbol{P}\boldsymbol{D}^n\boldsymbol{P}^{-1}\boldsymbol{\alpha}_0$. 再用 MATLAB 计算 $\boldsymbol{\alpha}_n$,相关代码及运行结果如下.

```
>> [P,D] = jordan(A)
>> syms n
>> an = P * D.^n * inv(P) * a0                    %D.^n 表示对矩阵 D 的每个元素作 n 次方幂运算
P =
        0.7500        0.2500
        0.2500       -0.2500
D =
        1.0000             0
             0        0.8000
an =
     750000 -50000 * (4/5)^n
     250000 +50000 * (4/5)^n
```

显然有

$$\boldsymbol{\alpha}_n=\begin{pmatrix}750\ 000-50\ 000\left(\dfrac{4}{5}\right)^n\\ 250\ 000+50\ 000\left(\dfrac{4}{5}\right)^n\end{pmatrix}\to\begin{pmatrix}750\ 000\\250\ 000\end{pmatrix}(n\to+\infty).$$

而稳态值之比 750 000∶250 000 = 3∶1，即市区人口数和郊区人口数之比收敛于 3∶1.

例 6（生物学应用） 在常染色体遗传中，个体从它的亲本的每一个基因对中遗传一个基因，以形成它自己特殊的基因对．如果一个亲本是 Aa 型，后代从这个亲本遗传获得 A 基因或 a 基因的概率是相等的．如果一个亲本是 aa 型，另一个亲本是 Aa 型，后代总是从 aa 型中接受一个 a 基因，再从 Aa 型亲本以同等概率接受一个 A 基因或 a 基因，结果后代为 aa 型或 Aa 型的概率是相同的．由亲本基因的可能组合，得到后代的可能基因型的概率分布，如表 6 所示．

表 6

		亲本基因型					
		$AA-AA$	$AA-Aa$	$AA-aa$	$Aa-Aa$	$Aa-aa$	$aa-aa$
后代基因型	AA	1	$\frac{1}{2}$	0	$\frac{1}{4}$	0	0
	Aa	0	$\frac{1}{2}$	1	$\frac{1}{2}$	$\frac{1}{2}$	0
	aa	0	0	0	$\frac{1}{4}$	$\frac{1}{2}$	1

假定某农民有一大片作物，该片作物的基因型由 3 种可能基因型 AA,Aa,aa 的某种分布组成，农民采用的育种方案是：作物总体中的每种作物总是用基因型 AA 的作物来授粉（对应于亲本基因型的前 3 列）．请导出在任何一个后代总体中 3 种可能基因型的分布表达式．

解 设 a_n,b_n,c_n 分别是第 n 代中 AA,Aa,aa 基因型在作物中所占的比例，其中 $a_n+b_n+c_n=1(n=0,1,2,\cdots)$，$a_0,b_0,c_0$ 表示原始分布比例．由表 6 中亲本基因型的前 3 列可知，其后代基因型的分布比例 a_{n+1},b_{n+1},c_{n+1} 满足

$$\begin{cases}a_{n+1}=a_n+0.5b_n,\\ b_{n+1}=\qquad 0.5b_n+c_n,\\ c_{n+1}=0.\end{cases}$$

记

$$\boldsymbol{x}_n=\begin{pmatrix}a_n\\b_n\\c_n\end{pmatrix},\boldsymbol{M}=\begin{pmatrix}1&0.5&0\\0&0.5&1\\0&0&0\end{pmatrix},$$

则 $\boldsymbol{x}_{n+1}=\boldsymbol{M}\boldsymbol{x}_n,n=0,1,2,\cdots$．由此可得 $\boldsymbol{x}_n=\boldsymbol{M}\boldsymbol{x}_{n-1}=\boldsymbol{M}^2\boldsymbol{x}_{n-2}=\cdots=\boldsymbol{M}^n\boldsymbol{x}_0$．可知 $\boldsymbol{M}$ 可以对角化，将 $\boldsymbol{M}$ 分解为 $\boldsymbol{M}=\boldsymbol{P}\boldsymbol{D}\boldsymbol{P}^{-1}$，其中 $\boldsymbol{D}$ 为对角矩阵，则 $\boldsymbol{x}_n=\boldsymbol{P}\boldsymbol{D}^n\boldsymbol{P}^{-1}\boldsymbol{x}_0$．

用 MATLAB 来求解本题的相关代码及运行结果如下．

```
>>M = [1 0.5 0;0 0.5 1;0 0 0];
```

```
>> [P,D] = jordan(M);
>> syms n a0 b0 c0;
>> x0 = [a0;b0;c0];
>> Xn = P * D.^n * inv(P) * x0
Xn =
       a0 + (1 - (1/2)^n) * b0 + (1 - 2 * (1/2)^n) * c0
                           (1/2)^n * b0 + 2 * (1/2)^n * c0
                                                        0
```

可知3种可能基因型的分布表达式为

$$\begin{cases} a_n = a_0 + (1-0.5^n)b_0 + (1-2\times 0.5^n)c_0, \\ b_n = \qquad 0.5^n b_0 + \qquad 2\times 0.5^n c_0, \\ c_n = 0, \end{cases}$$

其中 $a_0+b_0+c_0=1$.

四、二次型的应用案例

设 $\boldsymbol{A}$ 为 n 阶实对称矩阵,$\boldsymbol{x}=(x_1,x_2,\cdots,x_n)^{\mathrm{T}}\neq\boldsymbol{0}$,则

$$R(\boldsymbol{x})=\frac{\boldsymbol{x}^{\mathrm{T}}\boldsymbol{A}\boldsymbol{x}}{\boldsymbol{x}^{\mathrm{T}}\boldsymbol{x}}$$

称为矩阵 $\boldsymbol{A}$ 的**瑞利商**(Rayleigh Quotient).

当 $\boldsymbol{x}$ 为 $\boldsymbol{A}$ 的特征向量时,$R(\boldsymbol{x})$ 等于该特征向量对应的特征值.

将 $\boldsymbol{A}$ 的全部特征值按从大到小排列为 $\lambda_1\geqslant\lambda_2\geqslant\cdots\geqslant\lambda_n$,对应的正交单位特征向量分别为 $\boldsymbol{\gamma}_1,\boldsymbol{\gamma}_2,\cdots,\boldsymbol{\gamma}_n$.

令 $\boldsymbol{Q}=(\boldsymbol{\gamma}_1,\boldsymbol{\gamma}_2,\cdots,\boldsymbol{\gamma}_n)$,则 $\boldsymbol{Q}$ 为正交矩阵,且 $\boldsymbol{Q}^{\mathrm{T}}\boldsymbol{A}\boldsymbol{Q}=\mathrm{diag}(\lambda_1,\lambda_2,\cdots,\lambda_n)$.

令 $\boldsymbol{y}=(y_1,y_2,\cdots,y_n)^{\mathrm{T}}$,对 $R(\boldsymbol{x})$ 做正交变换 $\boldsymbol{x}=\boldsymbol{Q}\boldsymbol{y}$,可得

$$R(\boldsymbol{x})=\frac{\boldsymbol{x}^{\mathrm{T}}\boldsymbol{A}\boldsymbol{x}}{\boldsymbol{x}^{\mathrm{T}}\boldsymbol{x}}=\frac{\boldsymbol{y}^{\mathrm{T}}\boldsymbol{Q}^{\mathrm{T}}\boldsymbol{A}\boldsymbol{Q}\boldsymbol{y}}{\boldsymbol{y}^{\mathrm{T}}\boldsymbol{Q}^{\mathrm{T}}\boldsymbol{Q}\boldsymbol{y}}=\frac{\lambda_1y_1^2+\lambda_2y_2^2+\cdots+\lambda_ny_n^2}{y_1^2+y_2^2+\cdots+y_n^2}.$$

由于

$$\lambda_n(y_1^2+y_2^2+\cdots+y_n^2)\leqslant\lambda_1y_1^2+\lambda_2y_2^2+\cdots+\lambda_ny_n^2\leqslant\lambda_1(y_1^2+y_2^2+\cdots+y_n^2),$$

所以 $\lambda_n\leqslant R(\boldsymbol{x})\leqslant\lambda_1$. 当 $\boldsymbol{x}=k\boldsymbol{\gamma}_1(k\neq 0)$ 时,

$$R(\boldsymbol{x})=\frac{\boldsymbol{x}^{\mathrm{T}}\boldsymbol{A}\boldsymbol{x}}{\boldsymbol{x}^{\mathrm{T}}\boldsymbol{x}}=\frac{k^2\boldsymbol{\gamma}_1^{\mathrm{T}}\boldsymbol{A}\boldsymbol{\gamma}_1}{k^2\boldsymbol{\gamma}_1^{\mathrm{T}}\boldsymbol{\gamma}_1}=\frac{\lambda_1\boldsymbol{\gamma}_1^{\mathrm{T}}\boldsymbol{\gamma}_1}{\boldsymbol{\gamma}_1^{\mathrm{T}}\boldsymbol{\gamma}_1}=\lambda_1=R(\boldsymbol{x})_{\max}.$$

同理,当 $\boldsymbol{x}=k\boldsymbol{\gamma}_n(k\neq 0)$ 时,$R(\boldsymbol{x})_{\min}=\lambda_n$.

定理 设 $\boldsymbol{A}$ 为 n 阶对称矩阵,λ_1 和 λ_n 分别为 $\boldsymbol{A}$ 的最大特征值和最小特征值,对应的单位特征向量分别为 $\boldsymbol{\gamma}_1$ 和 $\boldsymbol{\gamma}_n$.

(1)当 $\boldsymbol{x}=k\boldsymbol{\gamma}_1(k\neq 0)$ 时,瑞利商 $R(\boldsymbol{x})$ 取得最大值 λ_1.

(2)当 $\boldsymbol{x}=k\boldsymbol{\gamma}_n(k\neq 0)$ 时,瑞利商 $R(\boldsymbol{x})$ 取得最小值 λ_n.

特别地，在约束条件$\|\boldsymbol{x}\|=1$下，$R(\boldsymbol{x})=\boldsymbol{x}^{\mathrm{T}}\boldsymbol{A}\boldsymbol{x}$的最大值和最小值分别为$\lambda_1,\lambda_n$，对应的$\boldsymbol{x}$分别为$\lambda_1,\lambda_n$所对应的单位特征向量．

例7 某市政府计划用一笔资金来修$100x$ km的公路和修整$100y$ km^{2}的公园，政府部门必须在两个项目上合理分配资金．

假设x和y必须满足约束条件$16x^2+25y^2\leqslant 400$ $(x\geqslant 0,y\geqslant 0)$．如图2所示，图中阴影部分为可行集，其中每个点$(x,y)$表示一个可能的方案．经济学家常利用效用函数$q(x,y)=xy$来衡量方案$(x,y)$的效用．

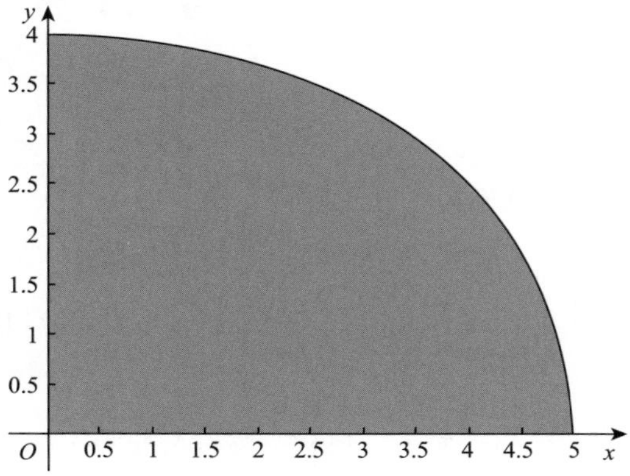

图2

现在要在约束曲线

$$16x^2+25y^2=400(x\geqslant 0,y\geqslant 0)$$

上求一点(x,y)，使效用函数$q(x,y)=xy$达到最大值．

解 约束条件$16x^2+25y^2=400$可变形为

$$\left(\frac{x}{5}\right)^2+\left(\frac{y}{4}\right)^2=1.$$

令$x=5x_1,y=4y_1$，则约束条件变为$x_1^2+y_1^2=1(x_1\geqslant 0,y_1\geqslant 0)$，而效用函数变为

$$q(x,y)=(5x_1)(4y_1)=20x_1y_1=(x_1,y_1)\begin{pmatrix}0&10\\10&0\end{pmatrix}\begin{pmatrix}x_1\\y_1\end{pmatrix}.$$

设$\boldsymbol{x}=\begin{pmatrix}x_1\\y_1\end{pmatrix}$，$\boldsymbol{A}=\begin{pmatrix}0&10\\10&0\end{pmatrix}$，则效用函数可表示为$q(x,y)=\boldsymbol{x}^{\mathrm{T}}\boldsymbol{A}\boldsymbol{x}(\|\boldsymbol{x}\|=1)$．

经计算可得$\boldsymbol{A}$的特征值为10，-10，对应于特征值10的单位特征向量为$\boldsymbol{\alpha}=\pm\left(\frac{1}{\sqrt{2}},\frac{1}{\sqrt{2}}\right)^{\mathrm{T}}$．

当$\boldsymbol{x}=\boldsymbol{\alpha}=\left(\frac{1}{\sqrt{2}},\frac{1}{\sqrt{2}}\right)^{\mathrm{T}}$，即$x_1=y_1=\frac{1}{\sqrt{2}}$时，$q(x,y)$取到最大值10．即当

$$x=5x_1=\frac{5}{\sqrt{2}}\approx 3.54,y=4y_1=\frac{4}{\sqrt{2}}\approx 2.83$$

时，效用函数$q(x,y)$取到最大值，所以最优的方案是修建约354 km的公路和修整约283 km^{2}的公园．

习题参考答案或提示

习题 1.1

一、基础题

1. $\begin{pmatrix} -1 & -\frac{4}{3} & \frac{8}{3} \\ 1 & \frac{4}{3} & -1 \end{pmatrix}$.　　2. (1) $(10,6)$；(2) $\begin{pmatrix} 3 & 6 & 9 & 12 \\ 2 & 4 & 6 & 8 \\ 1 & 2 & 3 & 4 \end{pmatrix}$；(3) $\begin{pmatrix} 6 & -7 & 8 \\ 20 & -3 & 6 \end{pmatrix}$；

(4) $a_{11}x_1^2 + a_{22}x_2^2 + a_{33}x_3^2 + 2a_{12}x_1x_2 + 2a_{13}x_1x_3 + 2a_{23}x_2x_3$.

3. $\boldsymbol{PA} = \begin{pmatrix} \lambda_1 a_{11} & \lambda_1 a_{12} & \lambda_1 a_{13} \\ \lambda_2 a_{21} & \lambda_2 a_{22} & \lambda_2 a_{23} \end{pmatrix}, \boldsymbol{AQ} = \begin{pmatrix} a_{11}\mu_1 & a_{12}\mu_2 & a_{13}\mu_3 \\ a_{21}\mu_1 & a_{22}\mu_2 & a_{23}\mu_3 \end{pmatrix}$.

4. (1) $\begin{pmatrix} 0 & 5 \\ 3 & -1 \end{pmatrix}$；(2) $\begin{pmatrix} -2 & -3 & -1 \\ 2 & 6 & 4 \\ 4 & 8 & 4 \end{pmatrix}$.

5. $\begin{pmatrix} 0 & 0 \\ 0 & 0 \end{pmatrix}$.　　6. $\begin{pmatrix} a & 0 \\ c & a \end{pmatrix}$，$a, c$ 为任意数．　　7. 提示：利用定义．

二、提高题

8. D.　　9. $\begin{pmatrix} \cos n\theta & -\sin n\theta \\ \sin n\theta & \cos n\theta \end{pmatrix}$.　　10. 提示：利用乘法结合律．　　11. 提示：利用乘法分配律．

习题 1.2

一、基础题

1. (1) $\begin{pmatrix} 1 & 0 & 0 & 0 \\ 3 & -2 & 0 & 0 \\ 0 & 0 & 1 & 0 \\ 0 & 0 & 0 & 1 \end{pmatrix}$；(2) $\begin{pmatrix} 1 & 2 & 0 & 0 & 0 \\ 0 & 1 & 0 & 0 & 0 \\ 3 & 3 & 3 & 2 & 3 \\ 1 & 4 & 2 & 3 & -1 \\ 9 & 8 & 2 & 1 & 3 \end{pmatrix}$；(3) $\begin{pmatrix} 25 & 0 & 0 & 0 \\ 0 & 25 & 0 & 0 \\ 0 & 0 & 1 & 0 \\ 0 & 0 & 45 & 16 \end{pmatrix}$.

2. (1) $\begin{pmatrix} 1 & 0 & 0 & -2 \\ 0 & 1 & 0 & 3 \\ 0 & 0 & 1 & 1 \end{pmatrix}$；(2) $\begin{pmatrix} 1 & 0 & 0 \\ 0 & 1 & 0 \\ 0 & 0 & 1 \end{pmatrix}$；(3) $\begin{pmatrix} 1 & 0 & -1 & 0 & 4 \\ 0 & 1 & -1 & 0 & 3 \\ 0 & 0 & 0 & 1 & -3 \\ 0 & 0 & 0 & 0 & 0 \end{pmatrix}$.

3. $\boldsymbol{B} = \begin{pmatrix} 1 & 0 & k \\ 0 & 1 & 0 \\ 0 & 0 & 1 \end{pmatrix}\boldsymbol{A}, \boldsymbol{C} = \begin{pmatrix} 1 & 0 & 0 \\ 0 & 0 & 1 \\ 0 & 1 & 0 \end{pmatrix}\boldsymbol{A}, \boldsymbol{D} = \boldsymbol{A}\begin{pmatrix} 1 & 0 & 0 & 0 \\ 0 & 3 & 0 & 0 \\ 0 & 0 & 1 & 0 \\ 0 & 0 & 0 & 1 \end{pmatrix}$.

4. (1)$\begin{pmatrix} C & D \\ A & B \end{pmatrix},\begin{pmatrix} B & A \\ D & C \end{pmatrix}$; (2)$\begin{pmatrix} A & B \\ KC & KD \end{pmatrix},\begin{pmatrix} A & BK \\ C & DK \end{pmatrix}$; (3)$\begin{pmatrix} A & B \\ C+KA & D+KB \end{pmatrix},\begin{pmatrix} A+BK & B \\ C+DK & D \end{pmatrix}$.

二、提高题

5. A. 6. D. 7. 提示:将 $\boldsymbol{A}$ 按列分块,$\boldsymbol{A}^2=\boldsymbol{A}^{\mathrm{T}}\boldsymbol{A}$. 8. $\begin{pmatrix} 0 & 4 & 5 \\ -1 & 3 & 2\,020 \\ 1 & 2 & -2\,021 \end{pmatrix}$.

习题 1.3

一、基础题

1. (1)1; (2)-11; (3)-21. 2. (1)正号; (2)负号. 3. (1)-24; (2)$abcd$.

4. $x_1=1,x_2=-1$.

二、提高题

5. -5. 6. 当 $abc\neq0$ 时,有唯一解 $x=-a,y=b,z=c$.

习题 1.4

一、基础题

1. (1)-160; (2)$\prod_{i=1}^{n-1}(i-x)$; (3)$2-n$; (4)$(-a)^{n-1}\left(\sum_{i=1}^{n}x_i-a\right)$.

2. 提示:(1)将第二、第三、第四列分别减去第一列;(2)按第一列拆分为两个行列式的和;(3)将第一行减去第二行,第三行减去第四行,再化为上三角形行列式.

3. $|\boldsymbol{B}|=2$. 4. 提示:$\boldsymbol{A}^{\mathrm{T}}=-\boldsymbol{A}$,两边取行列式.

二、提高题

5. 40. 6. 12. 7. (1)4^n; (2)-4^{n-1}. 8. $x_1=1,\ x_2=-1,\ x_3=2,\ x_4=-2$.

9. 提示:用第一种初等列变换将行列式化为$\begin{vmatrix} \boldsymbol{A} & \boldsymbol{O} \\ \boldsymbol{O} & \boldsymbol{B} \end{vmatrix}$形式.

10. 提示:用分块矩阵的初等变换将行列式化为$\begin{vmatrix} \boldsymbol{A}-\boldsymbol{B} & \boldsymbol{B} \\ \boldsymbol{O} & \boldsymbol{A}+\boldsymbol{B} \end{vmatrix}$形式.

习题 1.5

一、基础题

1. (1)75; (2)$(a_1a_4-b_1b_4)(a_2a_3-b_2b_3)$; (3)$b^4-a^4$; (4)$abcd$; (5)$a^2-e^2$; (6)0.

2. $\boldsymbol{A}^*=\begin{pmatrix} -7 & -4 & 9 \\ 6 & 3 & -7 \\ 3 & 2 & -4 \end{pmatrix}$;验证略. 3. -15.

二、提高题

4. B. 5. C. 6. B 7. -27. 8. -4. 9. $2^{n+1}-2$. 10. -28.

11. $\left(1+\sum_{i=1}^{n}\frac{a_i}{b_i}\right)\prod_{i=1}^{n}b_i$. 12. 提示:按第一列展开,用递推法.

习题 1.6

一、基础题

1. (1)$\begin{pmatrix}3 & -2\\2 & -1\end{pmatrix}$; (2)$\begin{pmatrix}a^{-1} & 0 & 0\\-(ab)^{-1} & b^{-1} & 0\\(abc)^{-1} & -(bc)^{-1} & c^{-1}\end{pmatrix}$; (3)$\begin{pmatrix}(abc)^{-1} & -(bc)^{-1} & c^{-1}\\-(ab)^{-1} & b^{-1} & 0\\a^{-1} & 0 & 0\end{pmatrix}$.

2. (1)$\begin{pmatrix}1 & -2 & 7\\0 & 1 & -2\\0 & 0 & 1\end{pmatrix}$; (2)$\begin{pmatrix}1 & -3 & 2\\-3 & 3 & -1\\2 & -1 & 0\end{pmatrix}$; (3)$\begin{pmatrix}3 & -5 & 0 & 0\\-1 & 2 & 0 & 0\\0 & 0 & 5 & -2\\0 & 0 & -2 & 1\end{pmatrix}$;

(4)$\begin{pmatrix}0 & 0 & 0 & a_4^{-1}\\a_1^{-1} & 0 & 0 & 0\\0 & a_2^{-1} & 0 & 0\\0 & 0 & a_3^{-1} & 0\end{pmatrix}$.

3. (1)$\begin{pmatrix}2 & -23\\0 & 8\end{pmatrix}$; (2)$\begin{pmatrix}2 & 3 & 2\\1 & 2 & 3\\1 & 2 & 1\end{pmatrix}$; (3)$\begin{pmatrix}3 & -1\\2 & 0\\1 & -1\end{pmatrix}$.

4. $\begin{pmatrix}-1 & 0 & 0\\0 & -1 & -1\\0 & -3 & -2\end{pmatrix}$.　　5. $\begin{pmatrix}2 & 0 & 1\\0 & 3 & 0\\1 & 0 & 2\end{pmatrix}$.　　6. 提示:利用定义.

二、提高题

7. A.　　8. $\frac{1}{2}(\boldsymbol{A}+2\boldsymbol{E})$.　　9. $\begin{pmatrix}3 & & \\ & 3 & \\ & & -1\end{pmatrix}$.　　10. $\frac{1}{8}$.　　11. $\begin{pmatrix}1 & 1 & 4\\1 & 1 & 4\\9 & 9 & 0\end{pmatrix}$.

12. (1)提示:利用初等矩阵.　(2)$\boldsymbol{E}(i,j)$.

13. (1)提示:$(\boldsymbol{A}-\boldsymbol{E})(\boldsymbol{B}-\boldsymbol{E})=\boldsymbol{E}$.　(2)提示:$(\boldsymbol{B}-\boldsymbol{E})(\boldsymbol{A}-\boldsymbol{E})=\boldsymbol{E}$.

14. 提示:$\boldsymbol{A}^*=|\boldsymbol{A}|\boldsymbol{A}^{-1}$.　　15. 提示:分 $\boldsymbol{A}$ 可逆和不可逆两种情形进行证明.

16. (1)$\begin{pmatrix}\boldsymbol{A} & \boldsymbol{C}\\\boldsymbol{O} & \boldsymbol{B}\end{pmatrix}^{-1}=\begin{pmatrix}\boldsymbol{A}^{-1} & -\boldsymbol{A}^{-1}\boldsymbol{C}\boldsymbol{B}^{-1}\\\boldsymbol{O} & \boldsymbol{B}^{-1}\end{pmatrix}$; (2)$\begin{pmatrix}\boldsymbol{C} & \boldsymbol{A}\\\boldsymbol{B} & \boldsymbol{O}\end{pmatrix}^{-1}=\begin{pmatrix}\boldsymbol{O} & \boldsymbol{B}^{-1}\\\boldsymbol{A}^{-1} & -\boldsymbol{A}^{-1}\boldsymbol{C}\boldsymbol{B}^{-1}\end{pmatrix}$.

习题 1.7

一、基础题

1. $x_1=1, x_2=0, x_3=0$.　　2. $\lambda\neq1,-2$.　　3. $\lambda=1,\frac{1}{2}$.　　4. (1)2;　(2)3.

5. (1)$k=-6$;　(2)$k\neq-6$.

二、提高题

6. 1.　　7. 1.　　8. -3.　　9. 2.

10. (1)提示:对分块矩阵施行初等列变换,$(\boldsymbol{A},\boldsymbol{B})\xrightarrow{c_2\leftrightarrow c_1}(\boldsymbol{B},\boldsymbol{A})$.

(2)提示:对分块矩阵施行初等行变换,$\begin{pmatrix}\boldsymbol{A} & \boldsymbol{O}\\ \boldsymbol{O} & \boldsymbol{B}\end{pmatrix}\xrightarrow{r_1+\boldsymbol{E}_m\times r_2}\begin{pmatrix}\boldsymbol{A} & \boldsymbol{B}\\ \boldsymbol{O} & \boldsymbol{B}\end{pmatrix}$.

11. 提示:对分块矩阵施行初等变换,将其化为准对角矩阵.

12. 提示:对分块矩阵施行初等变换,将其化为准对角矩阵.

第 1 章总复习题

一、单项选择题

1. D. 2. B. 3. C. 4. C. 5. C. 6. C. 7. B.

8. D. 9. C. 10. A. 11. A. 12. C. 13. B.

二、填空题

1. $\lambda^4+\lambda^3+2\lambda^2+3\lambda+4$. 2. $\frac{1}{9}$. 3. -1. 4. $\frac{3}{2}$. 5. $-\boldsymbol{E}$.

6. -1. 7. -1. 8. $\frac{1}{1-n}$. 9. 2.

三、计算与证明题

1. (1)$(-1)^{n-1}\frac{(n+1)!}{2}$. 提示:先将后 $n-1$ 列加到第一列,再按第一列展开.

(2)$-2(n-2)!$. 提示:将各行减去第二行.

2. 提示:按第一行展开,用递推法.

3. $\begin{pmatrix}0 & a_1^{-1} & 0 & \cdots & 0 & 0\\ 0 & 0 & a_2^{-1} & \cdots & 0 & 0\\ \vdots & \vdots & \vdots & & \vdots & \vdots\\ 0 & 0 & 0 & \cdots & 0 & a_{n-1}^{-1}\\ a_n^{-1} & 0 & 0 & \cdots & 0 & 0\end{pmatrix}$. 4. $\begin{pmatrix}5 & -2 & -1\\ -2 & 2 & 0\\ -1 & 0 & 1\end{pmatrix}$. 5. $\begin{pmatrix}-3 & -1 & 1\\ -5 & -5 & 0\\ -4 & -3 & -2\end{pmatrix}$.

6. $\boldsymbol{A}(\boldsymbol{C}-\boldsymbol{B})^{\mathrm{T}}=\boldsymbol{E},\boldsymbol{A}=\begin{pmatrix}1 & 0 & 0 & 0\\ -2 & 1 & 0 & 0\\ 1 & -2 & 1 & 0\\ 0 & 1 & -2 & 1\end{pmatrix}$. 7. $\frac{1}{4}\begin{pmatrix}1 & 1 & 0\\ 0 & 1 & 1\\ 1 & 0 & 1\end{pmatrix}$. 8. $\begin{pmatrix}2 & & \\ & -4 & \\ & & 2\end{pmatrix}$.

9. (1)提示:$(\boldsymbol{A}-2\boldsymbol{E})(\boldsymbol{B}-4\boldsymbol{E})=8\boldsymbol{E}$. (2)$\begin{pmatrix}0 & 2 & 0\\ -1 & -1 & 0\\ 0 & 0 & -2\end{pmatrix}$.

10. $\begin{pmatrix}6 & 0 & 0 & 0\\ 0 & 6 & 0 & 0\\ 6 & 0 & 6 & 0\\ 0 & 3 & 0 & -1\end{pmatrix}$. 11. $\begin{pmatrix}1 & 2 & 5\\ 0 & 1 & 2\\ 0 & 0 & 1\end{pmatrix}$. 12. (1)$a=0$; (2)$\begin{pmatrix}3 & 1 & -2\\ 1 & 1 & -1\\ 2 & 1 & -1\end{pmatrix}$.

13. 提示:将 $\boldsymbol{A}^*\boldsymbol{A}=-\boldsymbol{A}^{\mathrm{T}}\boldsymbol{A}$ 展开,并比较主对角元.

14. (1)提示:$\boldsymbol{A}\begin{pmatrix}1\\\vdots\\1\end{pmatrix}=a\begin{pmatrix}1\\\vdots\\1\end{pmatrix}$. (2)提示:$\boldsymbol{A}^{-1}\begin{pmatrix}1\\\vdots\\1\end{pmatrix}=a^{-1}\begin{pmatrix}1\\\vdots\\1\end{pmatrix}$.

15. 提示:(1)利用 $\boldsymbol{A}$ 的等价标准形. (2)利用乘法结合律.

16. 提示:利用定义.

17. 提示:对行列式施行分块初等变换,将其化为$\begin{vmatrix}\boldsymbol{E}-\boldsymbol{AB} & \boldsymbol{A}\\ \boldsymbol{O} & \boldsymbol{E}\end{vmatrix}$形式.

18. 提示:对行列式施行分块初等变换,将其化为$\begin{vmatrix}\boldsymbol{A} & \boldsymbol{B}\\ \boldsymbol{O} & \boldsymbol{D}-\boldsymbol{CA}^{-1}\boldsymbol{B}\end{vmatrix}$形式.

习题 2.1

一、基础题

1. (1)无解; (2)$\begin{cases}x_1=-2k-1,\\x_2=\quad k+2,\\x_3=\quad k,\end{cases}$ k 为任意常数;

(3)$\begin{cases}x_1=\dfrac{2}{5}k+1,\\x_2=\qquad 0,\\x_3=\dfrac{9}{5}k+1,\\x_4=\quad k,\end{cases}$ k 为任意常数; (4)$\begin{cases}x_1=\dfrac{3}{2}k_1-\dfrac{3}{4}k_2+\dfrac{5}{4},\\x_2=\dfrac{3}{2}k_1+\dfrac{7}{4}k_2-\dfrac{1}{4},\\x_3=\quad k_1,\\x_4=\qquad k_2,\end{cases}$ k_1,k_2 为任意常数.

2. (1)$\begin{cases}x_1=\dfrac{4}{3}k,\\x_2=-3k,\\x_3=\dfrac{4}{3}k,\\x_4=\quad k,\end{cases}$ k 为任意常数; (2)$\begin{cases}x_1=\dfrac{3}{17}k_1-\dfrac{13}{17}k_2,\\x_2=\dfrac{19}{17}k_1-\dfrac{20}{17}k_2,\\x_3=\quad k_1,\\x_4=\qquad k_2,\end{cases}$ k_1,k_2 为任意常数.

3. $\lambda=1$;$\begin{cases}x_1=-k_1-k_2,\\x_2=\quad k_1,\\x_3=\qquad k_2,\end{cases}$ 其中 k_1,k_2 为任意常数.

4. 当 $a\neq-3,2$ 时,有唯一解;当 $a=-3$ 时,无解;

当 $a=2$ 时,有无穷个解:$\begin{cases}x_1=\quad 5k,\\x_2=-4k+1,\\x_3=\quad k,\end{cases}$ 其中 k 为任意常数.

二、提高题

5. D. 6. -1. 7. -2.

8. (1)当 $a\neq1$ 时,方程组有唯一解; (2)当 $a=1,b\neq-1$ 时,方程组无解;

(3)当 $a=1,b=-1$ 时,方程组有无穷个解:$\begin{cases} x_1 = k_1 + k_2 - 1, \\ x_2 = -2k_1 - 2k_2 + 1, \\ x_3 = k_1, \\ x_4 = k_2, \end{cases}$ 其中 k_1,k_2 为任意常数.

习题 2.2

一、基础题

1. 能线性表示,$\boldsymbol{\beta}=\boldsymbol{\alpha}_1-\boldsymbol{\alpha}_2+2\boldsymbol{\alpha}_3$.

2. (1)当 $b\neq 2$,a 为任意数时,$\boldsymbol{\beta}$ 不能由 $\boldsymbol{\alpha}_1,\boldsymbol{\alpha}_2,\boldsymbol{\alpha}_3$ 线性表示.

(2)当 $b=2,a\neq 1$ 时,$\boldsymbol{\beta}$ 可由 $\boldsymbol{\alpha}_1,\boldsymbol{\alpha}_2,\boldsymbol{\alpha}_3$ 唯一线性表示,且 $\boldsymbol{\beta}=-\boldsymbol{\alpha}_1+2\boldsymbol{\alpha}_2$.

(3)当 $b=2,a=1$ 时,$\boldsymbol{\beta}=-(1+2k)\boldsymbol{\alpha}_1+(2+k)\boldsymbol{\alpha}_2+k\boldsymbol{\alpha}_3$,其中 k 为任意常数.

3. 提示:利用初等行变换计算 $R(\boldsymbol{A}),R(\boldsymbol{A},\boldsymbol{B}),R(\boldsymbol{B})$.

4. 提示:证明向量组 $\boldsymbol{\alpha}_1,\boldsymbol{\alpha}_2,\boldsymbol{\alpha}_3$ 可由向量组 $\boldsymbol{\beta}_1,\boldsymbol{\beta}_2,\boldsymbol{\beta}_3$ 线性表示.

5. 提示:利用初等行变换计算 $R(\boldsymbol{A}),R(\boldsymbol{A},\boldsymbol{B}),R(\boldsymbol{B})$.

二、提高题

6. C.

7. 能,$\boldsymbol{\beta}_1=(1+k_1)\boldsymbol{\alpha}_1-(1+k_1)\boldsymbol{\alpha}_2+k_1\boldsymbol{\alpha}_3$,$\boldsymbol{\beta}_2=(1+k_2)\boldsymbol{\alpha}_1+(1-k_2)\boldsymbol{\alpha}_2+k_2\boldsymbol{\alpha}_3$,其中 k_1,k_2 为任意常数.

8. (1)$a=2$; (2)$\begin{pmatrix} 3-6k_1 & 4-6k_2 & 4-6k_3 \\ -1+2k_1 & -1+2k_2 & -1+2k_3 \\ k_1 & k_2 & k_3 \end{pmatrix}$,其中 k_1,k_2,k_3 为任意常数,且 $k_2\neq k_3$.

9. 提示:利用矩阵方程 $\boldsymbol{AX}=\boldsymbol{B}$ 和 $\boldsymbol{BX}=\boldsymbol{A}$ 有解的条件.

10. 提示:(1)利用矩阵方程 $\boldsymbol{AX}=\boldsymbol{E}_m$ 有解的条件;

(2)将 $\boldsymbol{XA}=\boldsymbol{E}_n$ 两边转置,再利用 $\boldsymbol{AX}=\boldsymbol{B}$ 有解的条件.

习题 2.3

一、基础题

1. (1)线性相关; (2)线性无关.

2. 当 $a=2,-1$ 时,$\boldsymbol{\alpha}_1,\boldsymbol{\alpha}_2,\boldsymbol{\alpha}_3$ 线性相关;当 $a\neq 2,-1$ 时,$\boldsymbol{\alpha}_1,\boldsymbol{\alpha}_2,\boldsymbol{\alpha}_3$ 线性无关.

3. 当 $t=3$ 时,$\boldsymbol{\alpha}_1,\boldsymbol{\alpha}_2,\boldsymbol{\alpha}_3$ 线性相关;当 $t\neq 3$ 时,$\boldsymbol{\alpha}_1,\boldsymbol{\alpha}_2,\boldsymbol{\alpha}_3$ 线性无关.

4. 提示:利用定义. 5. $t=\pm 1$.

6. 提示:证明向量组 $\boldsymbol{\alpha}_1,\boldsymbol{\alpha}_2,\cdots,\boldsymbol{\alpha}_n$ 与 $\boldsymbol{\varepsilon}_1,\boldsymbol{\varepsilon}_2,\cdots,\boldsymbol{\varepsilon}_n$ 等价.

二、提高题

7. C. 8. A. 9. A. 10. 2.

11. 提示:(充分性)$\boldsymbol{\varepsilon}_1,\boldsymbol{\varepsilon}_2,\cdots,\boldsymbol{\varepsilon}_n$ 可由 $\boldsymbol{\alpha}_1,\boldsymbol{\alpha}_2,\cdots,\boldsymbol{\alpha}_n$ 线性表示;(必要性)对任意 $\boldsymbol{\beta}$,总有 $\boldsymbol{\alpha}_1,\boldsymbol{\alpha}_2,\cdots,\boldsymbol{\alpha}_n,\boldsymbol{\beta}$ 线性相关.

12. 提示:充分性用定义证明,必要性用反证法.

习题 2.4

一、基础题

1. (1)秩为 2,$\boldsymbol{\alpha}_1,\boldsymbol{\alpha}_2$ 为一个极大无关组,$\boldsymbol{\alpha}_3=\dfrac{3}{2}\boldsymbol{\alpha}_1-\dfrac{7}{2}\boldsymbol{\alpha}_2,\boldsymbol{\alpha}_4=\boldsymbol{\alpha}_1+2\boldsymbol{\alpha}_2$;

(2)秩为 3,$\boldsymbol{\alpha}_1,\boldsymbol{\alpha}_2,\boldsymbol{\alpha}_4$ 为一个极大无关组,且 $\boldsymbol{\alpha}_3=2\boldsymbol{\alpha}_1-\boldsymbol{\alpha}_2,\boldsymbol{\alpha}_5=-\boldsymbol{\alpha}_1+2\boldsymbol{\alpha}_2-\boldsymbol{\alpha}_4$.

2. (1)3; (2)2. 3. $a=2,b=5$. 4. 提示:利用不等式 $R(\boldsymbol{AB})\leqslant\min\{R(\boldsymbol{A}),R(\boldsymbol{B})\}$.

二、提高题

5. D. 6. B. 7. D. 8. B.

9. 提示:证明向量组 A 的极大无关组是向量组 (A,B) 的极大无关组.

10. 提示:利用矩阵 $\boldsymbol{C}$ 的等价标准形.

11. 提示:将矩阵 $(\boldsymbol{A},\boldsymbol{B})$,$\boldsymbol{A}+\boldsymbol{B}$ 的列向量用 $\boldsymbol{A}$ 与 $\boldsymbol{B}$ 的极大无关组线性表示.

习题 2.5

一、基础题

1. (1)$\boldsymbol{\eta}_1=\left(\dfrac{3}{5},\dfrac{1}{5},1,0\right)^{\mathrm{T}},\boldsymbol{\eta}_2=(0,1,0,1)^{\mathrm{T}},\boldsymbol{x}=k_1\boldsymbol{\eta}_1+k_2\boldsymbol{\eta}_2$,其中 k_1,k_2 为任意常数;

(2)$\boldsymbol{\eta}_1=\left(-\dfrac{1}{2},\dfrac{3}{2},1,0\right)^{\mathrm{T}},\boldsymbol{\eta}_2=(0,-1,0,1)^{\mathrm{T}},\boldsymbol{x}=k_1\boldsymbol{\eta}_1+k_2\boldsymbol{\eta}_2$,其中 k_1,k_2 为任意常数.

2. (1)$\boldsymbol{\gamma}=(-8,13,0,2)^{\mathrm{T}}+k(-1,1,1,0)^{\mathrm{T}}$,其中 k 为任意常数;

(2)$\boldsymbol{\gamma}=(1,-2,0,0)^{\mathrm{T}}+k_1(-9,1,7,0)^{\mathrm{T}}+k_2(1,-1,0,2)^{\mathrm{T}}$,其中 k_1,k_2 为任意常数.

3. 提示:证明 $\boldsymbol{\eta}_1+\boldsymbol{\eta}_2,\boldsymbol{\eta}_1-\boldsymbol{\eta}_2,\boldsymbol{\eta}_1+\boldsymbol{\eta}_2+\boldsymbol{\eta}_3$ 线性无关. 4. 提示:利用解的定义.

5. 提示:(充分性)证明 $\boldsymbol{\gamma}_1,\boldsymbol{\gamma}_2,\cdots,\boldsymbol{\gamma}_s$ 线性无关;(必要性)利用不等式 $R(\boldsymbol{AB})\leqslant\min\{R(\boldsymbol{A}),R(\boldsymbol{B})\}$.

二、提高题

6. C. 7. B. 8. C. 9. D. 10. $k(1,1,\cdots,1)^{\mathrm{T}}$,其中 k 为任意常数.

11. $k(1,-2,1,0)^{\mathrm{T}}+(1,1,1,1)^{\mathrm{T}}$,其中 k 为任意常数.

12. 提示:利用定义. 13. 提示:利用定义.

14. 提示:若 $\boldsymbol{AB}=\boldsymbol{O}$,则 $R(\boldsymbol{A})+R(\boldsymbol{B})\leqslant\boldsymbol{A}$ 的列数.

15. 提示:利用 $\boldsymbol{AA}^*=|\boldsymbol{A}|\boldsymbol{E}$ 和 $\boldsymbol{Ax}=\boldsymbol{0}$ 的基础解系.

16. 提示:证明线性方程组 $(\boldsymbol{A}^{\mathrm{T}}\boldsymbol{A})\boldsymbol{x}=\boldsymbol{0}$ 与 $\boldsymbol{Ax}=\boldsymbol{0}$ 同解.

习题 2.6

一、基础题

1. (1)是,基为 $\boldsymbol{\alpha}_1=(1,1,0)^{\mathrm{T}},\boldsymbol{\alpha}_2=(-1,0,1)^{\mathrm{T}}$,二维;

(2)是,基为 $\boldsymbol{\alpha}_1=\left(3,\dfrac{3}{2},1\right)^{\mathrm{T}}$,一维;

(3)是,基为 $\boldsymbol{\alpha}_1=(-2,1,0,\cdots,0)^{\mathrm{T}},\boldsymbol{\alpha}_2=(-3,0,1,\cdots,0)^{\mathrm{T}},\cdots,\boldsymbol{\alpha}_{n-1}=(-n,0,0,\cdots,1)^{\mathrm{T}}$,$n-1$ 维;

(4)不是.

2. 证明略;$\boldsymbol{\beta}_1,\boldsymbol{\beta}_2$ 在基 A 下的坐标分别为 $\left(\dfrac{2}{3},-\dfrac{2}{3},-1\right)^{\mathrm{T}},\left(\dfrac{4}{3},1,\dfrac{2}{3}\right)^{\mathrm{T}}$.

3. $\begin{pmatrix} -27 & -71 & -41 \\ 9 & 20 & 9 \\ 4 & 12 & 8 \end{pmatrix}$.　　4. 6.

二、提高题

5. A.　　6. (1) $\begin{pmatrix} 2 & 0 & 0 & 0 \\ 1 & 1 & 0 & 0 \\ 0 & 1 & 1 & 0 \\ 0 & 0 & 1 & 1 \end{pmatrix}$;　(2) $\boldsymbol{y}=(1,1,1,1)^{\mathrm{T}}$.

第 2 章总复习题

一、单项选择题

1. D.	2. D.	3. D.	4. B.	5. D.	6. A.	7. D.
8. B.	9. B.	10. A.	11. C.	12. B.	13. A.	14. D
15. A.	16. C.	17. C.	18. A.	19. D.	20. C.	21. D.
22. C.	23. D	24. C.	25. C.			

二、填空题

1. 2.　2. $\frac{11}{9}$.　3. 1.　4. -3.　5. 8.　6. $k(1,-2,1)^{\mathrm{T}}$, k 为任意常数.

7. 6.　8. 6.　9. $\begin{pmatrix} 2 & 3 \\ -1 & -2 \end{pmatrix}$.

三、计算与证明题

1. (1) 当 $a\neq 0, 5b$ 时, 有唯一解;　(2) 当 $a=0, 5b$ 时, 无解.

2. 提示: 3 个方程所构成的线性方程组有唯一解的充分必要条件是 $R(\boldsymbol{A})=R(\overline{\boldsymbol{A}})=2$.

3. (1) 当 $a=-4$ 时, $\boldsymbol{\alpha}_1,\boldsymbol{\alpha}_2$ 线性相关; 当 $a\neq -4$ 时, $\boldsymbol{\alpha}_1,\boldsymbol{\alpha}_2$ 线性无关.

(2) 当 $a=-4$ 或 $\frac{3}{2}$ 时, $\boldsymbol{\alpha}_1,\boldsymbol{\alpha}_2,\boldsymbol{\alpha}_3$ 线性相关; 当 $a\neq -4$ 且 $a\neq\frac{3}{2}$ 时, $\boldsymbol{\alpha}_1,\boldsymbol{\alpha}_2,\boldsymbol{\alpha}_3$ 线性无关.

(3) 当 a 为任意数时, $\boldsymbol{\alpha}_1,\boldsymbol{\alpha}_2,\boldsymbol{\alpha}_3,\boldsymbol{\alpha}_4$ 线性相关.

4. 提示: 证明两向量组等价.

5. 当 m 为奇数时, 线性无关; 当 m 为偶数时, 线性相关. 提示: 由已知条件得

$$(\boldsymbol{\beta}_1,\boldsymbol{\beta}_2,\cdots,\boldsymbol{\beta}_m)=(\boldsymbol{\alpha}_1,\boldsymbol{\alpha}_2,\cdots,\boldsymbol{\alpha}_m)\begin{pmatrix} 1 & 0 & 0 & \cdots & 1 \\ 1 & 1 & 0 & \cdots & 0 \\ 0 & 1 & 1 & \cdots & 0 \\ \vdots & \vdots & \vdots & & \vdots \\ 0 & 0 & 0 & \cdots & 1 \end{pmatrix},$$

讨论右边 m 阶矩阵的可逆性.

6. 提示: 证明两向量组的秩相等.

7. 提示: 利用定义证. 已知条件可化为 $(\boldsymbol{A}-\boldsymbol{E})^2\boldsymbol{\alpha}_2=\boldsymbol{0}$, $(\boldsymbol{A}-\boldsymbol{E})^2\boldsymbol{\alpha}_3=(\boldsymbol{A}-\boldsymbol{E})\boldsymbol{\alpha}_2=\boldsymbol{\alpha}_1$.

8. $a=15, b=5$.

9. $a\neq -1$. 当 $a\neq \pm 1$ 时，$\boldsymbol{\beta}_3=\boldsymbol{\alpha}_1-\boldsymbol{\alpha}_2+\boldsymbol{\alpha}_3$；当 $a=1$ 时，$\boldsymbol{\beta}_3=(3-2k)\boldsymbol{\alpha}_1+(k-2)\boldsymbol{\alpha}_2+k\boldsymbol{\alpha}_3$，其中 k 为任意常数.

10. 提示：利用不等式 $R(\boldsymbol{AB})\leqslant\min\{R(\boldsymbol{A}),R(\boldsymbol{B})\}$.

11. 提示：利用不等式 $R(\boldsymbol{AB})\leqslant\min\{R(\boldsymbol{A}),R(\boldsymbol{B})\}$，$R(\boldsymbol{A}+\boldsymbol{B})\leqslant R(\boldsymbol{A})+R(\boldsymbol{B})$.

12. 提示：(1)利用不等式 $R(\boldsymbol{AB})\leqslant\min\{R(\boldsymbol{A}),R(\boldsymbol{B})\}$；(2)不妨设 $\boldsymbol{\alpha}=k\boldsymbol{\beta}$.

13. $t=1$，基础解系为 $\boldsymbol{\eta}_1=(1,-1,1,0)^{\mathrm{T}}$，$\boldsymbol{\eta}_2=(0,-1,0,1)^{\mathrm{T}}$.

14. $t_1^s+(-1)^{s+1}t_2^s\neq 0$.　　15. $\boldsymbol{B}=\begin{pmatrix}-1&-2\\1&0\\0&1\end{pmatrix}$.　　16. $a=2, b=1, c=2$.

17. 当 $a=1$ 时，公共解为 $\boldsymbol{x}=k(-1,0,1)^{\mathrm{T}}$，其中 k 为任意常数；

当 $a=2$ 时，公共解为 $\boldsymbol{x}=(0,1,-1)^{\mathrm{T}}$.

18. (1)(Ⅰ)的基础解系为 $\boldsymbol{\eta}_1=(0,0,1,0)^{\mathrm{T}}$，$\boldsymbol{\eta}_2=(-1,1,0,1)^{\mathrm{T}}$；

(Ⅱ)的基础解系为 $\boldsymbol{\xi}_1=(0,1,1,0)^{\mathrm{T}}$，$\boldsymbol{\xi}_2=(-1,-1,0,1)^{\mathrm{T}}$.

(2)公共解为 $\boldsymbol{x}=k(-1,1,2,1)^{\mathrm{T}}$，其中 k 为任意常数.

19. (1)基础解系为 $\boldsymbol{\eta}_1=(0,0,1,0)^{\mathrm{T}}$，$\boldsymbol{\eta}_2=(-1,1,0,1)^{\mathrm{T}}$；

(2)有非零公共解 $\boldsymbol{\xi}=k(-1,1,1,1)^{\mathrm{T}}$，$k\neq 0$.

20. (1)提示：$\boldsymbol{Ax}=\boldsymbol{\alpha}$ 的解为 $\boldsymbol{\eta}=(1,1,0,0)^{\mathrm{T}}+k(-1,-2,-1,1)^{\mathrm{T}}$($k$ 为任意数)，证明 $\boldsymbol{B\eta}=\boldsymbol{\beta}$ 即可.

(2)$a=1$.

21. (1)提示：可得导出组至少有2个线性无关解.

(2)$a=2, b=-3$，通解为 $(2,-3,0,0)^{\mathrm{T}}+k_1(-2,1,1,0)^{\mathrm{T}}+k_2(4,-5,0,1)^{\mathrm{T}}$，其中 k_1,k_2 为任意常数.

22. (1)$a=0$；　(2)通解为 $\boldsymbol{x}=k(0,-1,1)^{\mathrm{T}}+(1,-2,0)^{\mathrm{T}}$，其中 k 为任意常数.

23. (1)$|\boldsymbol{A}|=1-a^4$；

(2)$a=-1$，通解为 $\boldsymbol{x}=k(1,1,1,1)^{\mathrm{T}}+(0,-1,0,0)^{\mathrm{T}}$，其中 k 为任意常数.

24. (1)$\lambda=-1, a=-2$；

(2)通解为 $\boldsymbol{x}=k(1,0,1)^{\mathrm{T}}+\left(\dfrac{3}{2},-\dfrac{1}{2},0\right)^{\mathrm{T}}$，其中 k 为任意常数.

25. 当 $k\neq 9$ 时，通解为 $\boldsymbol{x}=k_1(1,2,3)^{\mathrm{T}}+k_2(3,6,k)^{\mathrm{T}}$，其中 k_1,k_2 为任意常数.

当 $k=9$ 时，(1)若 $R(\boldsymbol{A})=2$，通解为 $\boldsymbol{x}=k(1,2,3)^{\mathrm{T}}$，其中 k 为任意常数；

(2)若 $R(\boldsymbol{A})=1$，不妨设 $a\neq 0$，通解为 $\boldsymbol{x}=k_1\left(-\dfrac{b}{a},1,0\right)^{\mathrm{T}}+k_2\left(-\dfrac{c}{a},0,1\right)^{\mathrm{T}}$，其中 k_1,k_2 为任意常数.

26. $\boldsymbol{C}=\begin{pmatrix}1+k_1+k_2&-k_1\\k_1&k_2\end{pmatrix}$，其中 k_1,k_2 为任意常数.

27. 通解为 $k(\boldsymbol{\alpha}_1-\boldsymbol{\alpha}_2)+\boldsymbol{\alpha}_1$，其中 k 为任意常数.

28. (1)$\boldsymbol{\xi}_2=\begin{pmatrix}-\dfrac{1}{2}+\dfrac{k}{2}\\\dfrac{1}{2}-\dfrac{k}{2}\\k\end{pmatrix}$，其中 k 为任意常数；$\boldsymbol{\xi}_3=\begin{pmatrix}-\dfrac{1}{2}-a\\a\\b\end{pmatrix}$，其中 a,b 为任意常数.

(2)提示:证明行列式$|\boldsymbol{\xi}_1,\boldsymbol{\xi}_2,\boldsymbol{\xi}_3|\neq 0$.

29. 当$a\neq 1,-2$时,有唯一解$\boldsymbol{X}=\begin{pmatrix} 1 & \frac{3a}{a+2} \\ 0 & \frac{a-4}{a+2} \\ -1 & 0 \end{pmatrix}$;当$a=-2$时,无解;

当$a=1$时,有无穷个解,$\boldsymbol{X}=\begin{pmatrix} 1 & 1 \\ -1-k_1 & -1-k_2 \\ k_1 & k_2 \end{pmatrix}$,其中$k_1,k_2$为任意常数.

30. (1)$a=5$;　(2)$\boldsymbol{\beta}_1=2\boldsymbol{\alpha}_1+4\boldsymbol{\alpha}_2-\boldsymbol{\alpha}_3,\boldsymbol{\beta}_2=\boldsymbol{\alpha}_1+2\boldsymbol{\alpha}_2,\boldsymbol{\beta}_3=5\boldsymbol{\alpha}_1+10\boldsymbol{\alpha}_2-2\boldsymbol{\alpha}_3$.

31. (1)$a=3,b=2,c=-2$;　(2)证明略,$\begin{pmatrix} 1 & 1 & 0 \\ -\frac{1}{2} & 0 & 1 \\ \frac{1}{2} & 0 & 0 \end{pmatrix}$.

32. (1)提示:证明$\boldsymbol{\beta}_1,\boldsymbol{\beta}_2,\boldsymbol{\beta}_3$线性无关.　(2)$k=0,\boldsymbol{\xi}=-c\boldsymbol{\alpha}_1+c\boldsymbol{\alpha}_3$,其中$c$为任意非零常数.

习题 3.1

一、基础题

1. (1)$\lambda_1=4,\lambda_2=-2$,对应的特征向量分别为$\boldsymbol{\alpha}_1=k_1(1,1)^{\mathrm{T}},\boldsymbol{\alpha}_2=k_2(-1,5)^{\mathrm{T}}$,其中$k_1,k_2$均不为0.

(2)$\lambda_1=\lambda_2=1,\lambda_3=-2$. $\lambda_1=\lambda_2=1$对应的特征向量为$\boldsymbol{\alpha}_1=k_1(-2,1,0)^{\mathrm{T}}+k_2(0,0,1)^{\mathrm{T}}$,其中$k_1,k_2$不全为0;$\lambda_3=-2$对应的特征向量为$\boldsymbol{\alpha}_3=k_3(-1,1,1)^{\mathrm{T}}$,其中$k_3\neq 0$.

(3)$\lambda_1=\lambda_2=\lambda_3=-1$,对应的特征向量为$k(-1,-1,1)^{\mathrm{T}}$,其中$k\neq 0$.

2. $\frac{1}{2}$.　　3. 16.　　4. $-1,3$.　　5. $a=1,-2;b=2$.

6. (1)1.　(2)$\lambda_1=\lambda_2=2,\lambda_3=0$;$\lambda_1=\lambda_2=2$对应的特征向量为$k_1(0,1,0)^{\mathrm{T}}+k_2(1,0,1)^{\mathrm{T}}$,其中$k_1,k_2$不同时为0,$\lambda_3=0$对应的特征向量为$k_3(-1,0,1)^{\mathrm{T}}$,其中$k_3\neq 0$.

7. 提示:特征值λ满足$\lambda^2-3\lambda+2=0$.　　8. 提示:证明$|\lambda\boldsymbol{E}-\boldsymbol{A}^{\mathrm{T}}|=|\lambda\boldsymbol{E}-\boldsymbol{A}|$.

二、提高题

9. A.　　10. B.　　11. 21.　　12. 2,0,3.　　13. 637.

习题 3.2

一、基础题

1. 360.

2. (1)可以,$\boldsymbol{P}=\begin{pmatrix} 1 & -1 \\ 1 & 5 \end{pmatrix}$,$\boldsymbol{P}^{-1}\boldsymbol{A}\boldsymbol{P}=\begin{pmatrix} 4 & \\ & -2 \end{pmatrix}$;

(2)可以,$\boldsymbol{P}=\begin{pmatrix} -2 & 0 & -1 \\ 1 & 0 & 1 \\ 0 & 1 & 1 \end{pmatrix}$,$\boldsymbol{P}^{-1}\boldsymbol{A}\boldsymbol{P}=\begin{pmatrix} 1 & & \\ & 1 & \\ & & -2 \end{pmatrix}$;　(3)不可以.

3. (1)$x=0,y=-2$； (2)$\boldsymbol{P}=\begin{pmatrix}0&0&-1\\-2&1&0\\1&1&1\end{pmatrix}$.

4. $\boldsymbol{A}=\boldsymbol{A}^5=\begin{pmatrix}1&0&0\\2&0&0\\6&-1&-1\end{pmatrix}$. 提示:将$\boldsymbol{A}$对角化.

二、提高题

5. C. 6. B. 7. B. 8. B. 9. 1. 10. 2.

11. (1)$a=-3,b=0,\boldsymbol{\xi}$对应的特征值为$-1$； (2)$\boldsymbol{A}$不可相似于对角矩阵.

12. $x=2,y=-2,\boldsymbol{P}=\begin{pmatrix}-1&1&1\\1&0&-2\\0&1&3\end{pmatrix}$,相似对角矩阵为$\begin{pmatrix}2&&\\&2&\\&&6\end{pmatrix}$.

13. 提示:$\boldsymbol{A\alpha}=(\boldsymbol{\beta}^{\mathrm{T}}\boldsymbol{\alpha})\boldsymbol{\alpha},R(\boldsymbol{A})=1$.

习题 3.3

一、基础题

1. $\boldsymbol{\gamma}_1=\frac{1}{\sqrt{2}}(0,1,1)^{\mathrm{T}},\boldsymbol{\gamma}_2=\frac{1}{\sqrt{6}}(2,1,-1)^{\mathrm{T}},\boldsymbol{\gamma}_3=\frac{1}{\sqrt{3}}(1,-1,1)^{\mathrm{T}}$.

2. $\boldsymbol{\alpha}=\pm\left(-\frac{4}{\sqrt{26}},0,-\frac{1}{\sqrt{26}},\frac{3}{\sqrt{26}}\right)^{\mathrm{T}}$.

3. 提示:计算两两向量的内积. 4. (1)是；(2)是. 5. 提示:利用定义.

二、提高题

6. A. 7. $\boldsymbol{x}=(1,0,0)^{\mathrm{T}}$. 8. 提示:利用定义,$\boldsymbol{AA}^{\mathrm{T}}=\boldsymbol{AA}^*=|\boldsymbol{A}|\boldsymbol{E}$.

9. 提示:证明$|-\boldsymbol{E}-\boldsymbol{A}|=0$. 10. 提示:证明$|\boldsymbol{E}-\boldsymbol{A}|=0$.

习题 3.4

一、基础题

1. (1)$\boldsymbol{Q}=\begin{pmatrix}-\frac{1}{\sqrt{2}}&\frac{1}{\sqrt{2}}\\\frac{1}{\sqrt{2}}&\frac{1}{\sqrt{2}}\end{pmatrix},\boldsymbol{Q}^{-1}\boldsymbol{AQ}=\begin{pmatrix}1&\\&3\end{pmatrix}$；

(2)$\boldsymbol{Q}=\begin{pmatrix}\frac{1}{\sqrt{3}}&-\frac{1}{\sqrt{2}}&-\frac{1}{\sqrt{6}}\\\frac{1}{\sqrt{3}}&\frac{1}{\sqrt{2}}&-\frac{1}{\sqrt{6}}\\\frac{1}{\sqrt{3}}&0&\frac{2}{\sqrt{6}}\end{pmatrix},\boldsymbol{Q}^{-1}\boldsymbol{AQ}=\begin{pmatrix}5&&\\&-1&\\&&-1\end{pmatrix}$；

(3) $\boldsymbol{Q}=\begin{pmatrix}0 & 1 & 0\\ -\frac{1}{\sqrt{2}} & 0 & \frac{1}{\sqrt{2}}\\ \frac{1}{\sqrt{2}} & 0 & \frac{1}{\sqrt{2}}\end{pmatrix}$, $\boldsymbol{Q}^{-1}\boldsymbol{AQ}=\begin{pmatrix}2 & & \\ & 4 & \\ & & 4\end{pmatrix}$.

2. (1) $x=0, y=1$;　　(2) $\boldsymbol{Q}=\begin{pmatrix}1 & 0 & 0\\ 0 & \frac{1}{\sqrt{2}} & -\frac{1}{\sqrt{2}}\\ 0 & \frac{1}{\sqrt{2}} & \frac{1}{\sqrt{2}}\end{pmatrix}$.

3. (1) $k(2,-2,1), k\neq 0$;　　(2) $\boldsymbol{A}=\frac{1}{3}\begin{pmatrix}-1 & 0 & 2\\ 0 & 1 & 2\\ 2 & 2 & 0\end{pmatrix}$.

4. $\boldsymbol{A}^n-2\boldsymbol{A}^{n-1}=\boldsymbol{O}$. 提示:先将 $\boldsymbol{A}$ 对角化,再计算 $\boldsymbol{A}^n-2\boldsymbol{A}^{n-1}$.

二、提高题

5. D.　　6. B.　　7. 2,0,0,0.　　8. $\begin{pmatrix}1 & 0 & 0\\ 0 & 0 & -1\\ 0 & -1 & 0\end{pmatrix}$.

9. 提示:证明 $\boldsymbol{A\alpha}_1=\lambda_1\boldsymbol{\alpha}_1, \boldsymbol{A\alpha}_2=\lambda_2\boldsymbol{\alpha}_2, \boldsymbol{A\alpha}_3=\lambda_3\boldsymbol{\alpha}_3$.

10. 提示:取正交矩阵 $\boldsymbol{Q}=(\boldsymbol{\alpha}_1,\boldsymbol{\alpha}_2,\boldsymbol{\alpha}_3)$,使 $\boldsymbol{Q}^{-1}\boldsymbol{AQ}=\mathrm{diag}(\lambda_1,\lambda_2,\lambda_3)$,计算 $\boldsymbol{A}$.

第 3 章总复习题

一、单项选择题

1. B.　　2. C.　　3. C.　　4. A.　　5. D.　　6. B.　　7. D.

8. A.　　9. D.　　10. D.　　11. A.　　12. A　　13. B

二、填空题

1. -1.　　2. $\frac{|\boldsymbol{A}|^2}{\lambda^2}+1$.　　3. $\frac{4}{3}$.　　4. 35.　　5. 1.　　6. 2.

7. -1.　　8. 16.　　9. 2.　　10. 2.　　11. 2.　　12. 2.

三、计算与证明题

1. 提示:证明 $\boldsymbol{A}$ 有两个不同的特征值.　　2. $a=c=2, b=-3, \lambda=1$.

3. (1) $\boldsymbol{B}=\begin{pmatrix}0 & 0 & 0\\ 1 & 0 & 3\\ 0 & 1 & -2\end{pmatrix}$;　(2) -4.

4. (1) $\boldsymbol{A}=\begin{pmatrix}1 & 1 & 1\\ 2 & -1 & 1\\ 0 & 1 & -1\end{pmatrix}$;　(2) $\boldsymbol{P}=\begin{pmatrix}0 & 1 & 4\\ -1 & 0 & 3\\ 1 & -2 & 1\end{pmatrix}$, $\boldsymbol{P}^{-1}\boldsymbol{AP}=\boldsymbol{\Lambda}=\begin{pmatrix}-2 & & \\ & -1 & \\ & & 2\end{pmatrix}$.

5. $\begin{cases}a=1,\\b=1,\end{cases}$或$\begin{cases}a=-1,\\b=3.\end{cases}$ 当 $a=1,b=1$ 时,$\boldsymbol{P}=\begin{pmatrix}-1&0&1\\1&0&1\\0&1&1\end{pmatrix}$,$\boldsymbol{P}^{-1}\boldsymbol{AP}=\mathrm{diag}(1,1,3)$;当 $a=-1$,$b=3$时,$\boldsymbol{P}=\begin{pmatrix}1&0&-1\\1&0&1\\0&1&1\end{pmatrix}$,$\boldsymbol{P}^{-1}\boldsymbol{AP}=\mathrm{diag}(3,3,1)$.

6. (1)$a=4,b=5$; (2)$\boldsymbol{P}=\begin{pmatrix}2&-3&-1\\1&0&-1\\0&1&1\end{pmatrix}$.

7. (1)$x=3,y=-2$; (2)$\boldsymbol{P}=\begin{pmatrix}-1&-1&-1\\2&1&2\\0&0&4\end{pmatrix}$.

8. 特征值为 $\lambda_1=\lambda_2=9,\lambda_3=3$. $\lambda_1=\lambda_2=9$ 对应的特征向量为 $k_1\begin{pmatrix}-1\\1\\0\end{pmatrix}+k_2\begin{pmatrix}-2\\0\\1\end{pmatrix}$,其中 k_1,k_2 是不全为 0 的数;$\lambda_3=3$ 对应的特征向量为 $k_3\begin{pmatrix}0\\1\\1\end{pmatrix}$,$k_3\neq 0$.

9. $a=-2,-\dfrac{2}{3}$. 当 $a=-2$ 时,$\boldsymbol{A}$ 能相似对角化;当 $a=-\dfrac{2}{3}$时,$\boldsymbol{A}$ 不能相似对角化.

10. (1)提示:利用定义. (2)$\begin{pmatrix}-1&0&0\\0&1&1\\0&0&1\end{pmatrix}$. 11. (1)$\boldsymbol{\beta}=2\boldsymbol{\xi}_1-2\boldsymbol{\xi}_2+\boldsymbol{\xi}_3$; (2)$\begin{pmatrix}2-2^{n+1}+3^n\\2-2^{n+2}+3^{n+1}\\2-2^{n+3}+3^{n+2}\end{pmatrix}$.

12. (1)$\boldsymbol{A}^{99}=\begin{pmatrix}-2+2^{99}&1-2^{99}&2-2^{98}\\-2+2^{100}&1-2^{100}&2-2^{99}\\0&0&0\end{pmatrix}$;

(2)$\boldsymbol{\beta}_1=(-2+2^{99})\boldsymbol{\alpha}_1+(-2+2^{100})\boldsymbol{\alpha}_2$, $\boldsymbol{\beta}_2=(1-2^{99})\boldsymbol{\alpha}_1+(1-2^{100})\boldsymbol{\alpha}_2$, $\boldsymbol{\beta}_3=(2-2^{98})\boldsymbol{\alpha}_1+(2-2^{99})\boldsymbol{\alpha}_2$.

13. $\boldsymbol{A}=\begin{pmatrix}-2&0&2\\0&-2&-2\\-6&-3&3\end{pmatrix}$,$\boldsymbol{A}^n=\begin{pmatrix}-4-(-2)^n&-2-(-2)^n&2\\4-(-2)^{n+1}&2-(-2)^{n+1}&-2\\-6&-3&3\end{pmatrix}$,$\begin{cases}x_n=8+(-2)^n,\\y_n=-8+(-2)^{n+1},\\z_n=12.\end{cases}$

14. (1)提示:证明 $\boldsymbol{A}\sim\mathrm{diag}(\lambda_1,\lambda_2,0)$,其中 $\lambda_1\neq 0,\lambda_2\neq 0$.
(2)$\boldsymbol{x}=k(1,2,-1)^{\mathrm{T}}+(1,1,1)^{\mathrm{T}}$,其中 k 为任意常数.

15. (1)提示:用反证法. (2)$\boldsymbol{P}^{-1}\boldsymbol{AP}=\begin{pmatrix}0&6\\1&-1\end{pmatrix}$,$\boldsymbol{A}$ 可以相似于对角矩阵.

16. 提示:$(\boldsymbol{\beta},\boldsymbol{A\beta},\boldsymbol{A}^2\boldsymbol{\beta})=(\boldsymbol{\alpha}_1,\boldsymbol{\alpha}_2,\boldsymbol{\alpha}_3)\begin{pmatrix}1&\lambda_1&\lambda_1^2\\1&\lambda_2&\lambda_2^2\\1&\lambda_3&\lambda_3^2\end{pmatrix}$. 17. 提示:$R\begin{pmatrix}\boldsymbol{A}\\\boldsymbol{B}\end{pmatrix}\leqslant R(\boldsymbol{A})+R(\boldsymbol{B})<n$.

18. $\boldsymbol{A} \sim \mathrm{diag}(1,1,0)$.　　19. $\boldsymbol{x}=(0,0,1)^{\mathrm{T}}$.

20. (1)$k(1,-1,1), k\neq 0$;　(2)$\begin{pmatrix} 4 & -1 & 1 \\ -1 & 4 & -1 \\ 1 & -1 & 4 \end{pmatrix}$.

21. (1)特征值为 0,0,3. 特征值 0 对应的特征向量为 $\boldsymbol{\alpha}_1=(-1,2,-1)^{\mathrm{T}}, \boldsymbol{\alpha}_2=(0,-1,1)^{\mathrm{T}}$;特征值 3 对应的特征向量为 $\boldsymbol{\alpha}_3=(1,1,1)^{\mathrm{T}}$.

(2)$\boldsymbol{Q}=\begin{pmatrix} -\frac{1}{\sqrt{6}} & -\frac{1}{\sqrt{2}} & \frac{1}{\sqrt{3}} \\ \frac{2}{\sqrt{6}} & 0 & \frac{1}{\sqrt{3}} \\ -\frac{1}{\sqrt{6}} & \frac{1}{\sqrt{2}} & \frac{1}{\sqrt{3}} \end{pmatrix}$,对角矩阵 $\boldsymbol{\Lambda}=\begin{pmatrix} 0 & & \\ & 0 & \\ & & 3 \end{pmatrix}$.

22. (1)$a=-2$;　(2)$\boldsymbol{P}=\begin{pmatrix} \frac{1}{\sqrt{3}} & \frac{1}{\sqrt{6}} & -\frac{1}{\sqrt{2}} \\ \frac{1}{\sqrt{3}} & -\frac{2}{\sqrt{6}} & 0 \\ \frac{1}{\sqrt{3}} & \frac{1}{\sqrt{6}} & \frac{1}{\sqrt{2}} \end{pmatrix}$.

23. (1)$\boldsymbol{P}=\begin{pmatrix} -\frac{1}{\sqrt{2}} & \frac{1}{\sqrt{2}} \\ \frac{1}{\sqrt{2}} & \frac{1}{\sqrt{2}} \end{pmatrix}, \boldsymbol{P}^{-1}\boldsymbol{AP}=\mathrm{diag}(-1,3)$;　(2)$\frac{1}{2}\begin{pmatrix} 3^n+(-1)^n & 3^n-(-1)^n & 0 \\ 3^n-(-1)^n & 3^n+(-1)^n & 0 \\ 0 & 0 & 2 \end{pmatrix}$.

24. (1)特征值为 $\lambda_1=-1, \lambda_2=1, \lambda_3=0$,对应的特征向量分别是 $\boldsymbol{\alpha}_1=\begin{pmatrix} 1 \\ 0 \\ -1 \end{pmatrix}, \boldsymbol{\alpha}_2=\begin{pmatrix} 1 \\ 0 \\ 1 \end{pmatrix}, \boldsymbol{\alpha}_3=\begin{pmatrix} 0 \\ 1 \\ 0 \end{pmatrix}$.

(2)$\boldsymbol{A}=\begin{pmatrix} 0 & 0 & 1 \\ 0 & 0 & 0 \\ 1 & 0 & 0 \end{pmatrix}$.

25. $\boldsymbol{P}=\begin{pmatrix} 1 & 1 & -1 \\ 1 & 0 & 1 \\ 0 & 1 & 1 \end{pmatrix}, \boldsymbol{P}^{-1}\boldsymbol{AP}=\begin{pmatrix} a+1 & & \\ & a+1 & \\ & & a-2 \end{pmatrix}, |\boldsymbol{A}-\boldsymbol{E}|=a^2(a-3)$.

26. (1)验证略. 特征值为 $\mu_1=-2, \mu_2=\mu_3=1$. 属于 $\mu_1=-2$ 的特征向量为 $k_1\begin{pmatrix} 1 \\ -1 \\ 1 \end{pmatrix}$,其中 $k_1\neq 0$;

属于 $\mu_2=\mu_3=1$ 的特征向量为 $k_2\begin{pmatrix} 1 \\ 1 \\ 0 \end{pmatrix}+k_3\begin{pmatrix} -1 \\ 0 \\ 1 \end{pmatrix}$,其中 k_2, k_3 不同时为零.

(2)$\boldsymbol{B}=\begin{pmatrix}0&1&-1\\1&0&1\\-1&1&0\end{pmatrix}$.

27. 提示:证明两矩阵相似于同一对角矩阵.

28. $\boldsymbol{A}\sim\mathrm{diag}(1,-1,0)$. 提示:证明$\boldsymbol{A}(\boldsymbol{\alpha}+\boldsymbol{\beta})=\boldsymbol{\alpha}+\boldsymbol{\beta}$,$\boldsymbol{A}(\boldsymbol{\alpha}-\boldsymbol{\beta})=-(\boldsymbol{\alpha}-\boldsymbol{\beta})$.

29. 提示:证明$\boldsymbol{P}^{-1}\boldsymbol{AP}$,$\boldsymbol{P}^{-1}\boldsymbol{BP}$为对角矩阵,对角矩阵可交换.

习题 4.1

一、基础题

1. (1)$\boldsymbol{A}=\begin{pmatrix}2&-2&1\\-2&0&-1\\1&-1&-2\end{pmatrix}$,$f(x_1,x_2,x_3)=(x_1,x_2,x_3)\begin{pmatrix}2&-2&1\\-2&0&-1\\1&-1&-2\end{pmatrix}\begin{pmatrix}x_1\\x_2\\x_3\end{pmatrix}$.

(2)$\boldsymbol{A}=\begin{pmatrix}0&1&3\\1&0&-2\\3&-2&0\end{pmatrix}$,$f(x_1,x_2,x_3)=(x_1,x_2,x_3)\begin{pmatrix}0&1&3\\1&0&-2\\3&-2&0\end{pmatrix}\begin{pmatrix}x_1\\x_2\\x_3\end{pmatrix}$.

(3)$\boldsymbol{A}=\begin{pmatrix}1&3&5\\3&5&7\\5&7&9\end{pmatrix}$,$f(x_1,x_2,x_3)=(x_1,x_2,x_3)\begin{pmatrix}1&3&5\\3&5&7\\5&7&9\end{pmatrix}\begin{pmatrix}x_1\\x_2\\x_3\end{pmatrix}$.

2. $a=-3$.

3. (1)$g(y_1,y_2,y_3)=-2y_1^2+y_2^2+4y_3^2$,$\begin{pmatrix}x_1\\x_2\\x_3\end{pmatrix}=\frac{1}{3}\begin{pmatrix}1&2&2\\2&1&-2\\2&-2&1\end{pmatrix}\begin{pmatrix}y_1\\y_2\\y_3\end{pmatrix}$;

(2)$g(y_1,y_2,y_3)=-y_1^2-y_2^2+2y_3^2$,$\begin{pmatrix}x_1\\x_2\\x_3\end{pmatrix}=\begin{pmatrix}-\frac{1}{\sqrt{2}}&\frac{1}{\sqrt{6}}&-\frac{1}{\sqrt{3}}\\\frac{1}{\sqrt{2}}&\frac{1}{\sqrt{6}}&-\frac{1}{\sqrt{3}}\\0&\frac{2}{\sqrt{6}}&\frac{1}{\sqrt{3}}\end{pmatrix}\begin{pmatrix}y_1\\y_2\\y_3\end{pmatrix}$.

4. 标准方程为$9x'^2+6y'^2+3z'^2=1$,它表示的是椭球面.

二、提高题

5. D. 6. A. 7. A. 8. C. 9. B. 10. 2.

11. (1)$a=1$; (2)$\begin{pmatrix}x_1\\x_2\\x_3\end{pmatrix}=\begin{pmatrix}\frac{1}{\sqrt{2}}&-\frac{1}{\sqrt{3}}&\frac{1}{\sqrt{6}}\\\frac{1}{\sqrt{2}}&\frac{1}{\sqrt{3}}&-\frac{1}{\sqrt{6}}\\0&\frac{1}{\sqrt{3}}&\frac{2}{\sqrt{6}}\end{pmatrix}\begin{pmatrix}y_1\\y_2\\y_3\end{pmatrix}$,标准形为$g(y_1,y_2,y_3)=6y_3^2$.

习题 4.2

一、基础题

1. (1)可逆线性变换为$\begin{pmatrix}x_1\\x_2\\x_3\end{pmatrix}=\begin{pmatrix}1&-1&1\\0&1&-2\\0&0&1\end{pmatrix}\begin{pmatrix}y_1\\y_2\\y_3\end{pmatrix}$,标准形为$g(y_1,y_2,y_3)=y_1^2+y_2^2$.

(2)可逆线性变换为$\begin{pmatrix}x_1\\x_2\\x_3\end{pmatrix}=\begin{pmatrix}1&-1&\frac{1}{3}\\0&1&\frac{2}{3}\\0&0&1\end{pmatrix}\begin{pmatrix}y_1\\y_2\\y_3\end{pmatrix}$,标准形为$g(y_1,y_2,y_3)=2y_1^2+3y_2^2+\frac{5}{3}y_3^2$.

2. 可逆线性变换为$\begin{pmatrix}x_1\\x_2\\x_3\end{pmatrix}=\begin{pmatrix}0&0&1\\0&1&5\\1&\frac{1}{3}&2\end{pmatrix}\begin{pmatrix}y_1\\y_2\\y_3\end{pmatrix}$,标准形为$g(y_1,y_2,y_3)=3y_1^2-\frac{1}{3}y_2^2+8y_3^2$.

3. (1)$h(z_1,z_2,z_3)=z_1^2+z_2^2-z_3^2,r=3,p=2,r-p=1$;

(2)$h(z_1,z_2,z_3)=z_1^2+z_2^2-z_3^2,r=3,p=2,r-p=1$;

(3)$h(z_1,z_2,z_3)=z_1^2,r=1,p=1,r-p=0$.

4. 只有$\boldsymbol{C}$与$\boldsymbol{A}$合同.

二、提高题

5. B. 6. C. 7. B.

8. (1)$a=1,9$; (2)$1<a\leqslant 9$; (3)$a<1$.

提示:二次型的矩阵$\boldsymbol{A}$合同于对角矩阵$\mathrm{diag}(1,a-1,a-9)$.

9. (1)$\lambda_1=a,\lambda_2=a-2,\lambda_3=a+1$; (2)$a=2$.

习题 4.3

一、基础题

1. (1)正定; (2)不正定. 2. $a>2$. 3. $-3<a<1$.

4. 提示:求$\boldsymbol{A}$的特征值.

二、提高题

5. D. 6. D. 7. (1)$\lambda_1=\lambda_2=-2,\lambda_3=0$; (2)$k>2$.

8. 提示:利用定义. 9. 提示:利用$\boldsymbol{A}$的特征值表示$\boldsymbol{A}+\boldsymbol{E}$的特征值.

10. (1)提示:证明存在正交矩阵$\boldsymbol{Q}$,使$\boldsymbol{A}=\boldsymbol{Q}\cdot\mathrm{diag}(\lambda_1,\lambda_2,\cdots,\lambda_n)\cdot\boldsymbol{Q}^{-1}$,取$\boldsymbol{B}=\boldsymbol{Q}\cdot\mathrm{diag}(\sqrt{\lambda_1},\sqrt{\lambda_2},\cdots,\sqrt{\lambda_n})\cdot\boldsymbol{Q}^{-1}$.

(2)$\boldsymbol{B}=\frac{1}{3}\begin{pmatrix}4&-1&-1\\-1&4&1\\-1&1&4\end{pmatrix}$.

第 4 章总复习题

一、单项选择题

1. A.　　2. A.　　3. B.　　4. B.　　5. B.　　6. C.　　7. D.

二、填空题

1. $3y_1^2$.　　2. $3y_1^2-6y_3^2$.　　3. 1.　　4. $[-2,2]$.　　5. 1.

三、计算与证明题

1. (1)2；　(2)正交变换为 $\begin{pmatrix}x_1\\x_2\\x_3\end{pmatrix}=\begin{pmatrix}\frac{2}{\sqrt5} & -\frac{2}{3\sqrt5} & \frac13\\ \frac{1}{\sqrt5} & \frac{4}{3\sqrt5} & -\frac23\\ 0 & \frac{5}{3\sqrt5} & \frac23\end{pmatrix}\begin{pmatrix}y_1\\y_2\\y_3\end{pmatrix}$，标准形为 $g(y_1,y_2,y_3)=9y_3^2$.

2. (1)$a=b=0$；　(2)正交变换为 $\begin{pmatrix}x_1\\x_2\\x_3\end{pmatrix}=\begin{pmatrix}-\frac{1}{\sqrt2} & 0 & \frac{1}{\sqrt2}\\ 0 & 1 & 0\\ \frac{1}{\sqrt2} & 0 & \frac{1}{\sqrt2}\end{pmatrix}\begin{pmatrix}y_1\\y_2\\y_3\end{pmatrix}$.

3. (1)$a=1,b=2$；

(2)正交变换为 $\begin{pmatrix}x_1\\x_2\\x_3\end{pmatrix}=\begin{pmatrix}0 & \frac{2}{\sqrt5} & \frac{1}{\sqrt5}\\ 1 & 0 & 0\\ 0 & \frac{1}{\sqrt5} & -\frac{2}{\sqrt5}\end{pmatrix}\begin{pmatrix}y_1\\y_2\\y_3\end{pmatrix}$，标准形为 $g(y_1,y_2,y_3)=2y_1^2+2y_2^2-3y_3^2$.

4. (1)$a=4,b=1$；　(2)$\boldsymbol{Q}=\frac15\begin{pmatrix}4 & -3\\ -3 & -4\end{pmatrix}$.

5. (1)$a=-\frac12$；　(2)$\boldsymbol{P}=\begin{pmatrix}1 & 2 & \frac{2}{\sqrt3}\\ 0 & 1 & \frac{4}{\sqrt3}\\ 0 & 1 & 0\end{pmatrix}$.

6. (1)$a=-1$；

(2)正交变换为 $\begin{pmatrix}x_1\\x_2\\x_3\end{pmatrix}=\begin{pmatrix}\frac{1}{\sqrt3} & \frac{1}{\sqrt2} & \frac{1}{\sqrt6}\\ \frac{1}{\sqrt3} & -\frac{1}{\sqrt2} & \frac{1}{\sqrt6}\\ -\frac{1}{\sqrt3} & 0 & \frac{2}{\sqrt6}\end{pmatrix}\begin{pmatrix}y_1\\y_2\\y_3\end{pmatrix}$，标准形为 $g(y_1,y_2,y_3)=2y_2^2+6y_3^2$.

7. （1）$a=2$；　（2）$\boldsymbol{Q}=\begin{pmatrix}\frac{1}{\sqrt{3}} & -\frac{1}{\sqrt{2}} & \frac{1}{\sqrt{6}}\\ -\frac{1}{\sqrt{3}} & 0 & \frac{2}{\sqrt{6}}\\ \frac{1}{\sqrt{3}} & \frac{1}{\sqrt{2}} & \frac{1}{\sqrt{6}}\end{pmatrix}$.

8. （1）提示：$f=2(x_1,x_2,x_3)\begin{pmatrix}a_1\\a_2\\a_3\end{pmatrix}(a_1,a_2,a_3)\begin{pmatrix}x_1\\x_2\\x_3\end{pmatrix}+(x_1,x_2,x_3)\begin{pmatrix}b_1\\b_2\\b_3\end{pmatrix}(b_1,b_2,b_3)\begin{pmatrix}x_1\\x_2\\x_3\end{pmatrix}$.

（2）提示：证明 $\boldsymbol{A\alpha}=2\boldsymbol{\alpha},\boldsymbol{A\beta}=\boldsymbol{\beta}$.

9. （1）$\begin{pmatrix}x_1\\x_2\\x_3\end{pmatrix}=\begin{pmatrix}0 & \frac{1}{\sqrt{2}} & -\frac{1}{\sqrt{2}}\\ 1 & 0 & 0\\ 0 & \frac{1}{\sqrt{2}} & \frac{1}{\sqrt{2}}\end{pmatrix}\begin{pmatrix}y_1\\y_2\\y_3\end{pmatrix}$，标准形为 $g(y_1,y_2,y_3)=4y_1^2+4y_2^2+2y_3^2$；

（2）提示：将 $\boldsymbol{x}=\boldsymbol{Qy}$ 代入.

10. （1）$c=3$，特征值 $\lambda_1=0,\lambda_2=4,\lambda_3=9$；　（2）标准方程为 $4y_2^2+9y_3^2=1$，表示椭圆柱面.

11. $a=3,b=1,\boldsymbol{P}=\begin{pmatrix}-\frac{1}{\sqrt{2}} & \frac{1}{\sqrt{3}} & \frac{1}{\sqrt{6}}\\ 0 & -\frac{1}{\sqrt{3}} & \frac{2}{\sqrt{6}}\\ \frac{1}{\sqrt{2}} & \frac{1}{\sqrt{3}} & \frac{1}{\sqrt{6}}\end{pmatrix}$.

12. （1）$a=0$；

（2）正交变换为 $\begin{pmatrix}x_1\\x_2\\x_3\end{pmatrix}=\frac{1}{\sqrt{2}}\begin{pmatrix}1 & 0 & 1\\ 1 & 0 & -1\\ 0 & \sqrt{2} & 0\end{pmatrix}\begin{pmatrix}y_1\\y_2\\y_3\end{pmatrix}$，标准形为 $g(y_1,y_2,y_3)=2y_1^2+2y_2^2$；

（3）解为 $\begin{pmatrix}x_1\\x_2\\x_3\end{pmatrix}=\frac{k}{\sqrt{2}}\begin{pmatrix}1\\-1\\0\end{pmatrix}$，其中 k 为任意常数.

13. （1）$\boldsymbol{A}=\begin{pmatrix}1 & 2 & 3\\ 2 & 4 & 6\\ 3 & 6 & 9\end{pmatrix}$；

（2）正交变换为 $\begin{pmatrix}x_1\\x_2\\x_3\end{pmatrix}=\begin{pmatrix}\frac{1}{\sqrt{14}} & -\frac{2}{\sqrt{5}} & -\frac{3}{\sqrt{70}}\\ \frac{2}{\sqrt{14}} & \frac{1}{\sqrt{5}} & -\frac{6}{\sqrt{70}}\\ \frac{3}{\sqrt{14}} & 0 & \frac{5}{\sqrt{70}}\end{pmatrix}\begin{pmatrix}y_1\\y_2\\y_3\end{pmatrix}$，标准形为 $g(y_1,y_2,y_3)=14y_1^2$；

(3) $\begin{cases} x_1 = -2k_1 - 3k_2, \\ x_2 = \quad k_1 - 6k_2, \\ x_3 = \quad\quad 5k_2, \end{cases}$ 其中 k_1,k_2 为任意常数.

14. (1) $a=1,b=2$;　(2) 正交变换为 $\boldsymbol{x}=\begin{pmatrix} \frac{1}{\sqrt{6}} & -\frac{1}{\sqrt{2}} & -\frac{1}{\sqrt{3}} \\ \frac{1}{\sqrt{6}} & \frac{1}{\sqrt{2}} & -\frac{1}{\sqrt{3}} \\ \frac{2}{\sqrt{6}} & 0 & \frac{1}{\sqrt{3}} \end{pmatrix}\boldsymbol{y}$,标准形为 $g(y_1,y_2,y_3)=6y_1^2$.

15. (1) 当 $a=2$ 时,解为 $k(-2,-1,1)^{\mathrm{T}}$,k 为任意常数;当 $a\neq 2$ 时,只有零解.

(2) 当 $a\neq 2$ 时,规范形为 $y_1^2+y_2^2+y_3^2$;当 $a=2$ 时,规范形为 $y_1^2+y_2^2$.

16. 秩为 n,符号差为 $2-n$. 提示:计算矩阵的特征值.

17. (1) $\boldsymbol{x}=\begin{pmatrix} 1 & -1 & 1 \\ 0 & 1 & 0 \\ 0 & 0 & 1 \end{pmatrix}\boldsymbol{y}$;　(2) 不存在.

18. (1) $\boldsymbol{P}=\begin{pmatrix} -\frac{1}{\sqrt{2}} & \frac{1}{\sqrt{6}} & -\frac{1}{\sqrt{3}} \\ \frac{1}{\sqrt{2}} & \frac{1}{\sqrt{6}} & -\frac{1}{\sqrt{3}} \\ 0 & \frac{2}{\sqrt{6}} & \frac{1}{\sqrt{3}} \end{pmatrix}$;　(2) $\boldsymbol{C}=\frac{1}{3}\begin{pmatrix} 5 & -1 & 1 \\ -1 & 5 & 1 \\ 1 & 1 & 5 \end{pmatrix}$.

19. (1) $\boldsymbol{A}=\frac{1}{2}\begin{pmatrix} 1 & 0 & -1 \\ 0 & 2 & 0 \\ -1 & 0 & 1 \end{pmatrix}$;　(2) 提示:求 $\boldsymbol{A}+\boldsymbol{E}$ 的特征值.

20. $a=-1$,$\boldsymbol{Q}=\begin{pmatrix} \frac{1}{\sqrt{6}} & -\frac{1}{\sqrt{2}} & \frac{1}{\sqrt{3}} \\ \frac{2}{\sqrt{6}} & 0 & -\frac{1}{\sqrt{3}} \\ \frac{1}{\sqrt{6}} & \frac{1}{\sqrt{2}} & \frac{1}{\sqrt{3}} \end{pmatrix}$.

21. (1) 提示:利用定义.　(2) 标准形为 $g(y_1,y_2,y_3)=3y_1^2+y_2^2+2y_3^2$.

提示:设 $\boldsymbol{B}=\boldsymbol{\alpha\beta}^{\mathrm{T}}+\boldsymbol{\beta\alpha}^{\mathrm{T}}$,证明 $\boldsymbol{B}(\boldsymbol{\alpha}+\boldsymbol{\beta})=\boldsymbol{\alpha}+\boldsymbol{\beta}$,$\boldsymbol{B}(\boldsymbol{\alpha}-\boldsymbol{\beta})=-(\boldsymbol{\alpha}-\boldsymbol{\beta})$,$R(\boldsymbol{B})=2$.

(3) 正定. 提示:利用(2)的结论.

22. 提示:存在可逆矩阵 $\boldsymbol{C}$ 使 $\boldsymbol{C}^{\mathrm{T}}\boldsymbol{AC}=\boldsymbol{E}$,$t\boldsymbol{A}+\boldsymbol{B}$ 与 $t\boldsymbol{E}+\boldsymbol{C}^{\mathrm{T}}\boldsymbol{BC}$ 合同,且有相同的正定性.

23. 提示:证明充分性时利用定义,证明必要性时利用不等式 $R(\boldsymbol{A}^{\mathrm{T}}\boldsymbol{A})\leqslant R(\boldsymbol{A})$.

24. 提示:证明充分性时利用定义,证明必要性时利用不等式 $R(\boldsymbol{B}^{\mathrm{T}}\boldsymbol{AB})\leqslant R(\boldsymbol{B})$.

25. (1) $\boldsymbol{P}^{\mathrm{T}}\boldsymbol{DP}=\begin{pmatrix} \boldsymbol{A} & \boldsymbol{O} \\ \boldsymbol{O} & \boldsymbol{B}-\boldsymbol{C}^{\mathrm{T}}\boldsymbol{A}^{-1}\boldsymbol{C} \end{pmatrix}$;　(2) 提示:利用定义.